YOUQI SHANGYOU LINGYU
GUOJI BIAOZHUN TUIJIN CELUE

油气上游领域国际标准推进策略

编　著／罗　勤　马建国

编委会

主　任／罗　勤　马建国
副主任／常宏岗　周　理　汤富荣
成　员／廖　珈　许文晓　袁　军　许晓峰　孙良伟
　　　　岳宁远　黄　伟　陈　龙　姜保刚　郭　凯
　　　　王婷婷　陈鹏飞　蔡　黎　陈　文　任　佳
　　　　杨长鑫　沈　琳　朱华东　李　伟　周代兵
　　　　黄　媚　何　敏　何　娜　王　强　张佩颖
　　　　李炎华　赵　丹　杨海涛　马　琳　赵艳杰
　　　　李旭芳　吴张帆　吕　华　张乃元　邓　远
　　　　贾玉琴　惠艳妮　宫臣兴

图书在版编目（CIP）数据

油气上游领域国际标准推进策略 / 罗勤，马建国编著. 一 成都：四川大学出版社，2023.4
（油气田能源管理系列书籍 / 马建国主编）
ISBN 978-7-5690-6069-0

Ⅰ.①油… Ⅱ.①罗… ②马… Ⅲ.①油气勘探－国际标准－研究 Ⅳ.① TE1-65

中国国家版本馆CIP数据核字（2023）第069552号

书　　名：	油气上游领域国际标准推进策略
	Youqi Shangyou Lingyu Guoji Biaozhun Tuijin Celüe
编　　著：	罗　勤　马建国
丛 书 名：	油气田能源管理系列书籍
丛书主编：	马建国

丛书策划：胡晓燕　马建国
选题策划：胡晓燕
责任编辑：胡晓燕
责任校对：王　睿
装帧设计：马建国　墨创文化
责任印制：王　炜

出版发行：四川大学出版社有限责任公司
　　　　　地址：成都市一环路南一段24号（610065）
　　　　　电话：（028）85408311（发行部）、85400276（总编室）
　　　　　电子邮箱：scupress@vip.163.com
　　　　　网址：https://press.scu.edu.cn
印前制作：四川胜翔数码印务设计有限公司
印刷装订：四川盛图彩色印刷有限公司

成品尺寸：170mm×240mm
印　　张：31.25
字　　数：593千字

版　　次：2023年5月 第1版
印　　次：2023年5月 第1次印刷
定　　价：98.00元

本社图书如有印装质量问题，请联系发行部调换

版权所有 ◆ 侵权必究

扫码获取数字资源

四川大学出版社
微信公众号

序

2021年10月10日，中共中央、国务院印发《国家标准化发展纲要》（以下简称《纲要》），要求各地区各部门结合实际认真贯彻落实。我国将积极实施标准化战略，以高标准助力高技术创新，以高标准促进高水平开放，以高标准引领高质量发展。

《纲要》明确要求提升标准国际化水平，标准化工作由国内驱动向国内国际相互促进转变。《纲要》谋划部署"引进来"、"走出去"、国内国际协同发展等标准国际化发展路径。"引进来"方面，积极采用国际标准，大幅提高我国标准与国际标准的一致性程度，提高国际标准转化率；"走出去"方面，履行国际标准组织成员国的责任义务，积极参与国际标准化活动，推出中国标准多语种版本，支持企业、社会团体、科研机构等积极参与各类国际性专业标准组织的活动，以"走出去"为国际标准化活动贡献更多中国智慧，推动我国更多先进技术成为国际标准；国内国际协同发展方面，统筹推进标准化与科技、产业、金融对外交流合作，促进政策、规则、标准联通，以国内国际协同发展推进中国标准与国际标准体系兼容。

中国石油天然气集团公司（以下简称中石油）油气上游领域的国际标准化工作起始于20世纪80年代末，先后承担了国际标准化组织石油及相关产品的测量分技术委员会（ISO/TC 28/SC 2），石油、石化和天然气工业用材料、设备和海上结构标准化技术委员会（ISO/TC 67），天然气技术委员会（ISO/TC 193）国内技术归口单位的工作。直至2010年，我国国际标准化的任务是"引进来"，主要体现在积极跟踪国际标准发展动态，参与国际标准化交流活动，分析研究并积极采用国际标准等方面。2013年2月，作为ISO/TC 193国内技术归口单位的中国石油西南油气田分公司天然气研究院（以下简称天研院），在中石油及其下属西南油气田分公司的支持下，向国家标准化管理委员会（SAC）提出承担国际标准化组织天然气上游领域分技术委员会（ISO/TC 193/SC 3）秘书处工作的建议。2013年6月，ISO/TC 193/SC 3秘书处正式设在SAC，天研院成为ISO/TC 193/SC 3主席和经理单位。这是中石油油气上游领域承担主席和经理的首个 ISO 技术委员会。2010 年，天研院在充分分析已有技术、标准和实践的基础上，敏锐地意识到牵头制定国际标准的时机已经成熟。2014 年，ISO 16960：2014 "Natural gas—Determination of sulfur compounds—Determination of total sulfur by oxidative microcoulometry method"（《天然气　硫化合物测定　用氧化微库仑法测定总硫含量》）由国际标准化组织（以下简称 ISO）发布出版。这是我国在油气上游领域牵头制定的第一项国际标准，也是中石油牵头制定的第一项国际标准。由此，中石油油气上游领域"走出去"的国际标准化工作开始全面启动并蓬勃发展。"十三五"期间，在国家和中石油实质性参与国际标准化的要求下，中石油油气上游领域积极开展国际标准制定工作，已牵头制定 3 项国际标准，参与制定 4 项国际标准，组建 4 个 ISO 国际工作组并担任召集人，将中国对 ISO/TC 193 的贡献率提升至全球第二位，初建了一支既懂技术又懂国际标准化的综合性人才队伍。

《纲要》的发布和实施，全面设定了未来十五年我国标准化发展的目标和蓝图。对中石油油气上游领域来说，国际标准化的范围和深度离《纲要》和勘探与生产业务发展的要求尚有距离，国际标准化的水平尚需要全面提升，国际标准化人才队伍尚不能满足"日益高涨的国际标准化工作"热情。进入"十四五"，按照中石油国际标准化"制定一批、培育一批、储备一批"的工作思路，中石油油气上游领域不断加大对国际标准的培育和研究，提出了成立国际标准化组织提高采收率分技术委员会（ISO/TC 67/SC 10）的建议并承担主席和经理的职责，在育 30 余项国际标准，使国际标准化工作从检测方法向产品与评价国际标准发展，专业覆盖到油气质量与计量、页岩气、煤层气、页岩油、稠油开采、提高采收率、钻完井工程、储气库、管材和绿色制造、地震勘探等油气上游领域的各个方面，用国际标准引领油气田形成的产品、专利、装备、工艺、工程、服务走出去，推动国际贸易，向世界油气上游领域贡献更多的中国智慧，为中石油建设世界水平的综合性国际能源公司贡献力量。

继往开来，明史言志。本书经过近 3 年的编撰，对国内外油气标准化组织的机构设置、工作范畴、标准制修订要求和流程、工作机制及发展重点等进行跟踪研究，厘清了国内外对制修订国际标准的要求和流程。通过全面调研、对标分析、总体规划、反复论证，提炼出油气上游领域的共性需求，首次系统性提出油气上游领域国际标准的制定机制和制定方法，并结合国际标准制定案例分析，勾勒出油气上游领域在油气质量与计量、页岩气、煤层气、页岩油、稠油开采、提高采收率、钻完井工程、储气库、管材和绿色制造、地震勘探等诸多专业的国际标准化发展前景，提出国际标准技术机构和国际标准化人才方面的发展策略。

本书旨在从"征集""精选""优育"和"孵化"全流程指导油气上游领域国际标准从初期培育到后期孵化，全面提高工作质量和效率，是从事油气上游领域国际标准化工作的思想引针和方法指南，也是油气企业和石油院校按照《纲要》要求将标准化纳入普通高等教育、职业教育和继续教育，造就一支掌握规则、精通技术的职业化人才队伍的实战型教材。

本书致敬所有为油气上游领域国际标准化工作做出努力和贡献的前辈！希望本书能为《纲要》的落实和实施，为我国和世界油气工业的标准化战略贡献一份力量。

罗勤

2022 年 10 月

前　言

习近平总书记在致第 39 届国际标准化组织（ISO）大会的贺信中指出：标准助推创新发展，标准引领时代进步，标准促进世界互联互通。《国家标准化发展纲要》明确要求提升标准国际化水平。中国石油天然气集团有限公司（以下简称中石油）在建设世界一流综合性国际能源公司的过程中，对国际标准化工作提出了新要求。按照国际标准"制定一批、培育一批、储备一批"的工作思路，中石油油气上游领域国际标准化工作不断发展，专业覆盖面进一步扩大，国际标准培育项目覆盖油气质量与计量、页岩气、煤层气、页岩油、稠油开采、提高采收率、钻完井工程、储气库、管材和绿色制造、地震勘探等诸多领域。"十三五"期间，中石油油气上游领域已牵头制定 3 项国际标准，参与制定 4 项国际标准，组建 4 个 ISO 国际工作组并担任召集人，成为 1 个 ISO 分技术委员会的主席和经理单位，启动 30 余项国际标准培育。国际标准培育是融合技术先进性、国际标准创新性、团队稳定性、渠道通畅性以及国际形势、国内政策等多种因素的技术活动。如何建立一套规范、流畅且适用于油气上游领域技术与人员特点的国际标准培育方法已经成为业内人士关注的焦点，建立一套规范、有效的工作机制和业务流程迫在眉睫。

在近 3 年的编撰过程中，我们集合了众多参与多项国际标准研制、筛选、辅导和孵化全过程培育的技术专家，勠力同心、集思广益，终于完成了《油气上游领域国际标准推进策略》。本书共计六章（第 1 章为国际标准化概况，第 2 章为油气业务相关的国际标准化机构，第 3 章为油气上游领域标准国际化发展策略，第 4 章为国际标准制定方法，第 5 章为案例分析，第 6 章为国际标准业务展望），从"征集""精选""优育"和"孵化"全流程指导油气上游领域国际标准从初期培育到后期孵化。

本书围绕油气上游领域业务发展，全面梳理与油气上游领域各专业相关国际标准化组织技术委员会和国外先进标准化团体在组织结构、业务范围、标准现状和发展趋势等方面的信息，总结国际国内对制修订国际标准的工作要求和业务流程，从中石油油气上游领域的国际标准化现状出发，研究"引进来"和

"走出去"的重点任务，根据笔者十余年国际标准化的工作方法和典型经验，首次系统性地提出油气上游领域国际标准制定机制和制定方法，再结合国际标准制定案例，提出适用于我国油气上游领域国际标准化业务的发展思路，确定了国际标准技术机构和国际标准化人才等方面的发展策略。

　　本书的作者中有长期从事油气上游领域国际标准化工作的技术研究人员和标准化管理人员，有国际标准化组织技术委员会的经理和经理助理，有国际标准工作组的召集人，有国际标准制修订项目的经理，有国际标准培育项目的负责人。本书编写组希冀以成功的经验和探索的体会，全流程展示油气上游领域国际标准从初期培育到后期孵化过程，为国际标准化工作的从业者提供思路、方法和指导。本书既可以指导国际标准化从业者"走出去"国际标准制修订成功立项，是石油院校开展国际标准化教育的难得教材；又能够帮助国际标准制修订项目管理人员高质量和高效率完成出版，是油气上游领域国际标准化的业务指南。

　　本书由罗勤、马建国整体策划，作者根据多年的国际标准化工作经验与卓有成效的方法论，搭建出纵深推进、可有效实施的流程框架，主笔编写了国际标准从初期培育到后期孵化的机制构建、工作策略、发展方向、人才培养等核心内容。全书汇集了业内诸多专业技术经验与成果：国际标准制定机制和方法（西南油气田常宏岗、廖珈），ISO制定程序（西南油气田许文晓），国际标准案例方面获得了相关油气田企业技术人员（西南油气田周理、陈鹏飞、蔡黎、陈文、任佳、沈琳、朱华东、李伟，工程材料研究院许晓峰、李炎华、吕华，大庆油田孙良伟、赵丹、马琳、张乃元，长庆油田黄伟、杨海涛、贾玉琴、惠艳妮、宫臣兴，新疆油田陈龙、邓远，东方物探姜保刚、李旭芳，储气库分公司郭凯、吴张帆、赵艳杰等）的文稿支援。西南油气田分公司（周代兵、何敏、黄媚、何娜、王强、张佩颖）提供了技术协调。另外，本书在统筹设计方面获得了西南石油大学汤富荣、袁军、杨长鑫三位老师的鼎力相助，在此一并表示感谢。全体编写人员谨向给予本书大力支持的专家和同仁表示诚挚的谢意。

　　受限于编者能力水平，不妥之处恐难避免，欢迎广大读者批评指正。

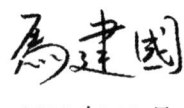

2022年10月

目 录

第1章　国际标准化概况 …………………………………………………（ 1 ）
　1.1　国际标准化的概念 ………………………………………………（ 1 ）
　1.2　国际标准化的作用及影响 ………………………………………（ 4 ）
　1.3　ISO 简介 …………………………………………………………（ 5 ）
　1.4　其他国家标准化组织的简介 ……………………………………（ 11 ）

第2章　油气业务相关的国际标准化机构 ……………………………（ 18 ）
　2.1　ISO/TC 28 ………………………………………………………（ 18 ）
　2.2　ISO/TC 30 ………………………………………………………（ 25 ）
　2.3　ISO/TC 67 ………………………………………………………（ 29 ）
　2.4　ISO/TC 193 ……………………………………………………（ 40 ）
　2.5　ISO/TC 197 ……………………………………………………（ 45 ）
　2.6　ISO/TC 263 ……………………………………………………（ 49 ）
　2.7　ISO/TC 265 ……………………………………………………（ 52 ）

第3章　油气上游领域标准国际化发展策略 …………………………（ 55 ）
　3.1　中国标准化发展战略 ……………………………………………（ 55 ）
　3.2　油气上游领域标准国际化发展思路 ……………………………（ 57 ）
　3.3　油气上游领域国际标准发展现状 ………………………………（ 58 ）
　3.4　油气上游领域标准国际化重点 …………………………………（108）

第4章　国际标准制定方法 ……………………………………………（129）
　4.1　国际标准制修订流程 ……………………………………………（129）
　4.2　国内申报国际标准流程 …………………………………………（135）
　4.3　上游领域国际标准制定方法 ……………………………………（135）

第5章　案例分析 ………………………………………………………（146）
　5.1　天然气总硫检测国际标准制定 …………………………………（146）
　5.2　陶瓷内衬油管国际标准制定 ……………………………………（157）

5.3　耐蚀合金复合弯管和管件国际标准制定 ………………………(159)
　　5.4　煤层气含量测定国际标准制定 …………………………………(162)
　　5.5　电动潜油螺杆泵举升技术国际标准制定 ………………………(166)
　　5.6　天然气集输用缓蚀剂评价国际标准制定 ………………………(170)
　　5.7　滑溜水性能评价国际标准制定 …………………………………(172)
　　5.8　潜油直线电机无杆举升技术国际标准制定 ……………………(173)
　　5.9　绿色制造特别工作组 ……………………………………………(176)
　　5.10　提高采收率分技术委员会 ………………………………………(178)

第6章　国际标准业务展望 …………………………………………………(180)
　　6.1　油气上游领域技术的发展方向 …………………………………(180)
　　6.2　国际标准制定机制的发展策略 …………………………………(190)

参考文献 ………………………………………………………………………(194)

附录1　各国际标准化组织标准编号形式汇总表 …………………………(195)

附录2　国际标准化机构标准发布清单 ……………………………………(199)

附录3　油气上游领域国际国内标准统计表 ………………………………(351)

附录4　ISO国内归口单位目录 ……………………………………………(372)

附录5　国际标准制修订相关表格 …………………………………………(465)

附录6　本书常用名称及简称一览表 ………………………………………(482)

第1章 国际标准化概况

伴随着经济全球化进程的不断加快，国际贸易与交流日益扩大，产业、技术和创新的发展日新月异，知识、科学、技术和经济的融合日渐深入，国际标准作为世界的"通用语言"，在全球贸易的各个环节中发挥着越来越重要的作用，有力地推动了各国经贸往来，促进了互联互通、开放合作和互利共赢。

本章主要从国际标准化的概念、作用、影响，以及各国际标准化组织简介等方面对国际标准化的概况进行介绍。

1.1 国际标准化的概念

国际标准是指国际标准化（标准）组织采纳的并且可公开提供的标准。国家质量监督检验检疫总局（以下简称国家质检总局）于2001年12月4日颁布的《采用国际标准管理办法》（2020年8月启动修订）规定："国际标准是指国际标准化组织（ISO）、国际电工委员会（IEC）和国际电信联盟（ITU）制定的标准，以及国际标准化组织确认并公布的其他国际组织制定的标准。"国际标准在世界范围内统一使用。从上述定义可以看出，国际标准的含义应该包括两部分内容：一是由ISO、IEC、ITU这三大国际标准化组织制定的标准，分别称为ISO标准、IEC标准和ITU标准；二是由ISO认可并在其标准目录上公布的其他国际组织（见表1-1）制定的标准。

表1-1 ISO公布的其他国际组织

序号	简称	外文全称	中文名称
1	BIPM	Bureau International des Poids et Mesures	国际计量局
2	BISFA	International Bureau for the Standardization of Man-made Fibres	国际人造纤维标准化局
3	CCSDS	Consultative Committees for Space Data Systems	空间数据系统咨询委员会

续表1－1

序号	简称	外文全称	中文名称
4	CIB	International Council for Rescarch and Innovation in Building and Construction	国际建筑结构研究与改革委员会
5	CIE	International Commission on Ilumination	国际照明委员会
6	CIMAC	International Council on Combustion Engines	国际内燃机委员会
7	CAC	Codex Alimentarius Commission	食品法典委员会
8	CORESTA	Cooperation Centre for Scientific Research Relative to Tobacco	烟草科学研究合作中心
9	FDI	International Dental Federation	国际牙科联合会
10	FIATA	International Federation of Freight Forwarders Associations	国际货运代理协会联合会
11	FID	International Federation for Information and Documentation	国际信息和文献联合会
12	FSC	Forest Stewardship Council	森林管理委员会
13	IAEA	International Atomic Energy Agency	国际原子能机构
14	IATA	International Air Transport Association	国际航空运输协会
15	ICAO	International Civil Aviation Organization	国际民航组织
16	ICC	International Association for Cereal Science and Technology	国际谷类加工食品科学技术协会
17	ICCROM	International Centre for the Study of the Preservation and Restoration of Cultural Property	国际文化财产保护与修复研究中心
18	ICDO	International Civil Defence Organisation	国际民防组织
19	ICID	International Commission on Irrigation and Drainage	国际排灌委员会
20	ICRP	International Commission on Radiological Protection	国际辐射防护委员会
21	ICRU	International Commission on Radiation Units and Measureements	国际辐射单位与测量委员会
22	ICUMSA	International Commission for Uniform Methods of Sugar Analysis	国际食糖分析统一方法委员会
23	IDF	International Dairy Federation	国际乳品联合会
24	IETF	Internet Engineering Task Force	国际互联网工程任务组

续表1-1

序号	简称	外文全称	中文名称
25	IFLA	International Federation of Library Associations and Institutions	国际图书馆协会联合会
26	IFOAM	International Federation of Organic Agriculture Movement	国际有机农业运动联合会
27	IGU	International Gas Union	国际煤气工业联合会
28	IIR	International Institue of Refigeation	国际制冷学会
29	IIW	International Institue of Welding	国际焊接学会
30	ILO	International Labour Office	国际劳工组织
31	IMO	International Maritime Organization	国际海事组织
32	IOC	International Oil Council	国际石油理事会
33	ISTA	International Seed Testing Association	国际种子检验协会
34	IULTCS	International Union of Leather Technologists and Chemists Societies	国际皮革工艺师和化学家协会联合会
35	IUPAC	International Union of Pure and Applied Chemistry	国际理论与应用化学联合会
36	IWTO	International Wool Textile Organization	国际毛纺组织
37	IOE	International Office of Epizootics	国际兽疫局
38	OIML	International Organization of Legal Metrology	国际法制计量组织
39	OIV	International Organization of Vine and Wine	国际葡萄与葡萄酒组织
40	OTIF	Intergovernmental Organisation for International Carriage by Rail	国际铁路运输政府间组织
41	RILEM	International Union of Laboratories and Experts in Construction Materials, Systems and Structures	国际材料与结构研究实验联合会
42	UIC	International Union of Railways	国际铁路联盟
43	UN/CEFACT	United Nations Centre for Trade Facilitation and Electronic Business	联合国贸易便利化与电子业务中心
44	UNESCO	United Nations Educational, Scientific and Cultural Organization	联合国教科文组织
45	UPU	Universal Postal Union	万国邮政联盟
46	WCO	World Customs Organization	世界海关组织

续表1-1

序号	简称	外文全称	中文名称
47	WHO	World Health Organization	世界卫生组织
48	WIPO	World Intellectual Property Organization	世界知识产权组织
49	WMO	World Meteorological Organization	世界气象组织

国际标准化是指在国际范围内由众多的国家或组织共同参与开展的标准化活动。该活动旨在研究、制定并推广采用国际统一的标准，协调各国、各地区的标准化活动，研讨和交流有关标准化事宜。从上述定义可以看出，国际标准化的含义应该包括以下四部分内容：

（1）国际标准化是在国际范围内的标准化活动，包括在全世界范围内开展的标准化活动和区域范围内开展的标准化活动。

（2）国际标准化是由众多的国家或组织共同参与的多边标准化活动，而不是单边或双边的标准化活动。

（3）国际标准化是一项有组织、有章程开展的标准化活动。

（4）国际标准化活动的内容主要包括研究、制定并推广采用国际统一的标准，协调各国、各地区的标准化活动，研讨和交流有关标准化事宜。

我国从1978年9月开始参与国际标准化活动，主要包括采用国际标准、参与国际标准制修订、制定外文版标准等。2000年以后，国家提出实质性参与国际标准制修订的要求，中国标准国际化开始快速发展。

1.2 国际标准化的作用及影响

随着第四次科技革命和互联网经济的兴起，一个强调互联互通、利益共融的全球体系正在逐步形成。当前，气候变化、粮食安全、社会治理、消除贸易壁垒等全球性议题引起人们的关注，全球治理的新趋势突出表现在"合作"与"竞争"两个方面。"合作"方面，不仅表现为政治层面的协商、谈判，也广泛存在于经贸、技术等领域的务实合作。这些形式多样、日趋深入的合作成果，往往会以标准特别是国际标准的形式加以固化，通过互联互通、协商一致，促进开放合作、互利共赢，最终形成良好秩序。"竞争"方面，伴随着全球经济下行压力的增大，国际贸易基本面发生变化，全球体系的格局面临深刻调整，由于标准与知识产权、产业发展和贸易制度的联系日趋紧密，标准竞争成为全球竞争的制高点。

目前，国际标准的适用领域已突破传统的工业标准，拓展至社会责任、可持续发展、气候变化、公共安全和社会治理等领域，也将在新能源、新材料、智慧城市、节能环保、农村的可持续发展等方面产生重大影响。因此，国际标准和国际标准化在促进全球经济和社会发展、推动全球治理优化与改善方面扮演着独特的角色，其作用及影响主要体现在以下几个方面：

（1）消除技术壁垒，促进国际贸易自由化。标准化是国际贸易一个出色的"推动器"。随着经济全球化、贸易国际化的快速发展，产品的国际竞争也越来越激烈。但是，由于相关标准不统一，易形成技术性贸易壁垒，阻碍国际贸易的发展。使相关标准协调统一，特别是有更多的国际标准发布和应用，为衡量进出口商品质量、制定技术法规、实施合格评定程序提供了重要技术支撑，大大推动了国际贸易的发展。同时，国际标准有效降低了国际贸易活动中的不确定性和交易成本，提高了国际贸易效率，为便利全球贸易、解决贸易纠纷与摩擦提供了保障。

（2）促进技术进步，提高产品质量和效益。国际标准反映了国际上较为先进的科学技术和生产水平，是保证国际贸易公平竞争、维持国际市场正常秩序的基本要求和准则。在全球经济趋向一体化发展的今天，采用国际标准已成为企业走向世界的必要条件，也是促进企业技术进步，提高产品质量和经济效益的最佳手段。

（3）促进国际经济技术交流与合作。标准是一种世界通用"语言"，随着各个国家在科学、技术、经济、文化、教育等各方面的交流日益频繁，国际标准在便利经贸往来、促进世界互联互通、推动产品和服务走向国际市场、促进国际经济技术交流与合作中的意义也更加凸显。

（4）助力全球可持续发展。近年来，国际标准被广泛运用于应对全球性挑战的议题，相关标准为全球水危机提供解决方案，在减少温室气体排放、应对全球环境污染问题方面发挥了积极作用。

（5）推动社会治理优化及国际对接。国际标准开始积极关注消费者权益保护、健康服务、安全等社会治理领域，并努力成为国际通行的规则、模式。同时，各国通过协调、参与，实现了社会治理领域的合作。

1.3 ISO简介

ISO成立于1947年，是标准化领域中的一个国际性非政府组织，是全球最大且最权威的国际标准化组织。"ISO"一词来源于希腊语"ISOS"，即

"EQUAL"——平等之意。本节将从成立过程、宗旨与战略目标、成员、组织机构等方面对 ISO 进行简要介绍。

1.3.1 成立过程

ISO 的前身是国际标准化协会（International Standards Association，以下简称 ISA）和联合国标准协调委员会（United Nations Standards Coordinating Committe，以下简称 UNSCC）。

第一次世界大战中，由于战争对军火的大量需求，以及各盟友生产的武器弹药不能通用，加深了人们对国际标准化的必要性和迫切性的认识。第一次世界大战结束后，成立国际标准化机构已成为大多数国家的共识。1926 年，英、美、加等 7 个国家的标准化机构在美国纽约召开会议，决定成立国际标准化协会，起草组织章程。1928 年，ISA 在匈牙利布拉格举行成立大会，有 20 个国家的代表参加。ISA 的宗旨和任务是促进各国标准的协调统一，为各国进行标准信息交流提供方便；研究制定标准化工作指导原则，以协助各国标准化机构开展工作，与相关的国际机构进行标准化合作。中国是 ISO 的积极成员，代表中国参加 ISO 的国家机构是中国国家标准化管理委员会（Standardization Administration of China，以下简称 SAC，由国家市场监督管理总局管理）。

1942 年 4 月，ISA 因第二次世界大战而解体。ISA 存在期间，共发表了 32 个机械制造基础标准，称为 ISA 公报，大多被各国采用。

1944 年，中、美、英、苏等 18 个国家发起组织成立 UNSCC，办事处设在英国伦敦和美国纽约。UNSCC 的任务是继续 ISA 的工作，处理战时和战后过渡时期各国标准统一和协调问题。

1946 年 10 月 14 日至 26 日，来自中、英、法、美等 25 个国家的 64 名代表齐聚于英国伦敦，决定成立一个新的国际标准化组织，并把这个新组织称为 ISO。1946 年 10 月 24 日召开的由 15 个国家参加的临时全体大会上，ISO 组织章程和议事规则获得一致通过。1947 年 2 月 23 日，ISO 宣告正式成立，总部设在瑞士日内瓦。美国标准协会常务委员会主席霍华德·孔利被选为第一任 ISO 主席，参加 1946 年 10 月伦敦会议的 25 个国家成为 ISO 的创始成员国。1978 年 9 月，中国以中国标准化协会名义参加 ISO，1985 年改由中国国家标准局参加，1989 年又改由中国国家技术监督局参加。2001 年机构改革后，由 SAC 参加该组织的活动。在 2008 年 10 月的第 31 届 ISO 大会上，中国正式成为 ISO 的常任理事国。

ISO 是非政府性国际组织，不属于联合国，但它是联合国的甲级咨询机构，并与联合国许多组织和专业机构保持密切联系。ISO与很多国际组织就标准化问题进行合作，其中同IEC的关系最为密切。1947年ISO成立时，IEC便与ISO签订协议，作为电工部门并入ISO，但在技术和财务上仍保持独立性。1976年，ISO与IEC达成新的协议，表明两组织都是法律上独立的团体并自愿合作。随即双方进行了协议分工，IEC负责电工电子领域的国际标准化工作，其他领域的国际标准化工作则由ISO负责。

1.3.2 宗旨与战略目标

1.3.2.1 宗旨与主要任务

ISO的宗旨：在全世界促进标准化及有关活动的发展，以便于国际物资交流和服务，并扩大在知识、科学技术和经济领域中的合作。

ISO的主要任务：

(1) 制定、发布和推广国际标准。

(2) 协调世界范围内的标准化工作。

(3) 组织各成员国和技术委员会进行信息交流。

(4) 与其他国际组织共同研究有关标准化问题。

1.3.2.2 战略目标

2021年2月23日ISO发布了《ISO战略2030》，作为其未来十年标准化工作的纲领性文件，旨在更好地实现ISO的发展目标，最大化发挥ISO在全球标准化领域的影响力。战略目标主要包括ISO的愿景、使命、目标与优先事项。

(1) 愿景：让生活更轻松、更安全、更美好。

(2) 使命：通过ISO的成员和他们的利益相关者，将人们聚集在一起，就应对全球挑战的国际标准达成一致。ISO标准支持全球贸易，推动包容和公平的经济增长，推动创新，促进健康和安全，以实现一个可持续发展的未来。ISO提供了一个中立的平台，让全世界的专家聚集在一起，共同制定和商定标准；其在多个层面上建立的共识为ISO组织和制定国际标准建立了信任和信誉，使ISO成为本领域的全球领导者。

(3) 目标：ISO标准无处不在、满足全球的需求、听到所有的声音。

(4) 优先事项：ISO专注六个优先事项，以实现目标，并在变革的驱动力范围内最大限度地发挥作用。每个优先事项主要支持一个目标，分别是：

①展示ISO标准的优势。

②创新以满足用户的需求。

③在市场需要的时候提供 ISO 标准。

④抓住未来国际标准化的机会。

⑤通过能力建设加强标准化组织成员。

⑥推进 ISO 系统的包容性和多样性。

ISO 的战略目标是将 2030 年定义为一个里程碑,以反思 ISO 的进展并评估 ISO 作为一个组织的基本工作。这个时间段与联合国 2030 年可持续发展议程一致,正如 17 个可持续发展目标(如图 1-1 所示)所概述的那样,这些目标都需要国际合作的努力才能成为现实。ISO 是围绕合作精神建立的,有助于实现所有可持续发展目标。

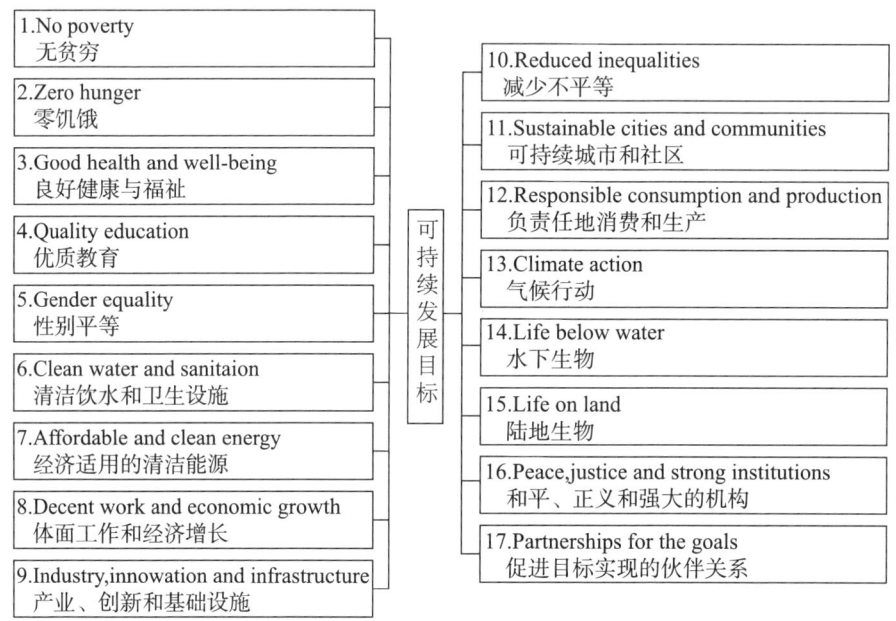

图 1-1 联合国 2030 年可持续发展目标

1.3.3 成员

ISO 的成员分为三类,每一类都享有对 ISO 系统不同程度的访问和影响,体现了 ISO 的包容性,同时也承认每个国家标准机构的不同需求和能力。

(1)积极成员(Participating Members,以下简称 P 成员),又称机构成员(Member Bodies),通过参加 ISO 技术和政策会议并投票,影响 ISO 标准的制定和战略。ISO 授权 P 成员在其所在国销售和采用 ISO 国际标准。

（2）观察成员（Observing Members，以下简称 O 成员），又称通信成员（Correspondent Members），作为观察成员参加 ISO 的相关技术和政策会议，观察 ISO 标准和战略的发展。由 ISO 授权的作为国家实体的 O 成员在其所在国销售和采用 ISO 国际标准，授权作为非国家实体的地区 O 成员在其领土内销售 ISO 国际标准。

（3）注册成员（Registered Members），又称订购成员（Subscriber Members），只能了解 ISO 工作的最新情况，不能参与 ISO 工作。ISO 没有授权注册成员在其所在国销售或采用 ISO 国际标准。

截至 2021 年底，ISO 共有 167 个成员，其中 P 成员 124 个、O 成员 39 个、注册成员 4 个（见表 1-2）（数据来自 ISO 官网，http://www.iso.org/）。

表 1-2　ISO 成员表

成员类别	国家/地区
P 成员	阿富汗、阿尔及利亚、阿根廷、亚美尼亚、澳大利亚、奥地利、阿塞拜疆、巴哈马群岛、巴林、孟加拉国、巴巴多斯、白俄罗斯、比利时、贝宁、玻利维亚、波斯尼亚和黑塞哥维那、博茨瓦纳、巴西、保加利亚、布基纳法索、布隆迪、喀麦隆、加拿大、智利、中国、哥伦比亚、刚果、哥斯达黎加、科特迪瓦、克罗地亚、古巴、塞浦路斯、捷克、丹麦、多米尼加、厄瓜多尔、埃及、萨尔瓦多、爱沙尼亚、埃塞俄比亚、斐济、芬兰、法国、加蓬、德国、加纳、希腊、匈牙利、冰岛、印度、印度尼西亚、伊朗、伊拉克、爱尔兰、以色列、意大利、牙买加、日本、约旦、哈萨克斯坦、肯尼亚、朝鲜、韩国、科威特、拉脱维亚、黎巴嫩、利比亚、立陶宛、卢森堡、马拉维、马来西亚、马里、马耳他、毛里求斯、墨西哥、蒙古国、黑山、摩洛哥、纳米比亚、尼泊尔、荷兰、新西兰、尼日利亚、北马其顿、挪威、阿曼、巴基斯坦、巴拿马、秘鲁、菲律宾、波兰、葡萄牙、卡塔尔、罗马尼亚、俄罗斯、卢旺达、圣卢西亚、沙特阿拉伯、塞内加尔、塞尔维亚、新加坡、斯洛伐克、斯洛文尼亚、南非、西班牙、斯里兰卡、苏丹、瑞典、瑞士、叙利亚、坦桑尼亚、泰国、特立尼达和多巴哥、突尼斯、土耳其、乌干达、乌克兰、阿拉伯、英国、美国、乌拉圭、乌兹别克斯坦、越南、津巴布韦
O 成员	阿尔巴尼亚、安哥拉、不丹、文莱、柬埔寨、乍得、多米尼加、厄立特里亚、斯威士兰、冈比亚、佐治亚州、危地马拉、圭亚那、海地、洪都拉斯、中国香港、吉尔吉斯斯坦、老挝、莱索托、中国澳门、马达加斯加、毛里塔尼亚、摩尔多瓦、莫桑比克、缅甸、尼加拉瓜、尼日尔、巴勒斯坦、巴布亚新几内亚、巴拉圭、圣基茨和尼维斯、塞舌尔、塞拉利昂、索马里、塔吉克斯坦、多哥、土库曼斯坦、瓦努阿图、赞比亚
注册成员	安巴、伯利兹、圣格、圣普

1.3.4 组织机构

ISO的组织机构包括全体大会、理事会、主席委员会、理事会常设委员会、咨询小组、政策制定委员会、技术管理局、中央秘书处等（如图1-2所示）。

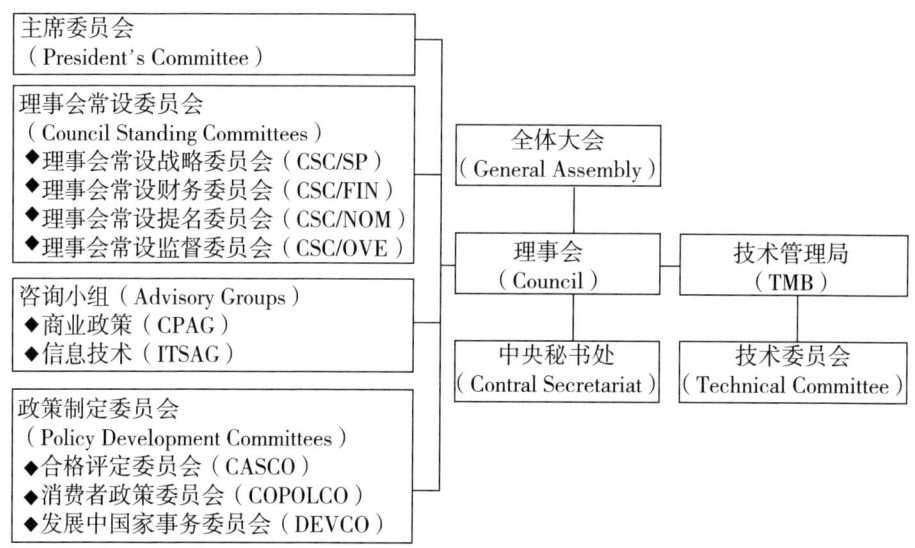

图1-2 ISO组织机构

（1）全体大会：ISO的最高权力机构，属非常设机构。每年召开一次会议，由全体成员参与，但只有P成员有表决权。

（2）理事会：ISO的管理机构，负责大部分管理问题。每年召开三次会议，由20个成员团体、ISO官员和政策制定委员会的主席组成。

（3）主席委员会：就理事会决议事项提出建议，负责治理团队间的沟通和协调，管理秘书长的业绩目标。

（4）理事会常设委员会：针对战略、财务、提名、监督等问题提出建议。

（5）咨询小组：就ISO商业政策和信息技术等问题提出建议。

（6）政策制定委员会：就合格评定、消费者问题和发展中国家事务提供指导。

（7）技术管理局：负责ISO技术工作管理和协调的最高管理机构。每年召开三次会议。

（8）中央秘书处：承担全体大会、理事会、三个政策制定委员会、技术管理局的秘书处的工作。

截至2021年底，ISO下设3751个技术机构（255个技术委员会、503个分技术委员会、2896个工作组和97个特别研究小组）；共发布24121项国际标准，其中2021年发布1619项（数据来自ISO官网，http://www.iso.org/）。

1.4 其他国家标准化组织的简介

除了大家熟知的ISO，全球还活跃着数十个发挥不同作用的专业标准化组织。例如，成立于1880年的美国机械工程师学会，拥有工业和制造行业的600项标准和编码，这些标准在全球90多个国家被采用；成立于1898年的美国材料与试验协会，目的是解决采购商与供货商在购销工业材料过程中产生的意见和分歧，这是美国乃至世界上最大的非营利性的标准学术团体之一。这些国家性的标准化组织，由于其在标准和标准化中的影响和作用，实质上也是一种国际性的标准化组织。本节主要对这些国家标准化组织展开介绍，并汇总整理了其制定标准的编号形式（见附录1附表1-1）。

1.4.1 美国石油学会

美国石油学会（American Petroleum Institute，以下简称API）成立于1919年，总部设在华盛顿，是美国第一家国家级的商业协会，也是全世界范围内最早、最成功的制定标准的学会之一。API是美国最大的石油和天然气行业协会，代表约400家参与石油工业生产、精炼、分销等企业。该协会的主要职能包括与政府、法律界和监管机构进行宣传和谈判，研究行业对经济和环境的影响，建立行业标准和认证，并作外展教育宣传。

API资助并进行与石油工业相关的多项研究，其中一项重要任务就是负责石油和天然气工业用设备的标准化工作，以确保该工业界所用设备的安全、可靠和互换性。制定协调标准是API最早和最成功的项目之一，自1924年发布第1项标准开始，近百年来，API所制定并发布的标准超过了800项。API是美国国家标准学会（American National Standards Institute，以下简称ANSI）认可的标准制定机构，其标准制定遵循ANSI的协调和制定程序准则。此外，API还与美国试验与材料协会联合制定和出版标准。此外，API积极参加适合全球工业的ISO标准的制定工作，还是ISO/TC 671/SC 9井口设备和管线阀门的秘书处。

API标准应用广泛，不仅在美国国内被企业采用，而且被美国联邦和州法律法规以及运输部、国防部、职业安全与健康管理局、海关、环境保护署、地质勘查局等政府机构引用，甚至在世界范围内被 ISO、OIML 和 100 多个国家标准所引用。API 标准主要是规定设备性能，有时也包括设计和工艺规范，标准制定领域包括石油生产、炼油、测量、运输、销售、安全和防火、环境规程等，其信息技术标准包括石油和天然气工业用电子数据交换、通信和信息技术应用等方面。

1.4.2 美国试验与材料协会

美国试验与材料协会（American Society for Testing and Materials，以下简称 ASTM）成立于 1898 年，总部设在宾夕法尼亚州西康舍霍肯，是美国最早、最大的非营利性的标准学术团体之一，由宾夕法尼亚铁路公司的化学家查尔斯·B. 达德利（Charles B. Dudley）博士创立，任务是制定材料、产品、系统和服务等领域的特性和性能标准、试验方法和程序标准，促进有关知识的发展和推广。ASTM 的前身是国际材料试验协会（International Association for Testing Materials，以下简称 IATM），于 1961 年更名为 ASTM。100 多年来，ASTM 已经满足了 100 多个领域的标准制定需求，现有 34000 多名会员，是来自 150 个国家的生产者、用户、最终消费者、政府和学术代表。ASTM 在比利时、加拿大、中国、秘鲁和美国均设有办事处。

ASTM 共有 148 个技术委员会，下设 2101 个分技术委员会，制定的标准种类有试验方法（Test Methods）、规范（Specification）、导则（Guide）、规程（Practice）、分类（Classification）和术语（Terminology），涉及 130 多个专业领域，如钢铁制品、有色金属制品、金属材料试验方法和分析程序、建筑材料、石油产品、润滑剂和矿物燃料、油漆、相关涂料和芳香族化合物、纺织品、塑料、橡胶、电器绝缘体和电子产品、水和环境技术、核能和太阳能、医疗设备和服务、仪器仪表及一般试验方法、通用工业产品、特殊化学制品和消耗材料等。截至 2022 年，ASTM 已发布了 13000 多项标准，在全球范围内被用于改善产品质量，增进健康和安全，促进贸易发展。

1.4.3 英国标准协会

英国标准协会（British Standards Institution，以下简称 BSI）成立于 1901 年，总部设在伦敦，当时被人们称为英国工程标准委员会（British Engineering Standards Committee，以下简称 BESC）。经过 100 多年的发展，BSI 现已成为集标准研发、标准技术信息提供、产品测试、体系认证和商检服务五大互补性业务于一体的全球标准服务提供商。目前，BSI 在全球 31 个国家/地区设立了87个办事处，业务遍及全球193个国家。作为全球权威的标准研发和国际认证评审服务提供商，BSI倡导并制定了世界上流行的ISO 9000系列管理标准，在全球多个国家拥有注册客户，注册标准涵盖质量、环境、健康和安全、信息安全、电信和食品安全等几乎所有领域。

BSI共有五大业务部门，其中的英国标准部是BSI的标准核心业务机构。对内，它代表国家标准机构，通过与股东协作，制定标准和应用创新的标准化解决方案，以满足公司和社会需求。对外，它在正式国际组织中代表英国，确保对研发欧洲和国际正式标准的影响。作为世界上第一个国家标准组织，BSI管理着24万个现行的英国标准、2500个专业标准委员会，参加标准委员会的成员达23万多名。BSI正进行着7000多项标准项目的研发。

BSI承担的英国国家标准组织的职责：服务于公共政策利益，是英国经济基础结构的组成部分；兼顾工业、政府和消费者等各方的不同利益；促进英国国家标准、欧洲标准和国际标准的研发；提供延伸的非正式产品和服务；作为国际标准化、欧洲标准化的重要桥梁。

BSI专注于在优势领域制定标准，包括健康、电工、工程、材料、化学、消费品与服务、信息技术等领域，同时在交通、建筑、风险业、环境可持续发展、电子商务、信息安全、质量管理等领域不断开拓。

1.4.4 德国标准化协会

德国标准化协会（Deutsches Institut für Normung，以下简称DIN）成立于1917年，总部设在柏林，开始时是一家注册的民间组织，该组织于1975年与德国联邦政府签订协议，成为当时德国政府认定的唯一一家国家级标准化权威机构。DIN的任务是专门制定和颁布满足市场需求的标准，并在欧洲和国际标准化活动中代表德国。DIN是私有化的非营利协会，政府承认DIN是国家级标准化权威机构，但不属于政府，两者的关系是平等合作的关系。

DIN有1800名会员，分布于工业界、各州、各工会组织、学术机构、消费者协会、环保组织、专业协会及银行和保险业。DIN有77个标准委员会，标准委员会下面还细分为3400个工作委员会，分别为各行各业制定标准。每个工作委员会的成员不超过21人，这些成员除秘书长是DIN的雇员外，其他都是义务制定标准的编外专家。DIN的全职雇员有380名，但不取报酬的编外专家则高达28500名。

在德国，制定法律法规是各级政府的工作，而且法律法规须强制执行；但是在不受法律法规限制的领域则由民间组织制定标准来规范行为，原则是自愿遵守。在有些情况下，标准还成为满足法律法规要求的参考依据。政府与DIN合作有两种方式：一是政府找DIN帮助制定有关法律法规的实施细则，或者为满足某些法律法规要求须参考的标准；二是DIN向政府建议制定某些标准。

1.4.5 欧洲标准化委员会

欧洲标准化委员会（Comité Européen de Normalisation，以下简称CEN）成立于1961年，总部设在比利时布鲁塞尔。CEN作为欧洲三大标准化机构之一，是以西欧国家为主体、由国家标准化机构组成的非营利性国际标准化科学技术机构。

CEN的宗旨是促进成员国之间的标准化合作，积极推行ISO、IEC等国际标准，制定本地区需要的欧洲标准，推行合格评定（认证）制度，以消除贸易中的技术壁垒。

1992年以前，CEN成员仅限于欧共体和欧洲自由贸易联盟的18个成员国。1992年7月，CEN全体大会决定CEN适度地向其他国家和组织开放，但在会员权利和义务上仍有所限制。截至1998年底，CEN共有成员44个，其中积极成员19个，观察成员14个，协作成员6个，通信成员5个。积极成员是欧盟12个成员国、欧洲自由贸易联盟6个成员国以及捷克的国家标准化机构；观察成员是中欧、东欧国家的国家标准化机构；协作成员是CEN全体大会于1992年增设的，由代表欧洲经济和社会利益的行业学会、协会组成，没有投票权，但在CEN作出决定之前可以参加讨论，并可在行业技术管理局会议上发表意见；通信成员是来自欧洲及其他各洲的国家标准化机构。

1.4.6 天然气加工中游协会

天然气加工中游协会（GPA Midstream Association，以下简称GPA中游协会）的前身是天然气加工者协会（Gas Processors Association，以下简称GPA），成立于1921年，是一个代表中游行业的非营利性行业协会。每年的GPA中游大会已经成为全球中游专业人士的聚会。

GPA中游协会一直致力于塑造美国能源行业的中游领域，其主要职责：为制定和采用天然气液体标准，制定简单和可重复的测试方法来确定行业的原材料和产品，管理世界范围内使用的合作研究项目，在国会山为本行业发声，成为大量技术报告和出版物的首选资源等。

GPA中游协会下设17个委员会，成员公司员工可以在其中探索自己感兴趣的特定领域，与同行讨论想法并了解当前行业面临的问题。少数指定的行政委员会负责整个 GPA 中游业务，但协会的主要职能是由一些志愿工作委员会和小组委员会来履行的，这些委员会根据需要建立，以满足中游行业不断扩大和变化的需求。

1.4.7 俄罗斯联邦技术和计量管理局

俄罗斯联邦技术和计量管理局（Federal Agency on Technical Regulation and Metrology，以下简称 GOST R）的前身是俄罗斯联邦国家标准化和计量委员会（Gosstandart of Russia，以下简称俄标委），成立于 1925 年，是俄罗斯联邦的国家标准机构，代表俄罗斯联邦参加国际和地区标准化组织。2004 年 8 月，GOST R 正式取代俄标委，作为 ISO 积极成员参加活动。

1992 年以前，《俄罗斯国家标准》（ГОСТ Государственный общесоюзный стандарт，以下简称 GOST）一直是所有企业和组织的强制性文件，不论其在各行业排名如何。自 1992 年以来，国家标准是自愿采用的，但仍包含强制性的要求。2002 年底，《俄罗斯联邦技术法规法》（以下简称《技术法规》）正式发布，明确了未来 7 年对产品、生产、经营、储存、运输、销售和使用的强制性要求。由于强制要求已通过法律的方式进行规范，因此标准将具有自愿性，通过相关合同等技术要求进行采用。

1.4.8 美国机械工程师协会

美国机械工程师协会（American Society of Mechanical Engineers，以下简称 ASME）成立于 1880 年，总部设在纽约，在美国利特尔福尔斯、华盛顿、休斯敦、中国北京，印度新德里设有办事处。ASME 主要关注发展机械工程及其有关领域的科学技术，鼓励基础研究，促进学术交流，发展与其他工程学、协会的合作，开展标准化活动，制定机械规范和标准。

ASME 是 ANSI 的五个发起单位之一。ANSI 的机械类标准主要由 ASME 协助提出，并由它代表 ANSI 技术顾问小组参加 ISO 的活动。该协会职能是在机械工程方面提供质量计划，通过举行会议、举办展览等提升机械工程师的能力，推进机械工程方面的技术开发与应用。

ASME 现有 90000 多名会员，来自 135 个国家。ASME 下设 67 个技术委员会，已出版发布 566 项标准。

1.4.9 材料性能与防护协会

材料性能与防护协会（The Association for Materials Protection and Performance，以下简称 AMPP）是全球最大的腐蚀和涂层专业协会，由美国国际腐蚀工程师协会（National Association of Corrosion Engineers，以下简称 NACE）与美国防护涂料协会（The Society for Protective Coatings，以下简称 SSPC）在 2021 年合并后成立。其中，NACE 成立于 1943 年，创始之初被称为"美国腐蚀工程师协会"，是全球认可的腐蚀控制领域的专业权威，由其发布的标准在全球范围内极具影响力。其总部设在美国得克萨斯州的休斯敦，在美国加州圣迭戈、马来西亚吉隆坡、中国上海、沙特阿拉伯阿尔科巴和巴西圣保罗设有办公室；其会员遍及全球 140 余个国家，人数超过 37000 名，业务领域涵盖能源、航空航天、化工、公共卫生、基建设备设施、运输、军事、海事等各大领域；其职责包括提供技术培训和认证项目，组织专业会议，制修订国际行业标准，出版技术报告，发行专业类出版物、技术期刊，及联合政府组织相关活动等。

AMPP 标准项目委员会有 3 个分支，25 个标准委员会。目前，所有带有 NACE 或 SSPC 标识的现有标准将继续使用，合并后制定的任何新标准都将使用 AMPP 标识。

1.4.10 美国天然气协会

美国天然气协会（American Gas Association，以下简称 AGA）成立于 1918 年，是由 200 多个美国燃气输送和分配公司组成的全国性行业协会。美国有超过 7400 万的住宅、商业和工业天然气客户，其中 95%（超过 7100 万客户）从 AGA 会员公司获得天然气。AGA 还负责协调燃气工业中有关燃气输送、分配和利用等的标准化活动，可谓公众的燃气能源信息交换站。AGA 作为燃气工业技术和能源政策的促进机构，在全国性问题上充当成员公司的发言人，促进燃气工业对公共安全最高利益和持续提供廉价能源的能力。

AGA 从 1930 年开始从事标准制定工作，设有 4 个技术委员会，29 个分技术委员会，现有包括天然气管输、天然气计量、管道安全等标准约 65 项。在标准工作方面，AGA 是 3 个 ANSI 认可的标准技术委员会秘书处，这 3 个委员会分别为 ASC Z223 国家燃气规范委员会、ASC Z380 气体管道技术委员会和 ASC B109 气体容积式流量计委员会。

AGA 会员主要分为四类，包括：

（1）完全权利会员：美国国内天然气销售公司及其合作商。

（2）有限权利会员：美国天然气管输公司，加拿大、墨西哥天然气管输公司和销售公司，天然气市场营销和代理商，液化天然气（Liquefied Natural Gas，以下简称 LNG）公司。

（3）联系会员：天然气供应商，咨询公司，财务、市场和法律机构的专家，天然气工业服务商等。

（4）国际会员和国际分会员：北美以外对天然气国际活动感兴趣的组织。

上述会员中，前三类可通过 AGA 官网申请会员资格。

AGA 出版物主要包括燃气基础设备建设和应用、LNG 和天然气相关的安全要求和测量、商业和居民用天然气市场分析等方面的标准、手册、技术报告、研究报告和统计分析报告。

AGA 天然气流量测量相关的技术报告往往代表着美国在该领域的最新研究成果，常被 ISO 采用，如 AGA Report No. 3 "Orifice Metering of Natural Gas and other Related Hydrocarbon Fluids"（用孔板流量计测量天然气流量）、AGA Report No. 8 "Compressibilty Factors of Natural Gas and Other Related Hydrocarbon Gases"（天然气压缩因子计算）。由于在天然气行业中具有较强的实际指导作用，AGA 天然气流量测量相关的技术报告在我国天然气流量测量系列方法标准中也常作为参考文献，包括 AGA Report No. 3、AGA Report No. 7 "Measurement of Natural Gas by Turbine Meter"（用涡轮流量计测量天然气流量）、AGA Report No. 8、AGA Report No. 9 "Measurement of Natural Gas by Multipath Ultrasonic Meter"（用超声流量计测量天然气流量）、AGA Report No. 11 "Measurement of Natural Gas by Coriolis Meter"（用科里奥利质量流量计测量天然气流量）。

第 2 章　油气业务相关的国际标准化机构

随着世界天然气工业的迅猛发展，油气各项业务对原料、产品、设备、测量技术等领域的标准化需求也在不断增长。ISO 在建立之初就成立了 TC 28、TC 30、TC 67 等技术委员会，对天然气相关领域的术语、分类等进行了标准化规定，以对相关业务的标准化进行规范、指导和监督。

本章主要从工作范围、组织结构、标准发布情况等方面，对油气上游领域相关的七个国际标准化机构进行介绍（数据及相关信息截至 2022 年 4 月，来自 ISO 官网，http://www.iso.org/，本章同）。

2.1　ISO/TC 28

ISO/TC 28 成立于 1947 年，全称是天然或合成石油及相关产品、燃料和润滑油技术委员会（Petroleum and related products, fuels and lubricants from natural or synthetic sources）。ISO/TC 28 秘书处设在荷兰皇家标准化研究所（Royal Netherlands Standardization Institute，以下简称 NEN），委员会经理为 Dhr T. de Groot，现任主席为 Michael Collier（任期至 2025 年），国内技术归口单位为中国石油化工股份有限公司石油化工科学研究院（以下简称石科院）。

2.1.1　工作范围

ISO/TC 28 的标准化工作范围为原油、石油基液体和液化燃料、天然或合成来源的非石油基液体和液化燃料、运输用气体燃料、通过制冷或压缩液化的气体燃料的测量，石油基润滑剂和液体（包括液压油和润滑脂）、天然或合成来源的非石油基润滑剂和液体（包括液压油和润滑脂）产品的术语、分类、规范、取样、测量、分析和测试方法的标准化，不包括 ISO/TC 20（飞机和航空器技术委员会）负责的用于航空器和空间飞行器操作的燃料和润滑油的规格和分类。

2.1.2 组织结构

2.1.2.1 成员

ISO/TC 28 现有 P 成员 29 个，O 成员 53 个（见表 2-1）。

表 2-1 ISO/TC 28 成员表

P 成员	O 成员
奥地利、巴林、比利时、巴西、中国、刚果、捷克、丹麦、法国、德国、印度、伊朗、以色列、意大利、日本、哈萨克斯坦、韩国、荷兰、尼日利亚、挪威、波兰、俄罗斯联邦、沙特阿拉伯、西班牙、瑞典、瑞士、土耳其、英国、美国	阿富汗、阿尔及利亚、阿根廷、阿塞拜疆、巴巴多斯、白俄罗斯、波斯尼亚、保加利亚、喀麦隆、智利、哥伦比亚、科特迪瓦、克罗地亚、古巴、塞浦路斯、埃及、爱沙尼亚、斐济、芬兰、希腊、匈牙利、印度尼西亚、伊拉克、肯尼亚、马来西亚、马耳他、毛里求斯、摩尔多瓦、蒙古、黑山、北马其顿、阿曼、巴基斯坦、葡萄牙、卡塔尔、罗马尼亚、塞尔维亚、塞舌尔、新加坡、斯洛伐克、斯洛文尼亚、南非、斯里兰卡、坦桑尼亚、泰国、特立尼达和多巴哥、突尼斯、乌干达、乌克兰、阿拉伯、越南、赞比亚、津巴布韦

2.1.2.2 联络组织

ISO/TC 28 现有联络委员会 20 个，其中，可查阅 ISO/TC 28 文件的委员会 12 个，ISO/TC 28 可查阅文件的委员会 8 个（见表 2-2）。

表 2-2 ISO/TC 28 联络委员会表

可查阅 ISO/TC 28 文件的委员会	ISO/TC 28 可查阅文件的委员会
IEC/TC 10 电工用液体	ISO/TC 4 滚动轴承
ISO/TC 4 滚动轴承	ISO/TC 8 船舶和海洋技术
ISO/TC 8 船舶和海洋技术	ISO/TC 22 道路车辆
ISO/TC 22/SC 34 推进、动力系统和动力系统流体	ISO/TC 22/SC 34 推进、动力系统和动力系统流体
ISO/TC 22/SC 41 气体燃料的具体方面	ISO/TC 35 色漆和清漆
ISO/TC 35 色漆和清漆	ISO/TC 158 气体分析
ISO/TC 67/SC 9 液化天然气装置和设备	ISO/TC 193 天然气
ISO/TC 69 统计方法的应用	ISO/TC 193/SC 3 上游地区
ISO/TC 158 气体分析	
ISO/TC 192 燃气轮机	
ISO/TC 193 天然气	
ISO/TC 193/SC 3 上游地区	

ISO/TC 28 现有联络组织（A 类和 B 类）1 个（见表 2-3）。

表 2-3 ISO/TC 28 联络组织表

组织代号	组织名称	类别
CETOP	European oil hydraulic and pneumatic committee 欧洲石油液压和气动委员会	A

2.1.2.3 直属工作组

ISO/TC 28 下设工作组 14 个，包括咨询组、联合 ISO/TC 28-ISO/TC 4/WG 23 润滑油生命周期内的滚动轴承的现场性能表现、与测试方法有关的精确数据的测定和应用、ISO/TC 28-ISO/TC 35/WG 联合标准闪点法等。各工作组基本情况见表 2-4。

表 2-4 ISO/TC 28 直属工作组基本情况表

工作组编号	工作组名称	成立时间	召集人	所属国家	状态
AG 0	TC 28 Advisory group TC 28 咨询组	1991 年	Michael Collier	英国	运行
WG 2	Determination and application of precision data in relation to methods of test 与测试方法有关的精确数据的测定和应用	2000 年	Alex Lau	美国	运行
WG 9	Joint ISO/TC 28-ISO/TC 35WG Flash point methods ISO/TC 28-ISO/TC 35WG 联合标准闪点法	1994 年	Mike Sherratt	英国	运行
WG 12	Test methods for hydraulic fluids and oils 液压油的测试方法	2008 年	John Sherman	英国	运行
WG 15	Combustion characteristics 燃烧特性	2011 年	Rudolf Terschek	德国	运行
WG 17	Viscosity and flow properties 粘度和流动特性	2015 年	Susan Partington	—	运行

续表2-4

工作组编号	工作组名称	成立时间	召集人	所属国家	状态
WG 19	Development of test methods and field performance equipment for greases 润滑油测试方法和现场设备性能的开发	2014年	Dipl.-lng Martin Josef Barreto-Pohlen	荷兰	运行
WG 23	Field performance equipment for rolling bearing grease life 滚动轴承润滑脂寿命现场性能设备	—	Dipl.-lng Martin Josef Barreto-Pohlen	荷兰	—
WG 24	Elemental analysis 元素分析	2020年	Dirk Wissmann	德国	运行
WG 25	Hydrocarbon Analysis 碳氢化合物分析	2020年	James Barker	法国	运行
WG 26	Physio-chemical and inspection tests 理化和检验测试	2020年	Michael Collier	英国	运行
WG 27	Stability, cleanliness and compatibility 稳定性、清洁度和兼容性	2020年	Richard Dale	—	运行

2.1.2.4 分技术委员会

ISO/TC 28下设分技术委员会4个，包括石油及相关产品的测量、分类和规范、冷冻烃和非石油液化气体燃料的测量、液化生物燃料等。各分技术委员会基本情况见表2-5。

表2-5　ISO/TC 28分技术委员会基本情况表

编号	分委会名称	成立时间	主席	秘书处所在国家	分委会经理	归口单位
SC 2	Measurement of petroleum and related products 石油及相关产品的测量	1980年	Mark Jiskoot	英国	Philippa Coshall	中国石油天然气股份有限公司计量测试研究所
SC 4	Classifications and specifications 分类和规范	1980年	Patrick Havil	法国	Stéphane Connan	石科院

续表2-5

编号	分委会名称	成立时间	主席	秘书处所在国家	分委会经理	归口单位
SC 5	Measurement of refrigerated hydrocarbon and non-petroleum based liquefied gaseous fuels 冷冻烃和非石油液化气体燃料的测量	1980年	Mitsuharu Oguma	日本	Saburo Haruta	石科院
SC 7	Liquid biofuels 液化生物燃料	2007年	Mônica Teixeira da Silva	巴西	Antonio Ricardo de Oliveira Cordeiro	石科院

1. ISO/TC 28/SC 2

目前，ISO/TC 28/SC 2有WG 4、WG 5、WG 9等八个工作组开展工作（见表2-6）。

表2-6 ISO/TC 28/SC 2工作组基本情况表

工作组编号	工作组名称	成立时间	召集人	所属国家
WG 4	Metering and meter calibration 计量和仪表校准	1996年	Richard Paton	英国
WG 5	Calculation of petroleum quantities 石油量的计算	1996年	Arthur Kay	英国
WG 9	Tank calibration 油箱校准	2008年	Rob Mclean	美国
WG 10	Tank measurements 油箱测量	2008年	Mark Harrison	英国
WG 11	Sampling 取样	2008年	Mark Jiskoot	英国
WG 12	Density determination 密度测定	2008年	Heather Fitzgerald	美国
WG 13	Marine bunkering 海上加油	2008年	Khen Hee Seah	新加坡
WG 14	Cargo quality assessment 货物质量评估	2008年	Abid Dungarwalla	英国

2. ISO/TC 28/SC 4

目前，ISO/TC 28/SC 4 有 WG 3、WG 6、WG 16 等五个工作组开展工作（见表 2－7）。

表 2－7 ISO/TC 28/SC 4 工作组基本情况表

工作组编号	工作组名称	成立时间	召集人	所属国家
WG 3	Joint ISO/TC 28/SC 4-ISO/TC 131 WG：Classification and specifications of hydraulic fluids ISO/TC 28/SC 4-ISO/TC 131WG：液压油的分类和规范	1994 年	John Sherman	英国
WG 6	Classification and specification of marine fuels 船用燃料的分类和规范	1994 年	Monique Vermeire	比利时
WG 16	Classifications and specifications of Industrial gear oils, turbine oils and compressor oils 工业齿轮油、透平油和压缩机油的分类和规范	2015 年	Victor d'Hollander	法国
WG 17	Specifications of liquefied natural gas for marine applications 船用液化天然气规范	2016 年	Marc Perrin	法国
WG 18	Specifications of alternative fuels for marine applications 船用替代燃料规范	2021 年	Monique Vermeire	比利时

3. ISO/TC 28/SC 5

目前，ISO/TC 28/SC 5 有 WG 3、WG 4、WG 5、WG 6、WG 7 五个工作组开展工作（见表 2－8）。

表 2－8 ISO/TC 28/SC 5 工作组基本情况表

工作组编号	工作组名称	成立时间	召集人	所属国家
WG 3	Procedures for measurement and calculation of refrigerated fluids 冷冻液体的测量和计算程序	—	Kunio Tanigawa	日本

续表2-8

工作组编号	工作组名称	成立时间	召集人	所属国家
WG 4	Sampling of refrigerated fluids 冷冻液体的取样	2007年	Kunio Tanigawa	日本
WG 5	Measurement procedures of LNG and LPG on board gas carriers 液化天然气和液化石油气船载计量程序	2007年	Kunio Tanigawa	日本
WG 6	Truck-to-ship (TTS) bunkering 卡车到船舶（TTS）加油	2021年	Ock-taeck Lim	韩国
WG 7	Ship-to-ship (STS) bunkering 船对船（STS）加油	—	Kunio Tanigawa	日本

4. ISO/TC 28/SC 7

目前，ISO/TC 28/SC 7有WG 4一个工作组开展工作（见表2-9）。

表2-9 ISO/TC 28/SC 7工作组基本情况表

工作组编号	工作组名称	成立时间	召集人	所属国家
WG 4	Ethanol test methods 乙醇试验方法	2011年	Juliana Belincanta	巴西

2.1.3 标准发布情况

目前，ISO/TC 28已累计发布国际标准284项，其中164项由TC 28直接负责管理，属于SC 2归口的有50项，SC 4归口的有54项，SC 5归口的有11项，SC 7归口的有5项（见附录2附表2-1）。

ISO/TC 28正进行的标准化项目有49项，其中TC 28开展了18项，SC 2开展了14项，SC 4开展了9项，SC 5开展了4项，SC 7开展了4项（见附录2附表2-2）。

2.2 ISO/TC 30

ISO/TC 30 成立于1947年，全称是封闭管道内流体流量测量技术委员会（Measurement of fluid flow in closed conduits）。ISO/TC 30 秘书处设在 BSI，国内技术归口单位为机械工业仪器仪表综合技术经济研究所（北京）[以下简称仪综所（北京）]。

2.2.1 工作范围

ISO/TC 30 的标准化工作范围为封闭管道中流体流量测量方法和遵循原则的标准化，包括术语和定义，检查、安装和操作原则，仪表和辅助设备的配置，测量工况条件，测量数据（包括误差）的采集、评估和分析原则等。

2.2.2 组织结构

2.2.2.1 成员

ISO/TC 30 现有 P 成员 21 个，O 成员 29 个（见表 2-10）。

表 2-10 ISO/TC 30 成员表

P 成员	O 成员
巴西、中国、捷克、埃及、德国、法国、意大利、日本、哈萨克斯坦、韩国、荷兰、挪威、巴拿马、波兰、罗马尼亚、俄罗斯、沙特阿拉伯、斯洛文尼亚、瑞士、英国、美国	奥地利、比利时、保加利亚、克罗地亚、芬兰、丹麦、爱沙尼亚、加纳、希腊、匈牙利、印度、印度尼西亚、伊朗、爱尔兰、以色列、肯尼亚、马来西亚、蒙古、巴基斯坦、秘鲁、葡萄牙、塞尔维亚、南非、西班牙、瑞典、泰国、突尼斯、土耳其、乌克兰

2.2.2.2 联络组织

ISO/TC 30 现有联络委员会 19 个，其中，可查阅 ISO/TC 30 文件的委员会 9 个，ISO/TC 30 可查阅文件的委员会 10 个（见表 2-11）。

表 2-11 ISO/TC 30 联络委员会表

可查阅 ISO/TC 30 文件的委员会	ISO/TC 30 可查阅文件的委员会
IEC/TC 4 水轮机	ISO/TC 28/SC 2 石油及相关产品的计量
IEC/TC 5 汽轮机	ISO/TC 69/SC 6 测量方法和结果
ISO/TC 28/SC 2 石油及相关产品的计量	ISO/TC 86 制冷与空调
ISO/TC 28/SC 5 冷冻碳氢化合物和非石油基液化气体燃料的测量	ISO/TC 113 液体比重计
ISO/TC 113 液体比重计	ISO/TC 115 泵
ISO/TC 115 泵	ISO/TC 115/SC 2 测量和测试方法
ISO/TC 117 风扇	ISO/TC 117 风扇
ISO/TC 193 天然气	ISO/TC 153 阀门
ISO/TC 193/SC 3 上游地区	ISO/TC 193 天然气
	ISO/TC 193/SC 3 上游地区

ISO/TC 30 现有联络组织（A 类和 B 类）1 个（见表 2-12）。

表 2-12 ISO/TC 30 联络组织表

组织代号	组织名称	类别
OIML	International organization of legal metrology 国际法制计量组织	A

2.2.2.3 直属工作组

目前 ISO/TC 30 没有正在开展工作的直属工作组。

2.2.2.4 分技术委员会

ISO/TC 30 下设分技术委员会 3 个，包括用差压装置（孔板流量计、文丘里管、喷嘴和文丘里喷嘴、临界流文丘里喷嘴）测量封闭管道中流体流量相关的标准化工作、用速度和质量方法测量封闭管道中流体流量相关的标准化工作。例如，用示踪法测量封闭管道中的水流量，用超声流量计测量气体流量、用超声流量计测量水流量等；用容积法测量封闭管道中流体流量相关的标准化工作，主要是水流量计量。各分技术委员会基本情况见表 2-13。

表 2-13 ISO/TC 30 分技术委员会基本情况表

编号	分委会名称	成立时间	主席	主席所在国家	秘书处所在国家	分委会经理	归口单位
SC 2	Pressure differential devices 差压装置	1984 年	Michael Reader-Harris	英国	英国	Ms. Deidre Fourie	仪综所（北京）
SC 5	Velocity and mass methods 速度和质量方法	1982 年	Dr. Wilhelm Staudt	瑞士	瑞士	Mr. Marcel Schulze	仪综所（北京）
SC 7	Volume methods including water meters 体积法（包括水流量计）	1983 年	Dr. Gabriele Chinello	英国	英国	Miss Deidre Fourie	仪综所（北京）

1. ISO/TC 30/SC 2

ISO/TC 30/SC 2 承担的所有标准均由该分技术委员会直管。目前有 WG 11、WG 18、WG 19 三个工作组开展工作，分别负责 ISO 5167.1-2 和 4 的修订、ISO 5167.3 的修订和 ISO 9300 的修订（见表 2-14）。

表 2-14 ISO/TC 30/SC 2 工作组基本情况表

工作组编号	工作组名称	成立时间	召集人	所属国家	状态
WG 11	Revision of ISO 5167 and associated technical reports ISO 5167 和相关技术报告修订	2019 年	Dr. Michael Reader-Harris	英国	ISO 5167 PART1、2、4、6 修订稿 FDIS 进入投票阶段
WG 18	Measurement of fluid flow using nozzles, including Venturi nozzles (Revision of ISO 5167-3: 2003) 用喷嘴，包括文丘里嘴喷嘴测量流体流量（ISO 5167.3 修订）	2022 年	Dr. Noriyuki Furuichi	日本	DIS 稿通过，进入 FDIS 阶段
WG 19	Critical flow Venturi nozzles 临界流文丘里喷嘴	2018 年	Dr. Masahiro Ishibashi	日本	修订稿 FDIS 进入投票阶段

2. ISO/TC 30/SC 5

ISO/TC 30/SC 5 承担的所有标准均由该分技术委员会直管。目前有 WG 7一个工作组开展工作，主要负责用示踪法测量液体流量的相关标准化工作（见表2－15）。

表2－15　ISO/TC 30/SC 5 工作组基本情况表

工作组编号	工作组名称	成立时间	召集人	所属国家	状态
TG 1	Clamp-on 夹装	—	Mr. Christopher Mills	—	
WG 7	Tracer methods 示踪法	2019 年	Mr. Jovan Thereska	—	CD稿通过投票，成为DIS稿

3. ISO/TC 30/SC 7

ISO/TC 30/SC 7 承担的所有标准均由该分技术委员会直管。目前有 WG 9一个工作组开展工作，主要负责 ISO 4064 的修订（见表2－16）。

表2－16　ISO/TC 30/SC 7 工作组基本情况表

工作组编号	工作组名称	成立时间	召集人	所属国家	状态
WG 9	Revision of ISO 4064 ISO 4064 修订	2022 年	Dr. Gabreile Chinello	英国	完成新项目登记

2.2.3　标准发布情况

目前，ISO/TC 30 累计已发布国际标准成果44项，其中10项由TC 30直接负责管理，属于 SC 2 归口的有13项，SC 5 归口的有15项，SC 7 归口的有6项（见附录2附表2－3）。

ISO/TC 30 正进行的标准化项目有11项，其中 SC 2 开展了3项，SC 5 开展了3项，SC 7 开展了5项（见附录2附表2－4）。

下一步，ISO/TC 30 将紧密结合工业和相应法规储备需求，以差压法、速度和质量法、容积法三类测量技术为基础，覆盖单相气体、单相液体和多相流体，起草和修订完善相关标准，满足水、烃类产品和其他资源的管道输送要求。

2.3 ISO/TC 67

ISO/TC 67 成立于 1947 年，全称是石油、石化和天然气工业用材料、设备和海上结构标准化技术委员会（Materials, equipment and offshore structures for petroleum, petrochemical and natural gas industries）。秘书处设在 NEN，国内技术归口单位为中国石油勘探开发研究院石油工业标准化研究所（以下简称石标所）。2022 年，ISO/TC 67 更名为包括低碳能源在内的石油和天然气工业技术委员会（Oil and gas industries including lower carbon energy）。

2.3.1 工作范围

ISO/TC 67 的标准化工作范围为石油和天然气工业领域的标准化，包括石油化工和低碳能源活动，不包括与 ISO/TC 28 所涵盖的天然或合成石油及相关产品、燃料和润滑剂有关的方面；与天然气有关的方面，由 ISO/TC 193 负责；与氢气技术有关的方面，正在由 ISO/TC 197 涵盖；ISO/TC 255 中涉及的与沼气有关的方面；与二氧化碳捕获、运输和地质储存有关的方面，由 ISO/TC 265 涵盖；符合国际海事组织要求的近海结构方面由 ISO/TC 8 涵盖。

2.3.2 组织结构

2.3.2.1 成员

ISO/TC 67 现有 P 成员 35 个，O 成员 27 个（见表 2-17）。

表 2-17 ISO/TC 67 成员表

P 成员	O 成员
阿根廷、澳大利亚、奥地利、巴林、比利时、巴西、加拿大、中国、塞浦路斯、丹麦、芬兰、法国、德国、印尼、伊朗、爱尔兰、意大利、日本、哈萨克斯坦、韩国、科威特、墨西哥、荷兰、尼日利亚、挪威、葡萄牙、卡塔尔、俄罗斯、沙特阿拉伯、西班牙、瑞典、泰国、乌克兰、英国、美国	亚美尼亚、阿塞拜疆、保加利亚、哥伦比亚、克罗地亚、古巴、捷克、埃及、加蓬、中国香港、匈牙利、印度、卢森堡、马来西亚、蒙古、缅甸、阿曼、波兰、罗马尼亚、塞尔维亚、新加坡、斯洛伐克、南非、瑞士、土耳其、阿拉伯、越南

2.3.2.2 联络组织

ISO/TC 67 现有联络委员会 52 个,其中,可查阅 ISO/TC 67 文件的委员会 26 个,ISO/TC 67 可查阅文件的委员会 26 个(见表 2-18)。

表 2-18 ISO/TC 67 联络委员会表

可查阅 ISO/TC 67 文件的委员会	ISO/TC 67 可查阅文件的委员会
IEC/TC 18 船舶和移动式和固定式海上装置的电气装置	ISO/TC 5 黑色金属管和金属配件
ISO/TC 5 黑色金属管和金属配件	ISO/TC 5/SC 1 钢管
ISO/TC 8 船舶和海洋技术	ISO/TC 8 船舶和海洋技术
ISO/TC 14 机器轴及附件	ISO/TC 8/SC 2 海洋环境保护
ISO/TC 17 钢	ISO/TC 17/SC 19 压力钢管交付条件技术
ISO/TC 31 轮胎、轮辋和气门嘴	ISO/TC 22/SC 41 气体燃料
ISO/TC 35 色漆与清漆	ISO/TC 35 色漆和清漆
ISO/TC 44 焊接及相关工艺	ISO/TC 45/SC 1 橡胶和塑料软管及软管组合件
ISO/TC 96 起重机	ISO/TC 96 起重机
ISO/TC 98 结构设计基础	ISO/TC 98 结构设计基础
ISO/TC 105 钢丝绳	ISO/TC 108/SC 5 机器的条件监控诊断
ISO/TC 111 钢制圆环链、吊链及附件	ISO/TC 115 泵
ISO/TC 115 泵	ISO/TC 135 无损检测
ISO/TC 135 无损检测	ISO/TC 145 图形符号
ISO/TC 156 金属和合金的腐蚀	ISO/TC 153 阀门
ISO/TC 156/SC 1 腐蚀控制工程全生命周期	ISO/TC 156 金属和合金的腐蚀
ISO/TC 161 燃气和/或燃油控制和保护装置	ISO/TC 164 金属材料力学试验
ISO/TC 164 金属材料力学试验	ISO/TC 176/SC 2 质量体系
ISO/TC 167 钢和铝结构	ISO/TC 184/SC 4 工业数据
ISO/TC 176 质量管理和质量保证	ISO/TC 193 天然气
ISO/TC 176/SC 2 质量体系	ISO/TC 193/SC 3 天然气上游领域
ISO/TC 184/SC 4 自动化系统与集成/工业数据	ISO/TC 197 氢气技术
ISO/TC 193/SC 3 天然气上游领域	ISO/TC 251 资产管理
ISO/TC 251 资产管理	ISO/TC 262 风险管理
ISO/TC 262 风险管理	ISO/TC 263 煤层气
ISO/TC 263 煤层气	ISO/TC 265 二氧化碳的捕获、运输和地质储存

ISO/TC 67 现有联络组织(A 类和 B 类)6 个(见表 2-19)。

表2-19 ISO/TC 67联络组织表

组织代号	组织名称	类别
IADC-drilling	International association of drilling contractors 国际钻井承包商协会	A
IOGP	International association of oil and gas producers 国际油气生产商协会	A
NGV Global	Natural gas vehicle knowledge base 国际天然气汽车协会	A
UNECE	United nations economic commission for europe 联合国欧洲经济委员会	A
WCO	World customs organization 世界海关组织	B
WMO	World meteorological organization 世界气象组织	A

2.3.2.3 直属工作组

ISO/TC 67下设工作组12个，包括为TC 67解决专项问题临时设立的AG 1、AHG 1、AHG 2和CAG（其中AG 1负责标准数字化方面的工作，AHG 1负责绿色制造标准化方面的工作，AHG 2负责提高采收率方面的工作，CAG负责应对能源转型、开展绿色低碳和业务范围调整的工作），目前AHG 1、AHG 2已经解散；常设组织MC，负责协助主席全面负责TC 67整体战略、项目协调和其他重要事项的讨论；WG 2，负责提供需求、指导和工具，以支持石油、石化和天然气行业内的组织建立和实施管理、质量和合格性评估流程，以降低运营风险，并推动整个业务的改进；WG 4，负责与ISO/TC 67标准化活动相关的可靠性工程与技术和成本工作；WG 5，负责石油、石化和天然气工业用铝合金管材标准化；WG 7，负责石油、石化和天然气工业用耐蚀材料标准化工作；WG 8，负责石油、石化和天然气工业用材料及腐蚀控制、焊接和接合以及无损检测；WG 11，负责石油、石化和天然气工业中用于液体和气态碳氢化合物的钻井、生产、储存和加工的设备和结构（陆上和海上）腐蚀控制的外部和内部涂层/衬里的标准化工作，不包括管道涂料和ISO/TC 35（色漆和清漆）正在处理的方面；WG13，负责海上平台散装材料标准化工作。各工作组基本情况见表2-20。

表 2－20 ISO/TC 67 直属工作组基本情况表

工作组编号	工作组名称	成立时间	召集人	所属国家
AG 1	Digital implementation 数字化实施	2019 年	Helge Olsen	挪威
AHG 1	Green manufacturing 绿色制造	2019 年	秦长毅	中国
AHG 2	Improved oil recovery/enhanced oil recovery (IOR/EOR) 提高采收率	2020 年	程杰成	中国
CAG	Chairman advisory group 主席咨询组	2021 年	Philip Smedley	英国
MC	Management committee 管理委员会	2001 年	Philip Smedley	英国
WG 2	Operating integrity management for the petroleum, petrochemical and natural gas industries 石油石化天然气行业经营完整性管理	1997 年	Ted Fletcher	澳大利亚
WG 4	Reliability engineering and technology 可靠性工程与技术	1994 年	Runar ØstebØ	挪威
WG 5	Aluminium alloy pipes 铝合金管	1994 年	Andrey A. Lamono	俄罗斯
WG 7	Corrosion resistant materials 耐腐蚀材料	1995 年	Prof. Dr. hail Günter Schmitt	德国
WG 8	Materials, corrosion control, welding and jointing, and non-destructive examination (NDE) 材料、腐蚀控制、焊接和接合以及无损检测（NDE）	1995 年	Mons Hauge	挪威
WG 11	Coating and lining of structures and equipment 结构和设备的涂层和衬里	2011 年	Muayad Abdul Afo Ajjawi	卡塔尔
WG 13	Bulk materials for offshore projects 海上工程散装材料	2018 年	Jin Seong Son	韩国

2.3.2.4 分技术委员会

ISO/TC 67下设分技术委员会9个，包括：SC 2，负责陆上及海上石油天然气工业中所有流体的输送；SC 3，负责钻井、完井和修井液、油井水泥、油井和地层处理液相关作业规范、设备和试验方法的标准化工作；SC 4，负责石油、石化和天然气工业中使用的钻井和生产设备的标准化工作；SC 5，负责石油天然气工业套管、油管和钻杆的标准化工作；SC 6，负责石油、石化和天然气工业中加工设备和系统的标准化；SC 7，负责石油和天然气生产和储存的海上结构领域的标准化工作，包括移动海上装置现场应用的评估程序；SC 8，负责在北极陆上和近海地区，以及其他环境温度低和存在冰、雪和（或）永久冻土的地区，与碳氢化合物勘探、生产和加工相关的作业标准化工作；SC 9，负责制定和维护液化天然气生产、运输、转运、储存、再气化和使用涉及的装置、设备和程序领域的标准化工作，同时考虑处理液化天然气的其他国际标准化组织技术委员会的工作方案；SC 10，负责陆上、海上和其他提高采收率技术的"强化采油"标准化工作，但不包括ISO/TC 265（二氧化碳捕获、运输和地质存储）涵盖的方面。各分技术委员会基本情况见表2-21。

表2-21 ISO/TC 67分技术委员会基本情况表

编号	分委会名称	成立时间	主席	主席所在国家	秘书处所在国家	分委会经理	归口单位
SC 2	Pipeline transportation systems 管道运输系统	1992年	Dmitry Shiryapov	俄罗斯	意大利	Mr. Giuliano Corbella	中国石油集团石油工程材料研究院有限公司（以下简称工程材料研究院）
SC 3	Drilling and completion fluids, well cements and treatment fluids 钻井完井液、油井水泥和处理液	1993年	Roger Tønnessen	挪威	挪威	Mr. Helge Olsen	中国石油集团工程技术研究院有限公司（以下简称工程技术研究院）
SC 4	Drilling and production equipment 钻采设备	1991年	Cecilie A. Haarseth	美国	美国	Mr. Roland Goodman	石油工业标准化研究所
SC 5	Casing, tubing and drill pipe 套管、油管和钻杆	1988年	Tomoki Mori	日本	日本	Mr. Koshikawa Tetsuya	工程材料研究院

续表2-21

编号	分委会名称	成立时间	主席	主席所在国家	秘书处所在国家	分委会经理	归口单位
SC 6	Processing equipment and systems 加工设备和系统	1988年	M Jean-Claude Bourguignon	法国	法国	M. Jean-Luc Dumas	中国寰球工程有限公司（以下简称寰球公司）
SC 7	Offshore structures 海工结构	1988年	David Petruska	英国	英国	Dr. Charles Whitlock	中海油研究总院有限责任公司（以下简称中海油研究总院）
SC 8	Arctic operations 北极行动	2011年	Andrey Timin	俄罗斯	俄罗斯	Ms. Liudmila Zalevskaya	中海油研究总院
SC 9	Liquefied natural gas installations and equipment 液化天然气装置和设备	2015年	M Stéphane Dubois du Bellay	法国	法国	M. Christophe Erhel	中海油石油气电集团有限责任公司（以下简称气电集团）
SC 10	Enhanced oil recovery 提高石油采收率	2022年	（待定）	—	中国	孙良伟	大庆油田有限责任公司

1. ISO/TC 67/SC 2

ISO/TC 67/SC 2下设工作组28个，其中14个工作组已经解散，实际运行的工作组为14个（见表2-22）。

表2-22 ISO/TC 67/SC 2工作组基本情况表

工作组编号	工作组名称	成立时间	召集人	所属国家
EDC	Editing committee 编辑委员会	1998年	Erling Gjertveit	挪威
WG 1	Format/content pipeline standard 标准格式/内容	—	—	—
WG 2	Pipelinevalves 管道阀门	1999年	Rick Faircloth	美国
WG 3~7	Pipeline transportation systems 管道输送系统	—	—	—
WG 8	Pipelinewelding 管道焊接	1993年	Oude Hengel Jan	荷兰

续表2-22

工作组编号	工作组名称	成立时间	召集人	所属国家
WG 9	Subsea pipeline valves 海底管道阀门	1994年	Rick Faircloth	美国
WG 10	Pipeline flanges, fittings and shopbends 管道管件、法兰、弯管	2001年	许晓锋	中国
WG 11	Pipeline cathodic protection 管道阴极防护	2003年	Jorge Suarez	美国
WG 12	Reliability-based limit state methods 基于可靠性极限状态方法	2001年	T. Sotberg	挪威
WG 13	Maintenance of ISO 13623 管道输送系统维护	2000年	Robert J. T. Appleby	美国
WG 14	External pipeline protective coatings 管道外防护涂层	2006年	Tom Weber	美国
WG 15	Testing procedures for mechanical connectors 机械连接件试验程序	2001年	Graham Wilson	英国
WG 16	Line pipe 管线管	1980年	Lars M. Haldorsen	挪威
WG 17	Pipeline life extension 管线延寿	2008年	Graham Wilson	英国
WG 18	Actuator sizing for pipeline valves 管道阀门调节器选用	2008年	Edgar Ed Mr	—
WG 19	Wet thermal insulation coatings 湿热绝缘涂层	2008年	Denis Melot	法国
WG 20	Steel cased pipelines 钢质套管管道	2010年	Didas Jeffrey	—
WG 21	Pipeline integrity management 管道完整性管理	2013年	冯庆善	中国
WG 22	Field pressure testing of pipelines 管道现场压力测试	2013年	Lynndon Harnell	澳大利亚
WG 23	Geological hazard risk management 地质灾害风险管理	2014年	李亮亮	中国
WG 24	DC stray current 杂散电流（直流）	2017年	Ken Lax	英国

续表2-22

工作组编号	工作组名称	成立时间	召集人	所属国家
WG 25	Pipeline internal coating 管道内涂层	2019年	Tessier Vincent	法国
WG 26	Terms and definitions 术语和定义	2020年	赵晋云	中国
WG 27	Revision of ISO 14313：2007，ISO 14723：2009，ISO 12490：2011 ISO 14313：2007、ISO 14723：2009和ISO 12490：2011的修订版	2021年	Ed Edgar	美国

2. ISO/TC 67/SC 3

ISO/TC 67/SC 3下设工作组3个（见表2-23）。

表2-23 ISO/TC 67/SC 3工作组基本情况表

工作组编号	工作组名称	成立时间	召集人	所属国家
WG 1	Drilling, completion and workover fluids 钻井、完井和修井液	1997年	Phillip Jackson	美国
WG 2	Cementing 胶结	1992年	Laurent DELABROY	挪威
WG 3	Well and formation treatment fluids 油井和地层处理液	1998年	Weng Dingwei	中国

3. ISO/TC 67/SC 4

ISO/TC 67/SC 4下设工作组6个（见表2-24）。

表2-24 ISO/TC 67/SC 4工作组基本情况表

工作组编号	工作组名称	成立时间	召集人	所属国家
WG 1	Drilling equipment 钻井设备	1996年	Zhisui Huang	中国
WG 2	Drilling well control equipment 钻井井控设备	1996年	Martin Carnie	美国
WG 3	Wellhead and christmas tree equipment 井口和采油树设备	1998年	Matteo Zorloni	意大利

续表2－24

工作组编号	工作组名称	成立时间	召集人	所属国家
WG 4	Production equipment 生产设备	1998 年	孙良伟	中国
WG 6	Subsea equipment 水下设备	1993 年	Bjorn Sogard	挪威
WG 8	Modular drilling rigs 组合式钻机	2014 年	Zhou Jianliang	中国

4. ISO/TC 67/SC 5

ISO/TC 67/SC 5 下设工作组 5 个（见表 2－25）。

表 2－25 ISO/TC 67/SC 5 工作组基本情况表

工作组编号	工作组名称	成立时间	召集人	所属国家
WG 1	Casing, tubing and drill pipe 套管、油管和钻杆	1975 年	Zeller, Frank	德国
WG 2	Casing and tubing connections and performance properties 套管和油管螺纹连接和使用性能	1993 年	Coe, David	美国
WG 3	Casing and tubing made of corrosion resistant alloya (OCTG) 耐蚀合金套管和油管	2000 年	Gomes, Christelle	法国
WG 4	Requirements, evaluation and testing of thread compounds for use with casing, tubing and line pipe 套管、油管和管线管用螺纹脂评定和试验	2000 年	Matthews, Kimberly	美国
WG 5	Lined casing and tubing 内衬套管和油管	2019 年	李厚补	中国

5. ISO/TC 67/SC 6

ISO/TC 67/SC 6 下设工作组 4 个（见表 2－26）。

表 2-26 ISO/TC 67/SC6 工作组基本情况表

工作组编号	工作组名称	成立时间	召集人	所属国家
WG 1	Offshore platform systems 海上平台系统	1993 年	Frank Leonard Firing	挪威
WG 5	Piping systems 管道系统	1999 年	Jorivaldo Medeiros	巴西
WG 8	Process heat transfer equipment 工艺传热设备	1999 年	Colin Weil	英国
WG 12	Pressure-relieving and depressuring systems 泄压和减压系统	2004 年	Alain Bucher	法国

6. ISO/TC 67/SC 7

ISO/TC 67/SC 7 下设工作组 11 个（见表 2-27）。

表 2-27 ISO/TC 67/SC 7 工作组基本情况表

工作组编号	工作组名称	成立时间	召集人	所属国家
AHG 1	Title and scope 标题和范围	—	David Petruska	—
WG 1	General requirements 一般要求	1992 年	Marc Maes	加拿大
WG 3	Fixed steel structures 固定式钢结构	1993 年	Moises Abraham	美国
WG 4	Fixed concrete structures 固定式混凝土结构	1993 年	Kolbjørn Høyland	挪威
WG 5	Floating systems 浮动系统	1993 年	Wei Ma	美国
WG 6	Weight engineering 重量工程	1996 年	Joar Strømseng	挪威
WG 7	Site specific assessment of mobile offshore units (MOUS) 移动式海上装置的现场特定评估 (MOUS)	1996 年	Mike Hoyle	英国
WG 8	Offshore Arctic structures 近海北极结构物	2002 年	Karen Muggeridge	加拿大

续表2-27

工作组编号	工作组名称	成立时间	召集人	所属国家
WG 9	Marine operations 海上行动	2002年	Meng Hoe Wong	—
WG 10	Foundations 基金会	2009年	Neil Morgan	—
WG 11	Offshore freight containers 离岸货运集装箱	2010年	Elisabeth Legg	—

7. ISO/TC 67/SC 8

ISO/TC 67/SC 8下暂未设工作组。

8. ISO/TC 67/SC 9

ISO/TC 67/SC 9下设工作组6个（见表2-28）。

表2-28 ISO/TC 67/SC 9工作组基本情况表

工作组编号	工作组名称	成立时间	召集人	所属国家
JWG 8	Joint ISO/TC 67/SC 9-ISO/TC 92/SC 2 WG：Resistance to cryogenic spillage ISO/TC 67/SC 9-ISO/TC 92/SC 2 WG：耐低温泄漏	2019年	Sebastien VIALE	法国
WG 1	Equipment and procedures for LNG when used as fuel for marine, road and rail activities 液化天然气用作海上、公路和铁路活动燃料时的设备和程序	2015年	Gianpaolo Bene	英国
WG 7	Offshore installations for LNG production or regasification 液化天然气生产或再气化的海上装置	2015年	Cédric Andrieu	比利时
WG 9	LNG railcar applications 液化天然气轨道车的应用	2020年	George Dodoros	荷兰
WG 10	GHG emissions at LNG plant 液化天然气工厂的温室气体排放	2020年	Fabien Megal	—
WG 11	Risk assessment 风险评估	—	Dr.-lng Thomas Aumeier	德国

9. ISO/TC 67/SC 10

ISO/TC 67/SC 10 下暂未设工作组。

2.3.3 标准发布情况

截至 2022 年 12 月，ISO/TC 67 已累计发布国际标准成果 230 项，其中 32 项由 TC 67 直接负责管理，属于 SC 2 归口的有 30 项，SC 3 归口的有 28 项，SC 4 归口的有 55 项，SC 5 归口的有 12 项，SC 6 归口的有 34 项，SC 7 归口的有 22 项，SC 8 归口的有 6 项，SC 9 归口的有 11 项（见附录 2 附表 2−5）。

ISO/TC 67 正进行的标准化项目共 44 项，其中 TC 67 直接开展了 4 项，SC 2 开展了 19 项，SC 4 开展了 2 项，SC 5 开展了 2 项，SC 6 开展了 5 项，SC 7 开展了 10 项，SC 9 开展了 2 项（见附录 2 附表 2−6）。

2.4　ISO/TC 193

ISO/TC 193 成立于 1988 年，全称是国际标准化组织天然气技术委员会。ISO/TC 193 秘书处设在荷兰的标准化研究院（NEN），委员会经理为 Nicolet Baas，现任主席为 Adriaan van der Veen，任期至 2023 年，国内技术归口单位是中国石油天然气股份有限公司西南油气田分公司天然气研究院（以下简称天研院）。

2.4.1　工作范围

ISO/TC 193 的标准化工作范围包括天然气、天然气代用品、天然气和气体燃料（如非常规气体和可再生气体）混合物及湿气从生产到送交国内外最终用户的各个方面的术语、质量指标、测量、取样、分析和测试方法（包括热物理性质计算和测量）的标准化，以及 LNG 分析方法的标准化，并与天然气有关的其他技术委员会相联系，对这些技术委员会所做的与天然气有关的工作进行认可。

ISO/TC 193 于 2020 年对其战略业务规划进行了更新，更新后的目标为：

（1）提供准则、试验方法和评价程序标准，协助国际天然气贸易的顺利进行。

（2）提供天然气规范格式标准，以提高安全标准和促进有价值的天然气新产品和新用途（如车用燃料）的开发。

（3）提供准则、试验方法和各种评估程序的标准，以加强世界各地气体操作的一致性和安全性。

（4）提供与液化天然气的液化、储存和再蒸发有关的气体规范格式标准，避免与其他 TC（如 ISO/TC 28）的规范格式重叠。

（5）提供非常规天然气、可再生气体和湿气的气体规范标准及分析方法标准。

（6）提供天然气溯源性及参比物质质量要求标准。

（7）为上游领域天然气（国际）贸易顺利进行提供标准。

（8）标准中包含自由化方面的内容。

（9）维护天然气（上下游）行业和政府组织的专家网络。

2.4.2 组织结构

2.4.2.1 成员

ISO/TC 193 现有 P 成员 28 个，O 成员 30 个（见表 2-29）。

表 2-29 ISO/TC 193 成员表

P 成员	O 成员
阿尔及利亚、亚美尼亚、奥地利、巴林、比利时、中国、捷克、丹麦、法国、德国、匈牙利、印度、意大利、哈萨克斯坦、韩国、马来西亚、荷兰、挪威、波兰、葡萄牙、卡塔尔、俄罗斯、西班牙、瑞士、泰国、乌克兰、英国、美国	阿根廷、澳大利亚、波斯尼亚、保加利亚、智利、科特迪瓦、克罗地亚、古巴、塞浦路斯、埃及、芬兰、中国香港、伊朗、伊拉克、爱尔兰、日本、肯尼亚、摩尔多瓦、蒙古、新西兰、阿曼、巴基斯坦、罗马尼亚、塞尔维亚、新加坡、斯洛伐克、瑞典、特立尼达和多巴哥、突尼斯、土耳其

2.4.2.2 联络组织

ISO/TC 193 现有联络委员会 19 个，其中，可查阅 ISO/TC 193 文件的委员会 10 个，ISO/TC 193 可查阅文件的委员会 9 个（见表 2-30）。

表 2－30　ISO/TC 193 联络委员会表

可查阅 ISO/TC 193 文件的委员会	ISO/TC 193 可查阅文件的委员会
ISO/TC 5 黑色金属管道和金属配件 ISO/TC 22 道路车辆 ISO/TC 28 天然或合成来源的石油及相关产品、燃料和润滑剂 ISO/TC 30 封闭管道中流体流量的测量 ISO/TC 58 气瓶 ISO/TC 67 石油、石化和天然气工业用材料、设备和海洋结构物 ISO/TC 138 流体输送用塑料管、配件和阀门 ISO/TC 158 气体分析 ISO/TC 192 燃气轮机 ISO/TC 263 煤层气（CBM）	ISO/TC 22/SC 41 气体燃料的具体方面 ISO/TC 28 天然或合成来源的石油及相关产品、燃料和润滑剂 ISO/TC 28/SC 4 分类和规格 ISO/TC 30 封闭管道中流体流量的测量 ISO/TC 158 气体分析 ISO/TC 192 燃气轮机 ISO/TC 197 氢技术 ISO/TC 255 沼气 ISO/TC 263 煤层气（CBM）

ISO/TC 193 现有联络组织（A 类和 B 类）5 个（见表 2－31）。

表 2－31　ISO/TC 193 联络组织表

组织代号	组织名称	类别
ECTA	European chemical transport association AISBL 欧洲化学品运输协会	A
GERG	European gas research group 欧洲天然气研究组织	A
OIML	International organization of legal metrology 国际法制计量组织	A
NGV Global	Natural gas vehicle knowledge base 国际天然气汽车协会	A
WLPGA	World LPG association 世界液化石油气论坛	A

2.4.2.3　直属工作组

ISO/TC 193 下设直属工作组 5 个，各工作组基本情况见表 2－32。

表2-32　ISO/TC 193直属工作组基本情况表

工作组编号	工作组名称	成立时间	召集人	所属国家
WG 2	Quality designation 质量指标	1994年	Uwe Klaas	德国
WG 5	Odorization 添味	1993年	Uwe Klaas	德国
WG 7	Energy determination 能量测定	2006年	Gregor Friedrichs	德国
WG 8	Knock resistance 抗爆震性能	2017年	Mohamed Sebar	阿尔及利亚
WG 9	Properties 性质	2018年	Jeremy Knight	英国

2.4.2.4　分技术委员会

ISO/TC 193下设分技术委员会2个（见表2-33）。

表2-33　ISO/TC 193分技术委员会基本情况表

编号	分委会名称	成立时间	主席	主席所在国家	秘书处所在国家	分委会经理	归口单位
SC 1	Analysis of natural gas 天然气分析	1989年	Adriaan van der Veen	荷兰	荷兰	Nicolet Baas	荷兰标准化学会
SC 3	Upstream area 天然气上游领域	1999年	常宏岗	中国	中国	罗勤	中国石油天然气集团有限公司（以下简称中石油）

1. ISO/TC 193/SC 1

ISO/TC 193/SC 1下设工作组9个（见表2-34）。

表 2-34 ISO/TC 193/SC 1 工作组基本情况表

工作组编号	工作组名称	成立时间	召集人	所属国家
WG 13	Thermodynamic properties 热力学性质	1999 年	Eric Lemmon	美国
WG 17	Analysis with associated uncertainty 相关不确定度分析	2006 年	Danny Rekers	荷兰
WG 18	Revision of ISO 6976 物性参数计算（ISO 6976 修订）	2006 年	Dave Lander	英国
WG 20	Revision of ISO 10715 取样（ISO 10715 的修订）	2009 年	Alice Vatin	法国
WG 21	Revision of ISO 10101 卡尔·费休（ISO 10101 的修订）	2009 年	Ms. Alejandra Casola Lopez	意大利
WG 22	Sulfur micro coulometry 硫/微库仑法	2011 年	周理	中国
WG 24	Sulfur UV Fluorescence 硫/紫外荧光法	2015 年	周理	中国
WG 25	Biomethane 生物甲烷	2017 年	Adriaan van der Veen	荷兰
WG 26	Coalbed methane and coal based synthetic natural gas 煤层气和煤制气	2019 年	蔡黎	中国

2. ISO/TC 193/SC 3

ISO/TC 193/SC 3 下设工作组 8 个（见表 2-35）。

表 2-35 ISO/TC 193/SC 3 工作组基本情况表

工作组编号	工作组名称	成立时间	召集人	所属国家
WG 1	Allocation and measurement 分配和测量	2000 年	Jean-Paul Couput	法国
WG 2	Wet gas measurement 湿气测量	2007 年	Richard Steven	美国
WG 3	Hydrate management 水合物管理	2021 年	Wei Li	中国

续表2-35

工作组编号	工作组名称	成立时间	召集人	所属国家
WG 4	Online gas chromatography（OGC）applications 在线气相色谱（OGC）应用	2007年	Mr. Pundit Tharanamai	泰国
WG 5	Wet gas sampling 湿气取样	2011年	Philip Lawrence	美国
WG 6	Hydrogen sulfide 硫化氢	2015年	蔡黎	中国
WG 7	Composition/Raman spectroscopy 组成/拉曼光谱	2019年	朱华东	中国
WG 8	Slick water testing 滑溜水测试	2021年	陈鹏飞	中国

2.4.3 标准发布情况

截至2022年12月，ISO/TC 193已累计发布国际标准成果56项（含10份技术报告），其中10项标准由TC 193直接负责管理，属于SC 1归口的有41项，SC 3归口的有5项（见附录2附表2-7）。

ISO/TC 193正进行的标准化项目共15项，其中TC 193直接开展了4项，SC 1开展了9项，SC 3开展了2项（见附录2附表2-8）。

2.5 ISO/TC 197

ISO/TC 197成立于1990年，全称是国际标准化组织氢能技术委员会。ISO/TC 197秘书处设在加拿大标准委员会（SCC），委员会经理为Anne-Louise Fortin，现任主席为Tetsufumi IKEDA，任期至2024年，国内技术归口单位为中国标准化研究院—能源室。

2.5.1 工作范围

ISO/TC 197的标准化工作范围包括氢能制备、储存、运输、检测、应用等相关装备和系统等方面的国际标准研制工作。

2.5.2 组织结构

2.5.2.1 成员

ISO/TC 197 现有 P 成员 30 个，O 成员 12 个（见表 2-36）。

表 2-36 ISO/TC 197 成员表

P 成员	O 成员
阿根廷、澳大利亚、奥地利、比利时、巴西、加拿大、中国、捷克、丹麦、芬兰、法国、德国、印度、爱尔兰、意大利、日本、韩国、摩洛哥、荷兰、新西兰、挪威、罗马尼亚、俄罗斯、沙特阿拉伯、西班牙、瑞典、瑞士、乌克兰、英国、美国	埃及、中国香港、匈牙利、伊朗、以色列、哈萨克斯坦、波兰、葡萄牙、塞尔维亚、斯里兰卡、泰国、土耳其

2.5.2.2 联络组织

ISO/TC 197 现有联络委员会 38 个，其中，可查阅 ISO/TC 197 文件的委员会 25 个，ISO/TC 197 可查阅文件的委员会 13 个（见表 2-37）。

表 2-37 ISO/TC 197 联络委员会表

可查阅 ISO/TC 197 文件的委员会	ISO/TC 197 可查阅文件的委员会
IEC/TC 9 铁路牵引电气设备与系统	IEC/TC 9 铁路牵引电气设备与系统
IEC/TC 31 爆炸性环境用电气设备	IEC/TC 31 爆炸性环境用电气设备
IEC/TC 105 燃料电池技术	ISO/TC 11 锅炉及压力容器
ISO/TC 11 锅炉及压力容器	ISO/TC 22 道路车辆
ISO/TC 20 航空与航天器	ISO/TC 22/SC 37 电动道路车辆
ISO/TC 20/SC 9 航空货运及地面设备	ISO/TC 22/SC 41 气体燃料的特殊要求
ISO/TC 20/SC 14 空间系统及其操作	ISO/TC 45/SC 1 橡胶和塑料软管及软管组合件
ISO/TC 22 道路车辆	ISO/TC 58 气瓶
ISO/TC 22/SC 37 电动道路车辆	ISO/TC 58/SC 3 气瓶设计
ISO/TC 22/SC 41 气体燃料的特殊要求	ISO/TC 158 气体分析
ISO/TC 45/SC 1 橡胶和塑料软管及软管组合件	ISO/TC 192 燃气轮机
ISO/TC 58 气瓶	ISO/TC 220 低温容器
ISO/TC 58/SC 2 气瓶附件	ISO/TC 291 家用燃气烹饪器具
ISO/TC 58/SC 3 气瓶设计	
ISO/TC 58/SC 4 气瓶的操作要求	
ISO/TC 67 石油和天然气工业用材料、设备和海上结构	
ISO/TC 70 内燃机	
ISO/TC 110 工业车辆	

续表2-37

可查阅ISO/TC 197文件的委员会	ISO/TC 197可查阅文件的委员会
ISO/TC 158 气体分析 ISO/TC 161 燃气和/或燃油控制和保护装置 ISO/TC 192 燃气轮机 ISO/TC 193 天然气 ISO/TC 207 环境管理 ISO/TC 220 低温容器 ISO/TC 269 铁路应用	

ISO/TC 197现有联络组织（A类和B类）5个（见表2-38）。

表2-38 ISO/TC 197联络组织表

组织代号	组织名称	类别
EC-European Commission	European commission 欧洲委员会	A
ECMA	European cylinder makers association 欧洲计算机制造商协会	A
EIGA	European industrial gases association 欧洲工业气体协会	A
HySafe	International association for hydrogen safety 国际氢安全协会	A
OIML	International organization of legal metrology 国际法制计量组织	A

2.5.2.3 直属工作组

ISO/TC 197下设直属工作组18个，各工作组基本情况见表2-39。

表2-39 ISO/TC 197直属工作组基本情况表

工作组编号	工作组名称	成立时间	召集人	所属国家
AHG 1	Permanent editing committee 常设编辑委员会	2020年	Anne-Louise Fortin	—
JWG 30	Joint ISO/TC 197-ISO/TC 22/SC 41 WG：Gaseous hydrogen land vehicle fuel system components 压缩氢气车辆燃料系统组件	2020年	Graham Meadows	加拿大

续表2－39

工作组编号	工作组名称	成立时间	召集人	所属国家
TAB 1	Technical Advisory Board 技术咨询委员会	2013年	Andrei Tchouvelev	美国
WG 5	Gaseous hydrogen land vehicle refuelling connection devices 压缩氢气车辆加注连接装置	1997年	Livio Gambone	美国
WG 15	Cylinders and tubes for stationary storage 固定储存用容器和管道	2010年	John A. Eihusen	美国
WG 18	Gaseous hydrogen land vehicle fuel tanks and TPRDs 压缩氢气车辆燃料罐用氢气压力泄放装置	2013年	Livio Gambone	美国
WG 19	Gaseous hydrogen fueling station dispensers 氢气加氢站用加氢机	2013年	Shogo WATANABE	美国
WG 21	Gaseous hydrogen fueling station compressors 氢气加氢站用压缩机	2013年	Karen Quackenbush	美国
WG 22	Gaseous hydrogen fueling station hoses 氢气加氢站用软管	2013年	Karen Quackenbush	美国
WG 23	Gaseous hydrogen fueling station fittings 氢气加氢站用附件	2013年	Karen Quackenbush	美国
WG 24	Gaseous hydrogen—Fuelling protocols for hydrogen-fuelled vehicles 氢气 加氢站通用要求	2013年	Antonio Ruiz	美国
WG 27	Hydrogen fuel quality 氢燃料质量	2015年	Osamu Tajima	日本
WG 28	Hydrogen quality control 氢质量控制	2015年	Hidenori TOMIOKA	日本
WG 29	Basic considerations for the safety of hydrogen systems 氢系统安全的基本要求	2020年	Jay O. Keller	美国
WG 31	O-rings O形圈	2020年	Shin NISHIMURA	日本
WG 32	Hydrogen generators using water electrolysis 水电解制氢装置	2020年	Regine Reissner	德国

续表2-39

工作组编号	工作组名称	成立时间	召集人	所属国家
WG 33	Sampling for fuel quality analysis 燃料质量分析采样	2021年	Thor Anders Aarhaug	挪威
WG 34	Hydrogen generators using water electrolysis test protocols and safety requirements 水电解制氢装置测试协议及安全要求	2021年	Nick Hart	英国

2.5.3 标准发布情况

截至2022年12月，ISO/TC 197已累计发布国际标准成果18项，均由TC 197直接负责管理（见附录2附表2-9）。

ISO/TC 197正在编制的标准有23项，其中TC 197直接开展了22项，SC 1开展了1项（见附录2附表2-10）。

2.6 ISO/TC 263

ISO/TC 263成立于2011年11月14日，全称是国际标准化组织煤层气技术委员会。ISO/TC 263是经ISO和SAC相关程序批准，在北京成立的，现任主席由中石油煤层气有限责任公司（以下简称煤层气公司）总经理助理郭炳政担任。根据SAC《关于承担国际标准化组织煤层气技术委员会（ISO/TC 263）秘书处有关事项的批复》（标委办外〔2011〕166号）和《国家标准委办公室关于承担国际标准化组织煤层气技术委员会（ISO/TC 263）国内技术对口单位有关事项的复函》（标委办外函〔2014〕101号），自ISO/TC 263成立以来，一直由中联煤层气国家工程研究中心有限责任公司（以下简称中联煤层气研究中心）承担ISO/TC 263秘书处及国内技术对口单位职责。

2.6.1 工作范围

ISO/TC 263的标准化工作范围包括在煤层气的勘探、开发、生产和利用等各技术领域开展的国际煤层气标准化工作。

目前，煤层气行业国际标准化工作受全球煤炭行业发展影响，面临以下主要问题：

（1）全球煤层气产业发展放缓。目前，全球约有17个国家参与煤层气的开发,但仅有少数国家投入商业开发。

(2) 成员活跃度降低。秘书处无法直接联系到部分参与成员的技术对口单位,从而对成员国的反馈速度产生消极影响,同时不利于秘书处相关信息的发布和通知。

(3) 缺乏新的工作项目。目前,委员会共收到过 13 个国际标准项目提案,其中 4 项成功发布,全部由中国提出。

针对上述主要问题,ISO/TC 263 秘书处正积极推进三方面工作:

(1)"十四五"期间,在现有 8 个 P 成员的基础上,进一步吸纳 2~3 个积极开展煤层气及煤矿瓦斯产业研究的国家,提高技术委员会活跃度。

(2) 进一步引导国际、国内相关企业、科研院所、高校积极参与煤层气国际标准项目的提案、编制及发布工作,计划提案 1~2 项。

(3) 继续指导各 P 成员进一步提升本国注册专家数量,形成更为完善的专家库体系,确保煤层气国际标准在各专业领域内均有足够数量的专家参与相关项目的开展。

2.6.2 组织结构

2.6.2.1 成员

ISO/TC 263 现有 P 成员 8 个,O 成员 16 个(见表 2-40)。

表 2-40 ISO/TC 263 成员表

P 成员	O 成员
中国、德国、印度、哈萨克斯坦、波兰、俄罗斯、乌克兰、英国	阿根廷、奥地利、波黑、捷克、芬兰、法国、匈牙利、伊朗、日本、韩国、蒙古国、荷兰、南非、西班牙、瑞士、泰国

2.6.2.2 联络组织

ISO/TC 263 现有联络委员会 5 个,其中,可查阅 ISO/TC 263 文件的委员会 3 个,ISO/TC 263 可查阅文件的委员会 2 个(见表 2-41)。

表 2-41 ISO/TC 263 联络委员会表

可查阅 ISO/TC 263 文件的委员会	ISO/TC 263 可查阅文件的委员会
ISO/TC 27/SC 5 分析方法 ISO/TC 67 石油、石化和天然气工业用材料、设备和海洋结构物 ISO/TC 193 天然气	ISO/TC 67 石油、石化和天然气工业用材料、设备和海洋结构物 ISO/TC 193 天然气

ISO/TC 263 现有联络组织（A 类、B 类和 C 类）2 个（见表 2-42）。

表 2-42 ISO/TC 263 联络组织表

组织代号	组织名称	类别
UNECE	United Nations economic commission for Europe 联合国欧洲经济委员会	A
WCA	World coal association 世界煤炭协会	C

2.6.2.3 直属工作组

ISO/TC 263 下设直属工作组 2 个，各工作组基本情况见表 2-43。

表 2-43 ISO/TC 263 直属工作组基本情况表

工作组编号	工作组名称	成立时间	召集人	所属国家
WG 1	Fundamentals of CBM exploration 地面煤层气勘探基础	2013 年	李春	中国
WG 2	Underground CBM 地下煤矿瓦斯	2014 年	Henry Kopton	波兰

2.6.2.4 分技术委员会

目前，ISO/TC 263 无分技术委员会。

2.6.3 标准发布情况

目前，ISO/TC 263 已累计发布国际标准成果 4 项，均由 TC 263 直接负责管理（见附录 2 附表 2-11）。

2.7 ISO/TC 265

ISO/TC 265 成立于 2011 年,全称是二氧化碳捕集、运输与地质封存技术委员会。ISO/TC 265 秘书处设在加拿大标准委员会(SCC),委员会经理为 Lynn Barber,现任主席为 William(Bill)Spence,任期至 2023 年,国内技术归口单位为中国标准化研究院。

2.7.1 工作范围

ISO/TC 265 的标准化工作范围包括在二氧化碳捕集、运输与地质封存(CCS)领域内开展设计、建设、运行、环境规划和管理、风险管理、量化、监测和验证等方面的标准化工作。

2.7.2 组织结构

2.7.2.1 成员

ISO/TC 265 现有 P 成员 23 个,O 成员 14 个(见表 2-44)。

表 2-44 ISO/TC 265 成员表

P 成员	O 成员
澳大利亚、巴西、加拿大、中国、丹麦、法国、德国、印度、爱尔兰、日本、韩国、卢森堡、马来西亚、荷兰、挪威、葡萄牙、俄罗斯、沙特阿拉伯、新加坡、南非、瑞典、英国、美国	阿根廷、捷克、埃及、芬兰、匈牙利、伊朗、意大利、墨西哥、新西兰、波兰、卡塔尔、塞尔维亚、西班牙、斯里兰卡

2.7.2.2 联络组织

ISO/TC 265 现有联络委员会 8 个,其中,可查阅 ISO/TC 265 文件的委员会 5 个,ISO/TC 265 可查阅文件的委员会 3 个(见表 2-45)。

表 2-45　ISO/TC 265 联络委员会表

可查阅 ISO/TC 265 文件的委员会	ISO/TC 265 可查阅文件的委员会
ISO/TC 8 船舶与海洋技术 ISO/TC 27/SC 5 分析方法 ISO/TC 67 石油和天然气工业用材料、设备和海上结构 ISO/TC 207 环境管理 ISO/TC 207/SC 7 温室气体管理及相关活动	ISO/TC 67/SC 2 管道输送系统 ISO/TC 207 环境管理 ISO/TC 207/SC 7 温室气体管理及相关活动

ISO/TC 265 现有联络组织（A类、B类和C类）9个（见表2-46）。

表 2-46　ISO/TC 265 联络组织表

组织代号	组织名称	类别
CO_2 GeoNet	The European network of excellence on the geological storage of CO_2 欧洲二氧化碳地质封存卓越网络	A
CSLF	Carbon sequestration leadership forum 碳收集领导人论坛	A
EIGA	European industrial gases association 欧洲工业气体协会	A
GCCSI	Global CCS institute 全球碳捕集和封存研究院	A
IEA-énergie	International energy agency 国际能源署	A
IEAGHG	The IEA greenhouse gas R&D programme 国际能源署温室气体计划	A
WRI	World resources institute 世界资源研究所	A
ZEP	Zero emissions platform 零排放平台	A
OGCI	Oil and gas climate initiative 油气行业气候倡议组织	C

2.7.2.3　直属工作组

ISO/TC 265 下设直属工作组7个，各工作组基本情况见表2-47。

表 2－47 ISO/TC 265 直属工作组基本情况表

工作组编号	工作组名称	成立时间	召集人	所属国家
CAG	Chair's advisory group 主席咨询组	—	William Bill	—
WG 1	Capture 捕集	2013 年	Takayuki Higashii	—
WG 2	Transportation 运输	2013 年	Dr. -Ing Achim	—
WG 3	Storage 存储	2013 年	Steve Whittaker	—
WG 5	Cross cutting issues 跨领域问题	2013 年	Sebastien VIALE	—
WG 6	EOR issues 提高采收率问题	2014 年	George Kopema	—
WG 7	Transportation of CO_2 by ship 二氧化碳船舶运输	—	Erik Mathias	—

2.7.3 标准发布情况

ISO/TC 265 已发布了 12 项碳捕集、利用与封存（Carbon Capture, Utilization and Storage，以下简称 CCUS）的技术标准（见附录 2 附表 2－12），还有 7 项正在制定中（见附录 2 附表 2－13），覆盖了 CCUS 的捕集、管输、地质封存和量化核查等环节的总体要求。

第3章　油气上游领域标准国际化发展策略

油气上游领域主要指油气的勘探与生产，包括石油天然气的勘探、开发与生产，简单来说就是负责寻找油气并将其从地下开采出来。相对于中下游领域的运输与销售，上游领域涉及地质、勘探、开发、油藏、钻井、采油、采气及地面工程等专业，是整个油气工业里非常有挑战性的工作。本章从上游领域各技术方向出发，梳理重点，分析优势和短板，并提出"十四五"期间的采标及标准国际化重点发展方向。

3.1　中国标准化发展战略

伴随着经济全球化深入发展，标准化在便利经贸往来、支撑产业发展、促进科技进步、规范社会治理中的作用日益凸显。习近平总书记强调，中国将积极实施标准化战略，以标准助力创新发展、协调发展、绿色发展、开放发展、共享发展[①]。党的十九大第一次把标准工作写进党的全国代表大会报告，实施标准化战略成为习近平新时代中国特色社会主义思想的重要组成部分，是全面建成小康社会和现代化强国的行动指南和根本遵循。

2013年，我国为顺应经济全球化潮流打造了"一带一路"国际合作平台，在"一带一路"的推进过程中，只有制定出规范化、统一化的标准，才能够将成果标准化复制并供给沿线国家，以实现利益共享。

2016年9月，习近平总书记在致第39届国际标准化组织（ISO）大会的贺信中指出，世界需要标准协同发展，标准促进世界互联互通，标准助推创新发展，标准引领时代进步。

2017年12月，国家标准化管理委员会（SAC）发布《标准联通共建"一带一路"行动计划（2018—2020年）》（以下简称《行动计划》）。《行动计划》

---

① 引自《〈"十四五"卫生健康标准化工作规划〉解读》，http://www.gov.cn/zhengce/2022-01/27/content_5670686.htm。

的主要目标是基本形成交流互鉴、开放包容、互联互通、成果共享的标准国际化发展新局面，基本建成以政府推动、市场主导、多方参与、协同推进的标准国际化工作新格局，中国标准与国际和各国标准体系兼容水平不断提高，标准化在推进"一带一路"建设中的基础性和战略性作用充分发挥。新时代赋予标准联通共建"一带一路"新使命新任务。《行动计划》聚焦互联互通建设关键通道和重大项目部署九大重点任务，聚焦重点领域、重点国家、重要平台和重要基础统筹全国标准化资源，充分发挥企业、行业和地方作用，集中开展九个专项行动。根据《行动计划》的要求，以中国标准"走出去"，促进沿线各国的技术交流和产能合作；以标准互认的深化拓展，促进沿线各国标准体系相互兼容；以中国标准品牌效应的培育提升，为"一带一路"建设贡献中国智慧。

2019年10月，习近平总书记在致第83届国际电工委员会（IEC）大会的贺信中强调，中国高度重视标准化工作，积极推广应用国际标准，以高标准助力高技术创新，促进高水平开放，引领高质量发展。标准化水平的高低，反映了一个国家产业核心竞争力乃至综合实力的强弱。为了实现本国利益最大化，发达国家无不把标准化作为国家战略，把标准竞争作为科技、经济竞争的制高点。中国政府对标准化工作的高度重视，充分体现了深入实施标准化战略，健全高水平标准体系，深化标准化工作改革，提升标准国际化水平的坚定决心。

2021年10月12日，中共中央、国务院印发了《国家标准化发展纲要》（以下简称《纲要》），为未来十五年我国标准化发展设定了目标和蓝图。《纲要》全文共九个部分三十五条，划分为总体要求、主要任务和组织实施三个板块。《纲要》提出，标准是经济活动和社会发展的技术支撑，是国家基础性制度的重要方面。标准化在推进国家治理体系和治理能力现代化中发挥着基础性、引领性的作用。新时代推动高质量发展、全面建设社会主义现代化国家，迫切需要进一步加强标准化工作。其核心要义明确了标准化工作主攻方向，把优化标准化治理结构、增强标准化治理效能、以高标准促进高质量发展作为标准化工作的着力点。具体概括为以标准助力高技术创新、以标准引领产业优化升级、以标准支撑高效能治理、以标准促进高水平开放和以标准保障高品质生活五大方面。

我国标准化战略的核心就是发挥标准的引领作用，使标准服务于国家经济转型升级和提质增效，服务于国际竞争赢得主动权，服务于国际规则制定掌握话语权。我国标准化战略的定位是增强国家的核心竞争，逐步树立并不断强化中国的世界经济强国地位。标准竞争是全球化的竞争，我国标准化战略当着眼于国际化视野，因此，参与国际标准治理，强化我国标准化战略与国际标准化战略的互动衔接，提升标准国际化水平，推动中国标准走出去，是我国标准化战略的重点。

未来，我国应重点从以下几个方面来推进国际标准化工作：

（1）搭建城市标准化国际交流平台，以标准化促进国内外城市间的产能合作和贸易往来。

（2）鼓励社会团体参与国际标准化活动，加快团体标准的国际化发展。

（3）积极参与国际标准化组织的议事决策，推动国际标准在国际贸易和全球治理中发挥更大的作用。

（4）积极参与国际标准制定，提出更多国际标准提案。

（5）推动设立新的国际标准化组织技术机构，提高我国承担国际标准化组织技术机构负责人、秘书处的工作能力和水平，不断完善国际标准体系。

（6）开展国际标准转化行动，推动先进适用的国际标准在我国的转化应用。

（7）建立国际标准跟踪转化评估工作机制，推进国家标准采标与国际标准研制同步开展。

（8）密切跟踪国际标准和国外先进标准信息，为便利经贸往来和国际产能合作提供及时、准确的服务。

3.2 油气上游领域标准国际化发展思路

标准作为提升企业管理水平的有效工具，是企业核心竞争力的重要组成部分。"一流标准"引领"一流企业"建设，中石油在"十四五"开启之年确定了标准化发展思路，对高质量发展的标准体系建设指明了发展方向，也对标准国际化发展进行了部署。中石油董事长在2021年指出，加强优势和前沿技术领域标准制定，积极参与创建世界一流企业，加快理念、管理、技术、标准和人才国际化步伐，深度参与全球能源治理，不断提升国际化经营能力和行业影响力。

立足油气上游领域的特色与技术优势，标准国际化发展应从以下四个方面发力：

（1）深度融合标准与科技。标准国际化的步伐随着经济全球化的推进与深入持续加快。油气上游领域的标准国际化发展将秉承油气勘探开发新工艺、新技术和新装备研发的优势产品与技术，依托日益完备且与国际先进水平比肩的技术储备，逐步形成"主导上游，参与下游"的标准化工作格局。

（2）关注新业务，把握标准国际化新风向。全球的新能源革命及数字化变革促使标准的国际化格局发生新的变化。油气上游领域的勘探开发作为能源行业中的关键环节，更需要在标准与技术融合的基础上关注新能源领域的发展趋势，研究数字化转型在标准中的应用。绿色标准与机器可读标准作为新的发展目标，将渗透至上游领域各技术专业。

（3）推动标准互认，建立健全与国际接轨的标准体系及标准管理体系。通过直接采用、转化采用等方式，开展对标分析与外文版标准研制，建立适应国际化发展，达到国际水平的标准管理体制和标准体系。

（4）多角度参与标准国际化活动，打造国家品牌，为标准国际化人才的培养搭建舞台。加强与国际标准化组织的交流与合作，提高实质性参与国际标准活动的能力，包括承担国际标准化技术组织、参与国际标准制修订、推进标准国际互认等。

3.3 油气上游领域国际标准发展现状

油气行业的上游业务，包括勘探开采的全流程，本节主要选取上游业务中天然气质量与计量、页岩气、油检测计量、提高采收率、钻完井、页岩油、稠油、储气库、煤层气、管材和绿色制造、油气地震勘探等 11 个重点方向，总结国际、国内标准化发展的现状，并对其存在的优势和短板进行分析。

3.3.1 天然气质量与计量

在天然气质量与计量领域，ISO 有多个对应的机构开展相关工作，如 ISO/TC 193"天然气"、ISO/TC 30"封闭管道内气体流量测量"及 ISO/TC 28/SC 5"冷冻烃和非石油液化气体燃料的测量"等技术委员会分别对应天然气质量、计量及液化天然气标准化工作。我国也早在 20 世纪 80 年代末 90 年代初开始开展相关的标准化工作。至 2014 年，我国已经开始在该领域制定 ISO 标准。总的来说，我国参与该项工作的底子较为薄弱，但由于天然气整体生产、输送、消费体量大，对于新方法的适应和接纳程度较高，在这部分领域仍有持续开展国际标准制修订工作的空间。

3.3.1.1 天然气质量及检测

天然气质量及检测领域主要标准制定的国际化组织是 ISO/TC 193，该机构已发布 55 项标准，另有 19 项标准在制定阶段，主要覆盖天然气质量指标及通用标准、物性参数测试计算、天然气质量指标检测等方面。我国天然气领域的国内标准共计 147 项（见附录 3 附表 3－1），已完成发布近 100 项，待发布 50 余项，相较于 ISO 标准数量更多、覆盖范围更广，包括天然气专业通用基础、上游领域分析测试和测量、质量控制、能量测定等板块。

1. 主要优势

一是有专门的 ISO 机构主持开展天然气质量指标、物性参数测试和质量分析等相关标准化工作，在标准的制定工作中，有现成的机构作为依托。二是我国相关的 ISO 对口机构，自 20 世纪 80 年代就开始进行对口及技术跟踪采标等工作，对口机构与 ISO 有较好的沟通协作关系，有利于推进各项工作的开展。

2. 主要短板

天然气领域 ISO 相关标准化技术委员会成立时间长，我国对口机构跟踪采标时间长，导致相当部分的国家标准与 ISO 标准有采标关系，并已依托标准建立相关的技术体系，标准创新动力不足。另外，ISO/TC 193 成立时间久，现有天然气质量、物性参数和分析测试标准已较为完整，新的标准制定点较少，如要开展标准制修订工作，需冲破原标准制定国家的限制，难度较大。

3.3.1.2 天然气计量

天然气计量方面，对标 ISO、API、AGA 等 20 余项标准，我国"十三五"末已构建了以《天然气计量系统技术要求》（GB/T 18603）为核心的、较为完善的天然气计量标准体系，包括 14 项国家、行业标准，覆盖了天然气计量系统技术要求与性能评价、贸易计量用流量计选型、常用流量计在天然气流量计量中的方法标准。同时，结合《天然气 发热量、密度、相对密度和沃泊指数的计算方法》（GB/T 11062）、《天然气的组成分析气相色谱法》（GB/T 13610），遵循《天然气能量的测定》（GB/T 22723），能够较好地支撑天然气能量计量的实施。这些标准的采标以参考或等同采用国际标准的形式，同时结合天然气的特点，参考美国和欧盟部分标准，总体技术水平达到国际先进水平。下一步主要结合能量计量需求，对 GB/T 18603、GB/T 22723 这两项核心标准进行修订，并以企业标准的形式推进天然气能量计量的具体实施。在天然气计量方面，目前等同采用 ISO 技术报告 1 项形成国家标准，同时自主创新起草国家标准，已于 2022 年完成报批工作，总体技术达到国际先进水平。

1. 主要优势

一是近年来国内逐步建设了达到国际先进水平的实验研究平台，包括国际先进水平的中低压天然气量值溯源体（建设有原级标准、次级标准和工作级标准装置，可开展各类流量计计量性能研究和测试）和湿天然气测试实验装置（开展 DN150 及以下的不同原理的湿气两相流流量计测试和性能评价）。国内新型流量计研发有了快速发展，适用于天然气上游领域流量计量的湿气流量计研发取得了阶段性成果。二是国内在标准化方面具备较高的创新性和技术支撑，可与国内厂家合作，加大新型流量计技术的国际标准化工作。

2. 主要短板

国内计量技术发展起步相对较晚，流量计技术有待发展和完善；由于以往实验装置的限制等，新型流量计标准的制订缺少系统的研究数据支撑；与 ISO 国内技术归口单位未建立长期联系机制，未能实际参与国际标准制修订工作，国际标准还处于培育阶段。

3.3.1.3 水合物分析

天然气水合物是天然气和水在高压低温条件下形成的类冰状结晶物质，具有燃烧值高、污染小、储量大等特点，多呈白色或浅灰色晶体，又被称为"可燃冰"。当前，天然气水合物是有望代替煤、石油、天然气等资源的非常规油气资源，对其进行有效的勘探开发，对于实现可持续发展有着非凡的意义。

对 ISO、API、ASME、ASTM、NACE、IEC 等国际标准进行检索的结果显示，尚无水合物技术相关国际标准，也无天然气水合物专业领域相关标准。对我国的国家、行业标准进行梳理后发现，水合物技术相关国家标准有 0 项，行业标准有 1 项，团体标准有 1 项，已立项行业标准有 4 项，其中 1 项作为国际标准培育计划。已发布及立项的标准中，水合物实验测试技术领域标准占比超过 80%；水合物勘探开发、利用、试验方法、经济评价及健康 Health、安全 Safety、环境 Environment 三位一体管理体系（以下简称 HSE）等重要专业领域标准缺失，主要借鉴石油天然气行业标准（以下简称 SY 标准）体系，尚不能全面、有效地指导水合物相关生产工作的开展。

1. 主要优势

与国外天然气水合物调查及试开采工作相比，国内天然气水合物资源调查研究工作起步较晚，但进展较快，现已跨越天然气水合物发现阶段，进入天然气水合物资源评价及试开发阶段。对比国际水合物技术相关标准，我国水合物标准体系框架已初步建立，后续水合物相关标准体系的建立以及国际标准的制定有利于进一步提高我国在水合物领域的话语权。

2. 主要短板

水合物作为一种具有巨大潜能的新型非常规天然气资源，世界各国均对其进行了勘探试采研究。相对常规天然气，水合物开发方面的几种技术储备尚未建立规范统一的标准用于技术指导。而在水合物堵塞防治方面，由于实际造成堵塞的原因复杂，各个区块的实际情况不同，目前仅有1项中石油企业标准用于规范水合物抑制剂。因此，国际、国内水合物相关领域标准的空白亟待填补，水合物相关标准体系需要建立健全，以推进各国之间的交流与沟通，有效解决世界性的能源问题。

3.3.2 页岩气

美国是国际上最早进行页岩气勘探和开发研究的国家。截至目前，在全球范围内仍没有形成专门研发页岩气技术和标准化的协会或机构。页岩气标准的制修订工作根据页岩气全产业链涉及的专业和领域特点归属于不同的协会。如关于页岩气水力压裂的标准是由API制定的，关于页岩气资源和可采储量评价的标准和规范是由美国证券委员会（Securities and Exchange Commission，以下简称SEC）、石油工程师学会（Society of Petroleum Engineers，以下简称SPE）等共同制定的。同时，除有关水力压裂标准与资源储量评价规范是针对页岩气的需求制定外，更多的是使用常规的油气标准，如页岩气生产作业和合约涉及的环境保护、完井过程中潜在流体区的隔离、社区参与指南、井控作业、钻井和修井作业等采用的是常规天然气标准，由API组织制定；页岩气输送管道和压力容器等采用的是常规天然气标准，由ASME组织制定。

在国家和行业层面，美国的页岩气勘探开发、安全环保健康节能要求和监管等主要采用与常规油气一致的标准及法律法规，涉及的国家法规及许可、州监管许可、联邦法律等有50余项。其中针对页岩气勘探开发制定的标准规范和法律法规有《水力压裂 井身完整性和压裂管理》（API RP 100-1：2015）、《与水力压裂等开发和生产作业相关的环境管理》（API RP 100-2：2015）等，以及《SEC油气储量/资源评价准则（2009版）》、《石油资源管理系统（2018版）》和《马塞勒斯页岩气气井集中蓄水大坝州许可（宾夕法尼亚州州许可）》。

对比国外标准制定情况，我国页岩气标准体系已形成，应当根据页岩气需求，推进页岩气国际标准的制定。

3.3.2.1 主要优势

为适应国内页岩气产业快速发展对标准化的需要，规范页岩气勘探开发利用，满足国家环保和安全要求，保障页岩气产业的开放和监管，2013年7月，国家能源局成立了能源行业页岩气标准化技术委员会（以下简称页岩气标委会），负责能源行业页岩气技术标准的归口管理工作，研究建立页岩气全产业链技术标准体系，开展页岩气通用及基础标准研制，协调与石油天然气标准化技术委员会等相关标委会的关系，共同开展页岩气专业技术领域标准的制修订等标准化工作。页岩气标委会已形成中国页岩气技术标准体系，制定发布页岩气国家、行业标准68项，且积极推进国际标准化工作。一是积极参与国际标准制修订工作。其中《页岩气 压裂液 第1部分：滑溜水性能指标及评价方法》已被列入ISO国际标准培育计划，有关单位正组织专家开展推进工作。二是积极组织参加与国外标准化机构、企业的交流。2019年6月，我国与ISO/TC 193共同举办的天然气技术与标准化国际研讨会向参会的二十多名国外标准化专家介绍了页岩气产业发展现状、页岩气标准的体系和标准研究制订情况，推动了我国页岩气标准化工作与国际接轨的进程。2019年11月，在中国与美国贸易发展署（United States Trade and Development Agency，以下简称USTDA）、中美能源合作项目（Energy Cooperation Program，以下简称ECP）、ANSI等共同举办的页岩气技术及标准化国际研讨会上，中美专家就当下页岩气产业和标准发展的经验、前沿技术、政策法规等主题展开了充分交流，推动了页岩气技术及标准化工作的交流与合作。另外，天研院两次组织考察团赴美考察页岩气产业标准应用，以及美国页岩气行业政策和标准制定、政策规划、标准和政策实施及应用等情况，学习了国外先进的页岩气技术及标准，既调动了委员和专家标准化工作的积极性，也推动了标准化工作水平的提高。因此，天研院借助页岩气标委会的平台，为下一步申请成为ISO的国内技术归口单位奠定了基础。

页岩气开发以来，在国家能源局的领导下，页岩气标委会紧密围绕国内页岩气全产业链的标准需要和技术发展，初步建立了满足页岩气勘探开发需求的技术标准体系。该体系覆盖了页岩气地质分析、地震与测井、钻完井工艺、储层改造、气藏开发、安全清洁生产等过程，整体技术达到国际先进水平。其中地质分析和地震与测井标准旨在解决与页岩含气性、页岩储层物性、岩石力学性质等相关的分析实验能力问题，同时满足页岩气资源评价、地震资料分析、储量计算和产能预测的需求。钻完井工艺标准的目的是提高钻完井效率，最大限度地开发利用储层，降低页岩气开发综合成本，提高经济效益。储层改造标准针对控制页岩压裂对地层、地下水、地面水的影响，提高页岩压裂作业效率和经济技术可行性。气藏开发标准涉及页岩气藏开发的可行性、地质描述、动态分析，旨在保证页岩气藏开发工作的科学有序进行，解决页岩气开发中的效益评价、经济评价，为页岩气勘探开发的技术经济性提供评价手段。安全清洁生产标准，旨在解决页岩气勘探开发对地下水资源体系、地面水资源体系和地层、地表的影响评价，以及噪声污染、地层污染、地面污染、水资源污染和浪费、液固污染物等环保问题；针对页岩气开发井场工艺特点、集输管网布局及处理工艺特点，保证页岩气田地面集输工程建设的安全、有效。

这些标准的制定和发布促进了我国页岩气勘探开发和清洁生产等标准的形成与推广应用，确保了国家能源安全战略和页岩气发展政策的落地，降低了对天然气进口的依赖程度，有力支撑了国内页岩气产量由 2015 年的 45 亿立方米提高到 2021 年的 230 亿立方米。

3.3.2.2 主要短板

目前尚没有形成专门针对页岩气勘探开发的 ISO 标准。我国在这方面存在的短板如下：

一是页岩气技术标准空缺需要填补。以斯伦贝谢（Schlumberger）、哈里伯顿（Halliburton）为代表的油服公司掌握着先进的页岩气开发技术，在中国，他们只提供技术服务。未来，通过参与页岩气国际标准的制定，我们可以与斯伦贝谢、哈里伯顿等为代表的油服公司进行技术交流，统一各国、各企业的标准，消除技术壁垒，促进国内页岩气开发技术水平的迅速提升。

二是需要标准支撑以支持国产装置走出国门。目前国内已形成自主研发的页岩气开发开采装置，需及时将相关技术方法、应用研发和示范成果转化为国际标准，力争形成具有自主知识产权的国际标准，支撑国产装置走出国门。

三是尚未完成国际标准的发布。《天然气　上游领域　滑溜水降阻测试方法》国际标准还处于培育阶段，已于 2022 年完成立项，并顺利进展到 DIS 阶段。

四是没有相对应的 ISO 国内技术归口单位。《天然气　上游领域　滑溜水降阻测试方法》项目开展前期主要通过调研、交流寻找对口组织。其于 2019 年 ISO/TC 193/SC 3 年会上被提出，得到与会专家的好评，但是会上有专家提出该项目不属于 ISO/TC 193/SC 3 的工作范围，要求与 ISO/TC 67 联系；后经联系也不属于 ISO/TC 67 工作范围，最终确定在 ISO/TC 193/SC 3 立项。类似的事例在页岩气其他专业也有发生，给页岩气国际标准立项带来诸多不便。因此，申请成立相对应的 ISO 国内技术归口单位至关重要。

3.3.3 油检测计量

石油生产、储运、加工、销售等环节都离不开油（原油、成品油）检测计量。我国油检测计量标准在跟踪研究与吸收转化相结合、制定与修订相结合、国标与行标相结合的发展原则中日臻完善，标准的数量、水平都得到显著的扩展和提升。其通过确定原油的类型、流变性、安全性质及化学组成等，实现了对原油的合理分类，为原油集输、储运和加工提供了设计和生产运行参数，为中国跨境油品交接计量以及新技术、新仪表在中国油气贸易交接计量领域的应用提供了标准化方面的技术支持，基本满足了中国油品生产和贸易交接计量的需要。

国际上有 ISO/TC 28/SC 2、ISO/TC 30、OIML/TC 8、API/COPM、GOST R 等多个技术组织在开展油检测计量标准研究工作。

（1）由 ISO/TC 28/SC 2 研制的油检测计量方面的标准共计 11 项。其中 ISO/CD①7278-2 "Liquid hydrocarbons—Dynamic measurement—Proving systems for volumetric meters—Part 2：Pipe provers"（《液态烃　动态测量　体积计量流量计检定系统　第 2 部分：体积管》）是计量分析专标委重点采标标准，经过 2020 年 12 月的 CD 投票，有 27 个 P 成员同意该修订草案进入 DIS 阶段。相较于 ISO 7278-2：1988 版，新修订草案在技术内容上有较大改动，增加了体积管的溯源方式、不确定度评估等重要内容。ISO 7278-1 "Liquid hydrocarbons—Dynamic measurement—Proving systems for volumetric meters—Part 1：General principles"（《液态烃　动态测量　体积计量流量计检定系统　第 1 部分：一般原则》）和 ISO 7278-3 "Liquid hydrocarbons—Dynamic measurement—Proving systems for volumetric meters—Part 3：Pulse interpolation techniques"（《液态烃　动态测量　体积计量流量计检定系统　第 3 部分：脉冲插入技术》）经过 2021 年 1 月至 6 月的 SR②投票，确认 5 年内继续有效。由 ISO/TC 30 研制的液态烃流量计量方面的标准共计 5 项，重点跟踪的标准有 ISO 12242：2012 "Measurement of fluid flow in closed conduits—Ultrasonic transit-time meters for liquid"（《封闭管道中流体流量的测量　用于液体的传播时间法超声流量计》）等。

（2）API/COPM 具有世界公认的先进标准体系，相关标准的制定和更新都参照相关领域的业务发展需求，代表着行业关注的热点和技术发展方向。标

---

① CD：委员会草案（Committee Draft，简称 CD）。
② SR：复审（System Review，简称 SR）。

准制定参与方主要为欧美等国的大型石油能源公司，如埃克森美孚公司（Exxon Mobil Corporation）、雪佛龙（Chevron）、康菲石油（ConocoPhillips）、马拉松石油公司（Marathon Oil Corporation）、瓦莱罗能源公司（Valero Energy）。标准体系包括校准、测量、检定系统等多个分支，涉及液态烃流量计量方面的主要为 COLM 液体测量分支标准，重点标准包括 MPMS Chapter 5.6《用科里奥利质量流量计测量液态烃流量》、MPMS Chapter 5.8《用超声流量计测量液态烃流量》、MPMS Chapter 12《油量计算》等。

(3) GOST R 在原油基本技术条件、相关试验方法、测量精度要求、计量的参比条件、密度计算、计量交接方法等方面制定了大量的标准规范，如 GOST R 8.595-2004（AMD2010）《确保测量一致性的国家系统 石油和石油产品的质量 测量程序的一般要求》、GOST R 8.563-2009《确保测量一致性的国家系统 测量程序》等。

2022 年 12 月，在 ISO 官方网站检索到的与原油检测方法相关的国际标准共计 12 项，包含取样方法及含水、沉淀物、密度检测的方法标准等（见附录 3 附表 3-2）。我国现有的与原油检测方法相关的国家、行业标准共计 46 项（见附录 3 附表 3-3）。

经过几十年的跟踪研究、吸收转化和自主研制，我国油检测计量已形成完善的以国家标准、行业标准和企业标准为基本层级的专业标准体系，制定油检测计量标准共计 20 项，采标 9 项：以 GB/T 9109 系列标准为基础的液态烃动态计量系列标准涉及液态烃动态计量的计量方式、仪表选择、数据采集、计算方法、交接规程等内容；以 GB/T 17286 系列标准为基础的液态烃动态测量系列标准等同采用 ISO/TC 28/SC 2 相关国际标准，提供国际标准所推荐的方式、方法；流量计测量方法标准，即用于动态计量的各种形式的流量计的测量方法标准，包括由容积式流量计、涡轮流量计和质量流量计等构成的计量系统，以及计量系统的设计、安装、操作、检定、维护等方法。

为了解决关键计量设备从国外引进比例过高、设备的量值溯源几乎被国外垄断、高技术领域对国外测量与校准技术的依存度高、超精密测量传感器等关键器件的研发和技术能力跟不上产业升级的步伐等技术"卡脖子"难题，我国计量分析专标委联合国家石油天然气大流量计量站、石油工业计量测试研究所、石油工业流量计量仪表质量监督检验中心等国内知名计量技术机构，与中国计量科学研究院、中国计量大学等科研院所和高等院校联合开展技术攻关，以产学研一体化深度融合的方式，结合前瞻性基础性技术攻关项目，加强在人工智能、量子信息、大数据等关键领域的技术研发和标准研制，及时将适用的科技创新成果融入标准，提升标准水平，助推计量产业化升级。

3.3.4 提高采收率

3.3.4.1 提高气采收率

气井积液是影响气田稳产、降低采收率的主要因素。截至 2022 年，国内各大气田积液低产气井占总井数的 12%～86%，且逐年以 1200 口井的速度增加。该类气井主要依靠排水采气技术稳定生产。排水采气技术通过人为措施补充气井能量，达到排除井筒积液，提高气井产量的目的。国内气田主要应用的排水采气工艺包括优选管柱、泡沫排水、气举、机抽等。长庆气田针对"低压、低渗、低丰度"的气藏特征，经过多年攻关研究与试验，形成了以泡沫排水为主，柱塞气举、速度管柱、压缩机气举等工艺为辅的低成本排水采气技术系列，于"十三五"期间年均实施近 10 万井次，累计增产 106 亿方，成为气田稳产的重要利器。

国外气田开展排水采气始于 20 世纪 50 年代，80 年代初形成了多种工艺。美国和苏联是最早开展排水采气的国家，由于苏联的单井产量较高，因此采用泡沫排水的井占绝大多数；美国单井产量相对较低，以优选管柱、气举、柱塞气举为主。我国从 1980 年开始研究泡沫排水采气工艺技术，相关理论均参考自国外。随着近三十年我国石油、天然气工业的迅速发展，泡沫排水采气工艺在国内得到广泛研究和应用。经过多年的实践探索，我国已形成排水采气系列化技术，即泡沫排水、优选管柱、常规气举、柱塞气举、电潜泵、机抽、水力射流泵等。

在 ISO、API 官网以关键词"foam"（泡沫）、"foam agent"（起泡剂）、"test method"（检测方法）、"gas collection"（气体采集）等检索到与泡沫排水起泡剂（以下简称泡排剂）、泡沫相关的国际标准共计 17 项，其中 ISO 标准 2 项，EN 标准 2 项，API 标准 10 项，BS 标准 3 项。

泡沫排水采气用起泡剂按照使用环境，可分为抗盐、抗油、耐高温、抗冻、缓蚀等多种类型。国外大型石油公司主要采取在气井井口取水样现场开展检测的方法优选适用的泡排剂产品。国内油气田则是根据气井的水质情况于室内模拟地层水开展相关检测。2022 年前国内外尚未有统一的泡排剂检测标准，检测方法众多，指标不统一。

在国内相关网站以"排水采气用起泡剂""泡沫""检测方法"等为关键词，共检索到国家标准 2 项、国家行业标准 4 项。

1. 主要优势

长庆油田气井分布范围广、类型多，井型差异大，与国外油田相比，气水条件更复杂，低压、低渗、小水量等特征更是给泡沫排水采气工艺的实施增加了难度。长庆油田从靖边气田开采初期便开始采用泡沫排水采气工艺，经过二十余年的探索，已形成了一套成熟的检测及加注工艺，并形成了多项泡沫排水采气领域的技术成果。

长庆油田已研发形成多种类型的泡排剂产品。近年来，长庆油田根据不同气田的水质特征，加大攻关力度，研发形成了多种类型的泡排剂产品。在研发过程中，对阴离子表面活性剂、阳离子表面活性剂、两性离子表面活性剂及非离子表面活性剂、纳米离子表面活性剂等多种类型产品均有较深入的研究，对各种类型的泡排剂产品检测方法有了一定认识，可开展多种类型、型号的泡排剂产品检测。

2. 主要短板

国外泡排剂检测均为"一井一制度"。国外油服公司开展相关泡排剂检测，均为在气井井口取地层水，与产气量进行换算后直接开展检测，无需模拟地层水、规定气体流量，因此国内的泡排剂检测方法在国外较难推行。

3.3.4.2 提高油采收率

随着全球能源需求不断增加，为最大限度地开采现有储量，石油公司非常关注提高石油采收率（Enhanced Oil Recovery，以下简称 EOR）技术，主要包括热采、混相驱、化学驱和其他 EOR 技术（以微生物采油、非混相驱为主）。其中，热采是石油公司应用最广泛的 EOR 技术，近些年相关开发规模不断扩大，稠油产量持续大幅增长；混相驱是仅次于热采的第二大提高采收率的技术；化学驱已形成一套成熟的评价、试验和应用体系；其他 EOR 技术以微生物采油、非混相驱为主，矿场试验和应用均取得了一定效果。在国际能源需求持续增加的环境下，提高采收率项目的数量和产量呈明显的上升趋势，未来预计会对国际经济和安全、社会生产和生活等多个方面产生重要影响。EOR 技术作为石油公司长期发展的战略方向，具有巨大的发展潜力。

（1）热采技术应用现状。热采是应用规模最大、最成熟的 EOR 技术，主要包括火烧油层、热水驱和注蒸汽，其中注蒸汽技术又包括蒸汽吞吐、蒸汽驱和蒸汽辅助重力泄油，其产量占提高油采收率总产量的 66% 左右。热采技术已在美国、加拿大、委内瑞拉和印尼有了成功应用，在中国和巴西也逐渐开展起来。美国热采产量占提高油采收率总产量的 40% 左右。据美国《油气杂志》

（"Oil & Gas Journal"）统计，2014 年美国实施的热采项目共计 62 个，产量为 28.46 万桶/天，其中注蒸汽项目 48 个（26.49 万桶/天），火烧油层项目 12 个（1.80 万桶/天），热水驱项目 2 个（0.17 万桶/天）。自 2019 年起加拿大新增提高油采收率项目主要是热采，德国于 2011 年新增的提高油采收率项目均是注蒸汽，此外还有厄瓜多尔 Pugarayacu 油田的蒸汽吞吐先导试验、阿曼 Areal 油田西部油田的蒸汽驱、东部油田的蒸汽吞吐等。俄罗斯热采规模不大，主要以注蒸汽为主。2019 年，中国蒸汽驱和火烧油层的年产油量达到 1000 万吨以上。

（2）混相驱技术应用现状。根据注入气体的种类，混相驱可以分为 CO_2 混相驱、烃类气混相驱和酸性气混相驱等。根据《油气杂志》2014 年发布的调查数据，世界范围内共 117 个在产 CO_2 混相驱项目，约占提高采收率项目总数的 34.5%。这些项目有 109 个在美国，主要是因为美国天然 CO_2 资源丰富，且建设的 CO_2 输送管网较为完善，可将产地和油田连接起来。近年来，越来越多的工业来源为 EOR 技术提供了大量的 CO_2。烃类气混相驱是成熟的 EOR 技术，应用代表性国家有加拿大、美国、委内瑞拉和挪威等。据《油气杂志》统计，2014 年烃类气混相驱项目共计 37 个，其中加拿大为 20 个，美国为 12 个，委内瑞拉为 3 个，挪威为 2 个。

近年来，长庆油田原油产量大幅攀升，2020 年实现了油气当量 6000 万吨的跨越，占全国产量的六分之一。截至 2022 年，已开发油田 35 个，动用石油地质储量近 50 亿吨，标定采收率 19.1%，提高油采收率潜力大，且对油田"二次加快发展"战略地位突出，可覆盖地质储量 38 亿吨，增加可采储量 3 亿吨，采收率每提高 1 个百分点完全成本减少 177.8 元/吨。按照"基础研究做深、技术应用研究做实"的总体原则，长庆油田稳步推进了以泡沫辅助减氧空气驱、CO_2 驱、烃类气驱、功能性微泡驱等气驱为主的 EOR 技术试验，实现了油藏类型全覆盖，搭建了低渗透油藏气驱提高采收率机理实验研究平台，深化了低渗透油藏气驱提高采收率理论及技术体系，并形成了具有长庆特色的注采配套及地面工艺体系；初步建立了气驱项目管理体系，着力打造国内先进的低渗透油田气驱示范区，初步探索出具有长庆特色的低渗透油藏气驱 EOR 技术。自 2009 年起，长庆油田先后在靖安、姬塬、安塞等 7 个油田建成 69 井组规模的气驱先导试验区，实现了油藏类型全覆盖，对技术适应性做了系统评价，提高油采收率 6%～17%。长庆油田初步明确气驱为低渗透油田 EOR 主体技术方向之一，建成了国内气驱介质最全、覆盖油藏类型最多、注采规模最大的气驱工业化应用示范区。

(3) 化学驱技术应用现状。化学驱是一种深度改变储层油、水、岩石矿物相互作用机制，高强度驱替的提高油采收率的技术，是高效开发中渗、高渗油藏的重要手段。近年来，聚合物驱项目数量有所增加，应用国家主要为中国、加拿大、阿曼、印度等。其中，加拿大主要是稠油和油砂聚驱项目，阿曼和印度聚驱项目达到油田规模。在聚合物微球调驱技术领域，我国深部调驱技术起步于20世纪90年代，进入21世纪后，基于油藏工程的深部调驱改善水驱配套技术的提出，对深部调驱技术提出了更高的要求。我国的深部调驱技术经过多年发展，在深部调驱体系开发、施工工艺研究和机理研究方面取得了一定进展，为油田稳油控水、保持高效开发提供了有效的技术支撑。目前在用的调驱剂有部分水解聚丙烯酰胺（HPAM）弱凝胶、HPAM胶态分散凝胶（CDG）、体膨型凝胶颗粒、HPAM反相乳液、含油污泥复合调驱剂等。由于大多调驱剂在应用时要考虑体系与地层流体、配液用水、油藏温度和油藏地层特性的配伍性，导致适用范围受到限制。因此，从分子设计与合成应用方面入手，研制开发出价格低廉、耐温、耐盐、抗剪切等综合性能良好、适应不同油藏条件的新型调驱剂，是现代石油工业的需求。面对低渗透油藏恶劣的地质条件，传统的调驱剂又多存在封堵强度与可注入性之间的矛盾，因此聚合物纳米微球逐级深部调驱技术受到越来越广泛的关注。聚合物纳米微球具有初始粒径小的特点，能够进入地层深部，在地层水和温度的作用下缓慢膨胀，进而改善地层非均质性，达到封堵地层深部孔喉和使流体液流转向的目的。

复合驱是20世纪80年代初由壳牌公司休斯敦白利研究中心最先研发的一个化学驱方法，被公认为可大幅提高油采收率。最早的复合驱先导试验是于1987年美国开展的West Kiehl项目。稠油油藏化学驱是研究和应用的热点之一，加拿大开展的多个油区矿产试验取得了良好效果，是稠油油藏复合驱的典型代表。此外，苏丹、泰国、文莱、马来西亚等国开展的一些项目尚处于计划和研究阶段。

(4) 其他EOR技术应用现状（以微生物采油、非混相驱为主）。微生物采油技术的矿场试验和应用已在美国、俄罗斯、加拿大、日本和挪威等20多个国家相继开展，取得了一定成果。从不同国家实施的微生物采油项目数量可以看出，美国在微生物采油技术方面的投入最大，而中国近年来的微生物采油技术在矿场试验中也取得了较大进展。按照微生物来源，可将微生物采油技术分为内源微生物采油技术和外源微生物采油技术两种。俄罗斯内源微生物采油技术已基本成熟，并进入规模化应用阶段。外源微生物采油技术主要包括微生物吞吐、微生物驱油和微生物选择性封堵。美国微生物采油矿场项目数量占世界矿场项目数量的 14%。中国外源微生物采油技术应用正在不断完善和快速发展阶段，其中大庆、胜利、大港、华北、中原、河南、青海等油田均开展了外源微生物采油矿场试验，并取得了良好的效果。

非混相驱技术根据注入气体的种类，主要包括 CO_2 非混相驱、烃类气非混相驱、氮气非混相驱及烟道气非混相驱等。CO_2 非混相驱是主要的非混相驱技术。2014 年，世界范围内共计 15 个在产 CO_2 非混相驱项目，其中有 8 个在美国。除美国外，特立尼达、巴西、土耳其等国家和地区也开展了油田规模的 CO_2 非混相驱试验项目。烃类气非混相驱由于提高油采收率效果不佳，项目数量较少，2014 年仅在美国开展了 2 个。氮气非混相驱和烟道气非混相驱主要应用于边际小油田，应用规模较小。美国是氮气非混相驱 EOR 技术应用最早、最多的国家，此外，加拿大也开展了油田规模的氮气非混相驱试验项目。

对 ISO、API、ASME、ASTM、NACE、IEC 等国际标准的检索结果显示，涉及 EOR 技术的相关国际标准共有 30 项：

（1）在化学驱方面，有 19 项标准与表面活性剂检测相关，其中 2 项涉及日用表面活性剂词汇、8 项用于检测常规表面活性剂中的组分含量、9 项检测常规表面活性剂配制溶液性质。这 19 项标准主要是针对日用及轻工业中应用的表面活性剂来制定的，由于驱油用表面活性剂具有一些特殊组分结构和性质，并且应用的油水性质与通常情况存在很大差异，因此这种通用性标准不适用于 EOR 技术。有 1 项碱的检测标准仅针对 NaOH 滴定度的测试方法。此外，还有 1 项关于石油运动粘度检测，3 项关于泡沫水泥浆制备、水基钻井液和油基钻井液现场测试，1 项关于热采井套管连接的质量鉴定标准，均不适用于 EOR 技术。另外，还检索出聚合物微球调驱技术 ISO 国际标准 3 项，即 ISO 17200：2020 "Nanotechnology—Nanoparticles in powder form—Characteristics and measurements"（《纳米技术 粉状纳米颗粒 特性和测量》）、ISO/TS 19590：2017 "Nanotechnologies—Size dishutribution and concentration of inorganic nanoparticles in aqueous media via single particle inductively coupled plasma mass spectrometry"（《纳米技术 通过单粒子感应耦合等离子体质谱法测定无机纳米颗粒在水介质中的尺寸分布和浓度》）、ISO/TR 14187：2011 "Surface chemical analysis—Characterization of nanostructured materials"（《表面化学分析 纳米结构材料的表征》），对无机纳米材料的特性测量进行了规范。但是，微纳米级聚合物颗粒在国际领域的相关规范仍属于空白。

（2）在混相驱方面，有 2 项是关于二氧化碳捕获、运输和地质储存的标准，其中 ISO 27916：2019 "Carbon dioxide capture, transportation and geological storage—Carbon dioxide storage using enhanced oil recovery (CO$_2$-EOR)"（《二氧化碳捕集、运输与地质封存 使用提高石油采收率（CO$_2$-EOR）的二氧化碳封存》）针对二氧化碳驱的 CCUS 系统性进行了规范，侧重于二氧化碳埋存方面。未见有关其他气驱技术综合性标准的报道。

对国家标准和行业标准进行检索，共检索到与 EOR 技术相关的标准 74 项，其中国家标准 27 项，行业标准 47 项。在国家标准中，与表面活性剂驱相关标准最多，有 14 项。在行业标准中，与注蒸汽技术相关标准最多，有 15 项：

（1）在化学驱方面，未检索到聚合物微球调驱技术相关的国家标准及行业标准，检索到聚合物微球技术企业标准 5 项，分别由长庆、华北、新疆等 5 家油田制定。在聚合物微球深部调驱技术领域中，长庆油田技术较为成熟，2016—2019 年，重点从体系、设备、评价方法等方面制定了《调剖用聚合物微球技术规范》（Q/SYCQ 3645—2016）、《油田注水用调剖剂柔性颗粒技术规范》（Q/SYCQ 17004—2017）、《聚合物微球加药橇》（Q/SYCQ 07008—2017）、《长庆油田注水井深部调驱效果评价》（Q/SYCQ 03008—2018）、《注水井调驱用微米聚合物凝胶颗粒技术规范》（Q/SYCQ 17012—2019）、《注水井调驱用纳米聚合物微球技术规范》（Q/SYCQ 17013—2019）等 6 项企业标准，完善了技术指标，对产品生产工艺及质量控制进行了规范。

在国内，以长庆、辽河、新疆等油田为代表，在调驱调剖方面做了大量研究试验工作，形成了适应各自油藏特点的调驱技术系列。"十三五"期间，调驱用聚合物微球技术在各大油田已累计推广应用 1 万余井次，改善水驱开发效果显著，有力支撑了油田的持续稳产。聚合物微球调驱作为堵水调驱的一项重要技术，年药剂用量达 2 万余吨，尚未形成行业统一标准。以长庆油田为牵头单位的标准起草组正在积极申报《聚合物微球产品检测及评价方法》行业标准，预计 2023 年底颁布，以适用于聚合物微球产品检测及评价方法，为低渗透油藏调驱规范产品标准、提升应用效果提供支持。

（2）在混相驱方面，以勘探开发研究院、吉林油田、长庆油田等为代表，在气驱方面做了大量矿场试验及基础研究工作，形成了适应各自油藏特点的气驱技术系列。截至 2022 年，长庆油田气驱技术采用的是中石油企业标准或国家石油行业标准，这些标准内容虽有较强的普遍性，但针对长庆油田储层强非均质性、波及系数低，非混相驱驱油效率低，难以实现重力驱波及系数低等情况，未进行适应性分析。

EOR 技术体系庞大、复杂，涉及热力采油、混相驱、化学驱及其他 EOR 技术所用化学剂和驱替体系的评价、材料及设备的设计使用、现场实施方案及效果分析等多项内容，目前尚未形成国际标准。

1. 主要优势

大庆油田的化学驱技术较为成熟，已发布企业标准 49 项，包含聚合物驱、表面活性剂驱、复合驱等多种方法。针对其中的聚合物驱技术，大庆油田于 1972 年 9 月在小井距 501 井组首次开展了聚合物驱矿场试验。1995 年开始进行工业化推广应用。截至 2019 年底，大庆油田已应用区块 105 个，面积为 461 平方公里，动用地质储量 11.19 亿吨，聚合物驱年产油量连续 14 年超过 1000 万吨，累计生产原油 2.2 亿吨。大庆油田聚合物驱油技术无论在规模还是在技术水平上，均处于国际先进地位。

针对低渗透油田储层非均性强、水驱矛盾突出、自然递减大等问题，长庆油田研发了纳米级聚合物微球系列产品，形成了低渗透油田改善水驱主体技术，解决了低渗透油藏微孔细喉条件下难以深部运移、规模调驱的技术难题，主要体现在以下四个方面：

一是形成了低渗透油田水驱优势通道判识技术，量化了主力油藏优势通道尺度。通过大量的动态评价和现场监测研究，明确了非均质性、注入速度、裂缝发育程度是影响注水开发效果的主控因素，见水类型主要为孔隙-裂缝型、孔隙型。对主力油藏 38 个区块渗透率、孔喉半径等参数的分布特征进行对比研究，采用概率分布统计法划分了三级优势通道，量化了优势通道尺度。长庆油田调驱技术框架被提出，为调驱关键产品研究及现场施工参数设计提供了依据，从理论上明确了技术机理与针对性。

二是通过室内物理模拟实验研究，揭示了纳米微球蠕变运移、吸附聚集、膨胀架桥、表面效应耦合作用机理。室内建立的平板微观可视化模型，验证了纳米微球在微孔喉下具有良好的注入性、自聚集性、桥堵性能。设计的并联双管填砂驱替实验装置结果显示，微球可突破压力梯度 0.2~0.4 MPa/m，提高油采收率 20% 以上。

三是自主研发了系列纳米级聚合物微球，满足了低渗透油田微孔细喉储层需求，填补了改善水驱关键材料的空白。创新反相微乳液聚合方法，以水相合成和油相反转等工艺实现了聚合物微球的精准制备，其分散性、耐剪切性、形变能力、耐温抗盐性均可满足低渗透油藏的应用需求。

四是形成了"注入参数优化、注水站集中注入、在线注入装置、产品工业化制备"的创新工艺模式。建立的注入参数优化设计图版，以优势通道量化渗透率选择微球粒径，以室内驱替实验阻力系数确定注入浓度和注入体积。将传统井口注入方式变革为注水站集中注入方式，形成了"小排量、大剂量、低爬坡压力"的工艺模式，实现了全天候连续注入，同时节约了成本，单井施工费用由 6.5 万元下降至 0.5 万元；为黄土高原复杂地貌条件下的规模应用创造了条件。自主研发的在线注入装置，实现了在线监测、远程控制，建成了年产 3 万吨的聚合物微球生产能力，可满足工业化应用需求。

2019 年 4 月，中石油组织召开会议，对"低渗透油田聚合物微球改善水驱技术与工业化应用"成果进行了鉴定。鉴定委员会认为，该成果在低渗透油田改善水驱主体技术方面整体达到国际先进水平。

聚合物微球深部调驱技术已在长庆油田累计推广 1 万余井次，年均实施 3000 井次以上，年均覆盖产量规模达 600 万吨，覆盖储量规模达 15.6 亿吨，占长庆油田水驱储量的 1/3，实现了主力油藏控降递减 2~4 个百分点，含水上升率下降 1.1 个百分点，预计提高油采收率 5%。长庆油田聚合物微球深部调驱技术无论在规模还是技术水平上，均处于国际先进水平。

此外，大庆油田的三元复合驱技术是当前全球应用规模最大、井数最多、产量最高的复合驱技术。自 1994 年起，大庆油田在不同地区开展了 5 个三元复合驱先导性矿场试验，均取得了比水驱提高油采收率约 20 个百分点的效果。2000 年以来，突破大庆低酸值原油不适合三元复合驱的理论束缚，大庆油田自主研发出重烷基苯磺酸盐表面活性剂产品（以下简称 HABS）和石油磺酸盐产品（以下简称 DPS），并开展了大规模的强碱、弱碱二元复合驱工业性矿场试验。大庆油田在三元复合驱试验和推广应用过程中逐步形成了系列配套技术，包括配方体系优化技术、层系组合及井网优化技术、油水井动态及采出化学剂变化规律预测技术、跟踪调整技术、采出液破乳与脱水技术、防垢技术、动态监测技术、经济评价技术，已达到工业化应用条件。

"十三五"期间，长庆油田践行绿色低碳发展新理念，建成碳捕获、利用与封存（Carbon Capture, Utilization and Storage，以下简称 CCUS）国家示范工程，在姬塬黄 3 建成 9 注 37 采 CO_2 驱先导试验区，建成鄂尔多斯盆地第一座 CCUS 综合试验站，实现了 CO_2 "注—驱—再捕集—埋存"流程闭环，累计注入液态 CO_2 13.5 万吨，见效期单井产能由 0.84 吨/天上升到 1.04 吨/天，递减率由 4.0% 下降至 -15.1%，见效率达 73.0%，见效井单井产量提高 60%，累计增油 1.5 万吨。同时集成空气泡沫驱技术体系，形成采收率战略主体技术，经过先导试验、扩大试验，形成 48 注 209 采试验规模，实现了三叠系油藏类型全覆盖。其中五里湾区 15 注 63 采，见效率达 95.2%，单井峰值增油量为 0.35 吨，累计增油 8.7 万吨；王窑实施 17 注 62 采，建成中石油首座集中注入站，年节约成本 1284 万元。为进一步支撑资源叠合区效益开发，创新油气协同开发新模式，发挥长庆油田自身烃气资源优势，在油气叠合区自主攻关烃类气驱试验，在庄 230 长 7、镇 246 延 10 和镇 252 长 8 开展不同类型的油藏试验攻关，初步形成油气协同开发新模式，为叠合区效益开发提供示范。2021 年 6 月，庄 230 和镇 246 两座注气站投入运行，现场试验顺利推进。在矿产试验基础上，搭建了低渗透油藏气驱提高采收率机理实验研究平台，为持续深化低渗透油藏气驱提高采收率理论及技术体系和形成长庆特色的注采配套及地面工艺体系提供强有力的技术保障。

对已检索出的 EOR 技术国际标准进行分析后发现，其标准类型单一，大多为测定方法标准，很多空白领域亟须填补。与国际标准相比，大庆油田的 EOR 技术标准涉及面更宽，包括许多相关产品标准，如大庆油田化学驱技术已发布企业标准 49 项。大庆油田聚合物驱油技术无论在规模还是技术水平上，均处于国际先进水平。

2. 主要短板

对 EOR 技术进行检索可发现，相关国际标准数量不多，按照国际标准的制定原则，国际专业技术标准制定得比较合理，标准中各项技术要求的规定详尽，可操作性强，最重要的是对污染控制等环境保护的要求极其严格。例如，《热采井用套管连接的质量评定》(ISO/PAS 12835) 中对样品的处理和储存作了明确说明，并在附录 C 中给出了相关方应承担的角色和责任。国际标准除了对相关指标的测定有严格要求，还对相关方承担的责任及样品的后续处理有明确要求；而国内标准在这方面存在一些差异。从国内标准的制定情况来看，国家标准和行业标准分布不均衡，多个 EOR 技术方法没有标准覆盖，如微生物采油技术、非混相驱技术、氮气和烟道气混相驱技术等。从制定的基础标准来看，存在术语定义不统一的问题，如在《油田化学常用术语》(SY/T 5510—1992)、《采油采气工程词汇》(SY/T 5745—2008)、《油气藏工程常用词汇》(SY/T 6174—2012)、《石油天然气工业术语　第 1 部分：勘探开发》(GB/T 8423.1—2018) 这 4 项术语标准中存在同一术语定义不同的现象。

此外，针对聚合物微球调驱技术，国内起步较晚，基础理论较为薄弱，一直在探索和实践中砥砺前行。虽已经过十余年的建设，但整体来说滞后于业务发展，很多标准缺失，专业标准数量少，无法开展系统对比工作：

一是国家、行业已发布标准少，缺乏行业的规范和指导作用。国家标准和行业标准是技术标准的基础和核心，体现了一个行业的技术水平和发展情况。

目前除长庆油田外，关于聚合微球仅发布企业标准3项，数量较少，未能体现出对行业的规范和指导作用。

二是已发布标准体系存在重复内容，相关指标仍需完善。已发布标准为企业标准，部分标准内容互相包含或意思相近，不同层级之间重复建设。在产品指标方面，针对聚合物微球产品，围绕外观、密度、分散性能、可分离固形物、粒径、粘度等项目形成了微球评价方法，"初始粒径"是评价聚合物微球产品至关重要的一项指标，主要受合成中乳化剂种类、油水相比例、搅拌转速等因素的影响。粒径分布集中程度反映微球产品合成工艺的稳定程度，因此也有必要对粒径分布集中程度进行研究，以进一步完善相关指标。

三是聚合物微球标准国际化无对应的分支机构，申请渠道不畅。目前，ISO/TC 67下设的十几个分技术委员会和工作组中，并没有专业对应的分技术委员会或工作组，缺乏相应的依托组织，ISO提案无法顺利提交，国际化标准申请渠道不通畅。

关于气驱技术，主要存在两项短板：

一是气驱技术发展在国内的经验不多，国外可借鉴的经验也不多，至今未看到国外有关于气驱利用的系统性介绍。

二是气驱技术缺乏通用基础，尤其在气体介质危害性、腐蚀性、系统性及安全性等方面缺少依据。

3.3.5 钻完井

近些年，美国先后引领水平井、多分支水平井、丛式井等钻完井技术革新，特别是由水平井与压裂技术进步引发的"页岩气革命"，大幅度降低了油气开发成本，改变了国际能源格局。长庆油田致密油气资源丰富，以致密油、超低渗透油藏和致密气为主，近年来每年新增产建井3000余口，其中水平井口占中石油水平井计划的50%以上。产建新井的大规模开发应用有效推动了长庆油田钻完井技术的进步与发展。从时间上看，油田钻井先后经历了四个发展时期，分别为2005年前以直井定向井为主的探索评价阶段，2005—2007年开始丛式定向井、水平井试验的技术攻关阶段，2007—2012年规模化应用丛式井、水平井技术的快速上产阶段，以及2013年后进入以长水平段水平井、混合井型井组、三维水平井、小井眼钻井为特色的长期稳产阶段，钻完井模式也实现了由直井定向井到丛式定向井，由水平井到丛式水平井、混合大井丛立体开发，由裸眼完井到套管固井完井的不断转变，形成了长庆油田独特的低成本、高效、快速钻完井技术。

我国钻完井方面虽然注重自主研发技术的推广和应用，但与国际大型油气技术服务公司相比，竞争力依然不强，主要表现在自主研发技术多为常规钻井完井工具、系统软件和化学助剂（如 PDC 钻头、螺杆钻具、尾管悬挂器和套管附件、钻井设计软件、钻井液和水泥浆添加剂等），高附加值技术和综合配套技术应用较少。随钻地质导向、套管钻井、旋转导向钻井、海上精细控压钻井和智能完井等技术虽有进步，但在系统稳定性、精度、应用范围等方面仍有不足，一些关键核心技术掌握在国际大型石油公司或技术服务公司手中，如壳牌、斯伦贝谢、哈利伯顿等。随着油气勘探开发逐步进入深层、深水和非常规等资源动用难度大的领域，对钻完井工程技术水平的要求就更高。国际大型油气技术服务公司的技术垄断导致服务费用高，这迫使我国钻完井技术向高度国产化、低成本、快速、高效的方向转变。

以关键词"drilling"（钻井）、"completion"（完井）等在 ISO、API 官网进行检索，得到钻完井技术相关国际标准 227 项，涉及广泛使用石油钻采工业通用设备和材料，已证实完善的工程技术和作业实践，钻井技术标准体系成熟、内容丰富，被各大型国际石油公司广泛采用。例如，壳牌公司通过每年购买与其生产经营有关的数万项标准的使用权，结合其制定的内部标准文本，采用信息化管理，将其中钻井工艺相关标准规整到《壳牌钻、修井井控手册》中。贝克休斯同样针对钻井过程中的不同情况和关键工艺制定了《贝克休斯使用技术手册》《高温高压操作手册》《钻井液工程手册》等操作手册。

通过资料检索，我国钻完井技术相关标准共计 210 项，其中涉及钻井设计相关标准 24 项、施工工艺相关标准 21 项、质量控制及评价相关标准 11 项、设备及原材料相关标准 143 项、辅助设计相关标准 11 项。国内，中国石油化工集团有限公司（以下简称中石化）、中国海洋石油集团有限公司（以下简称中海油）在钻完井领域也颁布过相关企业标准。与国外标准相比，国内钻井相关标准大多数涉及钻井设备工具的使用维护和检修，其次是钻井工艺方面的技术规范和钻井液体添加剂试验，国内外先进技术内容较少。

目前，长庆油田钻完井工程采用的标准大多是中石油企业标准或国家石油行业标准，这些标准内容较全面，具有很强的普遍性。但针对长庆油田点多面广、各区块地质条件不一的情况，并未进行标准的适应性分析，具体钻井执行过程中主要以《长庆油田石油与天然气钻井井控实施细则》为准。公司内部钻完井工艺标准体系还没有完全建立，以至于在实际钻井作业中无法实现规范化管理。

3.3.5.1 主要优势

长庆油田页岩油藏、致密气藏地质条件与国外相比较为复杂，井深、层薄、非均质性强、储层不连续等问题是钻完井多年以来长期面临的技术难题。近年来，通过对钻完井技术的持续攻关与实践，长庆油田逐步积累形成了一系列优势钻完井技术及标准化成果，具体表现在以下几个方面：

一是大平台工厂化钻完井技术。长庆油田地处山大沟深、沟壑纵横的黄土塬地貌，生态环境比较脆弱，井场征地与环境保护压力日趋严峻、储层多样性开发需求日益凸显，"大井丛＋水平井"开发模式具有降低成本、减少土地征用、多层系开发的技术优势。长庆油田通过攻关实践形成的大平台整体优化设计、地质工程一体化三维井身剖面优化设计、"鱼刺状预分"防碰绕障以及"小井斜走偏移距-稳井斜扭方位-增井斜入窗"井眼轨迹控制模式、长水平段水平井快速钻井、强抑制复合防塌钻井液体系等关键技术有效解决了征地困难、平台整体防碰、水平井机械钻速慢、井壁失稳易坍塌等技术难题，创新性形成大平台工厂化钻完井配套技术，为丛式水平井工厂化钻完井、工厂化压裂改造提供了技术保障。2021年完钻的华H100平台通过应用大平台工厂化钻完井技术，平台钻井周期大幅度缩短，较常规水平井平台提速35%。同时，平台5部钻机整体协调运行，在人员、设备、钻井液、地面管网、动力系统、控制系统方面实现了共享，共减配设备68车次，精简人员42名，通过劳动组织架构和生产组织模式的改变，推动"大平台建设、工厂化作业"不断升级，实现钻井整体运行成本大幅下降，创造了亚洲陆上最大水平井平台记录。

二是超长水平井钻完井技术。超长水平井一般指水平段长超过3000 m的井，为动用水源区、煤炭重叠区等环境敏感区储量，长庆油田持续开展超长水平井钻完井试验，经过多年积累与实践，已形成了三维水平井剖面优化设计、长水平井井眼轨迹控制、激进钻井、长水平裸眼段稳定井壁、长水平段堵漏、漂浮下套管、长水平段窄间隙固井、提高长水平段固井质量等8大关键技术。于2021年6月8日完井的页岩油华H90-3井完钻井深7339 m，储层钻遇率为88%，水平段长度达5060 m，刷新了亚洲陆上水平井最长水平段记录。2021年7月22日，致密气靖21-19H1井顺利完井，该井井深8528 m，水平段长5256 m，再次刷新了亚洲陆上水平井最长水平段记录。华H90-3井和靖21-19H1井的成功完井不仅带动了工程领域的工艺革命与工具进步，更为动用复杂地貌条件下可动用储量提供了切实有效的技术手段。

三是长水平段窄间隙固井。对于长水平段水平井，固井完井方式具有封隔有效性高、井筒完整性高和无压裂级数限制等优点，是北美非常规油气藏水平井改造的主体技术。长庆油田开发水平井水平段多采用 152.4 mm 井眼下入 ϕ114.3 mm 生产套管固井完井，环空间隙小（仅有 19 mm），且由于套管受重力作用偏心，易导致下部环空过流面积变小，宽窄边流速存在差异，出现不能完全替净的区域，影响顶替效率和固井质量。同时，长庆油田低渗透储层的地质特征决定了水平井需要进行后期压裂改造，在体积压裂过程中，水泥环会产生变形，在同样变形量的条件下，窄间隙薄水泥环变形幅度会达到厚水泥的 4 倍，在交变应力条件下，更易出现水泥塑性破坏及界面撕裂，因此多簇体积压裂对水泥环封隔有效性的要求更高。针对长水平段窄间隙固井难题，长庆油田通过交变应力下水泥环力学分析、高强度韧性水泥浆体系、提高顶替效率、固井工具优选等技术攻关，实现水泥浆体系弹性模量由常规 12 GPa 降至 6 GPa，24 h 抗压强度达 35 MPa，满足了固井一次上返的要求，形成了油田水平井水平段窄间隙固井技术，并编制了《天然气井水平段固井技术规范》，有效指导现场施工作业，成功完成窄间隙固井最大完钻井深 6010 m，最长水平段达 4118 m 的任务，固井质量优良，压裂过程顺利，表明水泥环段间封隔可靠。

四是低密高强水泥浆。低密度水泥浆是解决易漏层固井的有效手段。但常规水泥浆随着密度的降低强度也会降低，不能满足固井的要求。因此有必要研制低密度高强度水泥浆体系。为降低上部水泥浆密度，同时提高胶结与固井质量，通过优选胶凝材料、活性有机硅材料、促凝剂、减轻材料等添加剂，长庆油田研发形成了可固化隔离液与玻璃微珠低密度高强度水泥浆体系，密度为 $1.15\sim1.23$ g/cm^3，与钻井液密度相当，抗压强度大于 7 MPa/24h，能够在大幅降低水泥浆密度的同时有效降低流动摩阻。现场试验应用表明，体系稳定性好，水泥石性能优良，满足了上部井段固井要求，有效提高了水泥封固率。

3.3.5.2 主要短板

一是整体钻井速度与国外差距大。长庆油田在钻井过程中通过不断强化钻井参数，并配套高效 PDC 钻头、高性能泥浆泵、水力振荡器、大扭矩螺杆等关键装备和工具，使水平井钻井速度不断提高，钻井周期不断缩短。2020 年，页岩油储层水平井平均水平段长 1436 m、钻井周期为 18 d，致密气储层水平井平均水平段长 1270 m、钻井周期为 45.1 d，虽然水平井钻井周期与前期相比已大幅缩减，但是与国外部分油田相比还存在较大差距。在美国 Utica 页岩区，Eclipse 资源公司于 2017 年钻成了水平段长 5943.6 m 的超长水平井钻井，周期仅为 17 d。EQT 公司利用贝克休斯的旋转导向及远程专家决策系统，在该区块实现了造斜段+水平段共 6215 m 的一趟钻纪录，创造了日进尺 2038 m 的快速钻进纪录。长庆油田整体钻井速度受对部分区域地质情况认识不清、旋转导向工具应用比例较低、一趟钻技术仍处于试验阶段等种种因素制约，难以提升。

二是盆地东部漏失。长庆气田主要分为东部和中西部，其中盆地中西部多为小型漏失（漏失量小于 3 m^3/h），漏失零星分布，而盆地东部易发生中大型漏失（漏失量大于 3 m^3/h）。其中宜川黄龙、子洲、榆林、神木等气田漏失层位主要为延长组、刘家沟组、石千峰组，漏失连片分布，特别是作为后期储量接替主要区块的宜川黄龙气田，自 2017 年大规模开发以来漏失情况一直较为严重，井漏引起的井下复杂普遍存在，非生产时效达到 22.9%，严重困扰着该地区钻井速度，钻井成本也相对较高。近几年，通过随钻堵漏、桥塞堵漏、注水泥浆堵漏、刚性颗粒堵漏等方法取得了一定的堵漏效果，但总体上仍是见漏就堵、以堵为主，施工周期长，需反复堵漏施工，造成人力、物力、财力和时间的巨大消耗，钻完井提速提效成果相比其他区块有较大差距。

三是钻完井智能化信息化发展程度不足。国内各油田钻完井施工均呈现点多面广的特点，随着油藏开发向着"低、非、海、深"转变，钻井地质条件越来越复杂，且技术难度逐年上升，传统的上井支撑模式已难以满足现场施工的需要，亟须借助大数据、物联网、人工智能、机器学习等先进的数字信息手段提高钻完井施工决策水平，提升施工质量。目前，各油田均已开展钻完井智能化信息化转型工作，但由于信息技术人员短缺、组织管理模式不完善等，导致钻完井智能化信息化发展程度不足，大多数油田仅实现了现场数据的远程实时传输及历史数据的远程标准化采集。在数据质量管理，钻完井大数据挖掘，人工智能、机器学习指导现场施工决策方面，还处于起步阶段。

3.3.6 页岩油

1970 年，美国原油产量达到 4.8 亿吨，之后产量持续下滑。自 2011 年以来，美国页岩油行业蓬勃发展，页岩油产量迅速提升，原油产量开始止跌回升。截至 2019 年 12 月，美国二叠纪盆地、巴肯、鹰滩等七大产区的页岩油产量已突破 900 万桶/天，在原油总产量中比重达到 70%。美国原油产量的突飞猛进，使得全球原油市场供应格局由此前的欧佩克一家独大，逐步形成美国、俄罗斯和沙特"三足鼎立"的格局。

我国页岩油资源十分丰富，根据 2019 年自然资源部的初步评价，我国中高成熟度页岩油的地质资源量有 145 亿～215 亿吨，中低成熟度页岩油的地质资源量有 200 亿～250 亿吨。从北美页岩油开发实践来看，加大我国陆相页岩油的研究与开发试验，推动其工业化建产，是实现我国石油资源战略性接替，降低对外依存度，保障国家能源安全与经济增长的重要手段之一。

对比我国与北美页岩油的地质概况与开发进程，北美多以海相页岩油为主，面积大，有机质含量高，成熟度高，油气丰度高，可压裂性强，技术先进，开发成本低。而我国页岩油主要分布于准噶尔盆地、松辽盆地、鄂尔多斯、渤海湾等大型沉积盆地以及许多"小而肥"的中小型盆地，以陆相页岩油为主，面积相对小，有机质含量偏低，成熟度及油气丰度中等。同时我们的页岩油勘探开发起步晚，研究程度低，钻井压裂周期长，开发成本高。

我国陆相页岩油与常规石油及海相页岩油的形成地质背景、开采条件及技术要求差异较大，国际上缺少可借鉴的技术标准体系来作支撑，亟须建立适合我国页岩油产业发展的标准体系，推动和引领我国页岩油产业高质量发展。

对 ISO 官网及 API、ANSI 等页岩油开发的国家标准机构网站进行检索，目前 ISO 针对页岩油勘探开发技术发布的相关标准仅有压裂方面的 7 项（见附录 3 附表 3-4），包括 API HF 3 "Practices for mitigating surface impacts associated with hydraulic fracturing"（First Edition）[《减轻与水力压裂有关的表面影响的实践》（第一版）] 等，其他方面未见相关标准。

在国内非常规领域，特别是页岩油气的相关标准中，涉及页岩气的较多，与页岩油相关的只有 9 项：《致密油地质评价方法》（GB/T 34906—2017）、《页岩油地质评价方法》（GB/T 38718—2020）、《页岩油储量计算规范》（SY/T 7463—2019）、《致密油气及页岩油气地质实验规程》（SY/T 7311—2016）、《致密油气储层岩石物理实验室测量技术规范》（SY/T 7307—2016）、《钻井液测试 泥页岩理化性能试验方法》（SY/T 5613—2016）、《钻井液用页岩抑制剂评价方法》（SY/T 6335—1997）、《钻井液用防塌堵漏剂 改性沥青》（SY/T 5665—2018）由中石油牵头起草，《煤基伴生油页岩油》（GB/T 35063—2018）由抚顺矿业集团有限责任公司（以下简称抚顺矿业）等单位起草。

总体来看，以美国为代表的北美石油工业经过十多年的页岩油革命，已经形成了较为成熟的页岩油勘探、开发、钻井和压裂等技术体系，但在标准体系的建设方面仍不够完善，仅在压裂等工程技术的应用上形成了部分标准。与之对比，我国页岩油产业经历了近十年的发展，已形成了具有特色的陆相页岩油富集地质理论与相关的开发技术；但与国外情况相似，我国在页岩油标准体系的建设上同样存在不足，处于起步阶段。

中石油副总经理在 2018 年 12 月 12 日陆相页岩油战略研讨会上指出,加快页岩油业务发展,是保障国家能源安全的现实途径,对实现资源战略性接替具有重要意义。同时强调,中石油要坚持世界眼光、国际标准,统筹制定页岩油全领域标准,成为陆相页岩油标准规范的制定者,促进科技成果转化,占领研发制高点,努力发挥好引领和主导作用。

根据会议精神与中石油要求,新疆油田牵头组织多家协作单位,通过分析页岩油国内外勘探开发与研究现状的调研情况及发展趋势,对已有相关标准进行认真梳理,认识到国内外的短板与优势,进一步明确标准体系的发展方向,建立适合于我国陆相页岩油特点的标准体系,对推动与引领页岩油产业规模的发展意义重大。

新疆油田在石油行业标准体系的基础上,梳理、分析、对比页岩油勘探开发过程及相关专业技术,明确页岩油勘探开发的特色技术及页岩油标准体系的研制原则和定位,构建页岩油标准体系框架,其范围覆盖页岩油勘探开发相关的国家、石油行业及中石油企业标准,形成以页岩油特色业务地质工程评价、开发、开采、钻井、试验分析、地面工程为主,油化剂、储运、建设、管材、安全、节能等配套业务为辅的标准体系。体系研究将明确页岩油勘探、开发的标准化工作重点和发展方向,同时对国外相关技术及标准的发展情况做调研,做好制定陆相页岩油国际标准等的策划准备工作。

整体来看,页岩油产业相关标准的制定处于起步阶段。对石油行业相关标准的专业划分情况进行梳理,目前共涉及 7 个特色专业(物探、地质、钻井、测井、开发、采油、建设),13 个常规专业(油化剂、储运、设备、管材、仪器、计量、标准、天然气、安全、节能、定额、信息、环境)。参考页岩气行业的标准建设情况,目前在通用基础专业方向设有 1 项国家标准、1 项行业标准,在地质评价方向设有 4 项国家标准、8 项行业标准,在地震与测井方向设有 2 项行业标准,在钻完井工艺方向设有 15 项行业标准,在储层改造方向设有 19 项行业标准,在气藏开发方向设有 3 项国家标准、11 项行业标准,在安全清洁生产方向设有 5 项国家标准、4 项行业标准。经统计,目前页岩气行业共设有 13 项国家标准、60 项行业标准,对比之下,页岩油行业的标准体系建设情况还有较大的发展空间。

3.3.7 稠油

全球的常规原油和重油分布是不均衡的,约 90% 的超稠油分布在委内瑞拉的 Orinoco 重油带,约 81% 的可采天然沥青分布在加拿大的阿尔伯达省。

据 2019 年相关调研数据,目前各国拥有的重油剩余地质储量:委内瑞拉 3930 亿吨,列第一;加拿大 2680 亿吨,列第二;再次是俄罗斯、伊朗。伊朗、伊拉克和科威特由于拥有巨大的常规油资源,对重油与沥青的研究和勘探程度很低,还有一些国家因各种原因没有系统地对其重油资源进行评估。

中国稠油资源量约为 80 亿吨,主要分布在准噶尔、松辽、塔里木、鄂尔多斯、柴达木、四川盆地以及渤海湾等大型盆地。我国发现的稠油油藏,其埋藏深度变化很大,绝大部分稠油油藏埋深在 200~1500 m 之间。主要油藏属于陆相沉积,也有部分海相沉积,具有油藏类型复杂、非均质性强的特点。

根据粘度,稠油开发可分为冷采和热采两种工艺模式。稠油冷采是采用物理或化学的方法改善稠油的流动性将其采出的过程。常用的稠油冷采有无砂和出砂冷采,注二氧化碳、天然气、氮气、烟道气等气体采油,注聚合物、表活剂、微乳液等化学采油,低频电脉冲、微波加热等电磁法采油,以及微生物采油等方式。一般地层原油粘度低于 100 mPa·s 的油藏可以应用冷采工艺,在国外采用较多。

稠油热采是目前世界上规模最大的提高原油采收率的工程应用领域技术,该工艺模式形成了以蒸汽吞吐、蒸汽驱、蒸汽辅助重力泄油(SAGD)、热水驱、火烧油层、电磁加热等为代表的技术体系。其中蒸汽吞吐、蒸汽驱、SAGD、热水驱和火烧油层等技术已被广泛应用于稠油油藏的开发,并取得了显著的效果。此外,电磁降粘、原位改质等前沿技术正处于矿场先导试验阶段或基础研究阶段。国内稠油资源普遍粘度较高,因此蒸汽吞吐、蒸汽驱、SAGD、火烧油层等热采技术应用较为普遍。

以关键词"heavy oil"(稠油)、"thermal recovery"(热采)、"steam huff and puff、steam stimulation、CSS"(蒸汽吞吐)、"steam flooding、steam injection"(蒸汽驱、蒸气注入)、"SAGD"(蒸汽辅助重力泄油)、"ISC、in-situ combustion、fire flooding"(火驱)、"thermal recovery wellhead"(热采井口)、"insulated tubing"(隔热油管)等在 ISO 官网进行检索,均未查询到相关的国际标准。经过调研,国外没有形成直接针对稠油研究及开发的标准,已发布的均是石油行业通用性标准。

在 ISO 发布的标准中,涉及钻完井、举升、物性测试分析、计量、防腐等与稠油热采技术存在部分共通性的标准共有 13 项(见附录 3 附表 3-5)。例如,当蒸汽驱、SAGD 开发稠油的过程中蒸汽腔发育不均匀时,常使用 ICD 装置,可以借鉴 ISO 17078-2:2007 "Petroleum and natural gas industries—Drilling and production equipment—Part 2:Flow-control devices for side-pocket mandrels"(《石油和天然气工业 钻井和生产设备 第2部分：侧袋心轴的流量控制装置》)。其余标准中，关于人工举升的相关泵的设计、制造和测试、安装、启动和操作等内容，在稠油热采井中也经常使用。

通过资料检索，我们共梳理出稠油开采基础研究、油藏工程、钻采工艺、地面工程、装备及设备、安全环保等方面的国家标准、行业标准及中石油企业标准51项（见附录3附表3-6）。对其按专业划分，基础研究与油藏工程类有标准19项，钻采工艺类有标准18项，地面工程类有标准11项，安全环保类有标准3项。此外，国内中石化和诸多地方企业在稠油开采领域也颁布过相关企业标准，主要涉及井下工具和稠油降粘剂等化学药剂，由于数量较多，不再逐条列出。

根据检索结果，国际上还没有颁布专门针对稠油开采的相关标准。从检索到的资料分析，已颁布的石油领域通用性国际标准中，与稠油存在相关性的标准主要涉及原油品质和物性的化验分析、钻井和完井工具装备、钻完井泥浆、油套管和井口及其腐蚀评价、井下采油装备（杆式泵、电潜泵）、井下工具装备（桥塞、封隔器）和地面集输管道等。

从国内外标准发布情况来看，我国与稠油相关的针对性标准更多，且更具体。国内已颁布稠油相关标准涉及室内实验方法、油藏评价及开发方案编制、热采井口、套管、SAGD开采工艺、火驱点火、地面蒸汽发生器（锅炉）及其配套工艺技术，以及稠油高温采出液处理、安全环保等，其中方法和规范规程类标准占比较大，工具装备和产品类标准数量不多，且近几年比较前沿的稠油开采技术（如SAGD、火驱、蒸汽多介质复合驱、高温复杂采出液和污油泥绿色处理技术等）的标准较少或没有，且层级不高。

在ISO/TC 67下设的分技术委员会和工作组中，暂没有与稠油专业对应的分技术委员会或工作组，由于缺乏相应的依托组织，ISO提案无法顺利提交，国际化标准申请渠道不通畅。

3.3.7.1 主要优势

不同于国外稠油油藏的海相砂岩沉积地层，国内稠油普遍赋存于陆相沉积地层中，具有粘度高、非均质性强等特点，对稠油开发不利。在稠油热采实践中，针对不同类型油藏不同开发阶段的特点，国内科研人员经过数十年的技术攻关，在稠油热采基础理论研究、油藏工程优化技术、多介质复合蒸汽吞吐和蒸汽驱、强非均质储层SAGD、注蒸汽后高温火驱接替开发，以及配套钻采工艺技术、地面工程、工具装备等方面形成了一系列特色技术，部分技术处于国内领先和国际先进水平。

1. 稠油热采基础研究和油藏工程方面的优势

在室内基础研究方面，国内科研人员持续研发稠油开发实验系列装置，不断创新实验方法与实验技术，实现了从一维到二维拟比例模拟，再到三维相似比例模拟的"真实再现"的重大跨越。科研人员利用高温高压注蒸汽三维物理模拟实验装置，创新制定了注蒸汽物理模拟相似准则，形成了石油工业行业标准《注蒸汽采油高温高压三维比例物理模拟实验技术要求》（SY/T 6311—2012），创新了陆相浅层砂砾岩稠油开发技术基础理论方法，揭示了多介质复合蒸汽吞吐、特稠油蒸汽吞吐后转蒸汽驱大幅度提高原油采收率、超稠油双水平井 SAGD、蒸汽吞吐后期转火驱等稠油开发新技术机理，为稠油稳产及规模上产提供了技术支撑。

2. 稠油热采开发技术方面的优势

蒸汽吞吐方法又叫周期性注汽或循环注蒸汽法，是稠油开发中最普遍采用的方法，具有工艺技术简单、增产快、经济效益好等优点。中石油经过多年的研究和开发，已形成一套具有自主知识产权的实用蒸汽吞吐开采工艺技术，包括注蒸汽配套工艺技术、举升配套工艺技术、提高稠油蒸汽吞吐开采效果技术等三大系列 10 项稠油热力注采工艺，为油田增储上产、提高原油采收率提供了有力的支持与保障。

在蒸汽驱方面，中石油辽河油田经过多年的研究与实践，突破了蒸汽驱开采稠油的深度界限，实现了在中深层稠油油藏的蒸汽驱开发，形成了包括高温长效隔热注汽、分层汽驱、高温举升及高温不压井作业等配套工艺技术，保证了蒸汽驱开发的规模上产，取得了良好的经济效益和社会效益。

强非均质储层 SAGD 开发技术方面，中石油针对陆相浅层强非均质超稠油，创新多渗流屏障双水平井 SAGD 多汽腔差异融合泄油理论与方法，形成了井网优化、分级扩容启动、高温汽液界面精准控制、间歇注汽、高温大排量举升等核心技术，以及强非均质超稠油油藏 SAGD 高效泄油配套技术，突破了超稠油难采储量开发"禁区"。关键技术已成功应用于 CNODC 在加拿大麦肯河油砂的合作开发项目，整体达到国际先进水平。

在火驱提高原油采收率技术方面，国外火驱技术应用的对象主要是原始或者正在开发的稠油区块。对于蒸汽开采后期濒临废弃的油藏，未见有火驱接替开发的实例报道。针对蒸汽开采后油层平面及纵向动用不均、高渗通道和次生水体并存、井间剩余油饱和度低等问题，中石油新疆油田建立了高温火驱提高原油采收率理论与方法，形成了低饱和度油层高效点火核心技术，创新了火驱井网优化设计和火线监测调控等关键技术，将尾矿开发周期延长15年，破解了稠油注蒸汽开发尾矿再开发利用的世界级难题，在注蒸汽开发基础上再提高原油采收率36个百分点；现已建成30×10^4 t生产能力，引领了火驱提高原油采收率的技术发展。

3. 配套钻采工艺技术方面的优势

钻完井技术方面，针对浅层稠油水平井钻井造斜率高、套管柱安全下入难度大等问题，2005年，中石油新疆油田开展常规直井钻机钻浅层稠油水平井试验，造斜率达到（12°～18°）/30m，获得成功，创造了常规直井钻机钻成126 m最浅垂深水平井的世界纪录；已钻成上千口浅层稠油水平井，达到国际先进水平。在双水平井SAGD钻井技术方面，新疆油田自主研制磁导向装置及钻井技术，实现了双水平井水平段井眼轨迹的精细控制，两水平段垂直距离为5 m，垂直方向误差小于0.5 m，水平方向误差小于1 m，达到国内领先水平。

注蒸汽工艺技术方面，中石油辽河油田自主研发了由真空隔热管、伸缩管和热敏封隔器组成的注汽隔热管柱。其中真空隔热管的视导热系数可达到0.007 W/(m·℃)，热敏封隔器有效率达98.4%，解封成功率为100%。

中石油的举升工艺技术已形成3个系列16种规格的稠油泵，14 t、16 t、20 t、22 t载荷5～8 m冲程抽油机系列，此外，在H级抽油杆的应用、防砂泵的应用、中频集肤效应空心杆越泵电加热技术和掺新配方活性水技术等方面也独具特色。

在防砂/冲砂工艺技术方面，中石油经过二十余年的自主攻关，在稠油防砂技术中形成机械防砂、化学防砂、复合防砂三大系列，属国内领先水平。在冲砂技术方面，发明的复合同心管柱连接射流负压喷射泵抽吸沉砂工艺，彻底解决了浅层稠油水平井冲砂液漏失污染及油砂粘结难以冲出的问题，适用于长水平段、出砂细、粘结严重的油井。此项工艺为国内首创，已应用327井次，保障了稠油水平井的规模开发。

中石油在高温测试及示踪监测方面，具备成熟的常温油井监测技术，并针对稠油井的注汽生产特点形成了高温测试技术的系列化，实现了稠油井从注汽、焖井、放喷到采油阶段的全过程资料监测，形成了蒸汽吞吐、蒸汽驱和SAGD多方面的高温测试技术。此外，还开发和引进了多套国内外先进的试井解释软件，在油井资料解释上达到了较高的技术水平。

经过二十余年技术攻关，中石油在软件技术方面已形成两个系列设计软件系统：稠油蒸汽吞吐软件，主要包含参数优化设计、分注选注设计专家系统；蒸汽驱优化设计软件，水平井、分支井等钻完井设计软件和采油工程优化设计软件等。

4. 地面工程及工具装备方面的优势

地面工程可提供稠油、特稠油、超稠油注水、注蒸汽、火烧油层工艺条件下的集输方案、集输系统、注入系统、热能利用系统的优化设计和设备选型。

注蒸汽设备方面，中石油研发可回用含盐水的 130 t/h 循环流化床燃煤锅炉，生产过热蒸汽（过热度为 10℃～30℃），满足了大汽量、高干度的注汽要求。该锅炉使用分段蒸发技术，实现了净化水的回用。与普通锅炉相比，吨汽成本下降 50%，也适当缓解了油田天然气供应问题。

稠油高温采出液方面，中石油创新先破胶、再破乳的油水分离方法，研发耐温 220℃ 的有机药剂体系，发明高效仰角脱水设备，解决了 SAGD 采出液"胶体、乳液双重稳定"导致的脱水难题，较常规脱水工艺的脱水效率提高 10 倍以上，成本降低 50%。建成高温密闭处理站，处理后净化油含水率低于 1.5%，出水含油量小于 300 mg/L。

3.3.7.2 主要短板

国内石油企业在稠油冷采技术方面涉足较少，仅在微生物驱、化学降粘剂冷采和 CO_2 吞吐/驱等方面开展了小规模矿场试验，相关领域的技术储备不足，在微生物菌种驯化与培育、纳米降粘驱油剂、电磁波降粘等领域还需继续攻关。在稠油热采领域，大型商业数值模拟软件的研发与应用短板较为明显，主流的模拟软件如 CMG、Petro 等主要依赖进口。在耐高温有机密封材料方面，国产橡胶件耐温指标只能达到 250℃，300℃ 的耐温橡胶完全依赖进口，导致耐高温分隔器、高温电潜泵等工具装备的技术指标和可靠性较低，与国际先进水平还有一定差距。在高温多相流体的井下流动控制方面，相关理论和工具的研发处于空白，水平井的井下流体控制如 ICD、FCD 等关键工具、技术需持续攻关。

3.3.8 储气库

自 1915 年加拿大首次建设储气库以来，经过百年发展，储气库业务发展迅速。根据 IGU 报告，截至 2018 年底，全球共有 689 座地下储气库，总工作气量达 4170 亿立方米，最大日采气量达 71.66 亿立方米。从地区分布来看，全球地下储气库主要分布在天然气市场较成熟的地区，北美、欧洲和独联体国家拥有全球 90% 以上的地下储气库；从储气库规模、类型、设计、运营管理等方面来看，都处于领先水平。

我国从 20 世纪 90 年代开始储气库研究工作，2000 年投入运行国内第一座商业化储气库——大港大张坨储气库，之后又先后建成了板 876、板中北等 4 座改建储气库，形成了天津板桥库群，配套陕京管线保障京津冀稳定供气。2005 年，中石油开展了第一座盐穴储气库——江苏金坛储气库的研究、设计和建设工作。2010 年起，国内储气库进入新的快速发展时期，先后投入建成新疆呼图壁、西南相国寺等 7 座库群共 13 座储气库。经过二十余年的发展，国内共建成气藏型和盐穴型储气库 25 座，分布在 7 大地区，分别为东北地区双 6 储气库，环渤海地区天津大港（包括板桥和京 58 库群）和华北苏桥库群，长三角地区中石油金坛、刘庄储气库及中石化金坛储气库，中南地区河南文 96 储气库，西南地区相国寺储气库，西北地区新疆呼图壁储气库，中西部地区陕 224 储气库。目前，我国已建成调峰能力超过 100 亿立方米的储气库，大大缓解了冬季的用气紧张。

3.3.8.1 国外储气库标准发展现状

经过百年发展，国外已基本建立了适应市场经济和储气库业务发展要求的储气库技术标准体系，总体上技术成熟、稳定，标准规范、完备，相关国际标准见表 3-1。不同国家储气库标准体系不同，一般是先通过独立的标准化组织制定推荐性的标准，再结合国家标准、行业标准、企业标准等多类型规范性文件，形成层级清晰、系统性强的标准规范，有利于实施、推广及管理。

表 3-1 储气库相关国际标准统计表

序号	发布组织	标准编号	标准名称
1	API	API RP 1114-2013	Recommended practice for the design of solution-mined underground storage facilities 地下储气库溶腔设计推荐规程
2	API	API RP 1115-2012	Recommended practice on the operation of solution-mined underground storage facilities 地下储气库溶腔施工推荐规程
3	API	API RP 1170-2015	Design and operation of solution-mined salt caverns used for natural gas storage 已采盐腔改建储气库的设计与运行
4	API	API RP 1171-2015	Functional integrity of natural gas storage in depleted hydrocarbon reservoirs and aquifer reservoirs 枯竭油气藏型储气库和含水层型储气库的完整性管理

续表3-1

序号	发布组织	标准编号	标准名称
5	CSA	CSA Z341 Series-18	Storage of hydrocarbons in underground formations 碳氢化合物在地下地层中的储存
6	CEN	EN 1918-2016	Gas infrastructure—Underground gas storage 天然气基础设施 地下储气库

完善的技术标准体系可以为法律法规提供技术支撑，成为市场投入、契约维护、合格评定和产品检验的基本依据。综观储气库发达国家的储气库标准体系，基本具有以下几个特点：

第一，自愿性标准体系。美国、加拿大等发达国家基本采用自愿性标准体系，标准本身不具有强制性。从类别来看，标准可划分为国家标准、团体（协会、学会）标准和企业标准三个类别；从形式来看，标准可分为技术标准、技术导则、标准案例、补遗和公告等，近年来又出现了协议标准和事实标准等新模式，充分体现了标准应尽快反映技术进步和市场需求的原则。

美国技术标准体系分为联邦政府标准体系和非联邦政府标准体系，后者即各种行业协会和学会的标准。美国储气库技术标准主要应用行业协会API的系列标准，再结合联邦政府、所处各州发布的一些指导性文件。加拿大储气库技术标准主要参考CSA标准。由此可以看出，美国、加拿大等国家的专业团体、学会和协会在标准化工作中发挥了主导作用。欧盟的储气库技术标准主要应用欧盟发布的CEN标准。俄罗斯的储气库技术标准与美国等略有不同，主要采用国家标准、组织标准等强制性标准。

第二，多层次的技术法规体系。美国、欧盟等发达国家十分重视技术法规体系的建设，尽管它们的技术法规在表现形式上有所不同，但存在一些共同特点：

一是由国家法律法规对标准化活动本身进行规范。如BSI、法国标准化协会（Association Francaise de Normalisation，AFNOR）、DIN都是国家法律、法令、协议认可、授权的国家标准化机构。

二是建立不同层次的技术法规体系。如欧盟理事会批准发布的指令，只规定设计安全、卫生、健康、环保等方面的基本要求，至于满足这些基本要求的技术条例，则以标准的形式制定。德国技术法规可以分为三级，即法律、政令和管理条例。美国联邦政府17个部门和80多个独立机构都有权制定技术法规，美国的州、市等地方政府也可制定许多相互差异的技术法规。

三是规定对安全、卫生、健康、环保等方面的要求是技术法规的主要内容，是发达国家法律发挥的一种重要形式。

四是在法律、法规等法律形式文件中引用技术标准，使标准成为法律法规和契约合同的技术依据和组成部分，是发达国家标准法治化的重要特征。如美国联邦法规和州法律中很多都引用了 API 的标准，欧盟的许多指令也引用了 CEN 等制定的欧洲标准。

第三，完善的标准实施监督体系。美国、欧盟等发达国家和地区均拥有一套完善的标准实施监督体系，其由市场准入、技术法规和标准、合格评定这三个相互衔接和配套的环节组成。政府的主要职责是监督和执法，产品要进入市场，首先必须获得市场准入资格，而获得市场准入资格的前提是产品必须符合技术法规和相关标准的要求，合格评定程序的主要手段和环节则是对产品的检测和检验，这就要求企业形成严格的激励和监督机制，促使企业利用一切可能条件开展技术创新，提高产品的质量和效益，保证市场竞争力。

第四，政府授权民间机构主导的管理机制。政府授权并委托标准化协会或标准化学会统一管理、规划和协调标准化工作，由政府负责监管和财政支持。标准化协会或学会在标准起草、审查、批准、发布、出版等方面具有充分的自主权，形成了严格、高效的工作程序和管理模式，体现了标准制定过程中的广泛参与原则、协调一致原则和公开透明原则。

第五，标准制定的市场化原则。美国等发达国家的标准制定遵循市场化原则，基本上形成了政府监管、授权机构负责、专业机构起草、全社会征求意见的标准化工作运行机制，这种运行机制可以使标准最大限度满足政府、生产企业和用户等各方的利益和要求，从而提高标准制定的效率，保证标准制定的公正性和透明度。

综上所述，国外储气库标准体系建设多通过独立的标准化组织进行，层级较高，并采取通用标准与专有标准相结合的体系框架，由法律法规、国家标准和行业标准等形成系统的标准规范组织架构，这样一来，标准建设层级更加清晰且不易重复，利于实施和推广。同时，国内外知名公司（如法国的 Geostock、Storengy，俄罗斯的 Gazprom 等）也都建立了自己企业的储气库相关标准规范，或已采用成熟的技术方法和手段。但我们未能在公开文献中检索到公司级标准规范的相关内容。

3.3.8.2 国内储气库标准发展现状

因储气库行业的技术专业性强、施工要求高、发展时间短等，我国尚未建立国家标准和地方标准,主要为行业标准和企业标准。截至目前,国内的企业标准基本上都是中石油企业标准。通过统计,目前国内储气库相关标准共有35项,其中行业标准为8项(见表3—2),企业标准为27项,涉及勘探、开发、地面、安全、节能等多个领域。

表3—2 储气库国内标准统计表

序号	标准编号	标准名称	归口
1	SY/T 6645—2019	油气藏型地下储气库注采井完井工程设计编写规范	采油
2	SY/T 6756—2009	油气藏改建地下储气库注采井修井作业规范	储运
3	SY/T 7370—2017	地下储气库注采管柱选用与设计推荐做法	管材
4	SY/T 6848—2012	地下储气库设计规范	建设
5	SY/T 6805—2017	油气藏型地下储气库安全技术规程	安全
6	SY/T 6806—2019	盐穴地下储气库安全技术规程	安全
7	SY/T 6638—2012	天然气输送管道和地下储气库工程设计节能技术规范	节能
8	SY/T 7451—2019	枯竭型气藏储气库钻井技术规范	钻井

我国对储气库技术进行了长期攻关和生产建设实践,积累了大量经验,形成了诸多储气库优势技术和标准化成果。总体来看,储气库主体技术体系框架基本搭建完成,部分细分技术趋向成熟;与国际对标发现,国内部分技术仍属于初创阶段,理论基础较为薄弱,部分注采关键装备仍被"卡脖子",含水层、油藏型储气库仍处于空白阶段,技术获取方式单一,多以自主研发为主,合作研发比例较低,国际科技资源配置能力较弱,缺乏开放式创新。面对复杂的地质条件,我们更应走出一条符合国内地质特点的技术发展道路。具体表现在以下几个方面:

一是在地质气藏方面,气藏型储气库和盐穴型储气库主体关键技术处于国际先进水平。气藏库容参数复核与评价、周期库存分析与优化配产配注、多井型多工况造腔机理模拟、周期运行盐腔库容参数优化等技术处于领跑地位。盖层和断层动态密封性评价、非稳态气水互驱相渗滞后模拟、高速注采储层空间动用仿真模拟、残渣空隙空间气驱效率模拟等技术达到国际先进水平。但地应力耦合四维地质建模、井注采气能力动态诊断分析与预测、高速注采井网密度优化设计、氮气阻溶造腔工艺方案设计、复杂连通老腔评价与利用等技术处于跟跑阶段。

二是在储气库钻完井工程方面，储气库钻完井工程主体关键技术处于国际先进水平，其中韧性水泥浆体系、氨基钻井液、磁导向技术等部分技术处于领跑水平。油套管螺纹连接气密封检测技术与装备、大尺寸水平井钻完井技术、老井封堵再利用技术、超深井超低压钻完井优化设计技术等达到国际先进水平。但提高注采井单井产能配套技术、恶性漏失防漏堵漏技术、井筒泄漏检测工具、注采井剩余寿命检测与评估方法、环空界面自动检测仪等技术处于跟跑阶段。

三是在储气库安全技术及安全管理方面，完整性技术整体处于国际先进水平，其中注采管柱安全选材与优化设计、储气库套管柱安全评价等部分细分技术处于领跑水平。微地震与监测井网协同的地质体四维监测、储气库注采井风险评估、地面注采设施风险评估与检测评价基本达到国际先进水平。但井筒泄漏检测与定位工具、储气库井筒动态监测、地面注采设施完整性状态监测与评估等技术仍处于跟跑阶段。

四是在盐穴储气库工程涵盖造腔、注气排卤、老腔综合利用等方面，盐穴工程主体关键技术处于国际先进水平，其中单井单腔老腔评价及改造利用技术处于领先水平。氮气阻溶、天然气阻溶造腔工艺、注气排卤管柱一体化工艺技术、复杂盐矿老腔评价与综合利用等技术基本达到国际先进水平。但大井眼、双井、水平井造腔新工艺技术、连续油管注采排卤扩容技术、复杂联通井腔体形态探测技术等方面仍处于跟跑阶段。

国内储气库的建库地质条件远比国外复杂，因此需要发展适合国内地质条件的建库技术。

1. 主要优势

随着地下储气库业务在国内的快速发展和自身运行特点对建库及运行技术的要求，我国在储气库建设和运行管理科技方面取得了长足发展。特别是在"十三五"期间，我国通过重大科技专项研究、重点技术攻关、重大现场试验与成熟技术推广应用，取得的科研成果有力支撑了地下储气库业务的科学建设和安全运行，先后获得一系列优势技术，取得多套软件著作权，授权专利30余项，发布实施储气库行业相关标准规范13项。目前，国内领先的储气库业务优势技术主要为：

（1）复杂地质条件下层状盐岩储气库建设技术与应用方面："十三五"期间，我国进行了井筒完整性监测技术、氮气阻溶造腔技术、对流井造腔检测评价技术、复杂连通老腔改造技术、油套管密封性检测技术、地应力测试改进技术及注气排卤改进简化工艺技术等研究，共形成7项关键技术，主要包括对流井造腔检测评价技术、油套管密封性检测技术、氮气阻溶造腔技术、复杂连通老腔改造技术、地应力测试改进技术、注气排卤改进简化工艺技术、井筒完整性监测技术。

（2）100亿立方米调峰能力储气库重大关键技术及应用方面：国内围绕气藏型储气库交变工况下圈闭密封性评价、非均质储层高速渗流机理等开展研究工作，形成了气藏型地下储气库优化运行指标体系和方法等，技术进步幅度大，达到国际领先水平。该系列技术用于指导在役储气库地质方案的设计和优化运行，使中石油在役地下储气库整体调峰能力达到100亿立方米。

（3）复杂地质条件天然气地下储气库成套技术及工业化重大突破：国内在复杂地质条件天然气地下储气库成套技术及工业化应用方面，形成了复杂地质条件储气库选址动态密封理论、高效注采优化设计方法、工程建设关键技术与装备、风险预警与管控技术等四大关键技术创新；在上述创新成果的基础上，在地质气藏、盐穴工程、钻采工程、地面工程和安全工程等方面形成了储气地质体动态密封性评价技术等16项配套技术。气藏储气地质体动态密封理论，深化了水侵储气库高速注采机理新认识，创新了运行指标评价与优化技术4项，指导中石油6座商储库扩容达产全过程的滚动优化技术指标，使工作气科技增量9.1亿立方米，为22座气藏储气库年调峰保供能力超110亿立方米提供了强有力的技术支撑。

（4）形成了一批重大工程技术装备、软件和产品。"十三五"期间，我国通过加强技术攻关，形成了孔隙型周期注采仿真模拟实验系统、多井型造腔仿真物理模拟实验装置、交变应力断层密封性物理模拟实验系统、油管气密封检测装置、双井建腔及老井利用磁导向钻井工具等8项重大装备，以及盐水韧性水泥浆体系、纳米防塌钻井液体系、承压防漏钻井液体系、用于注气排卤改进工艺的新型封隔器等9项产品。结合储气库建设和运行管理需要，开发形成了储气库三维矩张量微地震弹性波数值模拟软件、气藏型储气库优化设计软件、盐穴储气库工程设计与模拟软件、气藏型储气库风险评估软件等11项软件产品。上述装备、产品及软件的研发应用，为加快地下储气库项目建设、保障储气库建设质量、保证储气库运行安全和运行效率提供了重要的技术支撑。

以上这些针对国内复杂多变地质条件的储气库建设技术，与国际建库技术相比，特色突出，技术难度更高，具备向国际推广，并转化为技术标准的优势。

2. 主要短板

国内储气库建设起步较晚，理论基础较为薄弱，加之建库地质条件复杂，一直在探索和实践中砥砺前行。虽已经过二十余年的建设，国内储气库标准仍整体滞后于业务发展，直到 2020 年才初步建立起储气库标准体系框架。综合对比来看，国内标准存在的短板主要为：

（1）已发布标准少，缺乏储气库行业的规范和指导作用。自 2006 年发布国内第一部储气库标准规范，现已发布储气库标准 35 项，数量较少。在储气库的建设和运行过程中很大部分仍依赖于气藏开发的经验和标准。在这 35 项储气库标准中，气藏型储气库标准有 26 项，盐穴型储气库标准有 9 项，含水层及岩洞型储气库标准尚无。

（2）已发布标准体系内容不系统，专业分散，有部分重复。已发布标准虽然基本涵盖储气库相关专业，但因标准总数少，各专业标准数量就更少，内容更分散，无法形成系统性和规范性。已发布标准主要为行业标准和企业标准，但各自均不能形成系统的标准体系，存在部分标准内容互相包含，不同层级之间重复建设的问题。

（3）储气库行业标准数量少，比重偏低。国家标准和行业标准是技术标准的基础和核心，体现了一个行业的技术水平和发展情况。在已发布的 35 项储气库标准中，行业标准仅占 8 项，占比为 23%，且大部分的储气库标准以各公司的体系文件和内部管理规定为主，无法形成规范和指导作用。

（4）储气库标准国际化无对应的分支机构，申请渠道不畅。目前在 ISO/TC 67 下设的十几个分技术委员会和工作组中，并没有储气库专业对应的分技术委员会或工作组。由于缺乏相应的依扎组织，ISO 提案无法顺利提交，国际化标准申请渠道不通畅。

3.3.9 煤层气

对 ISO、API、ASME、ASTM、NACE、IEC 等以"coalbed methane"（煤层气）为关键词进行检索，共检索出煤层气技术相关国际标准 17 项，包含已发布的 4 项煤层气国际标准及各主要煤层气生产国采标后形成的国家标准。

对国家标准和行业标准进行梳理，煤层气行业标准体系经论证及系统修订，涵盖 8 个领域、14 个专业，总计 454 项标准，包括各专业领域已发布的国家标准、行业标准 397 项，在研 19 项，建议开展工作 38 项。已发布及已立项行业标准中，钻采工程专业领域标准占比超过 60%；勘探评价、气藏工程、利用、实验计量、经济评价及 HSE 等其他与传统油气有着显著区别的重要专业领域标准数量不足，主要借鉴 SY 标准体系。

对比国际煤层气标准，我国煤层气标准体系框架应在初步建立健全的基础上根据各专业领域需求，突出急需性和公益性，尽快推进具有煤层气行业特色、有利于产业高效、快速发展的系列标准及规范，建设支撑能源行业高质量发展的标准体系，持续深化能源领域标准化工作改革，进一步实现行业节能低碳、绿色发展。

3.3.9.1 主要优势

自 20 世纪 90 年代以来，我国一直重视煤层气地面开发工作，经过三十多年的跨越式发展，全国煤层气地面开发取得了长足进步。截至 2019 年初，我国煤层气探明地质储量超 6500 亿立方米，建成煤层气产能超 90 亿立方米/年的沁水、鄂东缘两大煤层气产业基地。我国煤层气产业经历了技术引进阶段（1990—1995 年）、探索实践阶段（1996—2003 年）、先导试验阶段（2004—2009 年）和规模开发初级阶段（2010 年至今），已在资源储量、产能建设、赋存理论、开发技术、标准体系、新区勘探等方面取得了一系列成果。

在标准化工作方面，中联煤层气研究中心作为 ISO/TC 263 秘书处单位和国内技术对口单位、能源行业标准化管理机构和能源行业煤层气标准化技术委员会（NEA/TC13）秘书处，全面负责组织国际和行业煤层气标准规范的制定，助力我国煤层气相关标准国际化进程。标准体系与生产技术水平密切相关，国内参与煤层气产业单位较多，来自石油、煤炭、地勘等多个行业，科研生产中采用的标准各不相同。

我国煤层气开发经过多年生产实践，基本掌握了煤层气的赋存规律，实验与计量技术日臻成熟、钻井技术与工艺成熟，并在生产工艺流程等方面积累了丰富经验。截至"十三五"期末，煤层气产业基本建立了自身的标准体系，涵盖了地震勘探、地质开发、气藏工程、钻井完井、压裂、排采、生产测试、地面集输、实验与计量和健康安全环境等 13 个专业领域。随着一系列国际标准和行业标准的颁布，我国煤层气技术标准的研发提升至世界先进水平。

3.3.9.2 主要短板

"十三五"期间，我国煤层气（煤矿瓦斯）抽采遭到全球性宏观经济的严重制约，以至于煤层气（煤矿瓦斯）开发投资受限。与此同时，我国煤层气（煤矿瓦斯）抽采缺乏积极有效的投融资政策，国家给予的扶持政策受物价上涨等因素影响，激励效应被削弱；由于缺乏分税制度，地方政府缺乏积极性，以至于煤层气开发用地征用困难。这些产业外部环境和条件严重制约了煤层气产业的发展。

我国煤层气（煤矿瓦斯）抽采产业的内部问题主要集中在煤层气矿业权登记面积过小、资源条件较差、勘探开发技术创新滞后于工程且技术移植性较差等方面。

我国煤层气产业标准化工作的发展进程与上述问题紧密相关，煤层气开发利用的重要性和战略意义已逐步凸显，成为一个规模化的独立产业。因此要有比较健全、完善的法律法规体系作保障，使煤层气产业有法可依。

由于我国煤层气资源条件不够突出，开发工程、地质条件复杂，我国煤层气勘探开发技术创新滞后于工程需要，这制约着煤层气产业的健康、快速发展。同时，由于各开发区块煤层气储层特征及工程、地质条件差异巨大，未能形成统一、高效的系列开发技术指标和配套工艺技术。我国的煤层气地面开发技术在国际上和国内区块间移植性均较差，工艺技术的借鉴和输出存在先天不足。根据前期标准化工作经验，国内煤层气系列开发技术指标和配套工艺技术及其形成的各级标准，在国际煤层气行业领域接受程度较低、推广难度较大。在"十二五"及"十三五"系列科研攻关成果的基础上，总结适用于全球煤层气商业开发、具有较高技术含量的系列标准、规范，是今后国际标准化工作的主要方向。

3.3.10 管材和绿色制造

石油管材专业对口的国际组织有 ISO/TC 67/SC 2、SC 5 及 API/CSOEM/SC 5、SC 15。除这些对口组织标准外，石油管材领域相关标准还有 ISO/TC 67、ISO/TC 67/SC 4、SC 6、ISO/TC 17/SC 19、API 7 系列中的管材相关标准，共计 85 项。石油管材专业标准采标时坚持 ISO 优先的原则，凡是有对应 ISO 标准的，优先采用 ISO 标准；无对应 ISO 标准的，采用 API 标准。根据整理的管材专业对口国际标准转化情况（见表 3-3），石油管材专业对口 ISO 标准有 42 项，其中已转化为国家标准或行业标准的有 33 项，已列入计划的有 2 项，未转化的有 7 项。对口 API 标准有 43 项，其中已转化为国家标准或行业标准的有 26 项，已列入计划的有 2 项，未转化的有 15 项。在 85 项 ISO、API 标准中，除 1 项因技术水平低于我国标准、13 项已转化为我国标准而不适合转化外，管材专业已基本实现了全面采标。

表 3-3 管材专业对口国际标准转化情况

国际组织	对口标准总数	已转化		已列入计划数	未转化	
		等同	修改		待转化数	不转化数
ISO	42	20	13	2	6	1
API	43	19	7	2	2	13
合计	85	39	20	4	8	14

根据整理的管材专业标准采标情况（见表 3-4），现行的 142 项石油管材国家标准和行业标准中，采用国际标准的项目为 57 项；非采标项目为 85 项，其中隐性部分采用国际标准的项目为 34 项，未采用国际标准的项目为 51 项。采用或部分采用国际标准的项目约为现行管材国家和行业标准总数的 64%。

表 3-4 管材专业标准采标情况

明确采用 ISO 标准数		明确采用 API 标准数		隐性采用国际标准数	隐性部分采用国际标准数
等同	修改	等同	修改		
21	11	12	10	3	34

我国石油管材专业标准以 ISO/API 标准体系为基础，保证了标准体系的系统性、配套性，并基本实现了核心标准系统配套采标。采标促进了我国石油天然气行业、经贸技术的发展。为了与国际接轨，产品标准中的技术要求分为通用要求和补充要求两部分内容。一方面，通过修改采用 ISO/API 标准，在原标准基础上修正或补充技术条款；另一方面，在现有国家标准的基础上，制定严于国家标准的行业标准。这样既有利于协调供需双方的利益，也有利于维护标准的一致性。石油管材专业以"引领石油管技术发展，服务油田开发"为目标，坚持失效分析发现问题、用科研解决问题，把科研成果纳入标准、用于重大工程的模式，经过近三十年的发展，已建立了一套较完善的石油管材标准体系，基本满足了油气田的勘探生产和油气管道工程建设的需要。

在工程材料研究院在油井管领域，针对深层、海洋、非常规、低渗透，及特殊工艺、稠油开采、高压气井、高含腐蚀介质等日益复杂和严酷服役条件，大力推进和加强特殊环境用或特殊材料非 API 油井管技术的开发和标准的制定，加快非 API 油井管在油田的应用，并规范其生产和采购，为油气田开发提供技术支持，促进国产油井管技术的发展。

在输送管领域，围绕重大管道工程建设技术需求进行科技攻关，丰富和提升了 X70、X80 等高钢级、高性能管线钢管关键技术指标，形成了系列管道工程通用标准，为保证西三线和中亚 D 线的安全可靠运行提供了强有力的技术支持。

在非金属及复合管领域，制定了一批适应国内需求的石油天然气工业用非金属复合管系列标准：钢骨架增强聚乙烯复合管、柔性复合高压输送管、增强 MC 尼龙管和尼龙-钢复合管及管件、钢骨架增强热塑性树脂复合连续管及接头，明显提升了非金属及复合管的质量，大幅度减小了油田用户对使用非金属及复合管的担忧，并获得了良好的经济效益。

多年以来，由于国内技术水平的差距以及质量理念、文化习惯等方面的差异，我国石油管材标准化工作一直以跟踪采纳国际标准为主，对其中大部分标准内容产生的背景、指标的适用性等研究不够深入，对所采纳标准及其体系的发展历程、内容演变规律也疏于探讨。目前，国内石油管材的应用范围不断向极地输送、深海钻采、极端井况等苛刻服役环境拓展，如腐蚀性介质输送、寒冷地带和地质灾害多发区油气管道建设、三超油气井钻采、页岩气和煤层气等非常规油气开采等，这些服役条件对产品的性能提出了更高的要求。如何在国外现行标准基础上自主研究、制定符合国内使用工况、适应国内技术和管理发展水平的标准，是一个从追赶到超越需要解决的问题。

经过六十多年发展，我国石油管及石油装备材料从无到有、从低端到高端，基本形成了门类齐全、产业完整、质量可靠的产品体系。其中油井管实现了大量出口，高钢级输送管的质量和用量也已经走在了世界前列，有力支撑和保障着我国石油工业的发展壮大。中国石油集团石油管工程技术研究院（以下简称管研院）作为从事石油管及装备材料应用基础和工程应用研究的专业机构，对推动我国石油管及装备材料技术的进步发挥着至关重要的作用：

（1）研发应用新型钢铁材料，带动石油装备升级换代。20 世纪六七十年代，针对我国石油装备"傻大笨粗"的突出问题，李鹤林院士带领科研团队从石油机械的服役条件出发，有针对性地研发了 20SiMn2MoVA 等 10 余种新型钢铁材料，并充分发挥现有材料的性能潜力，把节约铬、镍与提高石油机械产品的质量和寿命结合起来，取得了很好的效果，使一大批石油机械产品减轻了重量、延长了寿命、提高了服役性能、降低了综合成本，推动了石油装备的升级换代。

（2）与冶金和制管企业协同攻关，实现油井管大规模国产化。20 世纪 90 年代前，我国石油工业所用的油井管 90% 以上依赖进口，且失效事故频发。管研院团队从服役工况出发，通过分析大量的失效事故，研究构建了油井管标准体系、油井管选材评价和应用关键技术体系，建立了能够模拟油井管复杂力学与腐蚀环境条件的全尺寸模拟试验平台及方法；协助冶金和制管企业，生产出全系列更适合我国油气开发工况的国产化产品，并在部分产品和指标方面超越了进口产品。油井管国产化率由 1990 年之前的 10％提高至 2012 年的近 100％，支撑了长庆"三低"、塔里木"三超"、新疆"稠油"和西南"高含硫"等重点油气田的开发。

（3）持续推动天然气管道高钢级、高压、大输量输送。围绕我国重大天然气管道建设项目，积极开展超前研究，持续推动天然气长输管道提高输送压力和管线钢强度级别。根据管研院的超前研究成果并面向国际管道建设技术前沿，以李鹤林院士和黄志潜教授为代表的科研团队于 2000 年提出了西气东输管道采用 X70 钢级、10 MPa 输送压力的技术方案及其科学依据，被中石油决策层采纳，实现了西气东输设计年输量 120 亿立方米的目标（实际年输量曾达到 170 亿立方米），管道技术实现跨越发展，大大缩短了与国际先进水平的差距。于 2006 年提出的西二线采用 X80 钢级、12 MPa 输送压力，较原 X70 钢级双线方案节省投资 130 亿元，实现年输量 300 亿立方米的同时，标志着我国管道建设关键技术进入领跑者行列。2015 年，中俄东线开工建设，采用 X80 钢级、1422 mm 管径、12 MPa 输送压力，设计年输气量达到 380 亿立方米。管研院研究建立的高钢级管道失效控制技术和适合实际工况的标准体系支持了西一线、西二线、西三线以及中俄东线等重大项目的建设与安全运行。

（4）建立和完善了应用技术支撑体系，推动实现管线钢及钢管全面国产化。20 世纪末，伴随国民经济发展和对天然气等清洁能源需求的增长，我国油气管道建设迎来了高速发展期。管研院针对当时管线钢全部依赖进口的困境，建立并完善了"失效分析-标准化-科学研究-检测评价"的应用技术支撑体系；根据工况环境研究制定了 X70/X80 管线钢及钢管系列标准，提出了经过严格质量控制生产的螺旋埋弧焊管可以用于高压大口径天然气管线，确立了国产螺旋埋弧焊管在大口径高压输气管道建设中的重要地位；建成世界上第三家可以完成天然气爆破试验的全尺寸气体爆破试验场，研究开发了输送管全尺寸实物性能测试平台及检测评价技术，联合冶金、制管企业协同攻关，推动实现了 X70/X80 管线钢及钢管的全面国产化。在西一线 X70 钢管 50％国产化的基础上，西二线全面实现国产化，节约采购资金 90 多亿元，带动和引领了我国冶金和制管技术的快速发展。

（5）开展失效分析和预测预防技术研究，为石油管及装备运行安全提供技术支撑。开展失效分析和预测预防技术研究，判明失效模式、机理和影响因素，反馈到设计、材料、工艺、使用等过程，并采取有效措施预防事故重复发生，对于提高石油管及装备的安全可靠性意义重大。管研院先后开展了石油管及装备失效分析1600余项，包括中缅管道贵州晴隆段天然气两次泄漏燃爆、西气东输二线同心段管道环焊缝渗漏、"11·22"黄岛输油管道泄漏爆炸、加拿大尼克森输油砂管道失效、克深2-1-3井套管断裂、西二线东段76♯阀室爆管失效、土库曼斯坦直缝埋弧焊管泄漏失效等重大失效项目，奠定了行业的失效分析权威地位，为石油工业的安全和高效生产提供了技术支撑。

（6）持续开展安全评价和完整性管理，保障油气管道和储气库全生命周期风险受控。20世纪90年代，我国率先开展油气管道完整性技术应用研究，通过在剩余强度评价、剩余寿命预测、风险评估、完整性评价、复合材料和套筒修复补强等方面持续开展科研攻关，建立了油气管道完整性技术和管理体系。研究成果在西气东输一线、二线、三线、陕京管道等所有重大管道工程和油气田地面管道推广应用，显著降低了油气管道的失效率，保障了国家能源安全。针对我国储气库地质条件复杂，风险点多面广的难题，"十一五"期间，管研院率先攻关储气库风险评估技术，构建了储气库"地下-井筒-地面"三位一体的全生命风险管控体系，有效保障了储气库运行风险受控，为天然气保供调峰和储气库大规模建设提供了强有力的技术支撑。

随着石油工业的持续发展，石油管及装备的服役工况日趋复杂严苛，对石油管及装备材料的质量和性能水平提出了更高的要求。我们在海洋油气装备材料方面的国产化程度较低，耐高温的油田用非金属材料研发也不够深入。与此同时，在第四次工业革命的背景下，世界能源技术创新进入活跃期，人工智能、新能源、新材料等技术蓄势待发，有望深刻影响石油工业发展格局。面对新形势，亟须进一步梳理石油管及装备材料科技创新的重点方向和发展策略，从而形成行业共识、协同攻关、重点突破。

油井管领域：随着石油资源的减少，勘探开发主营业务将围绕"深、低、海、非"四大领域开展，工程环境日益复杂，对管材的性能要求日趋苛刻。我国及国际油气领域油井管柱技术体系逐渐由管材产品主导型向油气田作业工况主导型转变。未来十年，我国油气资源开发的重点包括非常规油气资源开发、超深高温高压气田开发、高酸性气田开发、稠油超稠油规模开发、天然气水合物及热干岩等新能源开发、传统油藏的注聚二次开发、海洋油气开发、地下储气库战略工程建设等。在油井管材料方面，由传统的钢铁为主，向铝合金、钛合金、复合材料等轻质合金及新材料发展，工程作业配套装备及材料面临升级换代。油井管评价与选用技术的发展，将以油气田作业工况及工艺为导向，建立面向环境工况的管柱试验、安全评价及选材技术体系,形成管材生产、检验与使用全寿命技术保障体系。

输送管领域:随着油气管道建设需求的增加及安全生产和环境保护日益受到重视,首先需要保障管道的安全运行和维护。另外,管道业务必须同时兼顾经济性和安全性,如何在确保管道安全性的基础上进一步降低管道建设投资成本是当前和后期亟待解决的问题。国内 X70/X80 级别管材及相应的高应变管材得到规模应用,X90/X100 管线正处于研发阶段。在海底管道用小 D/t 比钢管、双金属复合管和高钢级抗酸管方面仍处于起步阶段,产品性能和应用技术亟待发展。X80 高钢级管道在我国已规模应用,但由于投入时间较短,高钢级管道的环焊缝缺陷、机械损伤缺陷、X80 弯管与管件的安全可靠性、应力腐蚀监测及控制、管道并行等安全服役问题尚未得到深入研究。油气管道及储运设施风险评估与完整性评价的精细化程度亟须提高。

非金属领域:非金属管材应用逐步由陆地到海洋、由水系统到气系统、由小口径到大口径发展。因此,大流量长距离输气用管、大口径高压力非金属管、酸性油气输送用管、井下分层注水及采油、智能非金属管、海洋集输用非金属管等领域已成为非金属与复合材料管材的研发及应用主导方向。另外,缺陷无损检测、在线运行状态检测、在线维护及修复、完整性管理等成为非金属与复合材料管材的技术研发热点。

3.3.11 油气地震勘探

油气地球物理勘探作为油气勘探开发业务链的一个环节,居于油气行业领域的最前端,是油气勘探的排头兵。相应的勘探方法主要有地震勘探、重力勘探、磁法勘探、电法勘探等。其中,地震勘探是目前国内外勘探含油气构造以及直接找油找气的主要物探方法,主要工作包括资料采集、数据处理、资料解释、储层预测等。

随着中石油业务重组,中国石油集团东方地球物理勘探有限责任公司(以下简称东方物探)已经成为中石油唯一一个以地球物理方法勘探油气资源为核心业务的全资物探专业化子公司,业务范围涵盖油气陆上、海上勘探,资料处理解释,综合物化探,物探装备、软件研发制造等。作为中石油找油找气的主力军和战略部队,东方物探勘探足迹遍及国内主要含油气盆地;海外业务分布在 73 个国家,为 300 多个油公司提供技术服务,是国际地球物理承包商协会核心会员,欧洲地球物理学家与工程师协会、勘探地球物理学家协会主要会员。

近年来，随着国际经济形势的不断变化，国内外物探行业持续低迷，市场规模不断缩减，全球物探市场格局从典型的垄断竞争向完全竞争演变，相关企业越来越重视发展质量。在此过程中，标准化对业务发展的支撑和保障能力的建设要求日益突出。

东方物探于1994年与厄瓜多尔国家石油公司签署了厄瓜多尔1000 km地震采集技术服务承包合同，从而开启了国际勘探之旅，成为东方物探进入国际市场的里程碑。二十多年来，中石油物探业务在海外市场与BP、CGG、WG等国际大油气勘探公司同台竞技，主要服务于国内"三桶油"的国际区块、国际大油公司、国家油公司、中小独立油公司等。在物探采集方法、处理解释技术和装备制造等多个领域，国际大油公司、国家油公司制定了各自的技术标准体系，其中对物探技术、装备性能测试和安全环保等要求各不相同，标准格式不统一。目前仅在采集数据格式方面，全球统一采用SEG-Y和SEG-D数据格式标准。因此，东方物探在服务过程中应用标准遵循以下原则：严格执行合同技术要求；合同中未明确提出的，经甲方同意，执行中石油行业标准和东方物探企业标准，或甲乙双方通过协商，明确相关技术要求，形成备忘录。

伴随着油气物探技术的发展，物探行业形成了门类齐全、分类科学、层次清楚、结构合理的标准体系。截至目前，已形成国家标准和行业标准76项（见表3-5），其中国家标准5项，行业标准71项。

表3-5 物探行业标准统计表

单位：项

类别	中石油	中石化	中海油
通用基础	6	1	0
测量技术	3	0	2
地震勘探资料采集	4	0	2
地震勘探数据处理	3	0	2
地震勘探资料解释	7	0	0
重磁电化勘探技术	13	0	0
物探装备使用维护	13	0	1
井中地球物理技术	2	1	0
地震仪器仪表产品	7	2	2
物探仪器仪表检验检测	3	1	1
合计	61	5	10

按照中石油要求，下属各地区公司自主申报项目，开展地区公司企业标准升级工作，作为对行业体系的有效补充，已经完成了18项物探技术企业标准的制修订工作（见表3-6）。

表3-6 物探技术企业标准制修订统计表

序号	标准编号	标准名称
1	Q/SY 1116—2010	山区地震勘探资料采集技术规程
2	Q/SY 1061—2010	遥测地震数据采集系统的使用与维护
3	Q/SY 1083—2007	NX-24浅层地震仪检验项目及技术标准
4	Q/SY 1084—2007	Sercel408遥测地震数据采集系统检验项目及技术指标
5	Q/SY 1148—2008	可控震源地震勘探作业的质量控制
6	Q/SY 1293—2010	428XL地震数据采集系统检验项目及技术指标
7	Q/SY 1294—2010	SCORPION地震数据采集系统检验项目和技术指标
8	Q/SY 1628—2013	微地震井中监测技术规程
9	Q/SY 1763—2014	微地震地面监测技术规程
10	Q/SY 1764—2014	MAXIWAVE垂直地震剖面数据采集系统使用与维护
11	Q/SY 02001—2016	可控震源地震数据高效采集技术规程
12	Q/SY 02014—2017	陆上可控震源无桩作业技术规范
13	Q/SY 02017—2017	地震仪器地面设备测试系统使用与维护
14	Q/SY 01123—2017	常规地震勘探数据处理技术规范
15	Q/SY 1282—2010	石油勘探数据采集通道模拟指标测试算法规范
16	Q/SY 1396—2011	海底电缆双检检波器
17	Q/SY 1504 2012	地震勘探遥控爆炸机
18	Q/SY 1574—2013	压电地震检波器通用技术条件

东方物探在开拓和运作海外市场的过程中，积极制定英文版行业和企业标准（见表3-7），并在海外项目推广应用。

表 3-7 地震勘探英文版行业标准与企业标准一览表

序号	标准编号	标准名称
1	SY/T 5454—2017	井中地震资料采集技术规程（双语版）
2	SY/T 6156—2017	气枪震源使用技术规范（双语版）
3	SY/T 7373—2017	陆上地震勘探数字检波器通用技术规范（双语版）
4	SY/T 10020—2018	海上拖缆地震勘探数据处理技术规程（双语版）
5	Q/SY BGP·K1008—2016	地震勘探工作规范（英文版）
6	Q/SY BGP·K1013—2014	FIREFLY 仪器地震数据采集规程（双语版）
7	Q/SY BGP·K1025—2021	可控震源极性测试规范（英文版）
8	Q/SY BGP·K1206—2018	地震数据采集技术规程（英文版）
9	Q/SY BGP·K1218—2013	陆上时移地震资料采集技术规程（双语版）
10	Q/SY BGP·K1219—2013	陆上节点仪器地震采集技术规程（双语版）
11	Q/SY BGP·K1233—2018	508^{XT} 系统高效采集技术规范（双语版）
12	Q/SY BGP·K1248—2021	海外陆上可控震源混叠采集技术规程（英文版）
13	Q/SY BGP·K1307—2021	时移地震数据处理技术规程（双语版）
14	Q/SY BGP·K1309—2014	海洋拖缆船载地震数据处理技术规程（双语版）
15	Q/SY BGP·K1408—2013	时移地震资料解释技术规程（双语版）
16	Q/SY BGP·K1519—2016	时频电磁法勘探技术规程（英文版）
17	Q/SY BGP·K1520—2010	连续电磁剖面法勘探技术规程（英文版）
18	Q/SY BGP·K1521—2010	陆上重力勘探技术规程（英文版）
19	Q/SY BGP·K1522—2010	陆上磁力勘探技术规程（英文版）
20	Q/SY BGP·K1523—2019	海洋重力勘探技术规程（双语版）
21	Q/SY BGP·K1524—2019	海洋磁法勘探技术规程（双语版）
22	Q/SY BGP·K2611—2011	ZCF04 浮箱履带沼泽车验收方法（双语版）
23	Q/SY BGP·K2747—2011	MG600/MG1000 泥枪震源操作维护保养规程（双语版）
24	Q/SY BGP·K2749—2011	ZCF04 型浮箱履带沼泽车操作规程（双语版）
25	Q/SY BGP·K2758—2014	陆上地震队机械电子/维修间验收方法（双语版）
26	Q/SY BGP·K2773—2017	RXL8 重锤冲击器使用和维护（双语版）
27	Q/SY BGP·K2792—2020	底特律 S60 发动机大修规范（双语版）

续表3-7

序号	标准编号	标准名称
28	Q/SY BGP·K2801—2010	全球定位系统（GPS）接收机校准及比对规范（双语版）
29	Q/SY BGP·K2802—2010	全站型电子速测仪校准及比对规范（双语版）
30	Q/SY BGP·K2863—2020	Seal428地震数据采集系统检验项目及技术指标（双语版）
31	Q/SY BGP·K2848—2013	DigiSTREAMER地震数据采集系统检验项目及技术指标（双语版）
32	Q/SY BGP·K2865—2016	水鸟深度传感器校准方法（双语版）
33	Q/SY BGP·G0242—2008	国际项目载人卡车厢体制作安装技术要求（双语版）
34	Q/SY BGP·G0244—2013	陆上地震队充电房制造标准（双语版）
35	Q/SY BGP·G0245—2013	陆上地震队加油房制造标准（双语版）

经过多年发展，中石油已经形成了一批先进适用的物探配套技术和部分具有竞争优势的"杀手锏"技术，总体达到国际先进水平，逐步实现了从技术跟跑到并跑的转变。陆上地震勘探技术整体处于国际先进水平，大型地震仪器、陆上节点仪器保持国际同步，物探软件整体处于国际先进水平。主要表现在以下两个方面：

一是物探核心装备技术。中石油现有主力地震仪器具备24万道带道能力，国际市场主流Sercel的508XT地震仪可支持百万道级带道，尽管同步国际先进，但是百万道级仪器、低成本节点仍需发展；国际市场主力可控震源Nomad65 Neo能实现满驱动5.4Hz，国内低频可控震源能实现1.5～160Hz带宽，尽管技术指标处于国际先进地位，但是可控震源电控箱体、高端芯片研制生产存在短板；深海勘探领域使用水深700～3450m的海洋节点系统，且海洋电磁、光纤技术成熟，但目前中石油深海勘探缺乏深水海洋节点仪器，海洋电磁、光纤技术处于起步阶段。

二是物探采集处理解释技术。国际上，WGC的UNIQ技术，WGC & MFF的海洋节点勘探技术，Shearwater深海拖缆采集技术，油藏、非常规勘探技术已经较为成熟。中石油推广应用的"两宽一高"地震勘探技术、可控震源超高效混采作业能力、TB级数据实时质控、海量数据快速转储等尽管处于技术领先，但是DSA分布组合震源激发、基于压缩感知的稀疏采集等前沿技术仍不足。海洋拖缆采集处理技术，油藏、非常规地震勘探技术处于跟跑阶段。

3.3.11.1 主要优势

随着科技创新的不断深入，地震资料采集、处理、解释技术得到了快速发展，物探装备研发能力不断提升，作业能力已经实现了从平原到山地、从戈壁到沙漠、从沼泽到海洋全地表类型。

1. 地震资料采集技术

目前，国内外陆上地震资料采集技术发展的一个突出特点是单点、超万道、高密度采样的精细采集。"两宽一高"已成为油气地震勘探的主导技术。我国高密度、宽方位采集技术经过一系列配套技术取得了显著效果："十一五"期间建立了高密度地震"充分、均匀、对称"空间采样的技术理念；"十二五"期间确立了高密度宽方位地震勘探配套技术研究，全数字地震采集系统、精细表层调查、模型、数据驱动的采集设计、高效震源激发以及采集效果的后评估等；"十三五"期间，"两宽一高"物探采集技术在国内外得到了大力推广及应用，实现了规模化生产，形成了可控震源高效扫描技术系列。在这些技术的基础上，结合实际情况，形成了具有自主特色的高效导航+自动定位技术和高效采集噪声压制等配套技术，并首次在国内实现了可控震源轨迹导航。自主研发的可控震源谐波干扰、邻炮干扰等高效噪声压制技术达到国际先进水平。

近年来，我国在海洋勘探方面基本形成了以海洋拖缆地震（Streamer）和海底地震勘探（包括海底电缆和海底节点）为主要模式的地震数据采集技术。已经形成了拖缆地震数据采集观测系统设计、Fan Mode 拖缆地震采集模式设计、4D 拖缆地震勘探技术设计、海底地震数据采集观测系统设计、气枪阵列设计等海洋勘探采集方法设计系列技术；拖缆地震数据采集接收点定位、海底地震数据采集接收点二次定位等导航定位技术已经成熟应用；气枪组合激发方式以其激发可控、环保、成本低等优势占据了海洋地震勘探的激发震源方式的主导地位；海洋拖缆地震数据采集接收、海底电缆地震数据采集接收装备等采集信号接收方式获得广泛应用，实现了成千上万的通道数的记录能力，并具有耦合好、可集中式供电、多缆接收、实时质量控制和实时地震数据处理等功能；海洋拖缆地震数据采集质量控制技术、海底节点地震数据采集质量控制技术等质量控制手段，保证了地震资料的采集质量。

2. 地震勘探数据处理技术

目前，我国陆上地震勘探数据处理技术主要体现在"两宽一高"三维地震数据精细处理方面。静校正技术、叠前噪声压制技术、振幅补偿恢复技术、反褶积技术、叠前五维插值规则化处理技术、OVT 域处理技术、偏移速度建模、各向异性叠前时间或深度积分法偏移、各向异性单程波或双程波逆时偏移等技术系列系统、全面，其组合与应用能够满足国内外陆上地震数据处理项目的技术需求。其中多波多分量地震数据处理技术在国际上处于业界领先地位。

3. 陆上地震资料解释技术

在资料解释方面，我国形成了全数字地震采集系统和高密度地震采集、PC-Cluster 处理系统、虚拟现实等一批先进技术和装备，叠前深度偏移、叠前反演、地震属性分析、可视化等技术的应用使得地震资料的处理和解释水平得到迅猛发展，地震综合解释技术从地震资料的构造解释逐渐演变成为基于多学科综合的油气藏综合解释。综合体现在，高密度、宽方位地震勘探技术实现规模应用，三维地震精细采集和叠前偏移处理成为认识地下复杂构造和复杂油气藏的常规方法，时延地震（四维地震）技术在油气田开发领域的应用效果良好。

4. 物探装备技术

地震仪器方面：地震勘探仪器从初期的几十道模拟采集发展到十万道数字采集。目前石油地震勘探领域在用的有线地震仪器主要包括 G3iHD、428XL、508XT 和 UniQ 等，不仅是国内外石油勘探市场的主流仪器，也是先进的有线地震采集系统，均达到或超过 150000 道的采集能力，具备排列多路径传输、高速磁盘数据记录存储、现场实时质量监控等功能。无线节点仪器主要包括 Unite 节点仪器、GSR 节点仪器、ZLand 节点仪器、Hawk 节点仪器、eSeis 节点仪器等，其是借助无线通信技术和服务器强大的数据处理能力，将检波器、采集存储模块和电池模块等以不同方式组成一个独立的采集单元，对生成的地震数据实现本地存储，再使用数据下载设备进行数据回收。目前采用的仪器辅助设备中，浅层勘探地震仪器系统主要有美国 Geometrics 公司生产的 NZXP 系列、东方地球物理公司西安物探装备分公司生产的 GDZ 系列、德国 DMT 公司 SUMMIT 系列工程地震仪、美国 Seismic Source 公司生产的 DAQ LINK Ⅲ 浅层地震仪，AD 转换、共模抑制比、道间串音等技术指标已经与大型地震仪器水平持平，完全可以满足当下浅层勘探的要求。遥控爆炸系统有 Seismic Source Company 公司生产的 BOOM BOX、BOOM BOX Ⅲ，Pelton Company 生产的 SHOTPRO、SHOTPRO Ⅱ 以及 The research-and-production company "Sib Geophys Pribor" Ltd 生产的 SGD-S，这些遥控爆炸系统的启爆能力、同步精度等技术性能指标相近，且都不大于 $\pm 50~\mu s$，能够满足目前勘探生产的需要，均为行业先进水平。

可控震源方面：目前使用的主流和先进可控震源主要包括 KZ-28 和 KZ-34 系列可控震源、BV-620 LF 型低频可控震源、EV-56 型高精度可控震源等。KZ-28 可控震源的性能和可靠性与国际上同期震源技术性能相当，标志着 KZ-28 系列可控震源技术已达到国际水平。KZ-28 LF 低频可控震源及 BV-620 LF 型低频可控震源的技术性能指标处于领先地位；EV-56 高精度可控震源实现了从低频向宽频的巨大跨越，并且经过野外施工恶劣环境的考验，与国际同类产品形成领先的代差，成为具有跨时代意义的可控震源产品。

地震检波器方面：地震检波器是拾取地震信号的传感装置，负责将地震波引起的地面机械振动转换成电信号。其性能指标优良，在国内外均有广泛使用。随着高密度采集技术的发展，地震勘探项目对采集装备的需求量倍增，推动了单点接收技术的发展。随着磁性材料的发展，检波器灵敏度瓶颈实现了突破，单只检波器的灵敏度提高了数倍，甚至可以达到检波器串的效果。目前单点宽频、高灵敏度模拟检波器和数字（含三分量）检波器已经得到推广应用，其可进一步减小劳动强度、缩减采集成本。

3.3.11.2 主要短板

与国外大型油气公司相较，在物探技术方面，我国标准主要存在以下不足：

一是标准适用性有待提高。如道达尔勘探与生产（中国）有限责任公司（以下简称 TOTAL）制定的标准更详细、更有针对性，可以当作小队施工质控指南。其中炮检点的偏移规则图文并茂，描述详细易懂，对炮点安全距离、震源状态指标、日检月检内容及频次甚至测试使用文件号等都有明确规定。

二是标准内容不完善、物探技术缺失。如与阿布扎比国家石油公司处理技术标准相比，在应用面波反演近地表速度模型静校正技术、陆上与强反射界面有关的 3D 多次波衰减技术、陆上层间多次波衰减技术、VTI 介质基于稠密方位角道集四阶 NMO 后的 RMO 速度分析技术等方面，我国标准缺少相应技术应用和约束内容。

三是物探标准国际化无对应的分支机构，国际标准申请渠道不畅通。目前东方物探仅与 IAGC、SEG 等石油协会组织以技术论文等形式进行技术交流和沟通。

3.4 油气上游领域标准国际化重点

油气上游领域在"十三五"期间硕果累累,我国主导并成功发布了 3 项天然气领域的国际标准,包括 ISO 20729:2017 "Natural gas—Determination of sulfur compounds—Determination of total sulfur content by ultraviolet fluorescence method"(《天然气 硫化合物测定 用紫外荧光光度法测定总硫含量》)、ISO 20676:2018 "Natural gas—Upstream area—Determination of hydrogen sulfide content by laser absorption spectroscopy"(《天然气 上游领域 用激光光谱法分析硫化氢含量》)、ISO 23978:2020 "Natural gas—Upstream area—Determination of composition by Laser Raman spectroscopy"(《天然气 上游领域 用激光拉曼光谱法测定组成》)。其中,ISO 20729:2017 建立了高精度检测天然气中微量总硫的分析方法,ISO 20676:2018 为监控井口天然气和净化厂原料气中硫化氢浓度提供了更为便捷的测试方法,ISO 23978:2020 为天然气上游领域关键组分分析检测提供了更为快速、便捷的方法。这 3 项国际标准的发布与实施,推动了天然气分析检测领域的技术进步,促进了天然气的安全、清洁、高效开发和国际国内贸易的公平公正发展,对保持中石油在天然气气质检测技术的主导地位、抢占技术的制高点、提升我国在天然气上游领域国际合作中的话语权和知名度有着重要意义。

"十三五"期间,中石油先后培育了 39 项国际标准项目,目前共计 26 个在育项目。2022 年发布国际专业技术报告:ISO/TR 7262:2022 "Natural gas—Coalbed methane quality designation and the applicability of ISO/TC 193 current standards"(《天然气 煤层气质量指标及 ISO/TC 193 现行标准的适应性》),填补了该领域国际标准的空白,对全球非常规天然气的勘探开发生产及贸易交接起到了有力的支撑。

目前,我国对国际标准的采用程度主要分为四种,分别是修改采用(Modified,以下简称 MOD)、等同采用(Indentical,以下简称 IDT)、等效采用(Equivalent,以下简称 EQV)、非等效采用(No Equivalent,以下简称 NEQ)。针对当前油气上游领域面临的新形势与新挑战,结合中石油"十四五"标准化规划部署,紧密围绕建设世界一流综合性国际能源公司的战略目标,充分发挥标准的支撑和引领作用,推动标准化工作与业务发展相结合、与科技创新相结合、与实践成果相结合等指导思想,本节梳理了油气上游领域在"十四五"期间的业务发展方向及重点项目。

3.4.1 天然气质量与计量

3.4.1.1 天然气质量及检测

天然气行业已发布国家行业标准 100 余项，超过 ISO 国际标准的 58 项。下一步将通过下列两种方式进行采标：一是对 ISO/TC 193/SC 1/WG 13 工作组制定的物性测试相关标准进行采标；二是根据 ISO/TC 193/SC 1/WG 17 工作组对 ISO 6974 系列标准的修订情况，对 GB/T 27894 系列标准进行等同采用修订。天然气质量及检测在"十四五"期间计划采标和出版的外文标准见表 3-8 和表 3-9。

表 3-8 天然气质量及检测"十四五"计划采标的国际标准汇总表

序号	标准名称	标准级别	采标对象	采标程度	标准范围/主要内容
1	Natural gas—Determination of composition and associated uncertainty by gas chromatography 天然气 用气相色谱法测定组成和计算相关不确定度	ISO	ISO 6974	IDT	规定了根据系列标准建立的气相色谱法所能达到的精密度。当标准描述的方法应用于一个或多个有能力的实验室时，规定的精密度值表示测试结果之间可预期的变化范围
2	Natural gas—Calculation of thermodynamic properties 天然气 热力学性质计算	ISO	ISO 20765	IDT	规定了处于均质（单相）气态、液态或超临界（致密流体）态的天然气、人造燃料气体和类似混合物的体积性质和热性质计算方法

表 3-9 天然气质量及检测"十四五"标准外文版计划表

序号	拟翻译行业标准编号	拟翻译行业标准中文名称
1	GB 17820	天然气
2	GB 18047	车用压缩天然气

在天然气分析测试方法适应性及创新分析测试方法方面，"十四五"期间共计开展 5 项 ISO 标准的制定工作，拟于 2021—2025 年分步实施（见表 3-10）。

表 3–10　天然气质量与检测"十四五"国际标准制定计划表

单位：项

序号	拟制定国际标准名称	2021—2023年计划数	2024—2025年计划数
1	天然气分析标准煤层气适应性	1	—
2	天然气分析标准煤制气适应性	1	—
3	紫外吸收法测定硫化氢含量	1	—
4	气相色谱法　离子迁移谱测硫化物含量	—	1
5	天然气中液烃含量预测方法	—	1

3.4.1.2　天然气计量

ISO标准体系中流量计量相关标准通常归口在 ISO/TC 30 和 ISO/TC 193，其中，ISO/TC 30 归口的标准是用于气体测量的通用标准，针对天然气这个易燃易爆介质的特殊要求适应性不足，不适合直接采标；ISO/TC 193 归口的气体流量测量标准属于上游领域，该领域涉及两相流测量，目前有 1 项技术报告已在"十三五"期间转换为国内技术报告，"十四五"期间该技术委员会没有开展两相流计量相关新技术报告的起草工作，不具备采标条件。因此，在天然气流量计量方面暂无国际标准采标计划。

在双语版标准和国际技术报告/标准制定方面，主要开展以下工作：

（1）形成两项行业标准外文版（见表 3–11）。

表 3–11　天然气计量"十四五"标准外文版计划表

序号	拟翻译行业标准编号	拟翻译行业标准中文名称
1	SY/T 7551—2019	用槽道式流量计测量天然气流量
2	SY/T 7752—2020	天然气贸易计量用流量计选型指南

（2）向 ISO/TC 193 技术委员会申报"用槽道式流量计测量天然气流量"国际技术报告新项目；起草国内团体标准《封闭管道中的流体流量测量　质量时间法气体流量标准装置检验程序》，结合国际标准制定向 ISO/TC 30 技术委员会申报"封闭管道中的流体流量测量　质量时间法气体流量标准装置检验程序"国际技术报告新项目；2022年已完成国家标准《湿天然气流量计测试评价方法》报批，下一步向 ISO/TC 193 技术委员会申报国际技术报告新项目（见表 3–12）。

表3-12 天然气计量"十四五"国际标准制定计划表

序号	标准名称	依托标准	标准范围及主要内容
1	用槽道式流量计测量天然气流量	SY/T 7551—2019 用槽道式流量计测量天然气流量	标准范围：适用于管道输送的天然气流量测量。 主要内容：槽道流量计基于流体力学流体控制技术，以优化的流线型纺锤体作为节流件，任意流态流体通过节流件与管道内壁之间形成的环状槽道时，逐渐调整为流动状态相似的近似于均匀速度分布的流体，以获得稳定的差压。标准规定了槽道式流量计的测量原理、计量性能、技术、选型、安装和维护要求，并给出了气体质量流量和标准参比条件下的体积流量以及能量流量的计算方法和不确定度估算方法
2	封闭管道中的流体流量测量 质量时间法气体流量标准装置检验程序	—	标准范围：不同质量称量原理的质量时间法气体流量标准装置的主要技术要求和检验程序。 主要内容：装置的组成、气质要求、不同测量不确定度对应的称重和计时系统技术要求，附加容积测量方法、运行和维护要求、质量流量测量不确定度评定方法等
3	湿天然气流量计测试评价方法	GB/T 35065.2	标准范围：适用于气相为连续相的气液两相流量计的计量性能测试和评价。 主要内容：规定了用于湿天然气测量的湿气流量计或湿气测量系统在实验室和现场进行计量性能测试评价的测试内容、测试条件和测试方法

3.4.1.3 水合物分析

在水合物方面，生成温度是天然气水合物生成的重要物理参数，在水合物开采中可为方案制定提供重要依据，在水合物堵塞防治中亦可成为防治措施实施的重要参数指标。因此，明确天然气水合物生成温度具有非常重要的作用和意义。制定相应国际标准，可减少争议，提高合作效率，同时也可提升我国水合物研究及测试技术的主导地位和话语权，维护保障国家经济权益。"十四五"期间，计划由中国石油天然气股份有限公司西南油气田分公司（以下简称西南油气田）牵头，起草标准《天然气 水合物生成温度的测定 模拟法》，建议归口于ISO/TC 193/SC 3/WG 3（见表3-13）。

表 3-13 水合物分析"十四五"国际标准制定计划表

序号	标准名称	依托标准	标准范围及主要内容
1	天然气水合物生成温度的测定	SY/T ××××① 天然气水合物生成温度的测定 模拟法	标准范围：规定了定容条件下在实验室用模拟法测定天然气水合物生成温度的通用要求、操作程序、试验数据处理和精密度。适用于实验室内模拟井筒及集输系统工况条件下的天然气水合物生成温度测定。主要内容：设备与材料、试验方法、精密度、试验记录表格

3.4.2 页岩气

国内页岩气资源十分丰富，具有巨大的资源潜力和勘探开发前景。近年来，我国页岩气开发关键技术取得了阶段性突破，有待形成一系列页岩气技术标准和规范，建立完善的页岩气产业体系，以规范页岩气资源有序开发，促进我国页岩气产业可持续发展。国内的滑溜水性能评价技术已经较为成熟，应用较为广泛，"十四五"期间计划对 3 个国际标准开展制定工作（见表 3-14）。

表 3-14 页岩气"十四五"国际标准制定计划表

序号	标准名称	依托标准	标准范围/主要内容
1	页岩气 上游领域 滑溜水降阻性能评价方法	NB/T 14003.1—2015 页岩气 压裂液 第1部分：滑溜水性能指标及评价方法	页岩气水力压裂用滑溜水的技术指标、性能测试方法
2	页岩扫描电子显微镜分析技术规范	页岩数字岩心处理与分析技术规范（未发布）	基于页岩表面扫描识别页岩成分和孔隙并定量分析
3	页岩氦气法孔隙度的测定	GB/T 34533—2017 页岩氦气法孔隙度和脉冲衰减法渗透率的测定 页岩孔隙度渗透率饱和度测定（正修订、未发布）	页岩氦气法孔隙度的测试方法

其中，《页岩气 上游领域 滑溜水降阻性能评价方法》国际标准制定已在 2019 年 ISO/TC 193/SC 3 年会上进行了汇报，2021 年 2 月启动立项投票，目前有中国、法国、泰国、韩国及哈萨克斯坦同意立项；页岩气勘探开发中的常规手段难以满足储层精细评价的要求，有必要发展扫描电镜分析技术并建立

---

① 本书中所有未标注具体编号的标准为规划标准，待制定。

相应国际标准。《页岩扫描电子显微镜分析技术规范》根据页岩致密性和纳米级孔隙发育的特点，规定了页岩扫描电子显微镜的样品制备、扫描、数据处理和分析等技术要求，主要应用于定性和定量评价页岩矿物组分和孔隙结构，为压裂设计和储层评价提供支撑；孔隙度是储层表征最基本的参数之一，对于页岩气勘探开发全过程都具有极其重要的意义。《页岩氦气法孔隙度的测定》通过规范国际页岩氦气孔隙度测试方法及流程，使数据具有可对比性，有利于页岩气资源评价、评层选区、井位部署、储量申报和开发方案编制等，可以促进全球页岩气行业的发展。

3.4.3 油检测计量

在油检测计量方面，"十四五"期间将重点开展以下研究项目：

（1）基于长度基准的油流量量值传递技术标准研究。尺寸法应用于油流量原级标准装置溯源技术与基于长度基准的油流量量值传递技术，能够实现油流量原级标准装置体积量直接溯源至长度基准，突破油流量测量准确度瓶颈，填补国内技术空白。研究形成的尺寸法检定技术，可以保证油流量原级标准体积测量不确定度达到 0.02%（$k=2$），建立基于长度基准的油流量量值溯源体系，全面提升油流量贸易交接计量的准确度水平。

GB/T 17286《液态烃动态测量 体积计量流量计检定系统》系列标准等同采用 ISO 7278 "Liquid hydrocarbons—Dynamic measurement—Proving systems for volumetric meters"（《液态烃 动态测量 体积计量流量计检定系统》）系列标准（1988 版），其相关技术内容未纳入尺寸法量值传递技术相关内容，尺寸法相关标准暂处于空白。

现阶段，ISO 正在开展 ISO/DIS 7278-2 "Liquid hydrocarbons—Dynamic measurement—Proving systems for volumetric meters—Part 2：Pipe Provers"（《液态烃 动态测量 体积计量流量计检定系统 第 2 部分：体积管》）的修订工作，计划完成期限为 36 个月。此次制定合并了原 ISO 7278-2：1988《液态烃动态测量 体积计量流量计检定系统 第 2 部分：体积管》和 ISO 7278-4：1999《液态烃 动态测量 体积计量流量计检定系统 第 4 部分：体积管操作人员指南》两项标准，并在技术内容上有较大改动更新，增加了体积管的溯源方式、不确定度评估等重要内容。但体积管的溯源方式并没有纳入尺寸法。有关 OIML/R 117 "Dynamic measuring systems for liquids other than water"（《非水液体动态测量系统》）的最新进展研究拟纳入尺寸法。

（2）标准表法油气流量标准装置量值溯源技术标准研究。国外近几年新建了一些大流量油流量标准装置,旨在解决标准表溯源问题,满足在接近工作条件下检定流量仪表的要求。国外许多著名的流量计量检定机构、生产厂(如NEL、PTB、NMI、EUROLOOP、FMC等)建有不同规模的油流量标准装置,不确定度优于0.05%,可以开展流量测量技术的研究和流量量值的传递。近几年,新建的大流量油流量标准装置采用闭环工作方式,配有体积管和标准表两种检定方法,检定介质达3种以上,能够满足在接近工作条件下检定流量仪表的要求。采用环道设计的液态烃流量装置,与传统的开式工艺比较,具备节能、介质用量少等优点。目前,国内现有的液态烃流量检定装置存在测量范围小、直管段长度有限等不足,无法实现对大口径新型流量计的检定、校准,制约了新型流量仪表的应用,影响了流量测量水平的提高。因此,需要建立一套大流量液态烃计量标准。

近年来,标准表法流量标准装置以其高效率、宽范围和较高的准确度等在国内得到迅速发展。虽然容积法和称重法流量标准装置便于溯源,基准较易获得,但存在效率低、测量时间长、维修维护困难、易受干扰、适用范围窄、成本高等缺点。中海油LD27-2平台由于海上原油生产平台的空间及工艺限制,超声波流量计的检定采用标准表法,而不用标准体积管直接检定。其标准表法检定超声波流量计也是海上油田的首例应用。

我国标准虽然在GB/T 17286-1:2016《液态烃动态测量 体积计量流量计检定系统 第1部分:一般原则》中对标准表法有所提及,但是内容不够系统。随着具有长期稳定性、宽量程比、低压损的新型流量计的不断出现,可作为标准表应用,打破了在用的移动式标准表法天然气流量标准装置现场适用范围较小的限制,能够有效补充行业领域天然气实流检定能力的缺口。

目前在标准表方面比较先进的标准为API MPMS Chapter 4.5 "Master Meter Provers"(《主仪表校准仪》),包含差压式流量计、涡轮流量计、科里奥利流量计和超声流量计作为标准表测量单相液态烃的使用方法。API MPMS Chapter 12.2.5 "Calculation of Petroleum Quantities Using Dynamic Measurement Methods and Volumetric Correction Factors—Part 5: Base Prover Volume Using Master Meter Method"(《使用动态测量方法和体积校正系数计算石油量 第5部分:使用主仪表法的基础校准仪体积》)采用动态测量和体积修正系数计算油量,用标准表法计算检定装置的标准体积,为液体定量提供标准化的计算方法。

"十四五"期间,油检测计量方面计划对3个国际标准进行采标(见表3-15)。

表 3-15 油检测计量"十四五"计划采标的国际标准汇总表

序号	标准名称	标准级别	采标对象	采标程度	标准范围/主要内容
1	Liquid hydrocarbons—Volumetric measurement by displacement meter 液态烃 用容积置换仪表测量体积	GB	ISO 2714：2017	IDT	描述和讨论了容积式流量计的特性，指出了流量计在液体计量中应考虑的因素。对流量计的校验和维护提出了要求和建议，对采用容积式流量计测量水油等同相双组分混合物给出了指导
2	Liquid hydrocarbons—Volumetric measurement by turbine meter 液态烃 用涡轮流量计测量体积	GB	ISO 2715：2017	IDT	增加了螺旋型涡轮流量计的计量要求。螺旋型明显不同于传统的多叶片型涡轮流量计，可降低仪表对流体粘度的敏感性，拓展传统型涡轮流量计的测量范围
3	Liquid hydrocarbons—Dynamic measurement—Proving systems for volumetric meters—Part 2: Pipe provers 液态烃 动态测量 体积计量流量计检定系统 第2部分：体积管	GB	ISO 7278-2：2022	IDT	包括 ISO 7278-2：1988 中规定的管道校准器的设计和 ISO 7278-4：1999 中对操作人员的指导，还包括尚未发布的 FDIS ISO 7278-5。该文件提供了对设计和使用管道、位移、验证器、小体积验证器的最佳实践指导，并考虑了美国石油协会（API）和英国能源协会（EI）的替代标准

3.4.4 提高采收率

3.4.4.1 提高气采收率

对深部调驱先进技术方向进行梳理，适宜进行标准体系建设的包括深部调驱药剂、深部调驱设备、深部调驱效果评价方法等，并确定了国际标准化工作重点（见表 3-16）。

表 3-16 深部调驱"十四五"国际标准制定计划表

序号	标准名称	所属领域	依托标准	标准范围及主要内容
1	深部调驱加药橇	深部调驱注入设备	Q/SYCQ 07008—2017 聚合物微球加药橇	标准范围：规定了调驱用聚合物微球加药橇的结构组成、技术要求和工艺流程。适用于调驱用聚合物微球加药橇的生产与制造。 主要内容：橇体和安全规范、标志、包装、运输和贮存
2	调驱用聚合物微球评价方法	深部调驱药剂	Q/SYCQ 17013—2019 注水井调驱用纳米聚合物微球技术规范；Q/SYCQ 3645—2016 调剖用聚合物微球技术规范；Q/SYCQ 17012—2019 注水井调驱用微米聚合物凝胶颗粒技术规范	标准范围：规定了调驱用聚合物微球的术语和定义、技术要求、仪器与试剂、检验方法、检验规则、健康安全环境控制要求。适用于调驱用聚合物微球调驱剂性能的室内检验评定。 主要内容：仪器与试剂、检验方法（外观、密度、分散性能、可分离固形物、粒径、粘度、硫元素含量）、检验规则、健康安全环境控制要求
3	注水井深部调驱效果评价	深部调驱效果评价方法	Q/SYCQ 03008—2018 长庆油田注水井深部调驱效果评价	标准范围：规定了油田注水井深部调驱效果评价的方法，适用于长庆油田注水井深部调驱效果的评价。 主要内容：取值规定、调驱效果评价、调驱有效期、调驱经济效益计算

对气驱技术方向和发展现状进行梳理，适宜进行标准体系建设的包括气驱提高采收率效果预测、气驱气窜判识及防治等方面，并初步确定了国际标准化工作重点（见表 3-17）。

表 3-17 气驱"十四五"国际标准制定计划表

序号	标准名称	依托标准	标准范围及主要内容
1	气驱提高采收率效果预测标准——油藏工程法	Q/SY 1830—2015 砂岩油田 CO_2 驱油与埋存开发方案编制规范 油藏工程部分	标准范围：适用于在水驱开发油藏气驱驱油与埋存的过程中提高采收率效果的预测评价方法。 主要内容：气驱驱油试注分析、气驱驱油状况动态响应性分析

续表3－17

序号	标准名称	依托标准	标准范围及主要内容
2	气窜判识及注气阶段划分标准	Q/SYCQ 3003—2021 泡沫辅助减氧空气驱注入工艺技术规范	标准范围：适用于对气驱气窜判识及注气阶段的划分。 主要内容：气驱气窜判识方法、注气阶段划分方法
3	气驱防气窜治理效果评价标准	Q/SY 01006—2016 二氧化碳驱注气井保持井筒完整性推荐作法	标准范围：适用于对气驱注气井气窜防治的管理。 主要内容：新钻井气窜防治方法、转注气井老井气窜防治方法、气窜治理效果评价

3.4.4.2 提高油采收率

对提高采收率先进技术方向进行梳理，结合 ISO 提高采收率工作组工作范围，将采油工程工作领域划分为 10 部分，分别是化学驱分注设备、化学驱采油设备、化学驱采油用药剂、混相驱分注设备、混相驱采油设备、混相驱采油用药剂、热采分注设备、热采采油设备、热采采油用药剂和采油开发方案设计优化，并确定了各部分标准国际化工作重点（见表 3－18）。

表 3－18 提高油采收率"十四五"国际标准制定计划表

序号	标准名称	所属领域	依托标准	标准范围及主要内容
1	提高采收率术语	通用基础标准	GB/T 8423.1—2018 石油天然气工业术语 第1部分：勘探开发；SY/T 5510—1992 油田化学常用术语；SY/T 6174—2012 油气藏工程常用词汇	标准范围：规定了提高采收率技术领域常用术语。 主要内容：术语
2	驱油用聚合物检测评价技术规范	提高采收率用化学药剂	SY/T 5862—2020 驱油用聚合物技术要求	标准范围：规定了驱油用粉状聚合物产品的技术要求、检验方法、检验规则和标志、包装、运输及贮存，适用于驱油用粉状聚合物产品的质量检验及评价。 主要内容：仪器、试剂、溶液、质量检验方法、性能评价方法、样品及报告

续表 3-18

序号	标准名称	所属领域	依托标准	标准范围及主要内容
3	岩心流体饱和度分析乙醇萃取法	实验方法	Q/SYDQ 1471—2011 岩心油水饱和度测定 气相色谱法	标准范围：规定了岩心油水饱和度测定-乙醇萃取法的方法原理、仪器设备、试剂材料、样品制备、样品测定、结果计算及质量要求。适用于常规与非常规储层岩心油水饱和度的测定，不适用于碳酸盐储层岩心油水饱和度的测定。 主要内容：方法原理、仪器设备、试剂材料、样品制备、样品测定、建立标准曲线、结果计算、质量要求
4	化学驱分注工具	化学驱分注设备	GB/T 20970—2015 石油天然气工业 井下工具 封隔器和桥塞；SY/T 6915.1—2012 石油天然气工业 井下工具 第1部分：偏心工作筒；SY/T 6915.2—2017 石油天然气钻采设备 偏心工作筒流量控制系统 第2部分：偏心工作筒用流量控制装置；SY/T 6915.3—2019 石油天然气钻采设备 偏心工作筒流量控制系统 第3部分：偏心工作筒用投送头、打捞头、投捞器及定位锁紧机构	标准范围：规定了化学驱分层注入工具的术语与定义、工具技术要求、加工组装要求和检验方法等。适用于化学驱分层注入工具的生产和制造。 主要内容：工具技术要求，工具加工组装要求，产品检验，产品验收，标志、包装、运输和贮存
5	三元复合驱硅垢防垢剂性能评价方法	三元复合驱采出井化学防垢	Q/SYDQ 1701—2015 三元复合驱油井碳酸盐垢防垢剂性能检测方法，Q/SYDQ 0269—2017 三元复合驱含硅采出液体系防垢剂性能评价方法	标准范围：规定了三元复合驱采出井化学防垢药剂的技术要求和性能评价方法。适用于三元复合驱采出井化学防垢药剂的研发、生产及应用。 主要内容：技术要求、外观检验、与三元采出液配伍性的检验、腐蚀速率的检验、防垢率的检验、检验规则

续表3-18

序号	标准名称	所属领域	依托标准	标准范围及主要内容
6	化学驱采出液采出水处理用药剂	采出液处理用药剂	Q/SYDQ 4024—2021 三元复合驱采出液处理用破乳剂检验与验收，Q/SYDQ 4025—2021 三元复合驱采出液和采出水处理用防垢剂检验与验收，Q/SYDQ 4026—2021 三元复合驱采出液和采出水处理用硫化物去除剂检验与验收，Q/SYDQ 4027—2021 三元复合驱油气集输用抑泡剂检验与验收，Q/SYDQ 4028—2021 三元复合驱采出液和采出水处理用水质稳定剂检验与验收	标准范围：规定了化学驱采出液和采出水处理用药剂的技术要求、检验方法、检验规则。适用于化学驱采出液和采出水处理用化学药剂的检验和产品验收。 主要内容：技术要求，检验方法，检验规则，取样要求，标志、包装、运输和贮存
7	二氧化碳驱注采井井筒用缓蚀剂评价方法	二氧化碳驱提高采收率	Q/SYDQ 187—2016 二氧化碳驱注采井井筒用缓蚀剂评价方法	标准范围：规定了二氧化碳驱井筒用缓蚀剂评价方法。适用于二氧化碳驱井筒用缓蚀剂的测定和评价。 主要内容：仪器、设备、器皿及试剂材料，缓蚀剂性能评价方法
8	三元复合驱采出井清垢剂性能评价方法	三元复合驱采出井化学清垢	Q/SYDQ 0270—2017 三元复合驱采出井清垢剂性能评价方法	标准范围：规定了三元复合驱采出井化学清垢药剂性能评价方法。适用于三元复合驱采出井化学清垢药剂的研发、生产及应用。 主要内容：水溶解性检验、pH检验、腐蚀速率检验、溶垢型清垢剂溶垢率检验、分散型清垢剂溶胀分散倍数检验、检验规则
9	二氧化碳驱注采井无固相压井液室内性能评价方法	二氧化碳驱提高采收率	Q/SYDQ 258—2017 二氧化碳驱注采井无固相压井液室内性能评价方法	标准范围：规定了二氧化碳驱注采井无固相压井液的室内性能评价标准。适用于无固相压井液的测定和评价。 主要内容：仪器设备器皿及试剂材料、压井液性能评价方法
10	生物清防蜡剂筛选及评价方法	微生物驱油	—	标准范围：规定了生物清防蜡剂筛选和评价技术方法及指标。适用于生物清防蜡剂的生产与制造。 主要内容：技术要求，实验方法，检验规则，标志、包装、运输和贮存，安全环保要求

续表3-18

序号	标准名称	所属领域	依托标准	标准范围及主要内容
11	聚驱解堵剂性能检测方法	聚驱注入井化学药剂	Q/SYDQ 1159—2015 聚驱解堵剂性能检测方法	标准范围：规定了聚驱注入井化学解堵药剂性能检测方法。适用于聚驱注入井化学解堵药剂的研发、生产及应用。 主要内容：仪器设备及试剂材料、试验准备、试验方法、检验规则
12	三元复合驱深度调剖剂性能评价方法	深度调剖化学药剂	Q/SYDQ 0259—2017 三元复合驱深度调剖剂性能评价方法	标准范围：规定三元复合驱深度调剖剂性能评价方法、技术要求及质量检验方法。适用于三元复合驱深度调剖的检验与评价。 主要内容：技术要求，试验方法及检验要求规则
13	化学驱注入液隔氧粘度测试方法	化学驱注入液分析化验	Q/SYDQ 1234—2008 聚丙烯酰胺水溶液无氧粘度的测定	标准范围：规定了绝氧条件下注入液现场取样和粘度测试方法，适用于注入液含聚的化学驱（例如聚合物驱和三元复合驱等），注入液粘度的测试。 主要内容：方法原理、现场取样、粘度测量
14	砂岩油藏三元复合驱开发方案设计技术要求	化学驱开发方案设计方法	SY/T 7609—2020 砂岩油藏化学复合驱开发方案设计技术规范	标准范围：规定了砂岩油藏聚合物驱、二元复合驱、三元复合驱的油藏工程方案设计应遵循的技术规范。适用于砂岩油藏水驱转为聚合物驱、二元复合驱、三元复合驱的油藏工程方案设计。 主要内容：油田概况、油藏描述、油田开发状况、层系组合设计与井网井距设计、化学驱方案设计、开发指标预测、经济效益预测、方案实施要求
15	复合驱油体系性能测试方法	化学驱	SY/T 6424—2014 复合驱油体系性能测试方法	标准范围：规定了复合驱油体系性能测试方法。适用于不同类型驱油用复合体系的筛选和评价。 主要内容：样品配制，界面张力、乳化、稳定性、吸附等试验方法

3.4.5 钻完井

钻完井国际标准中，一些国家地方标准规范不适用于我国国情，参考性有限。目前各石油公司能查询到的企业标准较少，主要以 API、ISO、ASTM 等标准为参考依据。经整理调研发现，钻完井国际标准主要聚焦于钻完井设备、工具、钻完井液材料等,这些内容已基本被国家标准、石油行标、企业标准所包含,暂无采标内容。

目前,根据国内钻完井技术发展现状,选择三项特色技术开展国际标准化的重点制定工作,分别为《致密油气大平台工厂化作业规范》《致密油气水平井窄间隙固井规范》《致密油气水平井低密高强水泥浆规范》。这三个项目均为钻完井专业领域特色技术,具备深厚的实践经验和较大的发展空间(见表3-19)。

表3-19 钻完井"十四五"国际标准制定计划表

序号	标准名称	依托标准	标准范围及主要内容
1	致密油气大平台工厂化作业规范	Q/SY 16860—2020 致密油气工厂化钻井技术规范	标准范围:适用于致密油气大平台工厂化钻完井的设计与施工作业。 主要内容:工厂化作业钻前准备,方案编制与设计,工厂化钻井施工,多钻机工厂化井控要求,健康、安全、环保要求
2	致密油气水平井窄间隙固井规范	—	标准范围:适用于致密油气水平井窄间隙固井的设计与施工作业。 主要内容:固井设计规范、固井作业准备、固井作业施工、固井质量检测、固井质量评价
3	致密油气水平井低密高强水泥浆规范	—	标准范围:适用于致密油气水平井低密高强水泥浆体系的设计、试验与评价。 主要内容:水泥浆性能要求、水泥浆检测试验方法、水泥浆性能评价

3.4.6 页岩油

以美国为代表的国外页岩油工业虽已形成了较为成熟的页岩油勘探、开发、钻井和压裂等技术体系,但在标准体系的建设方面仍不够完善。经查询,仅有少量压裂相关标准。且由于我国以陆相页岩油为主,与国外海相页岩油在地质背景、开采条件及技术要求上差异较大,因此暂无国际标准采标计划。

"十四五"期间,新疆油田拟成立国际标准化工作组,积极组织参与国际标准化组织、API等国外标准组织的交流与合作,并根据国内页岩油相关技术发展现状,选择了四项标准外文版(见表3-20)。

表 3-20 页岩油"十四五"标准外文版计划表

序号	拟翻译行业标准编号	拟翻译行业标准中文名称
1	GB/T 38718—2020	页岩油地质评价方法
2	SY/T 7311—2016	致密油气及页岩油气地质实验规程
3	SY/T 7463—2019	页岩油储量计算规范
4	与中文版同步制定	中高成熟度页岩油开发方案编制技术规范

3.4.7 稠油

目前，稠油领域暂无国际标准采标计划。

"十四五"期间，新疆油田拟联合多家稠油开采单位，成立国际标准化工作组，积极组织参与国际标准化组织、API 等国外标准组织的交流与合作。中石油海外稠油合作区块集中于美洲的加拿大、委内瑞拉，中亚的哈萨克斯坦，以及非洲部分国家。受地缘政治和环保政策的影响，海外稠油在开发思路上以成熟、经济的技术为主。开发涉及稠油冷采、蒸汽吞吐、蒸汽驱、SAGD 和火烧油层等技术。为实现将国内具有领先优势的特色技术和装备推向国际市场，提升中石油在国际合作中的话语权，占领稠油开采技术高点，有必要和国外石油公司展开对标，在稠油热采领域申请一批国际标准。

大庆油田牵头建立了 ISO/TC 67/AHG 2（提高原油采收率）国际标准化临时工作组，并建立稠油热采分技术委员会，在稠油室内实验方法、先进热采技术、热采井口、热采套管及隔热油管、热敏分隔器、驱油用耐高温化学药剂和调剖封窜堵剂、地面注汽设备和水处理等方面策划了一批国际标准（见表 3-21）。

表 3-21 稠油"十四五"国际标准制定计划表

序号	标准名称	依托标准	标准范围及主要内容
1	稠油火驱电点火技术规范（专标勘探国际2019-16）	Q/SY 01868—2020 稠油火驱点火工艺技术规范	标准范围：适用于火驱电点火工具设备的使用及点火工艺设计、现场作业。 主要内容：电点火系统、点火作业技术、资料录取

续表3－21

序号	标准名称	依托标准	标准范围及主要内容
2	稠油油藏高温相对渗透率的测定方法（专标勘探国际 2019-20）	SY/T 6315—2017 稠油油藏高温相对渗透率及驱油效率测定方法	标准范围：适用于稠油油藏岩心在热水驱、蒸汽驱条件下相对渗透率及驱油效率的测定。 主要内容：实验原理，实验装置，实验准备，相对渗透率测定，驱油效率测定，产油量、产液量计量，数据处理，数值修约，实验报告

下一步，计划将稠油热采井口、热采套管、隔热油管、热敏封隔器、耐高温固井水泥浆、高温大排量举升装备等特色技术与 ISO 中相对应的标准进行对比分析，力争在"十四五"期间对相关国际通用标准进行修订。

3.4.8 储气库

国外储气库标准中，美国等州管标准规范不是很适合我国实际情况，参考性有限。能查询到的各大公司的企业标准较少，因此储气库的国际采标主要参考现有的 API、CSA、CEN 等 6 大标准。"十四五"期间，采标的主要有 3 项。其中，对"Recommended practice for the design of solution-mined underground storage facilities"（《地下储气库溶腔设计推荐规程》）、"Recommended practice on the operation of solution-mined underground storage facilities"（《地下储气库溶腔施工推荐规程》）、"Functional integrity of natural gas storage in depleted hydrocarbon reservoirs and aquifer reservoirs"（《枯竭油气藏型储气库和含水层型储气库的完整性管理》）的采标计划被安排于 2023 年或 2024 年进行。相比于国外，国内地质条件更加复杂多变，因此国际标准仅作为参考（见表3－22）。

表3－22 储气库"十四五"计划采标的国际标准汇总表

序号	标准名称	标准发布组织	标准代号和编码	采标程度	标准范围及主要内容
1	Recommended practice for the design of solution-mined underground storage facilities 地下储气库溶腔设计推荐规程	API	API RP 1114-2013	MOD	标准范围：适用于盐穴储气库腔体地质的设计。 主要内容：规范盐腔设计的基础资料要求、设计要素，对造腔井型、位置、形态、方式等的推荐做法和建议

续表3-22

序号	标准名称	标准发布组织	标准代号和编码	采标程度	标准范围及主要内容
2	Recommended practice on the operation of solution-mined underground storage facilities 地下储气库溶腔施工推荐规程	API	API RP 1115-2012	MOD	标准范围：适用于盐穴储气库造腔工程的设计及跟踪分析。 主要内容：规范相关技术指标，对盐穴储气库的造腔过程、造腔监控的指导性意见和建议，避免出现造腔过程能耗高、井下事故监控不及时、部分腔体发生偏溶等问题
3	Functional integrity of natural gas storage in depleted hydrocarbon reservoirs and aquifer reservoirs 枯竭油气藏型储气库和含水层型储气库的完整性管理	API	API RP 1171-2015	MOD	标准范围：适用于枯竭油气藏型储气库和含水层型储气库的完整性管理。 主要内容：对两种类型储气库的气藏完整性、井筒完整性以及地面系统完整性管理的指导性意见和建议，防止各项设施因长期高压运行出现完好性失效而发生事故，确保系统正常运行

根据国内储气库技术发展现状，选择三项特色技术开展国际标准制定工作，分别为《采卤溶腔改建地下储气库推荐做法》《气藏型储气库风险评估推荐做法》《层状盐层造腔工程推荐做法》，其中《采卤溶腔改建地下储气库推荐做法》被纳入中国石油天然气集团公司勘探与生产专标委（以下简称中石油勘标委）国际工作组2019年预备项目，后两项被纳入中石油勘标委国际工作组2020年预备项目（见表3-23），三个项目均为储气库专业领域特色技术，位于国际领域前列。项目的开展积累了国际标准制定经验，培养了国际标准化人才队伍，但在与ISO国内技术归口单位对接的过程中，缺乏适合储气库归口的相关分技术委员会，这也成为项目执行的难点。下一步工作将是进一步研究国际标准体系和程序，打通储气库领域特色技术标准国际化通道，力争在"十四五"前期完成立项申请。

表 3-23 储气库"十四五"国际标准制定计划表

序号	标准名称	依托标准	标准范围及主要内容
1	采卤溶腔改建地下储气库推荐做法	已列入行业标准2020年培育项目；SY 6806—2019盐穴地下储气库安全技术规程，Q/SY 1417—2011盐穴储气库造腔技术规范，Q/SY 1416—2011盐穴储气库腔体设计规范，Q/SY 1599—2013在役盐穴地下储气库风险评价导则，Q/SY 1860—2016盐穴型储气库井筒及盐穴密封性检测技术规范	标准范围：适用于已有的采卤溶腔改建地下储气库的设计和施工作业。 主要内容：规定了溶腔筛选、卤水试压评价、形态检测、稳定性评价、井筒改造、改建后井筒及腔体气密封测试、注气排卤等的推荐做法
2	气藏型储气库风险评估推荐做法	储气库井风险评价推荐做法（2020年行标，待发布）；SY/T 6805—2017油气藏型地下储气库安全技术规程；Q/SY 01183.2—2020油气藏型储气库运行管理规范 第2部分：井运行管理；Q/SY 05486—2017地下储气库套管柱安全评价方法；Q/SY 07703—2020地下储气库套管技术条件；Q/SY 08124.21—2017石油企业现场安全检查规范 第21部分：地下储气库站场	标准范围：适用于气藏型储气库地下、地面等的风险评估。 主要内容：规定了气藏型储气库井筒、地面系统等在运行过程中的风险评价要求、流程与方法等推荐做法，包括一般要求、评价方法与流程、风险分析、风险判定和风险控制建议、报告编制等
3	层状盐层造腔工程推荐做法	已列入行业标准2021年制定计划，SY/T 6806—2019盐穴地下储气库安全技术规程，Q/SY 1417—2011盐穴储气库造腔技术规范，Q/SY 1416—2011盐穴储气库腔体设计规范，Q/SY 1599—2013在役盐穴地下储气库风险评价导则，Q/SY 1860—2016盐穴型储气库井筒及盐穴密封性检测技术规范	标准范围：适用于层状盐岩储气库造腔的工程设计和施工作业。 主要内容：规定了造腔方式、造腔形态设计、造腔工艺设计、造腔设备及材料、造腔施工、腔体修复及改造、腔体检测、造腔安全风险及处理与预案、健康安全与环境管理、资料要求等的推荐做法

3.4.9 煤层气

已有煤层气国际标准均为煤层气公司牵头编制发布，尚无国际标准采标计划。

煤层气行业已发布行业标准 55 项，根据国际煤层气行业的通用需求，在"十四五"期间拟对 4 个重点行业标准进行国际标准制定工作（见表 3-24）。

表 3-24　煤层气"十四五"国际标准制定计划表

序号	标准名称	依托标准	标准范围及主要内容
1	煤层气地震勘探规范	NB/T 10002—2014 煤层气地震勘探规范	标准范围：适用于煤层气勘探、开发各个阶段的地震勘探工作。 主要内容：煤层气地震勘探工作程序、地震勘探阶段、地震勘探设计、质量控制、地震资料采集、处理、解释、成果报告编写、质量检验标准等
2	煤层气井生产动态监测技术规范	NB/T 10008—2014 煤层气井生产动态监测技术规范	标准范围：适用于煤层气井生产动态监测和资料录取。 主要内容：煤层气井生产动态监测的主要内容和技术要求
3	煤层气开发动态分析技术规范	NB/T 10426—2020 煤层气开发动态分析技术规范	标准范围：适用于煤层气开发动态分析工作。 主要内容：煤层气开发动态分析的基本内容和技术要求
4	煤层气井动液面测试修正及井底流压计算方法	NB/T 10427—2020 煤层气井动液面测试修正及井底流压计算方法	标准范围：适用于煤层气井单层排采过程中井底流压的测量和计算。 主要内容：利用动液面测试仪进行井底流压测量和计算的方法及对动液面测试仪的要求

3.4.10　管材和绿色制造

"十四五"期间，管材领域重点采标计划有 6 项，主要集中在新计划发布的 ISO 国际标准（见表 3-25）。

表 3-25　管材"十四五"计划采标的国际标准汇总表

序号	标准编号/宜定级别	标准名称	采标程度	采用标准编号	拟整合代替标准编号
1	GB/T	石油天然气工业　铝合金钻杆	MOD	ISO 15546：2011	GB/T 20659—2017
2	GB/T	石油天然气工业　旋转钻井设备　第 2 部分：旧钻杆元件的检验和分类	MOD	ISO 10407-2：2008	GB/T 29169—2012
3	SY/T 6475—2000	石油天然气输送钢管　尺寸及单位长度重量	MOD	ISO 4200：1991	—

第3章 油气上游领域标准国际化发展策略

续表3-25

序号	标准编号/宜定级别	标准名称	采标程度	采用标准编号	拟整合代替标准编号
4	GB/T	石油天然气工业 管道运输系统用感应弯管、配件和法兰 第4部分：工厂冷弯管	IDT	ISO 15590-4：2019	—
5	GB/T	石油天然气工业 管道运输系统 机械连接器的试验程序	IDT	ISO 21329	—
6	GB/T	石油、石化与天然气工业 与油气生产相关介质接触的非金属材料 第1部分：热塑性塑料	IDT	ISO 23936-1（新版近两年发布）	GB/T 34903.1—2017

绿色制造国际标准在研和预备项目有10项，主要集中在耐蚀合金复合管材、陶瓷内衬管材、钛合金管材、非金属管材、高强度级别管材、完整性评价等新材料、新技术方向（见表3-26）。

表3-26 绿色制造"十四五"国际标准制定计划表

序号	标准名称	依托标准	标准范围/主要内容	对口组织
1	ISO 24139-1 耐蚀合金内覆复合弯管	GB/T 35067—2018 石油天然气工业用耐腐蚀合金复合弯管	石油天然气工业用耐腐蚀合金复合弯管	TC 67/SC 2
2	ISO 24139-2 耐蚀合金内覆复合管件	GB/T 35072—2018 石油天然气工业用耐腐蚀合金复合管件	石油天然气工业用耐腐蚀合金复合管件	TC 67/SC 2
3	ISO 24565 陶瓷内衬油管	SY/T 6662.8—2016 石油天然气工业用非金属复合管 第8部分：陶瓷内衬管及管件	陶瓷内衬油管	TC 67/SC 5
4	ISO 22974 管道完整性评价	—	管道完整性评价	TC 67/SC 2
5	ISO 11960 高抗挤套管评级评价	—	修订增加高抗挤套管评级评价	TC 67/SC 5
6	API Spec 5ST 高钢级连续油管	—	修订增加高钢级连续油管	API/SC 5

续表3－26

序号	标准名称	依托标准	标准范围/主要内容	对口组织
7	ISO 10424-1 钻柱构件的检验和分级	—	修订增加钻柱构件的检验和分级	TC 67/SC 4
8	石油天然气工业 钛合金油井管	—	建立钛合金油井管国际规范	TC 67/SC 5
9	石油天然气工业用可扁平纤维增强塑料软管	—	建立石油天然气工业用可扁平纤维增强塑料软管国际规范	TC 138/SC 6
10	管道输送系统术语和定义	—	建立管道输送系统术语和定义国际规范	TC 67/SC 2

3.4.11 油气地震勘探

截至目前，东方物探暂无国际标准采标计划。

"十四五"期间，东方物探拟成立国际标准化工作组，积极参与ISO、API等国外标准组织的交流与合作；计划制修订双语版行业标准10项（见表3－27），依托国际市场，重点推动与海外合作区有关国家及地区开展标准互认工作，提高国际项目标准制修订话语权，推进标准化进程。

表3－27 油气地震勘探"十四五"标准双语版计划表

序号	拟翻译行业标准编号	拟翻译行业标准中文名称
1	SY/T 6732—2020	陆上多波多分量地震资料处理技术规程
2	SY/T 5171—2011	陆上石油物探测量规范
3	SY/T 7372—2017	微地震地面监测技术规程
4	SY/T 10017—2017	海底电缆地震资料采集技术规程
5	SY/T 5820—2020	石油大地电磁测深法采集技术规程
6	SY/T 6589—2016	陆上可控源电磁法勘探采集技术规程
7	SY/T 5819—2016	陆上重力磁力勘探技术规程
8	与中文版同步制定	地震检波器性能测试与评价规范
9	与中文版同步制定	海底节点地震资料采集技术规程
10	SY/T 6639—2012	检波器测试仪校准方法

第 4 章　国际标准制定方法

国际标准的制修订与发布，除了技术团队的前期攻关与技术积累，将标准化专家、人才积累的项目申报技巧等融会贯通整个过程，才能助推项目的顺利开展并成功发布。国际标准制定工作是指为制修订国际标准或制定国家标准外文版所进行的相关技术支持和业务指导。SAC 秘书处于 2019 年 11 月 28 日下发了《国家标准化管理委员会秘书处关于加强国家标准及其外文版同步立项、同步制定、同步发布工作的通知》，强调了对国家标准外文版同步制定的要求。本章节主要围绕国际标准制修订流程，从国际组织的要求、国内申报流程及上游领域国际标准制定方法三个层级进行介绍。

4.1　国际标准制修订流程

一项国际标准的立项制定，需要经过提案、准备、委员会、询问、批准和出版六个阶段，本节将分别对制定和修订两类发布方式进行介绍。

4.1.1　ISO 标准制定流程

除了提案、准备、委员会、询问、批准、出版这六个阶段，ISO 标准的制定也包含前期的预工作项目阶段，但并非必需阶段，作为参考流程之一，下面也将进行简单介绍。图 4-1 展示了 ISO 标准制定的几个阶段，包括英文全称与缩写，以便读者更好地理解后面章节频繁出现的各类缩写的含义。

ISO 标准常规的制定周期为 18 个月、24 个月和 36 个月。下列新项目限制日期由系统自动分配：

（1）注册为 DIS 的限制日期：标准制定周期前 12 个月。

（2）出版限制日期：标准制定周期最长时限。

选择 18 个月为制定周期的项目，如果在项目注册后 13 个月内完成 DIS 投票，则符合 ISO/CS 的"直接出版程序"。

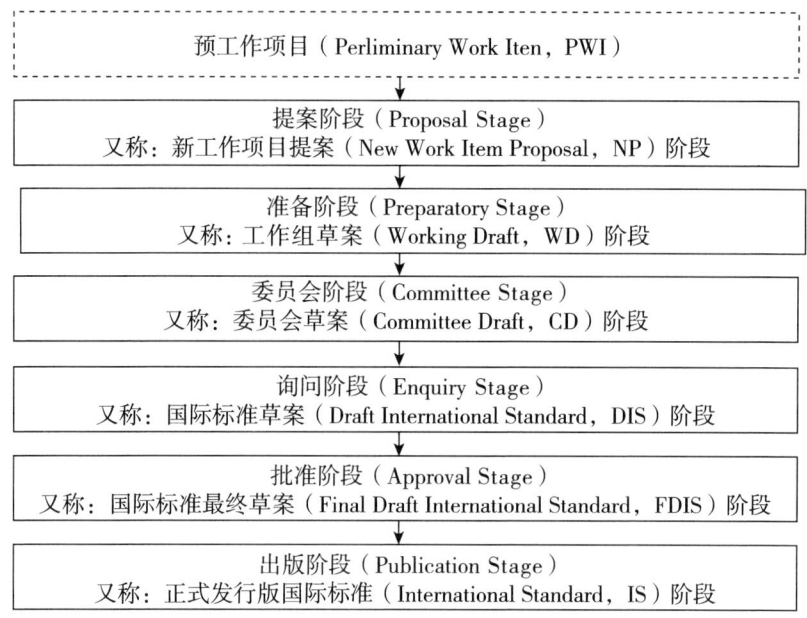

图 4-1　ISO 标准的制定

4.1.1.1　预工作项目阶段

在计划制定标准但尚未形成完整的项目草案时，可以注册为预工作项目（Preliminary Work Item，以下简称 PWI）。PWI 需通过 ISO 对应的技术委员会的 P 成员的投票，简单多数通过即可（三分之二通过），技术委员会或分委员会可将尚不完全成熟、不能进入下一阶段及不能确定目标日期的项目（如涉及新兴技术的项目）纳入工作计划。这类项目可包括战略业务规划中列出部分，特别是"对新需求提出前瞻性看法"的项目。所有 PWI 都应记入工作计划。有关委员会（技术委员会或分委员会）应对 PWI 进行定期审查，并对 PWI 的市场相关性及其所需的资源进行评价。截止日期内（IEC）或 3 年内（ISO）不能进入提案阶段的所有 PWI，将从工作计划中自动删除。

本阶段可用于制定新工作项目提案及编写初始草案。这类项目在进入准备阶段前，都应经过提案阶段中规定程序的批准。

4.1.1.2　提案阶段

提案阶段（Proposal Stage），也称新工作项目提案（New Work Item Proposal，以下简称 NP）阶段。"新工作项目提案方"通过 SAC 向相关 ISO/

IEC 技术委员会秘书处提出新工作项目提案，内容涉及：制修订一个新标准、现行标准的一个新部分、技术规范或可公开提供的规范。每个新工作项目提案应通过表格提交（以下简称 From 4）。由秘书处组织面向各积极成员征集投票，包括征集评论和推荐参与的专家。NP 投票时间为 12 周。委员会可以根据具体情况，通过决议将新工作项目投票期限缩短至 8 周。国家成员体如投反对票，应提供论证说明。如果未提供这种说明，则该国家成员体投的反对票不予登记和考虑。现有国际标准的修订或修改单、现有技术规范（Technical Specification，以下简称 TS）或可公开获得的规范（Publicly Available Specification，以下简称 PAS）（如在 6 年期限内）的修订以及 TS 或 PAS 转化为国际标准，不需要经过提案阶段。不过，委员会应通过包含以下内容的决议：目标日期、确定将不扩大范围、召集人或项目负责人，委员会还应为项目征集专家（不需要 Form 4）。

如果满足下列条件，表明新工作项目提案立项通过：参加投票的 TC/SC 的 P 成员的三分之二投赞成票，且在统计时不包括弃权票；在 16 个或以下 P 成员的委员会至少 4 个 P 成员，在 17 个或以上 P 成员的委员会至少 5 个 P 成员表示积极参与项目制定工作，即提供技术专家并对工作草案提出意见，统计时只考虑批准该项目纳入工作计划的 P 成员。

如果一个国家成员体承诺积极参与，但在附有赞成票的表中未指定专家，则在确定本次投票是否满足批准准则时不予登记和考虑。

ISO/IEC 技术委员或分技术委员秘书处将发送正式投票结果文件，明确新工作项目是否通过立项。

4.1.1.3 准备阶段

准备阶段（Preparatory Stage），也称工作组草案（Working Draft，以下简称 WD）阶段，或叫工作组阶段。WD 阶段的主要任务是依据《ISO/IEC 导则　第 2 部分：ISO 和 IEC 文件的结构和起草原则与规则》的要求准备标准 WD，国际标准的起草从基本原则、框架结构到标点符号都要符合 ISO/IEC 导则第 2 部分的要求。WD 阶段的其他工作还包括 TC/SC 成立工作组（在会议上或以通信方式），这是确保协商一致的关键阶段。工作组的召集人和项目负责人可由不同人担任，也可一人同时兼任项目负责人职务。根据项目具体情况，可推荐既懂技术又熟悉程序、规则，具有谈判与沟通技巧的人员来担任召集人的角色，便于更好地与各成员国专家建立沟通渠道。以下内容主要从一人兼任的角度进行总体描述：项目负责人应负责项目的制定工作，通常负责召集和主持工作组的所有会议。项目负责人可邀请工作组一名成员担任秘书。项目负责人与各 P 成员在立项期间提名的专家一起工作（主要通过电子邮件，也可召集展开工作组会议），依据 ISO/IEC 导则第 2 部分的要求形成协商一致的 WD。需要注意的是，此 WD 不光是召集人及其所在实验室或企业完成的工作，而是将全球相关工作进展和成果一并纳入草案。

WD 经过工作组专家不断讨论、修改完善后，在工作组内表决通过，并将最终的 WD 作为委员会草案（Committee Draft，以下简称 CD）提交给对应的技术委员会 CEO 办公室登记，WD 阶段结束。

4.1.1.4 委员会阶段

委员会阶段（Committee Stage），也称委员会草案（Committee Draft，以下简称 CD）阶段。CD 阶段的主要任务是充分考虑 P 成员对 CD 的意见，并在委员会层面对标准的技术内容进行协商，以达成一致。由召集人代表工作组提交 CD 文件后，TC/SC 秘书处负责组织投票。

P 成员对 CD 的评论时间（即 CD 投票时间）可以为 8 周、12 周或 16 周，取决于 TC/SC 的决定，默认时间为 8 周。各 P 成员收到 TC/SC 秘书处的正式通知文件后，在本国范围内组织专家和利益方研究 CD 文本，并提交所有相关评论意见。

投票日期截止后的 4 周内，秘书处应准备好意见汇编，并将其分发给 TC/SC 的所有 P 成员和 O 成员。准备汇编时，秘书处应与 TC/SC 主席协商，必要时与项目负责人协商，提出项目处理意见，包括在下次会议上讨论 CD 及提出评论意见，或分发修改后的委员会草案供研究，或注册询问阶段用的 CD。

在秘书处发出项目处理意见前，由工作组召集人给出评论意见汇总表，对每一条技术性意见和编辑性意见给出采纳与否的意见和理由，并对项目下一阶段进展给出建议。

委员会应在协商一致的原则上作出是否进入下一工作阶段的决定（一般在年会上讨论确定，非年会期间，由 TC 主席批准）。

协商一致是指总体同意，其特点在于利益相关方的任何重要一方对重大问题不坚持反对立场，并且有寻求考虑所有相关方的意见和协调任何冲突的过程。协商一致不意味着一致同意。

假如对协商一致有疑问，只要由参加投票的 TC/SC 的 P 成员的三分之二同意，就可以认为该 CD 足以被接受，作为国际标准草案（Draft International

Standard，以下简称 DIS）予以登记。如果没有达到三分之二同意，则工作组提交新的 CD 稿，再一次进行投票和征求意见。最后的 CD 作为 DIS 分发至所有成员国，并在相应的 CEO 办公室登记，CD 阶段结束。

4.1.1.5　询问阶段

询问阶段（Enquiry Stage），也称国际标准草案（Draft International Standard，以下简称 DIS）阶段，在 IEC 中称为委员会表决草案（Committee Draft for Vote，以下简称 CDV）阶段。DIS 应由 CEO 办公室分发给所有的 P 成员，进行为期 12 周的投票。

如果满足下列条件，表明 DIS 文件通过：参加投票 TC/SC 的 P 成员的三分之二同意，并且反对票不超过总数的四分之一。计票时，弃权票及未附有技术理由的反对票不计算在内。

在秘书处发出项目处理意见前，由工作组召集人给出评论意见汇总表，对每一条技术性意见和编辑性意见给出采纳与否的意见和理由，并对项目下一阶段进展给出建议。

投票截止后，CEO 在 4 周内将投票结果及收到的意见发给 TC/SC 主席和秘书处。TC/SC 主席收到投票结果和意见后，协同秘书处、项目经理和召集人与 CEO 办公室磋商下一步进展：如满足批准准则但包括技术改动，将经修改的 DIS 注册为国际标准最终草案；如满足批准准则且不包括任何技术改动，直接予以出版；如未满足批准准则，则分发修改后的 DIS 进行投票，或分发修改后的 CDV 进行评论，或在下次会议上讨论 DIS/CDV，提出处理意见。

4.1.1.6　批准阶段

批准阶段（Approval Stage），也称国际标准最终草案（Final Draft International Standard，以下简称 FDIS）阶段。在 FDIS 阶段，CEO 办公室在 12 周内将 FDIS 分发给所有 P 成员，进行为期 8 周的投票。

如果满足下列条件，则表明 FDIS 获得通过：参加投票 TC/SC 的 P 成员的三分之二同意，并且反对票不超过总数的四分之一。计票时，弃权票及未附有技术理由的反对票不计算在内。

本阶段，不接受编辑或技术修改意见。收到的所有意见将被保留，供下次复审（System Review，以下简称 SR）用，但 CEO 办公室和秘书处可设法解决明显的编辑性错误，不允许对批准的 FDIS 进行技术更改。如 FDIS 投票通过，则该草案成为正式发行版国际标准；如 FDIS 投票未通过，委员会可决定以 CD、DIS 或 FDIS 的形式再次提交修改后的草案，或作为 TS 出版，或取消项目。

4.1.1.7 出版阶段

出版阶段（Publication Stage），也称正式发行版国际标准（International Standard，以下简称 IS）阶段。CEO 办公室在 6 周内校正 TC/SC 秘书处指出的所有错误，并且安排印刷和分发。TC/SC 秘书处和召集人配合 CEO 办公室，按 CEO 办公室返回的稿子完成标准校核，确认标准最终出版稿。

4.1.2 ISO 技术报告立项要求

如果 TC/SC 收集的数据不同于作为国际标准出版的数据（例如出自调查结果、比对、资料性报告、试验结果、当前发展状况），则 TC/SC 可通过投票（P 成员简单多数通过）决定是否要求首席执行官以技术报告（Technical Report，以下简称 TR）的形式出版这些数据。

若 TR 为资料性出版物，其内容应不含测试方法和程序、不能只包含词汇、不含规范性内容（例如不允许有任何要求或建议）、不能转换为其他出版物。ISO 技术报告（TR）立项的各阶段要求见表 4-1。

表 4-1 ISO 技术报告（TR）立项要求表

阶段	立项要求
Initiation 启动	No NP ballot needed, committee resolution is sufficient 不需要 NP 投票，委员会决议即可
Time Frames 时间范围	No time frame, 3 year limit recommended 没有时间限制，建议 3 年以内
Consensus 共识	Reviewed by committee members 由委员会成员审查
Approval Criteria 批准条件	Simple majority of P-members voting for publication 简单多数 P 成员投票表决发布
Lifetime 有效期	No life limit 无
Systematic Review 系统复审	Not part of SR, review every 5 years recommended 不需要 SR，建议每 5 年审查一次

4.1.3 ISO标准修订流程

已出版的国际标准可通过下列出版物进行后续修改：技术勘误表（仅在IEC中）、更正版、修改单、修订版。如有修订，将出版国际标准的新版本。

（1）更正版，仅纠正在起草或出版过程中无意引入的错误或歧义。这些错误或歧义只有在可能导致不正确或不安全应用出版物时才发布更正，不发布自出版以来已过时的更新信息。更正内容应置于更正版的"前言"中。一般情况下，凡出版时间超过3年的出版物，将不再出版更正版。

（2）修改单，是对现行国际标准中原已达成一致的技术条款的改动和补充。修改单被视为部分修订，该国际标准的其余部分不开放评论。修改单通常作为一份单独的文件出版，受影响的国际标准的版本仍在使用。如果预见到可能对国际标准条款作经常性补充，应在开始起草时将这些补充条件作为技术系列的一部分考虑在内。

4.2 国内申报国际标准流程

我国启动申报国际标准的工作，需经过企业标准化管理部门的审核，通过后向对应的ISO/IEC、TC/SC国内技术归口单位（见附录4附表4-1）提交申请，再由归口单位向国家市场监督管理总局标准创新管理司（国家标准化管理委员会）ISO联络处（以下简称ISO联络处）提出NP申请，经ISO联络处审批后提交ISO对应的国际秘书处。国际秘书处发起NP投票，由此进入国际标准制修订流程（如图4-2所示）。

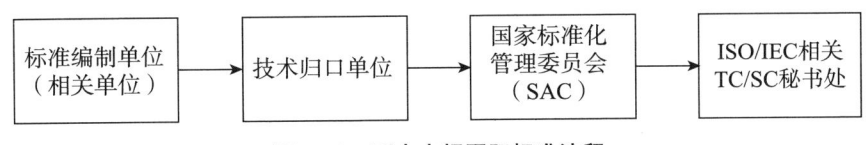

图4-2 国内申报国际标准流程

4.3 上游领域国际标准制定方法

《纲要》提出要建立政府引导、企业作主体、产学研联动的国际标准化新工作机制。本节结合《纲要》对于企业主体、产学研联动的国际标准新工作机制的倡导，从上游领域国际标准制定流程、前期技术支撑、国际标准预备项目立项要求、前期准备、过程评估等方面介绍上游领域国际标准的制定方法，并建立一套行之有效的审核工具，用于对项目的过程监督与质量控制。

4.3.1 上游领域国际标准制定流程

上游领域国际标准制定是通过寻找先进型技术成果，建立复合型技术团队，提出国际标准项目，获得ISO批准。其流程主要包括梳理优势技术、寻找归口部门、比对同类标准、组建项目团队、准备提案文件、召开国际会议宣讲并获得国际标准化组织批准立项，如图4-3所示。

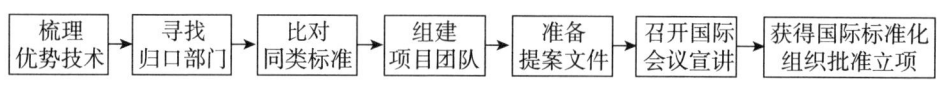

图4-3 上游领域国际标准制定流程

4.3.2 前期技术支撑

标准的根基是技术，离开了技术支撑标准则无从谈起，国际标准亦如此。随着国家标准化战略进一步向国际社会推进，越来越多的企业为提高竞争力、建立通过标准来实现成果转换与社会生产力的有效运行机制，纷纷投入国际标准制定工作。但在实际操作中，对于标准涉及的技术在该领域的地位认知可能存在不成熟、不全面的情况。在此，我们梳理并总结了技术层级及其支撑材料，便于在项目启动初期对技术进行全面整理，提炼出该项技术取得的成果，作为国际标准制定的前期参考。

国际标准预备项目在立项之初应有相对成熟的前期技术支撑，以下四点能从不同角度描述和支撑国际标准预备项目技术的成熟性，确保项目更顺利地敲开ISO之门。

（1）科技项目（包括国家级、省部级、地区级、企业级等）。

（2）有专利或者产品。

（3）有已发布的标准（包括国标、行标、团标或企标，详见附录3）。

（4）已发表过技术论文（SCI/EI来源期刊论文、国际会议论文或者国内核心刊物论文）。

技术成熟性较高的项目几乎可以囊括以上所有内容，这对于提出要开展国际标准制定的项目而言，不仅意味着可实施性更强，更意味着可以在更短的周期内实现成功发布的目标。

4.3.3 国际标准预备项目立项要求

在进一步完善项目技术支撑材料的同时，也需要做好启动 ISO 正式立项工作的准备。《中国石油天然气集团有限公司国际标准项目管理规定（暂行）》（以下简称《管理规定》）提出开展国际标准项目，应当遵循如下原则：有利于和国际先进水平接轨，提升中石油标准和技术水平，规范产品、工程和服务质量，保障油气勘探开发和输送安全；有利于增强中石油优势产品、工程和服务国际竞争力，带动中石油优势产品、工程和服务"走出去"；有利于提升中石油国际影响力和国际号召力。

项目立项来自各单位、个人或者标准化管理部门。国际标准预备项目提出和完善的基本流程如图 4-4 所示。

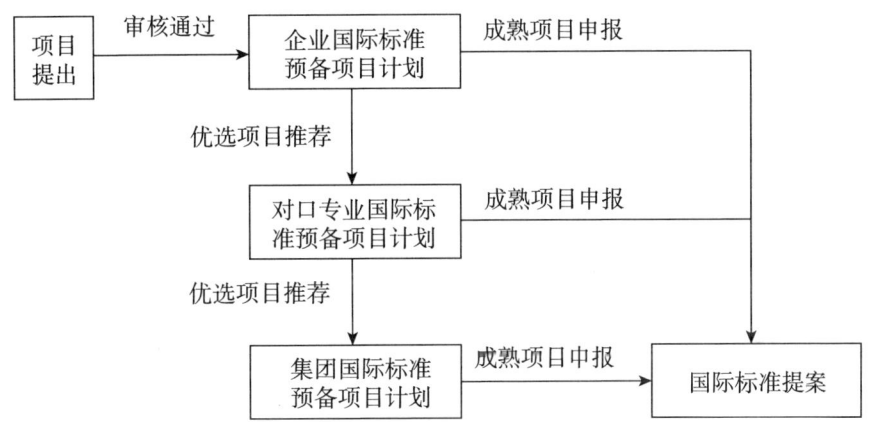

图 4-4 国际标准预备项目提出和完善的基本流程

所属企业各单位和个人均可根据国际化业务发展需要，结合中石油国际标准项目发展规划、重点工作领域和方向，申报国际标准预备项目。除此之外，《管理规定》鼓励企业的标准化管理部门对国内标准项目进行研究分析和梳理，提出预备项目并征集负责人开展具体工作。

申报国际标准预备项目，应提交如下材料：《国际标准新工作项目提案审批表》（中文版）（见表 4-2）；标准草案或大纲中文版；申报立项汇报材料，用以重点说明相关国内外标准的研究比对情况、项目意义、可行性及工作计划。

表 4－2 国际标准新工作项目提案审批表

国家标准委签发：					
提交单位	_____（签名） （盖章） 年 月 日				
国内技术归口单位意见	_____（签名） （盖章） 年 月 日				
行业主管部门意见	_____（签名） （盖章） 年 月 日				
国际提案拟提交的国际标准化机构			提案报送日期		
提案名称：					
提案类型：	新标准	现行标准的新部分	修订标准	技术报告	技术规范	可公开提供的规范
提案内容概要：					
国家标准委国际部组织处经办人		国家标准委专业部审核：			
国家标准委国际部组织处审核					
国家标准委国际部审核					

4.3.4 前期准备

国际标准预备项目准备初期需对以下四个方面展开调研工作：

（1）了解 ISO 和 IEC 是否已有与拟申请制定的国际标准提案类似的标准。如果没有类似标准，则需了解提案涉及的标准化范围属于 ISO 的哪一个 TC/

SC负责,该TC/SC的国内技术归口单位挂靠在何处;如果有类似标准,则需先了解标准由ISO的哪一个TC/SC制定,了解其具体技术和标准化细节,与提案进行差异化分析,然后调整思路,重新提出不被ISO现有标准覆盖的国际标准提案,或者提出修订该国际标准的提案。

(2) 了解其他国际组织或国外标准化组织是否已制定与拟申请制定的国际标准提案类似的标准,包括具体的标准名称、内容以及起草单位等各种信息。如果有类似标准,与拟申请项目做对比分析,包括参考引用关系等。

(3) 了解与拟申请制定为国际标准的内容(包括技术、基础数据、计算公式等)相关的论文在国内外期刊的发表情况,并进行对比分析。同时了解论文作者的相关情况和联系方式。

(4) 了解拟申请制定的国际标准提案是否适用于全球多个国家或地区,及未来发展可达到的市场份额。

4.3.5 过程评估

过程评估对于国际标准预备项目而言,既是很好的自检工具,也是项目团队可以参照的流程指引。过程评估对于项目所涉及的前期技术支撑、对口组织、团队与人力资源的运作及后期草案拟定等环节都有考核,能够全方位审视项目优势,多角度发现项目短板,帮助项目团队梳理流程,提升项目成熟度。

国内技术归口单位或国际工作组每年会组织专家对国际标准预备项目计划大表中列出的项目开展1~2次检查,主要工具为《国际标准预备项目立项审查评分表》(见表4-3)与《国际标准预备项目年度评估表》(见表4-4)。

表4-3 国际标准预备项目立项审查评分表

项目名称				时间			
申报单位				总分			
评分内容		评分细则		说明	分值	专家评分	备注
1	项目必要性	1.1	与油气生产及相关产品国际贸易相关的技术和标准;与中石油海外工程和合作项目相关的技术和标准;与国内区块对外合作相关的技术和标准	有任意一项得10分	10		

续表4-3

项目名称				时间	
申报单位				总分	
2	前期基础	2.1	提出的技术和标准有科技项目作支撑（国家10分、集团8分、地区5分）		10
		2.2	有工程（项目）应用实例	有10分/无0分	10
		2.3	有专利或产品		5
		2.4	有标准支撑（国家10分、行业8分、团标/地标6分、企标3分）		10
		2.5	有论文支撑（SCI/EI来源期刊5分、英文期刊4分、国内核心期刊3分）		5
3	人力资源	3.1	项目组包含国外专家，团队成员承担或参与过国际标准化工作，或参加过技术研发和技术应用（7~10分）；项目组含国内专家，团队成员承担或参与过国家行业标准化工作（5~7分）；项目组包含集团专家，团队成员承担或参与过企业标准化工作（3~5分）；项目组包含地区公司专家，团队成员承担或参与过地区公司标准化工作（1~3分）		10
		3.2	项目组成员或支撑专家团队中有对口国际标准化组织的主席、委员会经理、项目经理、工作组召集人		5
		3.3	项目负责人学历为硕士研究生或以上，拥有至少3年本专业工作经验		5
		3.4	项目负责人具备相应的技术能力和标准化能力；项目负责人具备良好的组织和沟通协调能力；项目负责人具备出众的英语听说写读能力		5
4	归口组织	4.1	有明确的归口国际组织负责项目涉及的技术和标准化领域		5
		4.2	国内技术归口单位在中石油		5
5	技术路线	5.1	技术路线清晰、可实施，工作计划合理（3~5分）；有技术路线且具备一定的操作性，计划基本合理（1~3分）		5
6	前期进展	6.1	已进行立项宣讲，初步获得国际组织同意（10分）；在国际上已进行立项宣讲（5分）		10
			合　计		100

表 4-4 国际标准预备项目年度评估表

项目名称		时间		
申报单位		总分		
序号	评分细则	说明	分值	专家评分	备注
1	完成阶段任务（0~5分）		5		
2	是否找到国际归口组织并取得联系		10		
3	是否找到国内归口单位并取得联系		5		
4	是否有科技项目作支撑（国家10分、集团8分、地区5分）		10		
5	有工程（项目）应用实例	有10分/无0分	10		
6	有专利或产品	有一项即5分	5		
7	有标准支撑（国家10分、行业8分、团标/地标6分、企标3分）	预备一年后，仍无标准支撑，退出	10		
8	有论文支撑（SCI/EI来源期刊5分、英文期刊4分、国内核心期刊3分）		5		
9	项目负责人有序开展工作（正常履职5分、变更0分）		5		
10	成立国际工作组（4国10分，1~3国5分）		10		
11	成立国内工作组并履职（0~5分）	无工作组0分	5		
12	开展比对实验		5		
13	形成国际标准草案		5		
14	国际标准进度（FDIS 10分、DIS 8分、CD 5分、NP 3分、委员会同意2分）		10		
	合　计		100		

（1）《国际标准预备项目立项审查评分表》会对各项目必要性、前期基础、人力资源、归口组织、技术路线及前期进展等6个方面进行考核评分。这6个方面的分值设定充分考虑了国际标准研发所需要关注的核心要素：技术成熟性、渠道通畅性和团队稳定性。技术成熟性是国际标准预备项目是否能够成功在国际标准化组织立项，并最终成功发布的根本要素。其主要关注该技术在国际活动中的认可程度与现实价值、国内技术获奖与专利成果，以及产品和工程

的实体展现。渠道通畅性是国际标准预备项目是否能够衔接和确定发布平台的关键要素。其通过团队内部的相关联的国际国内专家参与程度、国际标准化组织业务范围与重要成员认可等侧面展示。团队稳定性是预备标准是否能够被具有使命感和能力者持续推进的人力要素。项目负责人技术、语言和协调综合能力及团队成员在国内国际各方面的互补性可全面展示团队的稳定性。

评审组根据分值将项目成熟度水平划分为初选级与优选级。《国际标准预备项目立项审查评分表》既可用于对立项项目的审核,也可用于项目在立项初期的参考。通常分值大于 75 的项目即为初选级项目,可纳入计划;分值大于 80 的项目为优选级项目,可被推荐纳入预备计划。反之,未达到 75 分的项目暂缓纳入预备计划,由企业标准化管理部门根据技术现状及发展情况进行管理,待提高该项目的成熟度后再作推荐。

(2)《国际标准预备项目年度评估表》对项目组织、国际联络与沟通、技术成果及标准草案等多方面进行评分,用于评估项目推进的节奏是否合理,是否适应 ISO 的立项要求。

为了更科学、系统、有序地推进项目制定进程,合理提高项目管理运行效率,我们形成了一套较为全面的国际标准管理策略。这套管理策略贯穿一个国际标准项目的全生命周期:从预备项目立项审查、年度评估(过程评估),到国际标准在 ISO/IEC 等组织完成正式立项,再到发布。

在石油天然气上游业务领域,以中石油上游业务为例,国际工作组自 2017 年成立以来取得了丰硕的成果,成功发布了 4 项国际标准(含 1 项国际技术报告)。在成果的背后,我们也发现国际标准制定工作并非想象中一帆风顺。在项目选题、专业技术支撑、团队初期组建、标准化人才培养、与国际组织联络与沟通等方面均存在不同程度的盲点与难点。为了更好地引导项目团队在国际标准制定过程中有储备、有渠道、有计划、有方向,我们归纳、总结了可借鉴的经验,提炼了国际标准制修订要点,通过审核工具,对项目的过程监督与质量控制进行量化,再根据量化结果对预备项目进行诊断,实行分级管理。

4.3.6 分级制定

分级制定既是为提高项目申报效率所执行的策略,也是标准申报单位或国内技术归口单位可以自主开展的工作。

根据预备项目的成熟度差异,所属企业或专业国际标准化工作组(以下简称国际工作组)应对国际标准预备项目的管理实行分级管理与指导。每年组织

1~2次项目检查，根据进度确定其优先度，并对下一步工作提出建议。

按所属企业或国际工作组的工作安排和要求，企业标准化管理部门负责组织推荐优先度高的预备项目申报对口专业国际标准预备项目，通过审查即可纳入对口专业国际标准预备项目工作计划。

按照整体工作安排，企业标准化管理部门负责组织推荐优先度高的预备项目申报集团国际标准预备项目，通过审查即可纳入集团国际标准预备项目工作计划。同时也纳入国内技术归口单位或国际工作组预备计划，并按年度下拨制修订工作经费。

尽管经过层层筛选，由于项目组工作进度、技术发展及国际现状等，预备项目质量依然存在参差不齐的现象。被推荐的预备项目并不能全部纳入计划，此时分级制定机制更显重要。分级制定机制是提高预备项目管理效率与孵化效率的手段，根据过程评估将预备项目划分为初选级与优选级，也便于工作组按计划择优推进。

4.3.7 个性辅导

4.3.7.1 对接国际组织

预备项目由于项目团队经验、专业差异性等，在寻求归口组织、国际交流与沟通、比对试验等方面都可能遭遇困境。通常国内技术归口单位或国际工作组在召集过程评估的审核会议时，会有专家进行指导与建议，或在单独的项目阶段检查中对具体瓶颈和困境进行针对性研讨，寻求解决方案。

近几年，在上游领域的预备项目管理工作中，针对未找到归口组织的项目群，国际标准化专家大胆提出了预备技术委员会的设想。他们带领团队突破没有归口组织的困境，成立了 ISO/TC 67/AHG 2 提高采收率（EOR/IOR）特别工作组，并提出由中国牵头成立 EOR 分技术委员会的正式提案。2022 年 3 月，ISO/TC 67/SC 10 提高采收率分技术委员会正式成立，这也是专家团队对预备项目个性辅导的成功案例。

4.3.7.2 衔接评审专家

专业的评审专家团队是引导建立项目执行优化路线的关键。个性辅导既需要专业技术方面的专家，也需要有资深经验的国际标准化专家。后者通常在国际标准化机构任职，有诸多参与分技术委员会技术会议的经验，且能实时掌握该技术领域相关的技术进展及关注重点，为个性辅导提供至关重要的素材。

个性辅导既要解决正在面临的困境,又要针对项目实际情况提出具有前瞻性的建议。比如,在技术成熟性方面,加强对国内标准的制修订工作,拓展技术应用领域;在渠道通畅性方面,加强与国内外专家的联络,鼓励参加国际标准化组织的公开会议;在团队稳定性方面,组建年龄结构多元化、专业技术与语言表达等各有所长的综合性团队。

4.3.8 重点孵化

4.3.8.1 关注优选级项目

严格的质量把控和进度管理贯穿整个项目管理周期,其中优选级项目的前期技术支撑及立项前期准备工作已较为完整,且有归口的分技术委员会。有部分新的预备项目甚至已经在归口分技术委员会的会议上进行了宣讲,为后期在 ISO 立项做好了前期铺垫。

4.3.8.2 拟定阶段里程碑

重点孵化阶段通常以 ISO 的 PWI 阶段或者 NP 阶段为启动标志。国内技术归口单位或国际工作组对于这类项目通常会要求在 ISO 的正式流程中拟定时间计划,并敦促按照时间计划节点提前筹备下一个阶段的工作任务。ISO 的国际标准制修订流程已经非常成熟且稳定,因此对于可重点孵化的项目,严格按照时间计划节点推进工作是项目顺利孵化的一个保障。

4.3.8.3 提升宣讲质量

严格把关重点孵化项目汇报材料的质量,也是保障工作顺利推进的手段之一。鉴于重点孵化项目会定期参与 ISO 的会议(包括工作组、分技术委员会或者年会等常规会议),在提案、草案或者正式发行版本等环节中,简要清晰、层次分明、重点突出的汇报材料更利于被国际专家认可和理解。通常在国际会议之前,会召开汇报材料审查会,具有丰富实战经验的专家将从文字和语言表达两方面提出建设性意见与建议,帮助召集人或项目负责人梳理重点逻辑,提升汇报质量。

4.3.9 退出机制

退出机制是分级制定机制的一个延续。退出的项目主要有两种:一种为持续不能找到 ISO 归口组织的项目,另一种为技术尚不够成熟且对应的全球市场需求尚不明朗的项目。

4.3.9.1 缺乏归口组织

分级制定机制中成熟度水平为初选级的项目，在制定过程中会因为 ISO 没有相关的技术委员会或者分技术委员会而处于无归口组织的情况。除非成功申请新的技术委员会、分技术委员会（该案例可参考"4.4.2 个性辅导"）或者 ISO 特别专项工作组，否则即便是国内非常成熟的技术，仍然会因为找不到国际归口组织而导致国际标准制定工作止步不前。

4.3.9.2 评估标准化前景

根据标准管理部门的建议，技术尚不够成熟且对应的全球市场需求尚不明朗的项目在过程评估中会被重新考核，从技术发展在全球市场的占有份额、利用率等方面作统筹分析，评估标准化的可能性，以此来确定是否中止、暂停或者继续。

4.3.9.3 中止项目

被中止的项目暂停工作，由项目负责单位从短板中寻找差距，结合市场需求和技术考核指标开展查漏补缺工作，待时机成熟后再确定是否纳入预备计划。

第 5 章 案例分析

2014 年，由 SAC 牵头组织制定的 ISO 16960：2014 "Natural gas—Determination of sulfur compounds—Determination of total sulfur by oxidative microcoulometry method"（《天然气　硫化合物测定　用氧化微库仑法测定总硫含量》）成功发布，这也是我国天然气行业制定的第一个国际标准，填补了我国在天然气领域国际标准制定的空白。随后几年间，上游领域相继发布 4 项国际标准和 2 项国际技术报告，对 ISO/TC 193 的贡献率提升至全球第二位。本章对油气行业上游领域几个具有代表性的国际标准制定全过程作了展开介绍，同时也对努力抓住先机、抢占国际技术制高点而组建成立的国际工作组和分技术委员会的案例作了分享。

5.1　天然气总硫检测国际标准制定

总硫作为有毒有害物质，在天然气中的含量高低是衡量天然气质量的重要指标。20 世纪 90 年代中期荷兰天然气基础设施建设公司（Nederlandse Gasunie）的研究成果表明，当天然气中的总硫质量浓度超过 50 mg/m³ 时，会对管线产生一定的腐蚀作用。另外，总硫燃烧生成的二氧化硫会形成酸雨，对空气造成污染。ISO 13686：2013 "Natural gas—Quality designation"（《天然气　质量指标》）明确提出，需要对天然气中总硫含量给予限制至微量的要求。包括中国在内的世界多数天然气使用国均通过技术法规或标准的形式对其进行了限制性规定，以保护环境、确保安全及保障人身健康。我国强制性国家标准 GB 17820—2018《天然气》规定，我国一类气总硫质量浓度不超过 20 mg/m³；欧美国家对总硫的限量规定范围通常为 8 mg/m³ 至 150 mg/m³ 之间。随着国际上对天然气资源绿色环保开发和利用理念的不断深入，对总硫含量指标的要求也越来越严格。在天然气国际贸易中，贸易双方通常通过谈判议定对总硫的限制要求，并将其作为关键品质指标与贸易结算挂钩。因此，准确可靠的总硫测定方法对天然气国际贸易双方和国家进出口质量监管来说至关重要。

2011年前，ISO发布了一项用于天然气总硫含量测定的标准，即ISO 6326-5：1989 "Natural gas—Determination of sulfur compounds—Part 5：Lingener combustion method"（《天然气 硫化物的测定 第5部分：林格聂尔燃烧法》），其采用经典的电化学原理，分析步骤较为烦琐，操作复杂，精密度较差，故使用率较低。该国际标准的召集人（意大利）也明确表示，如果有更先进的总硫测定国际标准发布，该方法将被替代。

川渝气田以含硫天然气气藏为主，为此，天研院从20世纪70年代开始对标国外先进标准，开展对天然气硫化合物的检测方法研究和标准化，并于80年代末形成了GB/T 11061—1989《天然气中总硫的测定 氧化微库仑法》。随后十余年，伴随着改革开放带来的天然气发展机遇，该标准在天然气质量检验中被广泛应用，也成为我国天然气贸易交接中总硫含量检测的仲裁标准。在标准的应用过程中，相应的国产化设备氧化微库仑仪和溯源保障气体标准物质得到发展，GB/T 11061也随着这些发展进行了两次修订。

进入21世纪，SAC成立，提出实质性参与国际标准化工作。中石油提出建设综合性国际能源公司。在2010年即将进入"十一五"之际，天研院作为ISO/TC 193国内技术归口单位和全国天然气标准化技术委员会秘书处依托单位，按照国家和集团的总体要求，充分地分析已有技术、标准和实践基础，评估可行性和可能存在的难关难点，敏锐地认识到牵头制定国际标准的时机已经成熟，适时提出立足国家标准、牵头制定国际标准的建议，得到了从国家到SAC、从集团到分公司各级机构及部门的支持。

ISO/TC 193负责对天然气、天然气代用品、天然气和气体燃料（如非常规气体和可再生气体）混合物及湿气从生产到送交国内外最终用户这个过程中涉及的术语、质量指标、测量、取样、分析和测试方法（包括热物理性质计算和测量）的标准化，以及液化天然气（LNG）分析方法的标准化。其中，ISO/TC 193/SC 1天然气分析测试分技术委员会成立于1989年，主要负责处理后的天然气的取样、分析测试技术、物性参数计算等标准化工作。天然气总硫含量测定的国际标准制定工作由ISO/TC 193/SC 1负责。2010年，在美国休斯敦召开的ISO/TC 193/SC 1年会上，作为中国代表团成员的天研院专家唐蒙和罗勤提出起草利用氧化微库仑法测定天然气中总硫含量的国际标准的提议，被与会各成员国专家一致接受并写入会议纪要。2011年初，在完成将GB/T 11060.4—2010《天然气 含硫化合物的测定 第4部分：用氧化微库仑法测定总硫含量》翻译形成国际标准草案，并以竞聘形式公开选拔出工作组召集人周理后，天研院正式向 ISO/TC 193/SC 1 秘书处提交 NP 立项申请。2011 年 6 月，该申请以简单多数投票通过，正式在 ISO 立项。2014 年 8 月，历经三年时间和三次成员国投票，分别于中国南京、荷兰代尔夫特、意大利米兰、英国伦敦、美国华盛顿召开 5 次国际工作组会议，在 11 名来自中国、法国、荷兰、俄罗斯、德国、韩国的国际专家和 10 余个国内技术团队的共同努力下，ISO 16960：2014 "Natural gas—Determination of sulfur compounds—Determination of total sulfur by oxidative microcoulometry method"（《天然气 硫化合物测定 用氧化微库仑法测定总硫含量》）正式出版发布。

之后，天研院依托在西南油气田含硫气田开发过程中对总硫测定的经验和技术沉淀，形成了天然气含硫化合物测定系列国家标准，持续开展总硫测定国际标准的制定研究工作，于 2015 年再次提出牵头制定利用紫外荧光光度法测定天然气中总硫含量国际标准的申请，获得 ISO/TC 193/SC 1 成员国投票通过和 ISO 批准，并承担 TC 193/SC 1/WG 24 "硫/紫外荧光法" 工作组的召集工作。不到三年时间，ISO 20729：2017 "Natural gas—Determination of sulfur compounds—Determination of total sulfur content by ultraviolet fluorescence method"（《天然气 硫化合物测定 用紫外荧光光度法测定总硫含量》）于 2017 年出版发布。

ISO 16960 国际标准的制定和发布，将总硫测定国际标准的测量水平提升近一倍，极大地提升了总硫测定数据的可靠性和可信度；ISO 20729 国际标准的制定和发布，首次将天然气硫化合物测定领域实验室之间的再现性数据列入国际标准，极大地提升了总硫测定方法的稳定性和抗干扰能力。同时，天研院正在积极推进"色谱法测定总硫"国际标准的制定工作，该方法将总硫测定从实验室测定推向现场测定，为实现总硫在线测定奠定了基础。

ISO 16960 和 ISO 20729 出版发布后，被英国、德国和欧盟等国家和地区等同采用作为国家和欧盟标准；同时，ISO 作废了 ISO 6326-5。

ISO 16960 和 ISO 20729 是我国对世界天然气含硫化合物检测技术发展的智慧贡献，确立了中国在这一领域的影响力和权威地位。我国在不到七年时间里连续成功发布两项国际标准，得益于以下几个方面：

（1）对国家政策和企业发展方向的过程和结果把握。

天研院创立于 1958 年，专业从事天然气质量与计量、脱硫脱碳与利用，集技术研发、工业应用及标准体系构建于一体，伴随着川渝地区乃至全国天然气工业的不断发展壮大，在 20 世纪 80 年代和 90 年代先后成为 ISO/TC 193 及其下属 SC 1 和 SC 3 的国内技术归口单位、全国天然气标准化技术委员会秘书处依托单位。依托这些平台，天研院一直高度关注和收集分析国际、国内能源发展走向和战略，高度关注和学习了解国家、企业对标准化发展的政策与要求。天然气作为一种优质、高效的绿色低碳清洁能源和化工原料，被世界各国广泛开发、生产和使用。进入21世纪，我国天然气生产量和消费量均快速增长。然而，生产不足与不断增长的消费需求之间的矛盾日益凸显。"十五"以来，为弥补不足、解决供需矛盾，引进海外天然气资源成为我国能源战略的重要组成部分。2006年，广东液化天然气接收站建成投运，为我国引进海外天然气资源工作拉开序幕。2009年，中国、土库曼斯坦、乌兹别克斯坦、哈萨克斯坦四国首脑在土库曼斯坦阿姆河右岸共同开动中亚国际管道天然气进气阀，标志着我国天然气国际贸易进入快速发展时期。2013年9月，在习近平主席和俄罗斯总统普京的见证下，中石油董事长与俄气总裁签署了《俄罗斯通过东线管道向中国供应天然气的框架协议》。中石油提出要突出抓好发展，积极实施国际化战略，加快进入国际油气市场，实现国际化经营，努力转变发展方式，着力实现绿色、国际、可持续发展，基本建成综合性国际能源公司。技术标准是天然气工业实现持续发展的重要支撑，天研院技术和标准化骨干敏锐地捕捉到企业希望更多地融入国际标准化大家庭，致力于推进标准国际化工作。从国家层面看，自2001年12月11日中国加入世界贸易组织（World Trade Organization，以下简称WTO）后，国家标准化战略从原有的积极采标向实质性参与国际标准制修订转变。ISO/TC 193国内技术归口单位的投票人罗勤把握住机会，提出将我国自行制定并已经实施了二十余年的推荐性国家标准GB/T 11061《天然气中总硫的测定 氧化微库仑法》推向国际，以其为基础制定国际标准。这一想法顺应了国家标准化战略和能源战略的发展需要，顺应了中石油的发展要求，得到了国家和企业各级管理部门的大力支持，为ISO 16960《天然气 硫化合物测定 用氧化微库仑法测定总硫含量》的顺利立项和按时完成提供了政策保障。充分了解ISO、国家和企业的发展战略、政策、制度，明确国家和企业对国际标准化的发展方向、需求和要求，并充分和熟练掌握国际标准制定程序，能帮助我们的国际标准制定工作真正地为国家和企业的发展服务。

（2）对国际相关业务、技术标准化发展的长期跟踪和准确分析。

1988年，ISO/TC 193成立。从1989年开始，天研院作为ISO/TC 193国内技术归口单位，开始代表国家参与天然气国际标准化工作。在中石油的支持下，天研院不仅每年派出技术专家参加ISO/TC 193年会了解工作进展，而且一直坚持每年滚动跟踪研究国际标准化发展动态，掌握和分析重点发展方向与重点国际标准化项目，并对标国内技术和标准，提出对国际标准化发展的认识和对国内标准化工作的建议。此外，还结合我国天然气技术标准的现状和国家与企业对国际标准化的需求，选择出重点对标和深化研究项目，明确科技攻关目标。全国天然气标准化技术委员会（China Natural Gas Standardization Technology Committee，以下简称天标委）自1999年成立开始，也将对ISO/TC 193和俄罗斯、美国等国外标准化组织所从事的天然气标准化工作跟踪和对比研究作为滚动项目予以组织开展。通过对标，天研院检测所发现ISO针对天然气中的总硫含量检测仅出版了一项国际标准，即ISO 6326-5：1989。而且该标准方法操作烦琐、费时费力、准确性难以保证，在2000年后逐渐被很多国家弃用，转而使用先以气相色谱法获得单个硫化合物组成后再加和的方法来检测总硫含量。ISO 6326-5名存实亡。我国自1989年发布GB/T 11061—1989后，即将其作为天然气中总硫含量测定的仲裁方法。相关的氧化微库仑总硫分析仪也在国内研制成功并投入市场。美国也将该方法用于对液化石油气中总硫含量的测定。从2007年开始，天研院开始参与中亚天然气进口项目的商务谈判和计量站建设工作，主要承担进口天然气质量指标、取样和检测方法的相关技术工作。2009年，中亚天然气管道A线投产。随后，天研院代表国家全程参与了中缅和中俄管道天然气进口项目的商务谈判和计量工作。作为中亚、中缅、中俄国际贸易计量协议谈判和计量站建设与验收的参加者，在谈判中了解到国际贸易中天然气质量控制项目指标主要包括硫化氢、总硫、水露点、发热量、二氧化碳含量、烃露点和天然气常规烃类组成等，其中硫化氢、水露点、发热量、二氧化碳含量、烃露点和天然气常规烃类组成有较为成熟和应用广泛的国际标准，我国和俄罗斯也等同或修改采用这些国际标准形成了相应的国家标准。然而，由于涉及天然气安全环保输送和使用的关键指标——总硫含量缺乏具有较强操作性的检测标准，我国制定的GB/T 11061又不被资源输出国完全接受和认可，重新制定具有较强操作性的总硫检测国际标准来支持天然气国际贸易业务的发展和完善天然气检测国际标准体系显得重要且急迫。通过二十余年的跟踪研究和采标工作，天研院准确地分析了这一国际标准化需求，2010年，在ISO/TC 193/SC 1于美国休斯敦召开的年会上适时地提出了制定《天然气　硫化合物测定　用氧化微库仑法测定总硫含量》国际标准的设想和计划，并在2011年顺利通过ISO新工作项目投票，于2014年10月发布。

(3)持续的技术攻关、标准制定的丰富实践经验。

科技是科学和技术的统称,前者是科学知识、科学研究活动、科学社会建制的统一体,后者是人类运用经验、技能和知识,借助物质手段以达到利用、控制和改造自然的目的的完整系统。标准是为了在一定范围内获得最佳秩序,经协商一致制定并由公认机构批准,共同使用和重复使用的一种规范性文件,《中华人民共和国标准化法》将标准定义为"农业、工业、服务业以及社会事业等领域需要统一的技术要求"。

标准发展水平和科技实力之间是相辅相成的。好的标准离不开科技的支撑,标准的水平是科技创新的体现;科技的创新发展也离不开标准的推动,创新的成果需要借助标准载体来实现;科技成果的应用和标准的实施又是对科技、标准的再检验,能够帮助我们及时发现问题、提出需求。科技创新形成的技术、产品、服务、技术方案、经验规律、管理方法等,只有通过标准化,形成一种可以复制、生产和发表的能力,使分散、隐形、专家自有的技术变成可共享、可传承的显性技术,通过标准载体和手段,形成技术品牌,提升核心竞争力,实现技术价值的最大化。只有科技与标准高度契合,才能最大限度地引领产业高质量发展。罗勤等基于天然气研究院在天然气技术研发和标准研制方面的长期实践,总结提炼出以科技为支撑、以标准为载体、以实施应用为目标的"三位一体"的融合发展模式(如图5-1、图5-2所示)。

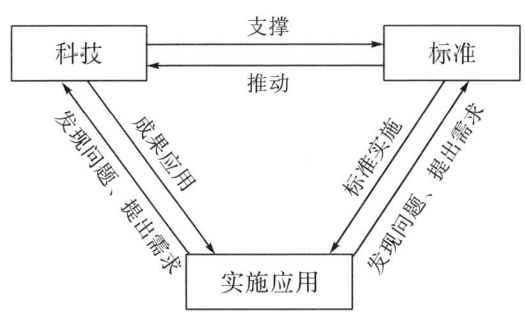

图5-1 "三位一体"融合发展模式示意图

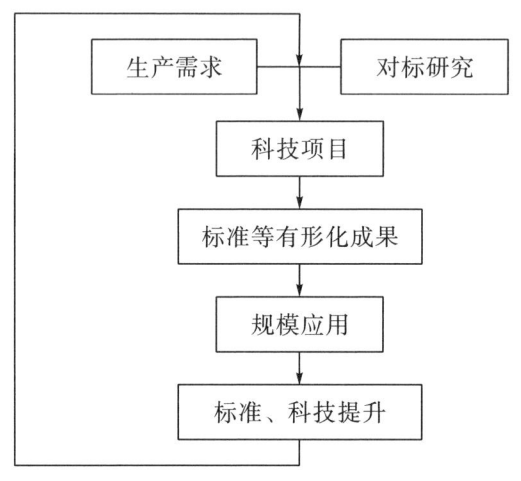

图 5-2 融合发展模式一般流程

国际标准的制修订更是如此，没有任何一项国际标准可以一蹴而就，都要经过坚持不懈地对标研究、科技攻关、消化吸收和自主创新。

天研院自1958年成立以来通过研究、消化吸收国际标准涉及的技术和管理方法，形成了达到国际水平的技术和能力，并已应用于生产实践和质量检测。从20世纪80年代开始，在原四川石油管理局和中国石油天然气集团有限公司及西南油气田分公司的支持下，天研院围绕天然气分析测试技术与标准化研究开展攻关，其间承担天然气互换性及其标准等国家质检公益性和NQI科研项目200余项，建立起一整套天然气取样、分析测试、物性参数计算和能量测定技术，攻克了制约天然气工业发展的质量控制和计量瓶颈问题，牵头制定了 GB 17820《天然气》与配套取样和检测标准；集成创新，形成以气体标准物质为核心的能量计量配套技术，建立起天然气质量与能量计量标准体系；并用20余年时间，建成国内首套天然气量值溯源国家标准装置，持续提高国家原级标准水平，将工作标准不确定度水平从 0.33% 提升至 0.16%，压力范围从 0.3~4.0 MPa 提升至 0.1~10.0 MPa，推动了国产流量计的研制和应用，为国家发改委、国家市场监督管理总局等要求于2021年5月24日前建立能量计量计价体系做好了标准准备。天研院经过8年持续攻关，创新形成了降阻率与国外先进水平相当的低成本环境友好型滑溜水技术及产品体系，在国际上首次提出有效管径改进模型，使室内降阻性能测试准确率提高到90%以上，获得授权发明专利1项，在SCI来源期刊发表论文3篇；跨越与美国在页岩气储层改造领域的技术鸿沟，规范了储层改造现场作业流程和产品质量，形成行业标准13项。这些科技攻关和标准研制为天研院牵头制定国际标准奠定了坚实的技术和标准化基础。

  2003年，全国天然气标准化技术委员会提出在标准制修订和采标前，应就标准的科学性、有效性和适应性开展研究，用数据和实践检验标准的先进性。通过标准研究动态跟踪获得对国际标准化发展的认识和建议，在此基础上结合我国天然气技术标准的现状和国家与企业对国际标准化的需求，选择出重点对标和深化研究项目，找出我们技术中的差距和不足，明确科技攻关目标。在中石油、中石化、中海油等石油天然气企业的支持下，天研院等单位开展了200余项标准前期研究，为完善我国天然气分析测试标准体系和制定创新标准奠定了技术和实践基础，支撑了国际标准培育和国内专家团队的组建。

  能解决问题的标准就是可用标准，能较好地解决问题的标准就是好标准，不能解决问题的标准就是无用标准。可见，可以使用的标准才是真正有价值的标准。如果标准不能贴合实际需求，盲目制定，那么这样的标准就无法实施落地，不能引领产业发展。标准承载着科技创新的成果，成果的应用和标准的实施有利于发现问题、提出需求，触发新一轮的科技攻关和标准修订，从而不断提升科技实力和标准质量。依托天研院的石油工业天然气质量监督检验中心按照标准形成了天然气全参数检测能力，承担标准的应用和推广。在ISO 16960《天然气 硫化合物测定 用氧化微库仑法测定总硫含量》和ISO 20729《天然气 硫化合物测定 用紫外荧光光度法测定总硫含量》的制定过程中，用气体标准物质进行实验室间循环比对以确定方法精密度指标的基础数据成为制约国际标准按计划时间进度完成的瓶颈。没有这一数据支持，方法就无法获得国际工作组专家和技术委员会P成员的一致认可，就可能延长国际标准的完成时间，甚至导致项目被取消。ISO/CD 20729《天然气 用紫外荧光光度法测定总硫含量》在第一次CD文件投票中因为实验室间循环比对数据量不够没有获得通过。为此，天研院在石油工业天然气质量监督检验中心和全国天然气标准化技术委员会的支持下，邀请在行业内具有较强技术能力，并在硫化合物测定领域获得相关资质的多家单位，遵循相关国际标准和国家标准对方法标准制定的数据要求，制定了实验室循环比对方法。同时开展了精密度实验，为顺利完成国际标准制定任务提供保障。天研院在牵头制定ISO 20676：2018 "Natural gas—Upstream area—Determination of hydrogen sulfide content by laser absorption spectroscopy"（《天然气 上游领域 用激光光谱法分析硫化氢含量》）和ISO 23978：2020 "Natural gas—Upstream area—Determination of composition by Laser Raman spectroscopy"（《天然气 上游领域 用激光拉曼光谱法测定组成》）的过程中，提前完成了实验室循环比对，掌握了数据。

ISO 23978 从立项成功到出版发布仅仅用了不到两年的时间。

在以科技为支撑、以标准为载体、以实施应用为目标的"三位一体"的融合发展模式的支撑下，天研院在全国天然气标准化技术委员会和能源行业页岩气标准化技术委员会的协助下，自主创新，形成具有自主知识产权、国际领先的创新标准，并积极牵头国际标准制修订工作。先后承担甲烷值计算工作组、硫/微库仑法、滑溜水测试、水合物管理、煤层气/煤制气等 8 个国际标准工作组的召集工作，主导制定了 ISO 16960《天然气　硫化合物测定　用氧化微库仑法测定总硫含量》、ISO 20729《天然气　硫化合物测定　用紫外荧光光度法测定总硫含量》、ISO 20676《天然气　上游领域　用激光光谱法分析硫化氢含量》、ISO 23978《天然气　上游领域　用激光拉曼光谱法测定组成》等多项国际标准和国际技术报告。

（4）坚定的信心和有力的沟通、组织及人才支撑保障。

标准化是一项长期、艰苦的工作，需要饱含标准化情怀的人才队伍通过不懈的坚持来实现。国际标准化工作，从跟踪国际发展、对标研究、推广应用、自主创新、国内标准制修订、标准实施、国际标准立项到国际标准发布，往往需要十数年的时间，如 ISO 16960《天然气　硫化合物测定　用氧化微库仑法测定总硫含量》的标准化历程长达 30 余年，ISO 23978《天然气　上游领域　用激光拉曼光谱法测定组成》用了 10 年。

天研院自 2010 年开始尝试牵头国际标准制定工作以来，面临不被认可和缺乏国际专家支持等诸多困难及挑战。2010 年，当天研院罗勤第一次提出起草利用氧化微库仑法测定天然气中总硫含量国际标准的想法时，摆在面前的就有无数的障碍和困难需要解决和跨越。例如，技术的权威性、原创性、先进性问题，国际标准化组织和意大利、美国、荷兰、德国、英国、法国等成员国与国际标准制定大国的支持问题，国际专家团队的组建问题，基础数据支撑问题，语言问题，国际标准制修订程序问题，等等。在此之前，我国石油天然气领域还没有牵头过一项国际标准的制定，经过认真研判，在上级管理部门和全国天然气标准化技术委员会的支持下，天研院仍然以多数赞成通过立项，用短短的 4 年时间完成了从立项到 ISO 16960：2014 发布。2013 年，基于追求国际标准化的梦想和目标，天研院代替美国成为国际标准化组织天然气上游领域分技术委员会 ISO/TC 193/SC 3 主席单位和秘书处工作单位，为我国天然气工业有更多的标准制定成为国际标准提供了平台。2015 年，天研院基于多年的科技攻关和应用实践，向国际标准化组织天然气上游领域分技术委员会 ISO/TC 193/SC 3 提出牵头制定用激光吸收光谱法测定硫化氢含量的国际标准提案,然而在立项中却因缺乏国际专家的支持而没有获得通过。后通过查找论文和专利、与多国油气标准化组织及企业沟通交流等方式寻求专家,2016年5月,该项目第二次立项投票顺利通过,并于2018年10月由ISO正式发布(ISO 20676《天然气　上游领域　用激光光谱法分析硫化氢含量》)

充分的沟通交流、开放性的合作,是国际标准化工作的有力保障。没有国与国、专家与专家之间的了解与交流,就难以建立影响力,甚至可能影响国际标准提案、国际标准各阶段草案的投票结果。要想提升采标项目的制修订质量、标准的适用性和实用性,就要充分掌握国际标准中各技术指标、要求、程序、方法等技术性条款提出的前因后果。天研院在中国石油天然气集团有限公司和西南油气田分公司的支持下,积极参与国际标准化活动,承办国际会议,打造交流和合作平台,向ISO/TC 193推荐专家参加工作组工作,有效增进了国与国、专家与专家之前的了解和影响。自1989年开始,天研院每年组团参加ISO/TC 193年会和国际工作组会议,先后推荐近100名专家参加。自1995年开始,先后5次协助国家和中国石油天然气集团有限公司承办在国内举行的TC 193年会。利用各国专家到中国参加会议的机会,全国天然气标准化技术委员会、能源行业页岩气标准化技术委员会与国际标准化组织天然气技术委员会ISO/TC 193共同组织了3次天然气技术标准化国际研讨会。通过50项议题交流和组织国外专家参观西南油气田分公司天然气流量计量中心、西气东输一线末站上海白鹤站和西气东输南京计量站,让中国天然气行业专家对国际标准化发展有了更深入的了解,也让国际专家看到了中国创新技术和标准,打通了合作渠道。此外,天研院还与中美能源合作项目部、加拿大硫黄研究院等机构形成了稳定的国际交流合作机制,不断加大与ISO、德国DIN、俄罗斯GOSTR、美国ANSI、全国石油天然气标准化技术委员会、能源行业煤层气标准化技术委员会等国际、国内标准化组织和美国雪佛龙、延长石油等石油天然气企业的交流力度,从研究、制定、实施到复审,形成了一套"全生命"服务模式,建立起"政产学研用"深度融合的标准化工作模式,全方位开放标准制修订;积极参与中亚、中缅、中俄天然气技术协议谈判、液化天然气工程项目建设、国际贸易计量站验收和土库曼斯坦等国外油气勘探开发,发现了国际标准化需求;联合清华大学、西南石油大学等高校,借助其基础理论优势,与能源行业的企业和用户在科研攻关、侧线试验、标准研究、成果转化、标准实施及标准信息资源共享等方面开展合作,建立涵盖天然气全产业链各专业的专家库和标准起草团队。2015年、2017年、2020年,天研院提出的激光光谱法测定硫化氢含量、拉曼光谱法测定组成、滑溜水降阻性能测定等国际标准新项目因为没有足够的专家支持而没有获得通过，随后加大与国际专家的沟通和交流力度，项目在第二次投票后获得通过。

2013年2月，当罗勤了解到美国退出ISO/TC 193/SC 3秘书处的消息后，立即向天然气研究院领导及中石油标准化主管部门、国标委汇报了欲承担其秘书处的想法，阐述优劣势，获取支持，同时按国家和中石油集团的要求与TC 193主席和秘书取得联系并提议。2013年6月，该提议获得TC 193和ISO同意。在此基础上，天研院分析测试团队立足国内已实施二十余年的天然气总硫氧化微库仑测定方法国家标准，面对进口天然气突破技术壁垒的需要，及时向TC 193/SC 1提出制定相关国际标准。

技术与管理人才的合作、研究与实践人才的合作，企业领导的重视和激励政策等，都是国际标准化工作能够持续下去的重要保障。没有一支有梦想、有追求、有担当、有坚持，既懂技术又知标准的具有国际视野的复合型人才队伍，国际标准化工作就只能是空中楼阁。1989年，中国成为ISO/TC 193 P成员国。天研院主动承揽，作为ISO/TC 193国内技术归口单位，于1999年成为全国天然气标准化技术委员会秘书处，2013年成为能源行业页岩气标准化技术委员会秘书处和国际标准化组织天然气上游领域分技术委员会秘书处工作单位，搭建起标准组织平台、沟通交流平台、项目锻炼平台、交流实践平台、学习培训平台，为国际标准化人才队伍墩苗育才。坚持"给愿干事的人以希望，给能干事的人以舞台，给干成事的人以前途"的理念，以承担和参与国家质检公益性行业科研项目为纽带，以师带徒为保障措施，通过国际标准培育项目立项及"四能力"国际标准召集人竞聘、出国培训和担任ISO/TC 193/SC 3主席、委员会经理、秘书助理、ISO注册专家，以及"倒计时"工作制等方式，天研院培育了一批有实践经验、有国际视野、既掌握标准化专业知识又熟悉专业技术、精通外语、了解国际规则、具备良好组织和沟通协调能力的国际标准化人才。天研院同时勇压重担，多举措培养年轻化的国际标准化人才。为保障国际标准化工作可持续发展，积极鼓励年轻的高素质技术人员实质性参与国际标准化项目及活动，依据组织、技术、沟通、语言能力为考核评价标准，甄选专业能力强的技术骨干担任召集人，为年轻的优秀人才搭建平台，为标准化队伍注入新鲜活力。对优秀的标准化人才往前排、往上推，确保标准化人才有为有位，起到选准一批、激励一片的示范导向作用。天研院建立《天然气研究院标准化管理办法》，规定各单位职责、工作程序，并参考科研项目，给予标准制修订和标准研究项目津贴、奖励。

天研院从成立至今，前后有三代标准人不断地、传承地推进着天然气检测和计量国际标准化的发展。第一代标准人（20世纪50年代至90年代）代表之一张铁生是中国炭黑和提氦工业奠基人，也是天然气研究院创始人；第二代标准人（20世纪80年代至21世纪20年代）代表之一罗勤至今带领第三代标准人（21世纪10年代起）组成了一支国际国内一体化和老中青相结合，技术、英语、组织协调沟通能力相融合的高素质团队。自2005年至今，天然气研究院有近30名专家参加国际工作组；自2011年至今，有7名国际标准工作组召集人和项目经理；至今有学术带头人牵头、老中青结合的160余名从事标准起草及担负国际、国家、行业及企业等9个标准化技术机构管理的骨干。这些平台、制度和人才队伍为天然气研究院牵头国际标准制定提供了有力的支撑和保障。

（5）坚定的信心和有力的支撑保障。

在ISO 16960和ISO 20729的制定过程中，与国外专家的交流和对标准技术指标的讨论让我们体会到数据的重要性。没有数据的支持，方法和指标就无法获得国际工作组专家和技术委员会P成员的一致认可，就可能延长国际标准的完成时间，甚至导致项目被取消。同时，循环比对各实验室的气体标准物质以确定方法精密度指标，是各国专家一致关心和重点关注的内容。ISO/CD 20729在第一次投票中因为实验室间的循环比对数据量不够而未获得通过。为此，天研院选择了在行业内具有较强技术能力，并在含硫化合物测定领域获得相关资质的多家单位开展精密度试验，为顺利完成国际标准的制定提供了保障。国际标准的制定必须依托海量实验数据，关注试验过程，高度重视基础数据的获取。天研院遵循相关国际标准和国家标准对方法标准制定的数据要求，形成了实验室循环比对方法，包括5至7家实验室、测量范围内7个浓度点、每个浓度点连续开展11次分析。在之后制定ISO 20676：2018 "Natural gas—Upstream area—Determination of hydrogen sulfide content by laser absorption spectroscopy"（《天然气　上游领域　用激光光谱法分析硫化氢含量》）和ISO 23978：2020 "Natural gas—Upstream area—Determination of composition by Laser Raman spectroscopy"（《天然气　上游领域　用激光拉曼光谱法测定组成》）的过程中，该方法发挥了积极的作用。其中ISO 23978从成功立项到出版发布仅仅用了不到两年时间。

5.2　陶瓷内衬油管国际标准制定

油田生产领域中腐蚀与磨损无处不在，严重威胁着油管的运行安全。随着技术的进步以及金属表面处理工艺的不断改进,各种新型防腐、耐磨油管产品不断投入应用。但不论是涂料涂层,还是镀渗金属衬层,甚至是耐蚀合金管,一般都只有某项性能指标突出,综合性能较差,主要体现在:防腐的不耐磨,耐磨的不防腐;既防腐又耐磨的却不能承受冲击、高温、气浸等;或是价格让用户无法接受,不能很好地解决油田生产的需求。

利用"自蔓延高温合成法",把先进陶瓷氧化铝($\alpha\text{-}Al_2O_3$)衬在油管内壁,成为解决腐蚀和磨损问题的极为有效的方法。制备的陶瓷内衬复合油管表现出极高的机械性能,超强的耐腐蚀性、耐磨性、耐高温性、防结垢、防结蜡等优异性能。另外,利用该工艺制备的废旧油管再制造产品可在保障管材重复使用的同时,大幅降低制造过程中的能源消耗、废气排放和水源利用,以及应用过程中的工程投资、维护成本,具有十分重要的社会意义。

在深入调研分析国内外相关标准和技术成果的基础上,从减缓管材腐蚀、节约用材和促进资源的循环使用的绿色发展理念出发,工程材料研究院确定了新项目提案的选题,并积极申报中石油国际标准预备计划和补充计划,最终成功纳入中石油"十三五"后三年国际标准制修订项目前期研究科研项目管理。

2007年以来,工程材料研究院协同国内外制造企业对陶瓷内衬油管产品开展了大量试验研究及应用基础研究,先后建立了油气工况环境陶瓷内衬管性能评价技术体系,评定了管材制造工艺、热处理工艺、连接工艺等核心工艺技术;围绕石油天然气工业应用需求,系统研究并确定了陶瓷内衬油管关键技术指标。依托以上研究成果,工程材料研究院牵头制定出石油天然气行业标准SY/T 6662.8—2016《石油天然气工业用非金属复合管 第8部分:陶瓷内衬管及管件》,为陶瓷内衬管和管件的生产制造和质量控制提供了明确指南,有效保障了陶瓷内衬油管产品在我国吉林、长庆、辽河、新疆、胜利、延长等油田安全应用超过3100 km。上述研究成果和现场应用为陶瓷内衬油管国际标准化项目立项与实施奠定了重要基础。

2018年5月,在SC 5年会上,我国代表在会上对该项目进行了汇报交流,经过国内外充分酝酿,制定"陶瓷内衬油管"国际标准的项目建议得到积极反馈。在此基础上,工程材料研究院组织起草完成了新项目提案建议。秘书处认真把关,修改完善后按规范流程报中石油、行业主管部门和SAC进行审批,于2018年底正式报送SC 5秘书处。2019年5月,工程材料研究院组织专家团队参加了SC 5年会,在年会上与相关国家代表积极交流和沟通。

经过多方努力,"陶瓷内衬油管"项目于2019年10月顺利通过立项投票,获得8个成员国的投票支持,中国、加拿大、荷兰、法国和韩国5个成员国指派专家参与了该标准的制定工作。这是首次由我国主导的油井管领域国际标准制定项目，其扩大了我国在油井管领域国际标准制定中的话语权和影响力。

立项成功后，在国家市场监督管理总局（以下简称市监局）、中石油科技管理部、陕西省科技厅和市场监督管理局的领导与支持下，工程材料研究院成立了一支技术素养高、英语能力强、掌握国际标准制修订规则的"全能团队"，牵头与来自加拿大、荷兰、澳大利亚、韩国、法国、意大利和德国等7国15名国际专家共同开展国际标准的编制工作。同时组建了国内包括科研院所、制造企业、油田用户、检测机构、高校等19家单位50余名专家在内的"智囊团"参与标准的制定。经过近3年的博弈磋商和试验验证，先后召开3次国际工作组会和3次国内工作组会，征集意见225条，最终通过ISO投票。2022年1月，ISO/PAS 24565：2022 "Petroleum and natural gas industries—Ceramic lined tubing"（《石油天然气工业 陶瓷内衬油管》）正式发布，填补了我国主导完成石油管材产品国际标准的空白，表明我国在石油管材领域技术能力和国际标准话语权得到显著提升，也为有效避免国际贸易壁垒、促进行业技术水平进步和产业绿色低碳发展奠定了基础。

陶瓷内衬油管项目的成功立项和顺利推进的经验如下：

（1）在国际上，使用陶瓷内衬油管的国家并不多。投票刚结束时只有4个国家提名了专家。我们充分利用ISO导则的规定，在投票结束后2周内积极联系相关国家寻求支持，最后邀请到韩国专家的参与，项目成功立项。

（2）项目在提交过程中经过了多次方案调整。最初按陶瓷内衬管起草，由于涉及输送管和油井管两方面内容，很难确定技术归口组织，后修改为陶瓷内衬油管。我们最后选择按PAS文件申请了立项。

（3）项目背后科技成果有效支撑。工程材料研究院依托国家和省部级科研项目，与装备制造企业合作，历时十余年，攻克了陶瓷内衬油管制造的关键技术，规范了陶瓷内衬油管制造工艺，实现了产业化生产与规模化应用，开发出6项陶瓷内衬油管实物管材评价试验新技术和新装备（全部授权发明专利），确定了陶瓷内衬油管关键性能测试方法及技术指标、应用技术要求，开辟出旧油管"微能耗、零排放、无污染"的绿色制造及再利用新领域，使其成为减少碳排量的有效措施。

5.3 耐蚀合金复合弯管和管件国际标准制定

耐蚀合金复合管已广泛应用于国内外石油天然气生产输送管道系统，不仅很好地解决了陆地与海洋含硫化氢、二氧化碳等高腐蚀性油气集输系统的腐蚀问题，而且大幅度减少了耐蚀合金管材的用量，是一种环保、经济可靠的油气输送管道用材料。耐蚀合金内覆复合弯管和管件是双金属复合管输送系统的重要组成部分，弯管和管件的结构设计、选材、制造工艺、试验和检验、质量要求均会对管道系统的设计、建造与安全运行产生重要影响。

但是，国际上对耐蚀合金复合弯管和管件缺乏统一的标准，不利于耐蚀合金复合管道产品的可靠性应用与国际贸易。现阶段国内外的通用做法是：借鉴耐蚀合金复合直管 API Spec 5LD 标准和碳钢纯材弯管与管件标准 ISO 15590，针对特定工程项目制定产品技术规格书。中石油、中海油、BP、Shell、德国 Butting、英国 Proclad 等多个国家相关企业开展了这方面工作，但还没有形成统一的标准。技术规格书往往具有特定性和保密性，复合弯管和管件是针对腐蚀工况由两种金属材料经特殊加工工艺复合而成的，不同于单一材料制造普通弯管和管件。另外，中国不仅在油气田集输系统广泛使用耐蚀合金复合弯管和管件，而且是耐蚀合金复合弯管和管件的生产国和出口国，因此，建立通用型的耐蚀合金复合弯管和管件国际标准，不仅能推动产品的技术进步和质量控制，而且有利于国际贸易。

在深入调研分析国内外相关标准和技术成果的基础上，从减缓管材腐蚀、节约用材和促进资源的循环使用的绿色发展理念出发，工程材料研究院确定了新项目提案的选题，并积极申报中石油国际标准预备计划和补充计划，最终成功纳入中石油"十三五"后三年国际标准制修订项目前期研究科研项目管理。

工程材料研究院自 2007 年以来，先后在国家安全生产监督管理总局（以下简称安监局）、中石油、中海油以及国内耐蚀合金复合管制造企业的资助下，持续开展了耐蚀合金复合弯管和管件的产品开发、选材、试验和检验以及技术标准的研究工作，从结构设计、制造工艺、性能评价、焊接工艺到现场应用配套技术形成了一套完整的拥有独立自主知识产权的技术体系。研究成果应用于中石油、中海油等油气田，推动了我国石油工业复合管领域的生产与技术进步。该项成果于 2013 年获得陕西省科技进步三等奖。根据上述研究成果和应用实践，工程材料研究院牵头制定了石油天然气行业标准 SY/T 6855《含 H_2S/CO_2 天然气田集输管网用双金属复合管》、国家标准 GB/T 35067—2018《石油天然气工业用耐腐蚀合金复合弯管》和 GB/T 35072—2018《石油天然气工业用耐腐蚀合金复合管件》。上述成果为耐蚀合金复合弯管和管件国际标准化项目的立项和实施奠定了基础。建立通用型的耐蚀合金复合弯管和管件国际标准，将推动我国石油工业复合管领域的生产与应用技术的进步，促进产业升级和结构优化、国产复合管产品的技术出口及贸易。

2018年，中国石油天然气集团公司标准化委员会（以下简称中石油标委会）在 SC 2 专项工作组年会上，组织对该项目进行了汇报和交流，听取了国内专家的意见和建议，达成了共识；2018年，我国代表在 ISO/TC 67/SC 2 年会上对该项目进行了汇报交流。

经过国内外充分酝酿，关于新制定管道输送系统用耐蚀合金内覆复合弯管和管件国际标准的项目建议得到积极反馈，在此基础上，工程材料研究院组织起草完成了新项目提案建议。秘书处认真把关，修改完善后按规范流程报中石油、行业主管部门和 SAC 进行审批，于 2018 年底正式报送 SC 2 秘书处。

经仔细研判并与意大利秘书处沟通，ISO/NP 24139-1 "Petroleum and natural gas industries—Corrosion resistant alloy clad bends and fittings for pipeline transportation system—Part 1：Clad bends"（《石油天然气工业　管道输送系统用耐蚀合金内覆复合弯管和管件　第 1 部分：复合弯管》）和 ISO/NP 24139-2 "Petroleum and natural gas industries—Corrosion resistant alloy clad bends and fittings for pipeline transportation system—Part 2：Clad fittings"（《石油天然气工业　管道输送系统用耐蚀合金内覆复合弯管和管件　第 2 部分：复合管件》）于 2019 年 2 月正式启动为期 3 个月的新项目立项投票。为争取成功立项，投票期间，工程材料研究院起草了邀请函，积极与国外相关国家和专家联络，争取支持。投票结束前，工程材料研究院组织专家团队参加了 SC 2 年会，与相关国家代表积极交流和沟通。经过多方努力，复合弯管项目获得加拿大、中国、法国、德国、意大利、墨西哥、印尼、美国和英国 9 个国家的支持，复合管件项目获得 7 个国家的支持。这是工程材料研究院首次牵头负责的国际标准制定项目，具有里程碑的意义。

成功立项后，工程材料研究院牵头组织中国石油技术开发有限公司（以下简称技术开发公司）、海洋石油工程股份有限公司设计院（以下简称海油设计院）、首钢技术研究院等十余家国内相关单位，组建了国内工作组。按照 2019 年 4 月 SC 2 年会决议，考虑到现有 WG 10 的有利资源，"耐蚀合金内覆复合弯管和管件"投票通过后纳入该工作组管理。WG 10 国际工作组组成包括 16 个国家的 51 名成员，其中中国注册专家有 5 人。

2019 年 11 月，工程材料研究院组织召开了国内工作组首次会议，对"耐蚀合金内覆复合弯管和管件"国际标准草案整体框架进行了深入研讨。会后，根据讨论思路和工作安排，项目组及时完成了国际标准工作组草案讨论稿的编制，并在 SC 2/WG 10 工作组内广泛征求意见。在 2020 年 6 月 30 日召开的第一次国际工作组会上,有来自中国、加拿大、法国、意大利、阿根廷、巴西等国的近 20 名专家参加。会议上处理了 ISO/WD 24139-1 "耐蚀合金内覆复合弯管"的 200 余条评论意见,针对标准适用范围、补焊、热处理、应力腐蚀开裂试验、晶间腐蚀试验、水压试验等关键技术指标进行了讨论和协商。在 2020 年 9 月召开的 SC 2 年会上,我国专家被任命为 WG 10 工作组召集人。此后,国际工作组又组织召开了 6 次会议,顺利完成了对两个项目各阶段草案的讨论和修改完善,截至 2022 年 3 月,ISO 24139-1 注册为 FDIS 稿并启动批准阶段的投票,ISO 24139-2 也顺利通过 DIS 询问阶段的投票,待意见处理。

耐蚀合金复合弯管和管件成功立项和顺利推进的主要经验如下:

(1) 准备认真,密切沟通。ISO/TC 67/SC 2 有钢质的弯管和管件,本项目立项之初,也是担心被并入现有标准。项目组深入分析了标准差异,做好了答辩准备。立项前和国外相关制造企业密切沟通,争取他们的支持。

(2) 发挥秘书处作用,做好项目管理。在召开年会前推动项目启动的正式投票,争取到时间和机会,在召开年会时进一步和相关专家沟通,争取支持。立项后,成立国内、国际工作组,实施周例会、月例会推进工作机制,保证项目的正常开展。

(3) 推动过程中争取到召集人资格,为项目顺利推进创造良好条件。最初,中国专家只是担任了 ISO 24139-1 和 ISO 24139-2 两个项目的项目长,推进过程中又由中国专家出任 WG 10 整个工作组的召集人,负责复合弯管和管件项目在内的 6 个国际标准项目的管理。

5.4 煤层气含量测定国际标准制定

煤层气含量表示单位质量煤炭包含的气体量,作为反应煤层含气性能的关键参数,被广泛运用于煤与煤层气资源勘查、评价和开发工作中。同时,煤层气含量也是地下煤矿瓦斯涌出预测及综合预防控制的基本参数,是煤矿瓦斯治理与利用领域的重要参考指标。

2015 年,ISO 18871: 2015 "Method of determining coalbed methane content"(《煤层气含量测定方法》)由 ISO 发布出版,该标准是针对煤层气勘探开发过程中煤层气含量测定开展的相关研究和实践的国际标准化成果,是由中国牵头,德国、波兰、印度等专家参加工作组,历时三年完成的国际煤层气领域第一项国际标准。该标准的发布提高了国际煤层气储量的可对比性,有助于我国开展煤层气开发利用国际合作,增强我国在国际煤层气领域的话语权和影响力。本节主要对煤层气含量测定国际标准制定预备项目运行的全过程进行回顾，分享过程中的经验和教训。

煤层气是一种新型的清洁能源，作为发展低碳和绿色经济的重要组成，近年来在世界范围内迅猛发展。与其他化石燃料相比，煤层气有着燃烧排放污染低、成本低等优势，不但可以补充天然气产量，同时可以减少煤矿瓦斯的排放，改善大气环境、缓解气候变暖，并提高煤矿开采过程中的安全性。我国作为能源生产和需求大国，累计探明煤层气地质储量位居世界第三，占世界煤层气总量的12%，对煤层气的开发利用具有深远的经济价值和社会意义。

煤层气含量测定是勘探开发过程中获取气体含量的方法，得到的数据是计算煤层气储量的关键参数，因此测量的准确性直接决定煤层气储量计算的精度，影响煤层气选区和开发部署，以及投资人的决策。目前，煤层气的开发在中国、美国、德国、澳大利亚等国家迅速发展，国际合作需求日益增加，但尚缺乏世界通用的国际标准，不利于世界范围内煤层气储量对比。

煤层气含量测定国际标准的制定和发布意义重大：

（1）可为开展煤层气开发的各国提供了煤层气含量测试的通用推荐技术，可以消除不同测试方法的差异，提高国际煤层气储量的可对比性，有助于我国煤层气企业开展国际化合作。

（2）可进一步提高煤层气含量测试的精度，进一步提高储量的计算精度，对于开采选区、产能评估、经济效益评价具有重要作用。

（3）能在很大程度上对人员、设备等提出规范化要求，不仅有利于行业的硬件发展和人员培训，而且有利于设备的生产及进出口。

（4）可实质性提升中国在能源领域国际标准制定工作中的地位和主导作用，切实增强了我国在国际煤层气领域的话语权和影响力。

这一国际标准于2015年9月15日正式发布，同时正式实施，以中国国家标准GB/T 19559—2008《煤层气含量测定方法》为基础，采纳勘探开发研究院低阶煤游离气测定、德国碎屑煤含气量测定技术，并结合国内外专家和实验人员的实践经验，实现了方法的整合及优化，并取得了如下成果：

（1）通过"煤屑样品测试技术"扩充样品类型至非煤芯样。国内外煤层气含量测定标准主要使用煤芯样，而一些储层疏松无法取芯的探井的煤样在提升过程中会由于过于破碎，气体逸散规律不同于煤芯样品，现行标准无法满足实际需要。本标准提供的"煤屑样品测试技术"可对碎屑状的煤样进行检测，从而满足检测需求。

（2）通过"低阶煤游离气测试技术"扩充测试范围至低阶煤。已有国内外煤层气含量测定标准适用于对中高阶煤的检测，而低阶煤由于吸附能力相对较弱，一部分气体以游离态存在于储层中，在取芯过程中气体快速逸散，从而导致估算出的损失气量偏小，影响测试的准确性。本标准提供的"低阶煤游离气测试技术"通过煤样的孔隙度和含水饱和度等参数，计算出游离气含量，进而准确计算煤储层煤层气含量，为我国超过储量煤层气资源量三分之一的低阶煤煤层气开发提供了评价手段。

（3）在数据采集、耗材选用、残余气测定、实验终止限等方面开展了一系列研究工作，并给出了推荐做法，增强了可操作性，提高了测量的准确性。

ISO 18871：2015 发布后，ISO/TC 263 国内技术归口单位组织该标准的宣贯和采标工作，取得了很好的效果。该标准在创新性、实用性等方面得到了应用单位的高度认可，目前已在国内主要煤层气生产单位、科研院所中获得应用，包括煤层气公司、勘探开发研究院、中联煤层气有限责任公司（以下简称中联煤层气公司）、西南油气田、中联煤层气研究中心、中国石油大学、煤矿瓦斯治理国家工程研究中心（以下简称煤矿瓦斯治理中心）等。工程与咨询公司——德国 DMT 公司已将该标准引入其实验室，作为煤层气含量测试的依据。2015—2017 年，中石油煤层气有限责任公司忻州分公司在其储量评估工作中积极利用 ISO 18871：2015，3 年累计新增可采储量煤层气 34.93 亿立方米，新增产量 15.83 亿立方米，新增商品量 14 亿立方米，共计获得经济效益 24.09 亿元。

此外，本标准的建立对企业开发、制造国际化的含气量测试仪器提供了参考依据，也为仪器出口提供了潜在的经济效益，主要包括：

（1）有利于促进我国煤层气新兴产业的稳健发展。我国煤层气资源十分丰富，这一新兴产业在国家的重视和政策扶持下得到了快速发展，已进入规模开发阶段，是我国天然气生产的重要补充。煤层气含量是煤层气勘探开发过程中的重要指标，关系着资源评价、开发选区、生产部署等重要环节。本标准的发布有效规范了煤层气含量的测试，使不同区块煤层气资源量的评价有了统一标准，加强了我国煤层气资源宏观层面的联系，同时也提高了国内能源企业对国际标准化工作的积极性，从而促进我国煤层气产业提高技术、相互协调、稳健发展。

（2）有利于改善大气环境，减少空气污染。煤层气主要成分为甲烷，氮、硫等杂质含量极低，相较于煤炭、石油、常规天然气等化石燃料，燃烧排放污染很低。但甲烷作为一种温室气体，温室效应为二氧化碳的 21 倍，对臭氧层的破坏能力为二氧化碳的 7 倍。我国煤炭开采和使用量巨大，如果不对煤层气加以利用，不但会造成极大的资源浪费，还会造成大气环境污染。本标准的发布有力推动了煤层气的开发和利用，促进产业结构转型和"绿色经济"发展，降低大气污染物排放，全面支持我国生态文明体制改革和建设美丽中国目标的实现。

（3）有利于减少井下瓦斯事故，增强煤矿安全。煤层气在煤矿生产中极易引发爆炸事故，造成严重的人员伤亡。煤层气的开发利用是减少煤矿瓦斯事故，增强煤矿安全的重要途径。近年来，随着我国煤层气产业的快速发展，我国煤矿瓦斯事故大大减少，事故造成的死亡人数较 2006 年已降低约 84%。

（4）有利于开展国际合作，增强我国国际市场竞争力。煤层气在全球范围内受到了越来越多的重视，有近 30 个国家开展勘探开发项目，国际合作需求日益增强。本标准的发布，有效解决了由于世界各地煤层的地质背景、煤体结构不同而带来的测试方法和结果的差异问题，对同一煤层气区块可获得国际公认的评价结果，进而消除资源评价误差，促进国际合作的开展，增强我国在国际市场的竞争力。

（5）有利于带动相关行业的发展。煤层气的开发作为一个新兴行业，与能源开发、气体储运、设备生产、环境治理等多个行业紧密联系。本标准的发布标志着世界煤层气行业的标准化、规范化发展，促使国内外先进技术取得充分交流，既带动了煤层气相关行业技术服务、设备生产等领域的发展，也为国内企业产品出口提供了有力保障。

ISO 18871：2015 的出版发布，实现了世界煤层气行业国际标准零的突破，是中国煤层气产业和中石油勘探开发板块在世界非常规能源勘探开发领域取得的重大突破；以产业高质量发展带动国际标准化工作的高效开展，确立了中国煤层气在国际非常规能源领域的领先地位。该标准的顺利发布，得益于以下几个方面：

（1）深入贯彻落实"十二五""十三五"煤层气领域科研攻关方向和标准化研究方向，完成对标准体系的优化工作。在"十二五"及"十三五"期间，中联煤层气研究中心通过调研，对涉及煤层气技术的相关国家标准、油气行业标准、煤炭行业标准、国土资源行业标准等进行分析研究，同时有针对性地精选煤层气企业适用的国家近年来发布的基础通用标准，按照"系统配套原则、适用性原则、优化简化原则、前瞻性原则"完成了《煤层气勘探开发标准体系》的初步编制。该体系包括"通用标准、地震勘探、开发与气藏、钻采工程、产品利用、实验与计量、经济评价、HSE 标准"等 8 个领域 13 个专业。

（2）对国际煤层气发展趋势及国际标准化工作规则的准确把握。在集团国际标准制定机制系统的引导下,中联煤层气研究中心依据全球煤层气商业化及基础地质、开采及应用特征,优选出基础概念及基础实验两项标准化工作大方向,在全球煤层气国际标准空白的现状下,优先开展基础概念及方法方面的工作,最大限度地规避因开发理念不同而导致的项目难产,实现国际标准项目的快速推进、落地。

(3)组建年轻化、国际化、专业化的技术科研和标准化工作团队。根据国际标准化工作特点,组织建立一支从专业技术科研到国际沟通交流能力一流的工作保障团队,通过 SAC 相关注册流程,优先推荐拥有充足科研经验的国际化人才注册工作组专家,确保项目推进过程中与国际标准化组织、各成员国及项目注册专家保持深入、有效的沟通交流,高效开展专业技术条款的审议及修改工作。

同时,该标准制定项目在整个研发周期内也存在不足,由于未能在首次提案时准备完善的工作草案供成员国审议,首次委员会内部立项投票未能顺利完成,对项目的推进产生了一定影响。

由此可见,标准草案的质量和完成度在今后的国际标准化工作中应当受到足够重视,高质量的翻译、校对以及根据全球行业需求对草案内容进行适当优化,都能帮助提高提案成功率,加快委员会草案及国际标准草案制定阶段的进程。

5.5 电动潜油螺杆泵举升技术国际标准制定

长庆油田首个《电动潜油螺杆泵举升技术规范》国际标准预备项目先后于 2019 年 1 月、4 月在中石油勘标委国际标准预备计划(预备期为 3 年)、中石油科技部国际标准预备增补计划(预备期为 2 年)立项。自项目启动以来,工作组成员在组长的组织、带领下完成了产品的国内外调研,组建预备阶段国际工作组,寻找美国、澳大利亚成员国专家,编写 ISO 英文版草案、宣讲材料等。本节主要对电动潜油螺杆泵举升技术国际标准预备项目运行的全过程进行回顾,分享过程中的经验和教训。

电动潜油螺杆泵无杆举升技术已成为国内外油田企业应对复杂井筒、复杂环境、安全环保、提效降耗等难题的主要方法,已经得到大庆、长庆、大港、新疆、辽河、胜利、吐哈、华北等油田及美国 BAKER HUGHES、俄罗斯 Novmet、加拿大 Can-K 等国外公司的关注和认可。随着技术成熟度的不断提高,可靠性的不断增强,关键设备的研制日趋完善,重点课题研究和较大规模、范围的应用相继开展（约 3500 余口应用井，其中国内 500 余口，美国、英国、俄罗斯、加拿大等国 3000 余口）。近年来，长庆油田先后开展了 30 余口井电潜直驱螺杆泵的现场试验，取得了较好效果，最长免修期已经超过 900 天，节电率达到 30％以上，助力了油田安全节能和智能化管理水平的提升。

随着电动潜油螺杆泵举升技术在国内外越来越广泛的应用，也暴露出一些问题。目前，仅有中石油企业标准 Q/SY 01029—2019《电动潜油直驱螺杆泵应用技术规范》中包含相关检验试验、安装维护等内容，技术使用者只能依据各生产厂家的出厂设计对设备进行检验，不能对其指标进行统一规范，导致国内外市场上的电动潜油螺杆泵产品质量参差不齐。

鉴于上述情况，制定电动潜油螺杆泵的国际标准非常必要，对规范标准化市场、促进技术进步、更好指导生产、提高产品质量和确保标准的先进性和实用性都具有十分重要的意义。

2017—2018 年，长庆油田牵头制定了该技术企业标准，并通过勘探与生产专标委审查，于 2019 年 12 月 31 日发布。2022 年，《电动潜油螺杆泵机组》行业标准发布。

长庆油田为与国际市场接轨，借助中石油勘标委国际工作组设立的国际标准预备项目平台，提出制定该技术的 ISO 国际标准。

项目开展前期，主要通过以下多次会议、调研、交流、培训寻找对口组织：2019 年 3 月，中石油勘标委举办的国际标准编写规则宣贯暨 ISO 导则培训会；2019 年 8 月，赴西南油气田、大庆油田调研学习国际标准工作；2019 年 10 月，赴大庆油田听取专家关于国际标准活动及管理的讲座；2019 年 11 月，邀请专家来长庆油田进一步加强针对国际标准的知识宣贯。

明确开展国际标准项目首先要做的两项工作：一是明确申请的国际标准属于 ISO 中的哪个 TC/SC；二是找到该组织对应的中国归口单位，立项申请必须通过国内的归口单位向 ISO 提交。

通过开展上述工作，项目人员逐渐熟悉了国际标准立项要求、前期准备事项，以及标准草案编写过程和要求。

经 SAC 咨询，及对 ISO 组织下属相关石油行业的 TC 进行梳理，确定了国内归口单位为勘探总院标准化研究所，该项目隶属于 ISO/TC 67/SC 4/WG 4，工作组的召集人为大庆油田孙良伟。

在预备项目运行之初，工作组分以下三个阶段组建成员：一是组建编制团队（预备工作组），要求由具备标准化工作经验的技术人员、专业人员以及具备外语沟通能力的涉外人员组成；二是组建国内专家团队（国内工作组），保证技术覆盖面足够广,国内意见达成统一;三是组建国际工作组,满足 ISO 规定的至少 5 个成员国专家加入标准制定工作的要求,且尽可能多地寻找成员国专家,保证余量。

2019 年 5 月,在勘探与生产专标委的统一组织管理下,由长庆油田牵头,与勘探开发研究院、大庆油田、新疆油田、大港油田等单位联合开展《电动潜油螺杆泵举升技术规范》国际标准制定研究攻关工作。成立国际标准预备工作组,由长庆油田黄伟担任组长,主要负责方案制定和审查;工作组成员 20 人,涉及理论研究、技术设计、室内实验、对外协调等。工作组实行组长负责制,严格执行立项设计,明确分工,各负其责。同时,加强项目交流和检查,定期召开技术交流讨论会,定期检查落实工作进展,严格执行合规管理制度,确保工作目标的实现。

2019 年 9 月,为保证技术覆盖面足够广,国内意见统一,长庆油田邀请了设备制造商加入工作组,组建形成国内工作组。

2021 年 4 月 19 日—20 日,长庆油田国际标准预备项目《电动潜油螺杆泵举升技术规范》工作组在杭州组织召开了第二次讨论会,会议特邀国际标准化组织天然气上游领域经理(ISO/TC 193/SC 3)、中石油勘标委副秘书长,西南油气田、大庆油田和管研院的国际标准化专家,石油化工天然气设备、材料及海上结构钻采设备领域第四工作组(ISO/TC 67/SC 4/WG 4)召集人等,联合贝克休斯美国工厂电潜螺杆泵产品线高级经理、ISO 地面驱动螺杆泵标准审核人、螺杆泵产品经理、贝克休斯澳大利亚人工举升部门技术经理等国外专家通过互联网参加会议;来自勘探开发研究院、长庆油田、大庆油田、大港油田、新疆油田、贝克休斯中国区人工举升部门等 7 家参编单位 26 人参加会议。会上,三位国外专家均表示愿意加入标准制定国际工作组。美国、澳大利亚专家加入标准的编写工作,标志着该项目由国内工作组上升为国际工作组。

经过几年的项目开展,我们总结出相关经验:

(1)得到的收获。

①了解了国际标准制定的基本流程。一是要通过 ISO 导则第一部分,熟悉国际标准制定的 6 个阶段,以及每个阶段需要准备的材料、会议、投票等;二是要按照 ISO 导则第二部分,掌握国际标准的编写规则,特别是数据处理的方法。

②掌握了国际标准工作的有效做法、典型经验和技巧。首先,找准组织和定位。一是找准申请的国际标准属于 ISO 中哪个技术委员会、分技术委员会及工作组;二是要找到该组织对应的中国归口单位,立项申请必须通过国内的

归口单位向 ISO 提交。其次，把握好过程。一是要严格按照 ISO 六个阶段的时间节点推进项目，二是在发起投票前尽可能地与投票成员国进行充分沟通。再次，重视会议。一是每次会议一定要形成会议纪要，监督秘书处把关键环节记入其中；二是要保持会议文件的一致性，开会讨论的草案要与分发给各专家的草案一致，不允许将草案发给各专家后再进行修改。

③坚定了高质量完成首个国际标准开发任务的信心，通过学习调研收获了诸多专家在国际标准化工作方面的宝贵经验。一是学到了制定国际标准的基本工作流程、推动国际标准化工作的有效做法，以及成功申请国际标准立项的典型经验；二是掌握了与国际标准化组织石油天然气委员会、钻采设备分技术委员会及采油设备工作组的沟通技巧。工作组将结合本次调研成果，研究完善国际标准制定方案，保证项目高质高效有序推进。

（2）得到的认识。

①主导/参与国际标准制修订工作，对长庆油田意义重大。当今，世界已进入由标准规范制约市场的时代，有时，开发新标准甚至比研发新产品、新专利更为重要。谁主导和参与国际标准制修订，谁就拥有在该专业技术领域的话语权，就有可能抢占国际标准制高点，这对国家、企业高质量发展、走向世界极其重要。近年来，美国、日本等发达国家都把制订国际标准提升到战略竞争高度，旨在将先进技术转化为国际标准。中石油高度重视国际标准制修订工作，长庆油田作为国家原油战略的重要基地，主导并研究形成一定数量的国际标准，对二次加快发展阶段意义重大。

②高质量、高效率打造国际标准，关键在意识，核心在机制，重点在资源，落脚在组织。通过与西南油气田、大庆油田等单位的调研交流，长庆油田坚定了信心，坚信有能力做好国际标准制修订工作。长庆油田已获得 ISO/TC 67/SC 4 分技术委员会推荐，召开了两次讨论会，成立了国际工作组，明确了重要任务和节点分工，各项工作有序推进。

（3）工作建议。

①成立国际标准领导小组，地区公司领导挂帅，机关部门主抓，专业技术部门实施，自上而下平稳有序推进项目运行。

②做好顶层设计，远大布局，研究制定国际标准长远规划和高效工作机制。建议效仿大庆油田国际标准的工作模式，成立国际标准预备科研项目：首先储备一批能快速立项的国际标准，其次规划一批近三年可申请的国际标准，最后形成一个长期的国际标准制定计划。

③激发员工开展标准化工作的动力。建议地区公司重视从事标准化工作的

管理人员和技术人员，在工作业绩考核、职称评定、薪酬方面给予鼓励。

④大力支持工作组主办、承办、参加国际性会议，通过"走出去，请进来"的方式，展示我方在国际标准工作方面的能力，与不同成员国专家建立起沟通机制，为后期国际标准工作开展夯实基础。建议邀请国际标准化工作方面的专家开展讲座培训，管理部门做好国际标准制定的宣贯工作。

5.6 天然气集输用缓蚀剂评价国际标准制定

2020年，标准化工作组 TG 590（Assessment Method for Corrosion Inhibitor Used in Gas Gathering and Transportation System，天然气集输用缓蚀剂评价方法）在 NACE 正式立项成立，这是我国在缓蚀剂领域主导成立的第一个国际化标准工作组，对于我国推广自主技术，提升油气行业国际影响力和腐蚀控制行业话语权，参与油气田用缓蚀剂领域国际合作和竞争具有重要意义。2021年，NACE 和 SSPC 合并组成 AMPP 后，工作组代号更改为 SP21491。经过我国代表的努力争取，SP21491 工作组继续交由我国牵头。本节主要对天然气集输用缓蚀剂评价国际标准预备项目运行的全过程进行回顾，分享过程中的经验和教训。

天然气开发过程中，天然气集输管道和设备内表面直接接触腐蚀性介质（H_2S、CO_2、高矿化度气田水等），一旦发生腐蚀失效，必将对天然气正常生产造成影响，甚至导致爆炸、火灾、人员中毒、环境污染等事故。随着科技和社会的发展，国际上对天然气能源的需求越来越高，与此同时，人们的安全、环保理念也不断加强，因此天然气开发必须兼顾高效、经济、安全。缓蚀剂具备投入少、效果好、使用灵活的优点，是国内外油气田行业应用最为广泛的腐蚀控制手段之一。我国从20世纪50年代开始对油气田领域缓蚀剂的相关研究和应用，并于1997年发布了我国第一个相关行业标准 SY/T 6301—1997《油田采出水用缓蚀剂通用技术条件》。后来，该标准被 SY/T 5273《油田采出水处理用缓蚀剂性能指标及评价方法》替代。2014年，我国发布了第一个天然气用缓蚀剂评价方法标准 SY/T 7025《酸性油气田用缓蚀剂性能实验室评价方法》；2017年，我国发布了国内第一个相关国家标准——GB/T 35509《油气田缓蚀剂的应用和评价》，积累了较为丰富的经验；接着2019年发布了针对集输用缓蚀剂的指标和方法标准 SY/T 7437《天然气集输用缓蚀剂技术要求及评价方法》。目前，我国在缓蚀剂研发应用水平和标准化体系建设方面整体处于国际先进水平。但是，由于我国在石油天然气开发行业拥有的技术总体不够先进，导致天然气集输用缓蚀剂技术领域没有受到足够重视，难以打开国际市场。因此，制定天然气集输用缓蚀剂国际标准，对于扩大国际影响、推广自主技术、增加话语权至关重要。

项目组牵头成员在实际生产过程中发现，国际标准中尚没有被广泛接受的天然气集输用缓蚀剂性能要求、技术指标和对应评价方法的内容，导致国产技术参与国际招投标及缓蚀剂采购评定存在一定困难。目前在石油天然气行业，腐蚀工程比较认可的国际标准化组织有 ISO、API、ASTM、ASME、NACE 等。其中，ASTM 和 NACE 是腐蚀和材料方向的专业组织，因此项目组首先在两者间选择归口组织。

项目组检索了 ASTM 和 NACE，发现 ASTM 已经发布了用于油田和炼厂的缓蚀剂性能评价方法标准，即 ASTM G170 "Standard Guide for Evaluating and Qualifying Oilfield and Refinery Corrosion Inhibitors in the Laboratory"（《实验室评估与鉴定油田和炼油厂缓蚀剂的标准指南》），而 NACE 尚无油气田领域缓蚀剂使用方面的标准。考虑到如果向 ASTM 提出立项，可能会被纳入 G170 修订之中，因此项目组选择 NACE 作为归口组织。

项目组发现曾经有 NACE 标准内容被纳入 ISO 标准，如 ISO 15156，基本将 NACE MR0175 标准的技术内容直接转化纳入。在 NACE 官网上，仍然将 MR0175 列为 MR 0175/ISO 15156。这足以说明 NACE 标准在腐蚀领域影响力及水平并不逊于 ISO 标准，因此项目组选择 NACE 作为归口组织。

2017 年，大研院梳理自身技术累积的成果，在中石油标委会立项，进而开展国际标准制定工作。

2019 年，行业标准顺利发布。在标准起草过程中，技术人员对相关技术进行了梳理和总结，并将该标准起草过程作为国际标准起草的演练，补充了一些不足。

同年，在行业标准发布后，天研院启动了国际标准制定计划，在中石油进行了国际标准预备项目立项。

在此期间，项目组开展了大量的缓蚀剂性能要求、评价方法和对应指标的调研对标工作，包括国内外油气田招标文件和相关标准，如土库曼斯坦南约洛坦气田缓蚀剂邀标书、卡塔尔 RasGas 气田邀标书、ASTM G170、SY/T 5273—2014 等，分析了现行标准中存在的问题，建立了试验方法并制定了比对方案。同时邀请国内 4 家知名缓蚀剂研究单位对新建立的评价方法开展比对试验，获得较为理想的试验结果后确定于 2020 年向 NACE 提出起草标准的想法。

2020年5月，在与NACE中国办事处联系交流后，项目组提交了标准立项申请表，并由NACE中国提交至NACE总部。其后，NACE总部将立项申请分配至STG 31。后STG 31主席发送邮件向所属专家及管理人员征询意见，得到肯定的答复即于2020年6月以邮件告知项目组：同意成立工作组TG 590。

2021年，NACE机构改革为AMPP后，该工作组下属至SC 15（pipeline and tanks，管道与储罐技术委员会）。SC 15的工作内容涵盖石油、石化和天然气、化工等工业中运输和存储各类物质的管道、储罐等相关领域的技术交流、攻关、培训和标准化；工作组编号在机构调整后由TG 590改为SP 21491，经过我国代表的努力争取，SP 21491工作组继续交由我国牵头。

项目组在前期起草的行业标准的基础上，作了英文转化，并开始按照AMPP的格式要求编制标准。

同时，项目组跟踪AMPP官方通知，于2021年和2022年均报名参加了归口技术委员会的视频会议，在会上对工作组情况作了首次公开汇报和宣讲。目前，标准化工作组的工作正在逐步推进，形成了以下几点经验：

（1）周全的谋划。项目相关人员在发现国内外没有相关标准后，及时布局，从行业标准开始准备，查漏补缺，验证了技术的可靠性。

（2）建立国际关系非常重要。其间项目组无法参与AMPP线下活动，推广工作组的渠道有限，因此加入标准化工作组的成员较少。标准是由行业专业人员组成的技术委员会协商一致共同制定的，因此需要在过程中及时参与AMPP组织的各类活动，推广工作组的工作和想法，听取专家的意见和建议，以此推进标准化工作进程。

（3）需要熟悉别国的工作逻辑和思路。AMPP官网常使用缩写或简写词，需要耐心查阅代表的意思或寻求帮助。需要向熟悉AMPP标准起草流程的专家学习经验，最好能邀请相关专家开展相应的培训，包括标准起草流程培训、官网使用说明培训等。

5.7 滑溜水性能评价国际标准制定

国内进行页岩气开发的主要有四川长宁-威远国家级页岩气示范区、重庆涪陵国家级页岩气示范区，从事滑溜水研究的主要有天研院、中国石油集团川庆钻探工程有限公司井下作业公司（以下简称川庆井下作业公司）、中国石油化工股份有限公司勘探开发研究院（以下简称石勘院）、中国石油化工股份有限公司石油工程技术研究院（以下简称石工院）、安东油田服务集团（以下简称安东集团）、东方宝麟科技发展（北京）有限公司（以下简称东方宝麟）。在制定能源行业标准前，各单位对滑溜水的评价指标和方法都存在差异。以降阻性能的评价为例，有的单位采用现场管径评价，有的单位采用连续油管评价，还有的单位采用实验室小管路评价，得到的结果没有可比性。2014年，天研院联合陕西延长石油（集团）有限责任公司研究院（以下简称延长石油集团）、石勘院、石工院制定了能源行业标准 NB/T 14003.1—2015《页岩气　压裂液　第1部分：滑溜水性能指标及评价方法》，于2015年10月27日发布，2016年3月1日正式实施。随着"一带一路"建设和产能合作的加强，中国石油页岩气技术也将走出去。为与国际市场接轨，争当国际标准的引领者，天研院借助中石油勘标委国际工作组设立的国际标准预备项目平台，提出将能源行业标准 NB/T 14003.1—2015 上升为国际标准。该标准一旦上升为国际标准，对我国占领页岩气产业工程技术领域的话语权和领先地位，分享中国技术成果，提升中国在国际社会的知名度，促进页岩气产业的科学化、标准化及健康发展来说，意义重大。

2018年，中石油启动了《页岩气　上游领域　滑溜水降阻性能评价方法》国际标准制定计划，开展了国际标准预备项目立项。这个提议在2019年 ISO/TC 193/SC 3 年会上作了汇报，得到与会专家的好评。会上有专家提出标准的归属问题，最终确定在 ISO/TC 193/SC 3 立项。2021年2月第一次立项投票启动，2022年2月第二次立项投票启动，目前有中国、法国、英国、德国及俄罗斯同意立项并派出专家，下一步将加快项目进度，争取在2023年底发布。

5.8　潜油直线电机无杆举升技术国际标准制定

油田开采过程中，随着低渗透、致密油和环境敏感区油藏的开发，低产井、平台井、大斜度井和水平井的比例逐年增加，其主要采用有杆举升方式，以常规游梁式抽油机为主，存在机采能耗高、系统效率低、杆管偏磨严重、地面维护工作量大等问题。近年来发展起来的新型节能无杆举升潜油直线电机驱动的柱塞泵机组，具有检泵周期长、智能化程度高、操作方便、占地面积小、系统效率高、节能效果明显等优点，能够适应油田的发展需求。

本节主要对潜油直线电机无杆举升技术国际标准预备项目运行的全过程进行回顾，分享过程中的经验和教训。

2003年，大庆油田采油工程研究院首次提出潜油直线电机设计理念，并开展了样机试制和现场试验。该院于 2013 年开展小规模现场试验，形成了潜油直线电机新型无杆举升工艺雏形，2016 年以后逐步推广使用。目前，大庆油田在用 240 余套，国内其他油田（如长庆、大港、新疆等）共应用 1500 余套，并在美国、俄罗斯、加拿大、缅甸、澳大利亚等国家也有应用。

潜油直线电机无杆举升技术现已成为国内外各大油田的重点研究课题。但国际上尚无相关检验标准对该产品进行规范，导致市场上的潜油电动柱塞泵产品的质量参差不齐，在现场应用过程中出现了一些问题。鉴于上述情况，2016 年，大庆油田采油院牵头制定了行业标准 SY/T 7331—2016《潜油电动柱塞泵机组》，对重要部件潜油直线电机的推力等关键技术指标进行了规定，并对其设计及性能评价作了技术要求。

项目组在翻译、分析、研究的基础上，发现国际标准中暂无潜油电动柱塞泵机组，有潜油电动柱塞泵机组中柱塞泵（API SPEC 11AX-2006）的相关标准。最终，项目组确定制定潜油直线电机无杆举升技术国际标准，并拟定项目题目为"石油和天然气工业　人工举升用潜油直线电机系统　第 1 部分：潜油直线电机"。

2018 年 10 月，大庆油田针对该技术的应用情况在国内外开展了调研，邀请专家进行讨论，并将项目列入大庆油田国际标准预备项目，后于 2019 年和 2020 年分别通过中石油勘标委、中石油国际标准预备项目立项审查，正式列入国际标准预备项目。

2018 年 12 月，经向 SAC 咨询，及对 ISO 组织下属相关石油行业的分技术委员会进行梳理，项目组确定国内归口单位为勘探总院标准化研究所，该项目隶属 ISO/TC 67/SC 4/WG 4。同时，项目组向该分技术委员会提出了国际标准新项目提案。

2019 年，项目组多次到沈阳新城石油机械制造有限公司等生产企业就电动潜油柱塞泵机组的设计、制造、试验等进行了深入调研，为下一步国际标准新项目提案打下基础。并于 2019 年 3 月 7 日与 ISO/TC 67/SC 4 分技术委员会主席及秘书多次沟通，在电话会议上作了初步提案，得到高度认可后被推荐参加 2019 年 ISO/TC 67/SC 4 年会作正式汇报提案。

在前期工作的基础上，2019 年 4 月经 SAC 和中石油推荐，大庆油田孙良伟成为 ISO/TC 67/SC 4/WG 4 采油设备工作组召集人；于 2019 年 7 月 5 日顺利通过 20 个成员投票，获得 ISO 中央秘书处的正式任命，负责 ISO 采油设备领域国际标准化的相关管理工作，对国内该领域的国际标准化工作起到了积极作用。

2019 年 9 月，项目组正式参加 ISO/TC 67/SC 4 年会，作了工作组年度报告，同时对该项目提案作了正式宣讲。与会专家围绕立项的必要性和可行性进行了讨论，最终初步同意立项，并提交上级委员会复审。会议结束后，项目组与归口单位积极沟通立项相关事宜，准备 SAC 需要的材料，履行审批手续。项目组在翻译、吸收、研究相关资料的基础上，完成了新项目提案表（中英文版）、提案审核表和标准结构大纲。

2020 年 3 月，该项目顺利通过 ISO/TC 67 管理委员会复审后，项目组开始准备相关投票材料提交中石油和 SAC 审批。2020 年 9 月，ISO/TC 67/SC 4 年会上，项目组对该项目提案的进展情况作了汇报，获得了与会专家及秘书处的高度认可，建议尽快进入成员国投票阶段。

2020 年 12 月 7 日，该项目正式发起 ISO 成员国投票，投票周期为 12 周，截至 2021 年 3 月 4 日投票结束，最终获得 11 票赞成票及 8 个国家相关领域专家的支持，顺利通过。

该标准是大庆油田首次主导制定的国际标准，实现了大庆油田制定国际标准"零"的突破，提升了大庆油田国际标准化的话语权和影响力，也是国内石油行业人工举升设备的首个国际标准制定项目。潜油直线电机无杆举升技术作为无杆举升的核心配套技术，必将为外围致密油、页岩油平台井的开发建设发挥重要作用。该标准从构思到立项不到 3 年时间，得益于以下几个方面：

（1）对 ISO 国际标准化组织的组织构架、交流沟通和立项流程的准确分析和把控。大庆油田接替美国承担 ISO/TC 67/SC 4/WG 4 工作组召集人工作，对国内该领域的国际标准化工作起到了积极的推动作用；掌握了国际标准的制修订基本流程及履行国内手续基本步骤；与国际上钻采设备领域专家建立了通畅的沟通渠道，为今后开展更多的国际标准化工作打下良好的基础。

（2）对国内优势技术的长期跟踪和准确分析。通过认真梳理总结，大庆油田先后对潜油电泵机组、螺杆泵、抽油杆等举升设备以及偏心工作筒等井下工具类国际标准进行了分析对比，通过翻译、吸收、研究，认为目前推广使用且具有突出优点的潜油柱塞泵机组新型无杆举升产品，是可以成功立项的。但潜油柱塞泵机组中的柱塞泵已经有相关国际标准，所以最终确定制定潜油直线电机无杆举升技术国际标准，并拟定项目题目为"石油和天然气工业　人工举升用潜油直线电机系统　第 1 部分：潜油直线电机"。经过多方努力，项目最终成功立项。

（3）坚定的信心和有力的标准国际化工作机制支撑。2018—2020 年，该项目在中石油及大庆油田业务主管部门的大力协助下，先后列入大庆油田国际标准预备项目、中石油勘标委国际标准预备项目、中石油国际标准预备项目。

①大庆油田国际标准的管理模式。每个项目成立国际标准预备项目工作组，集中统一部署。工作组分为以下两个阶段组建成员：一是组建国内专家团队（国内工作组），保证技术覆盖面足够广，国内意见统一；二是组建国际工作组，以满足 ISO 规定的至少 5 个成员国专家参与标准制定工作的要求，且尽可能多地寻找成员国专家，保证余量。

②大庆油田有关部门加强对国际标准文本、专业英语及口语表述的培训工作，让项目组成员能够更顺利地开展工作。

③项目组积极参加国际标准相关会议，与成员国建立沟通渠道，开展技术交流，为项目建立国际专家团队夯实基础。

5.9 绿色制造特别工作组

石油天然气工业能源转型对各国减排目标的实现至关重要。目前，我们正处于由油气向新能源转换的第三次能源革命浪潮中，发展趋向绿色、低碳和多元。初步预判，石油已迈入"稳定期"，天然气步入"鼎盛期"并将在未来能源可持续发展过程中发挥支柱作用，而新能源的开发利用则渐入"黄金期"。在能源低碳转型发展的大趋势下，石油公司纷纷制定了相应的转型发展战略，加大了对新能源和可再生能源研发业务的投入，积极开发太阳能、风能、地热能、氢能和生物燃料等，大力实施节能减排和提质增效，实现绿色可持续发展。石油天然气工业绿色低碳实践正在蓬勃开展，而行业内相关标准化工作发展还不完善，标准化对石油天然气工业能源转型发展的基础性、引领性作用还未充分发挥。

为抢占石油行业绿色制造制高点，在 2018 年召开的 TC 67 年会上，我国提出的成立绿色制造分技术委员会的建议受到高度关注。在此之前，我国已成立绿色制造特别咨询组开展前期工作。2019 年 6 月底，TC 67 通过投票成立 AHG 1 绿色制造特别工作组（Ad Hoc Group，以下简称 AHG 1），由工程材料研究院专家出任工作组召集人。国际工作组由来自中国、法国、美国、英国、德国、乌克兰、俄罗斯、荷兰、加拿大、尼日利亚、意大利和巴西等 12 个国家 18 个成员（含 1 名观察员）组成。

AHG 1 组建后，依托中石油"石油装备绿色制造国际标准化前期研究"标准化科研项目，与长庆油田、大庆油田、宝鸡石油机械有限责任公司（以下简称宝石机械公司）、中国石油集团济柴动力有限公司（以下简称济柴动力公司)、天研院等单位合作,成立了由近30名专家组成的国内工作组,积极开展油田设备材料绿色制造标准化工作。

工作组成立以来,与国外专家密切联系,主持召开工作组会议,讨论编制石油工业绿色制造立场报告和通用技术要求,相关国际标准项目的提出和制定工作也在有序推进。2019年9月,AHG 1召开了第一次国际工作组会议,讨论了立场报告和一些关键问题,包括TC 67开展绿色制造标准化工作的必要性和可行性、与其他相关标委会的联系和区别等。2019年11月,第一次国内工作组会召开,对《石油天然气工业 油田设备和材料绿色制造通用要求》国际标准第一版草案进行了充分讨论。会后,工作组对草案进行了修改完善和翻译,为第二次国际工作组会的召开做好了准备。2020年1月,第二次国际工作组会召开。立场报告在国际工作组内达成一致,同意在TC 67更大范围征求意见;会议对草案进行了介绍,听取了与会专家的意见。2020年7月,第二次国内工作组会召开,围绕特别咨询组工作和国际上绿色制造相关主题的汇报拓宽了大家的视野,加深了大家对绿色制造国际标准化工作的认识和理解。会议还对《油田设备和材料绿色制造通用要求(草案)》进行了认真审查和讨论,提出了建设性修改意见和建议。同时,对大庆油田、西南油气田、宝石机械公司等参会单位提出的项目建议进行了讨论。

2021年1月至今,TC 67成立主席咨询组(TC 67/CAG)继续推进绿色低碳标准化、TC 67名称和工作范围调整工作。在主席咨询组多次开展线上会议交流的过程中,工程材料研究院积极推动绿色低碳主题的研究讨论,并在年会上就"能源转型大背景下石油工业绿色制造和低碳排放国际标准化工作"作了专题报告。报告分析了能源转型背景下TC 67开展绿色低碳标准化工作的共识,提出了绿色低碳标准化工作范围和工作内容,并给出了实施建议和对未来的展望。年会形成决议,同意由秦长毅牵头编制绿色低碳标准化工作方案,提出后续工作详细建议,并在下次CAG和MC会议上作报告。

通过本项目的开展,我们得到如下启示:

(1) 紧跟时代主题。项目密切结合国内外热点议题,针对国内外石油公司关注的绿色低碳问题,于2018年第一次在TC 67会议上提出绿色制造标准化工作提议,引起广泛关注。

(2) 国内绿色制造标准化工作已积累诸多经验。围绕绿色制造,我国建立了比较完善的绿色制造标准机构和体系框架,组建了SAC/TC 337"全国绿色制造技术标准化技术委员会",负责装备制造业领域绿色设计方法、绿色制造工艺规划、绿色机加工工艺、自修复与再制造等共性技术标准化工作。工业和信息化部与国家标准化管理委员会共同编制了《绿色制造标准体系建设指南》（工信部联节〔2016〕304号，以下简称《建设指南》），确定了化工、石化、机械等21个重点行业绿色制造标准化工作重点领域。

（3）绿色低碳国际标准化工作是油气工业一个新的制高点。我国建立了较为完善的绿色制造标准概念和标准体系，在这个过程中就一些基本概念、认识和整体框架设计等问题争论较多，耗时较长，具体标准项目的推进较慢。预计在统一认识后，该领域的国际标准项目即能迅速展开。

5.10 提高采收率分技术委员会

2017年12月，大庆油田下发了《关于成立油田公司重点实验室和试验基地建设、知识产权保护及国际标准化工作管理委员会的通知》，标志着大庆油田国际标准化工作正式起步，由主管部门牵头积极开展国际标准化研究工作。经过全面细致的分析后，发现在原油勘探开发上游领域，大庆油田拥有世界先进的聚合物驱和复合驱油技术，并已成为世界最大的化学驱油工业化生产基地，应用规模、技术水平和经济效益均居世界前列。因此，大庆油田具备开展国际标准化工作的技术优势。通过多方努力，2018年10月，大庆油田首次派代表参加ISO/TC 67年会，并在化学驱的技术优势基础上，在ISO提出了两项相关国际标准新项目提案，得到了与会专家的认可。由于没有相应国际标准化的技术归口，经过全面分析、整体部署，大庆油田建议在ISO/TC 67下成立新的技术组织机构，也就是现在的ISO/TC 67/SC 10提高采收率分技术委员会（Enhanced oil recovery，以下简称SC 10），为提高采收率领域国际标准提供技术归口。

2019年9月2日，提高采收率（EOR/IOR）特别工作组顺利通过35个成员投票，在ISO/TC 67下正式成立AHG 2提高采收率临时工作组（以下简称AHG 2临时工作组）。工作组由中国牵头，美国、英国、法国、瑞典、荷兰、阿根廷、卡塔尔、加拿大、挪威等10个国家20名专家注册加入。

AHG 2临时工作组成立后，积极开展相关工作，并在2019年9月18日—19日参加了ISO/TC 67美国休斯敦年会，就AHG 2临时工作组前期工作内容进行了交流。会议形成了如下决议：认可临时工作组现有工作进展；建议统筹考虑其他ISO/IEC下设技术委员会与本领域相关的工作内容；进一步明确临时工作组的工作范围，聚焦相关工作领域。以本次年会决议为指导，AHG 2临时工作组专家开始了相关的调研论证工作，形成了5万多字的中英文调研报告，并于 2020 年 3 月 18 日和 6 月 17 日参加了 ISO/TC 67 管理委员会（MC）第一季度和第二季度电话会议，对 AHG 2 临时工作组的工作进展进行了汇报交流，得到了 TC 67 秘书处和与会专家的高度认可。会上有英国 BP 公司的专家和挪威国标委专家申请加入工作组。

2020 年 7 月 15 日，AHG 2 临时工作组组织召开首次会议，由中国、美国、加拿大、法国的 8 名代表参会，瑞典、荷兰、挪威的 3 名代表于会前提出建议。参会代表在会上对工作组的工作目标、工作范围、工作计划、EOR 和 IOR 的定义及启动项目等内容进行了讨论，大家就讨论内容达成了一致意见，为后续工作的开展指明了方向。在同年 10 月 14 日、15 日召开的 ISO/TC 67 年会上，中国代表 AHG 2 临时工作组作了正式报告，内容包括在 ISO 成立 EOR 分技术委员会的必要性和可行性、拟定的工作范围及启动项目，建议由中国承担 EOR 分技术委员会秘书处的工作并推荐主席人选。通过激烈的讨论，中国代表的提议得到了秘书处及 16 个成员参会代表的认可，一致同意进入成员国投票阶段，以确定是否成立新的分技术委员会或工作组来开展相关工作。

ISO/TC 67 秘书处于 2021 年 3 月 9 日发起 EOR 投票，4 月 6 日结束。投票结果是 10 票支持成立 EOR 分技术委员会（SC），6 票反对；16 票支持成立 EOR 工作组（WG），1 票反对。分技术委员会的支持率没有达到有效票的 2/3，因此该投票结果只能支持成立直属工作组。经过几次与 ISO/TC 67 秘书处的积极沟通，争取在 2021 年 6 月 8 日与中方召开一次 EOR 投票结果讨论会。经过与 ISO/TC 67 秘书处和 ISO 中央秘书处两个多月的多轮博弈，中国代表终于争取到在保留"直属工作组"和"中国承担秘书处和主席职务"的基础上，再发起新一轮仅针对是否成立 EOR 分技术委员会的投票。

2021 年 8 月 31 日，ISO/TC 67 秘书处正式发起第二轮针对是否成立 EOR 分技术委员会的投票，最终在 10 月 13 日顺利通过。2022 年 3 月 11 日，ISO/TC 67/SC 10 提高采收率分技术委员会正式获批，由中国承担秘书处。

本次 SC 10 的成立：一是充分掌握了规则，二是发挥了中石油优势资源力量，三是建立了国内攻关团队，四是多渠道争取到国际支持，五是积极参与了国际标准化活动，六是攻坚克难、坚持不懈、实现突破。

第 6 章 国际标准业务展望

通过总结提炼国际标准制定经验，结合最新《国家标准化发展纲要》（以下简称《纲要》）的精神，本章归纳形成了油气上游领域标准的国际化发展方向。同时，着眼当前开展的业务领域，从趋势上对上游业务板块展开分析，从学术角度上对各专业领域技术发展方向进行展望，并探讨了国际标准制定机制的发展策略。

6.1 油气上游领域技术的发展方向

《纲要》对标准的国际化发展提出了相关要求，其中一个转变即是"由国内驱动向国内国际相互促进转变"，同时也设定了"结构优化、先进合理、国际兼容的标准体系更加健全"的远期目标。在针对标准化服务发展部署的任务中，更是提出提升标准化对外开放水平，深化标准化国际交流合作，强化贸易便利化标准支撑，推动国内标准的国际化协同发展。

6.1.1 天然气质量与计量

在天然气质量及分析测试领域，ISO 国际标准化工作开展时间较长，已形成较为完善的技术标准体系。下一步主要的标准化发展方向包括三个方面：一是对现有标准技术的完善，采用修订标准的方式进行；二是对现有方法体系进行补充的新技术新方法，在成熟后开展标准化工作；三是对天然气质量领域出现的新产品种类，包括非常规天然气及天然气代用品等新的质量及测试需求开展方法研究，制定标准。

天然气检测计量方面，现有标准多参考或采用 ISO 标准或美国标准，国际标准制定处于起步阶段，技术原创性需要进一步提升。下一步主要的标准化发展方向包括四个方面：一是总结提炼国内天然气流量计量量值溯源应用经验，推进天然气计量标准装置应用的标准化工作，促进国内天然气计量溯源准确可靠、量值统一；二是积极开展新型单相流量计技术标准化前期研究，推动国际标准制定；三是深入开展高含硫、高酸性天然气计量技术研究，为下一步标准化工作奠定基础；四是加快非分离法湿气两相流流量测量技术原始创新研发和测试评价技术完善，做好国际标准制定技术储备，这也是下一步流量计量国际标准制定的重点方向。

天然气水合物分析测试方面，主要以水合物资源调查与评价、水合物开采方法、水合物检测技术、水合物模拟试验方法、水合物抑制剂评价等方面作为未来国际标准的发展重点和方向。

未来，天然气质量与计量领域将对以下五项技术进行更深层次的探索和发展：

（1）天然气水合物室内模拟测试技术。伴随天然气水合物试采加快，针对多类型水合物联合开采的微观-介观-宏观的多尺度开采模拟方法，与进一步精确模拟和评测天然气水合物物性的天然气水合物多功能一体化评测实验装置，将成为研发重点。

（2）天然气水合物勘探技术。以天然气水合物探测和试采、产业化开发为核心，高技术交叉领域快速发展，多学科、多方法综合调查研究的找矿方法及高精度、立体化、综合探测技术将是未来的发展方向。

（3）天然水合物钻探取样技术。天然气水合物钻探取样技术研究呈现多元化，大型可视开采模拟、数值模拟与试采、工业开发计划逐步实施，不同赋存形式表层、浅表层、深层天然气水合物安全高效开采工艺将是未来的发展方向。

（4）三气合采技术。随着资源开发模式与试采工程趋向水合物和油气联合开发，天然气水合物、浅层气、天然气藏的纵向立体开发技术将是未来的发展方向。

（5）天然气水合物环境风险监测技术。天然气水合物局部到整体、短期到长期的综合监测、系统评价及高分辨、大尺度、实时化、立体化的探测和监测将是未来的发展方向。

6.1.2 页岩气

页岩气领域，主要以地质调查与资源评价、钻井液技术、页岩气体积压裂技术等作为未来国际标准的发展重点和方向。地质调查与资源评价方面，需要通过对深部页岩储层开展孔缝结构特征、分型学特征等表征研究，加强对深埋条件下富有机质页岩生-排-滞烃机理、有效储层形成与保存机理、页岩气富集主控因素及分布规律、深埋条件下多尺度介质气-液两相流动机理的认识，强调含气性、可压性、经济性等，更加突出"甜点"区、"甜点"段、"甜点"层的评价优选，以及低成本配套技术和可开发资源的经济性。钻井液技术方面，由于环保法规要求越来越严格、钻井低成本压力越来越大，国内页岩气高性能水基钻井液技术近年来取得了较大突破，但仍存在不足；为应对页岩气水平井的技术难题和环保要求，国外各大钻井液公司研发了在性能、成本和环境保护等方面能够取代油基钻井液与合成基钻井液的高性能水基钻井液，形成了具有代表性的技术和产品。页岩气体积压裂技术方面，主要是完善暂堵转向压裂技术，提高深层页岩气体积压裂效果；完善深层页岩气体积压裂技术，深化储层认识和裂缝控制机理研究，持续提升裂缝对储层的全控制，强化裂缝长期导流能力及对套变机理的认识，进一步优化套变防治技术，拓展满足效益开发需求的压裂综合降本技术体系。

从美国的"页岩气革命"到国内页岩气勘探开发的逐步推进，随着页岩气勘探开发深度和广度的加大，页岩气领域将对以下六项技术进行更深层次的探索和发展：

（1）超深层、超长水平井钻井技术。为高效开发深层页岩气资源，应持续攻关钻完井设备与工艺，攻克高温、高压、高含硫等技术挑战，实现深层页岩储层中的水平井高速钻井，并降低作业与材料成本，为后期储层压裂改造建立可靠通道，以满足页岩气规模开发的需要。

（2）页岩气立体开发工厂化钻完井与压裂改造模式。通过采用标准化施工、流水线作业、模式化管理与集成化应用的作业方式，建立"连续供水、连续供砂、连续配液、连续泵注、工具入井、后勤保障"六大系统，实现对同一井场实施集中化钻井、完井与压裂作业，以及页岩储层立体式整体开发。

（3）发展新型少水/无水压裂技术。常规页岩气压裂开发需使用大量淡水，水资源匮乏的区域限制了储层的改造规模。为降低水资源浪费并提升页岩储层压裂改造效果，积极发展超临界二氧化碳压裂技术、高压电脉冲增透压裂技术等少水/无水压裂技术将是未来的发展方向。

（4）研究复合页岩气吸附特征的高效开采压裂技术。针对天然裂缝发育程度低、人工缝网构建困难的页岩储层，难以通过单一压裂改造实现吸附态甲烷高效解吸，结合脉冲增透、微波加热、注气驱替等工艺形成促进吸附气解吸的复合压裂改造将是未来的重要发展方向。

（5）页岩气"地质-工程-开发"综合评价技术。优质页岩是页岩气富集成烃控储的物质基础，高效压裂改造技术是页岩气效益开发的关键手段，综合考虑资源品位、地质条件、可压性、施工工艺等多方面因素，形成页岩气"地质-

工程-开发"综合评价技术，将为页岩气开发选区以及产能建设提供指导。

（6）智能化开发方案设计与决策技术。基于互联网、区块链、人工智能等数字信息技术，形成可用于开发方案设计与优化的智能决策系统，提高页岩气智能化开发水平，形成智能化数字油田开发模型，实现页岩气科学决策与科学开发，有效减低开发成本。

6.1.3 油检测计量

页岩油、页岩气、致密油等新能源的出现，对流量计量设备的性能及相关技术标准提出了新需求；云计算、大数据、人工智能等新技术的出现，推动着新技术、新方法标准的快速发展。未来国际标准的发展主要探讨新型流量计应用技术标准，重点开展新型测量技术的应用研究，解决复杂开发条件下的流量计量难题，满足加大油气勘探开发力度的需要；研究适应新形势的量值传递技术，降低检定成本，解决受限于站点的工艺流程、建筑布局、无法在线实流检定的流量计量值溯源难题。

科学技术的不断进步，为油检测计量技术的发展奠定了基础。未来，油检测计量领域的发展方向主要表现在以下四个方面：

（1）计量器材仪表化。随着科学技术的发展，以及各种气体液体流量计的广泛应用，油气计量过程中必然越来越多地使用操作简单、读数方便的仪表化计量装置。

（2）测量精度精确化。我国很多油田已经进入开发中后期，因此需要及时对油井情况进行深入了解，为油田的开采提供相关真实数据。我国油计量技术会朝着高精度的方向发展。

（3）测量速度快速化。社会和经济的发展变化越来越快，油田企业想要满足发展需要，须及时对生产情况进行了解，缩短油检测计量周期，进行更加频繁和及时的测量。因此必须提高油检测计量速度。

（4）测量过程自动化。自动化技术的应用和发展，不仅能够节约大量的人力和物力，而且能够提高生产效率。采用自动化的计量方法，不仅计量精度高，而且操作方便。

6.1.4 提高采收率

随着油气开采工艺和配套设备的不断完善，提高采收率技术的研究与逐步应用，使已发现油气资源的采出程度不断提高，未发现资源可采系数不断增大。在堵水调驱技术方面，不同类型、多功能深部调驱体系的评价标准建立呈精细化趋势，这将促使深部调驱技术逐步完善，最终形成一套低渗透油田完备的深部调驱技术体系。同时，围绕堵水调驱全过程质量监控，要在自动设备研制、常规设备数字化升级配套、远程监控系统开发等方面取得积极进展，对贯穿物料流通、调驱剂配制、施工作业及包装回收全链条、多节点的监控相关技术标准的建立提出了新要求。在气驱技术方面，国内外大量研究和实践表明，气驱驱油是老油田持续提高采收率、新油田提升开发水平的必由之路和必然要求，有望成为中国石油产业上游领域业务可持续发展的关键技术。在采气工艺技术方面，经过多年的探索，其已逐步趋于成熟，采气工艺类国际标准制定主要方向将由单一的检测方法、工具类专利逐步向智能化技术、组合技术实施方法方向发展。

未来，提高采收率领域将对以下五项技术进行更深层次的探索和发展：

（1）转流场的水驱立体开发技术。应用物理化学增效机理，改善储层物性及岩石润湿性，有效增加驱油效率以及水驱波及效率，以期在不增加较大投入的情况下有效提高原油的采收率。

（2）油藏、井筒、地面一体化提高采收率技术。打破传统一次采油、二次采油和三次采油等分阶段开发模式，将提高采收率贯穿油藏全生命开发周期，构建开发全过程提高采收率技术管理流程，以系统优化和科学决策最大化提高油藏采收率。

（3）二次开发和三次采油相结合的提高采收率技术。通过重构地下认识体系、重建井网结构与老油田新的开发体系、重组地面工艺流程，实现开发方案调整与深部调剖，大幅提高油田最终采收率，实现总体开发效益最大化的目的。

（4）生物型聚合物驱替提采技术。考虑环境影响与提采效率，基于微生物发展生物型提采技术，兼顾高效驱油、无毒无害、绿色环保等特性，极大降低开发过程中对环境的污染等影响，符合绿色可持续发展的需要，是未来重要的技术方向。

（5）智能化提高采收率复合技术。现有提高采收率技术，需在特定条件下的油藏中才能实现高效驱油。为明确不同提采技术的适用范围，在充分了解油藏地质特征后，基于大数据和人工智能等方法对目标油藏提高采收率技术的适应性进行精准识别与判断，形成智能化提高采收率复合技术，为提高采收率提供技术支撑。

6.1.5 钻完井

随着可供开采的常规油气资源逐渐枯竭，致密油气、页岩油气等非常规油气资源逐渐成为重要的接替能源。经过多年的研究与试验，围绕致密油气钻完井已发展出三维水平井轨迹剖面优化设计、长水平井井眼轨迹控制技术、激进钻井、长裸眼段稳定井壁技术、长裸眼段堵漏技术、长水平段漂浮下套管技术、长水平段窄间隙固井技术等关键配套技术。国内页岩油气加快勘探开发，与之相配套的钻完井工艺技术也得到快速发展，逐渐呈现标准化、精细化的趋势。技术进步必将推动相关标准的形成完善，为我国钻完井关键技术的国际化奠定基础。

未来，随着页岩油气藏的大规模化开发，国内页岩油藏水平井钻完井技术将会获得很好的发展。从业务发展趋势来看，预期钻完井领域的国际标准发展重点为以下三个方向：

（1）超长水平井钻完井配套技术。超长水平井是突破油藏地面条件限制，最大化提高单井控制储量的关键技术。随着资源品位不断劣化、地面限制日益严格，控降成本需求不断上升，水平井水平段延伸长度将不断增加。新的延伸极限意味着新的技术突破，提出相应的标准规范可以有效指导井眼轨迹设计、钻井液体系优化、钻井参数选取、固井水泥浆体系优化、顶替效率设计优化等钻完井设计、施工过程。

（2）防漏堵漏。随着对各区域储层地质、漏失机理认识的不断加深，堵漏新工艺新材料的不断发展，堵漏措施应更加精细和更具有针对性。提出相应的标准规范，可有效指导钻完井现场防漏堵漏，缩短钻完井周期。

（3）智能化钻完井。随着物联网、大数据、人工智能等技术在钻完井领域的进一步深化应用，智能化钻完井将逐渐取代劳动密集型钻完井施工模式，决策效率、施工质量将进一步提高，施工成本也将大幅降低。目前，不论从国外还是国内来看，智能化钻完井方面的相关标准均为空白，是未来国际标准发展的一个新方向。

6.1.6 页岩油

我国页岩油资源丰富，加快页岩油业务发展是中石油贯彻落实习近平总书记关于大力提升国内勘探开发力度的重要批示精神，是保障国家能源安全的战略举措。我国页岩油历经多年探索与勘探开发实践，已形成特色陆相页岩油富集地质理论以及相应的配套技术。为了页岩油行业实现有质量、有效益的可持续发展，国家将页岩油标准化工作提到引导页岩油产业科学发展的战略高度。

未来，页岩油领域将对以下五项技术进行更深层次的探索和发展，并将其作为未来国际标准发展的重点和方向：

(1) 页岩油开发有利目标区优选技术。开展资源评价与开发有利区优选是对资源进行高效开发的前提与基础。通过地质分析建立空间三维可视化储层结构与资源分布模型，可提高开发区选择与产能方案设计的针对性，并可为开发中后期生产方案的实时调整提供指导。

(2) 页岩油水平井平台多井协同压裂及排采技术。借鉴页岩气勘探开发方式，通过多水平井协同改造与排采，充分利用应力波扰动最大限度地提高储层改造体积与储层泄油体积，以实现集群式压裂改造与资源最大限度排采，提升储层整体改造效果与资源采出效率。

(3) 中低成熟度页岩油原位改质技术。由于页岩油资源的特殊性，常规开发方案难以实现效益开发，需对页岩油进行原位改质。通过二氧化碳/催化裂化剂组合吞吐原位开采，并辅以微波加热、电加热等加热手段，可实现低成熟度页岩油大范围改质降粘，提高页岩油的流动性与油井产量。

(4) 页岩油储层液化石油气无水压裂技术。页岩油储层中粘土含量较高，使用水基压裂液进行储层改造时不仅需要大量的水资源，还会对储层产生水敏损害。使用液化石油气进行压裂改造，一方面可以有效降低储层损害，同时还可以降低原油粘度以提升流动性，且返排液还能回收重复利用。

(5) 智能化储层精细压裂技术。现阶段国内页岩油主体开发方案为"超密切割布缝、暂堵转向、高强度加砂"的分段压裂技术，为均衡改造成本与增产效果，需基于页岩油"甜点"识别、压裂实时监测与压后产能评估建立智能化储层精细压裂技术，减少无效压裂裂缝或过改造区域，实现页岩油资源的经济开发。

6.1.7 稠油开采

国外稠油资源丰富，随着中国石油企业在海外权益合作区块日益增多，有必要将国内稠油开采领域的先进技术输出，占领技术高点，提高对外合作的话语权。针对国际上暂无专门的稠油热采标准，可以分三步开展标准申报工作：

(1) 梳理 ISO/TC 67 下与稠油存在相关性的标准，在稠油物性的化验分析、稠油水平井钻完井及其工具装备、耐高温固井水泥浆、热采套管、隔热油管、热采井口、高温举升装备（杆式泵、电潜泵）、热敏封隔器、防砂冲砂工具、高温调剖封窜药剂、燃煤锅炉、高温采出水处理装备等方面结合自身技术优势，对相关国际标准进行修订和完善。

（2）借鉴大庆油田牵头建立的 ISO/TC 67/AHG 2（提高原油采收率）国际标准化临时工作组的模式，联合国内外知名稠油开采单位，建立稠油热采提高采收率临时工作组，并力争升级为 ISO/TC 67 下的分技术委员会或者正式工作组，从而建立一个稠油开采领域的正式标准化组织。借此，可将国内稠油领域发布的国家及行业标准，以及国外迫切需要的相关技术按计划分批次逐步申请为国际标准。

（3）鉴于现有的热力开采技术存在经济效益差、老区稳产难度大、环保压力高、无有效接替开发技术的难题，需要创新工艺和技术，提高稠油开采水平和提高经济效益。

未来，稠油开采领域将从以下四个方面进行重点攻关：

（1）深化热力开采过程中岩石-流体的强非均质性对传热、渗流规律的影响研究，是改善油藏非均质生产措施的基础。

（2）采用多相协同注蒸汽提高地层传热效率，扩大热波及体积和驱油效率。以化学添加剂、超临界流体、蒸汽+气体合注等改善注蒸汽开采热效率、降低温室气体排放强度等技术，将继续成为提高稠油开采效率的研究重点。

（3）继续提升注空气火驱技术的适应性和应用范围，将其推广至薄互层、高粘油藏、水淹油藏的提高采收率项目中，以实现在大幅提高采收率的同时保证绿色低碳的目的。

（4）稠油地下原位改质有助于提高稠油品质和资源利用效率，具有较大的发展潜力。

6.1.8 储气库

国内储气库经过多年的技术攻关和实践探索，气藏型储气库形成了以建库地质评价、库容参数设计、建库方案设计、钻完井工程、注采工艺、地面工程、生产运行、库存管理与配产配注等为主线的成套专业技术，盐穴型储气库形成了以盐层地质评价、造腔设计、稳定性评价、造腔控制、盐腔检测、注气排卤、地面工程配套工艺运、行方案设计与优化、已有老腔改造等为主线的成套专业技术。储气库专业技术框架已初步形成，技术树基本清晰。随着国家对推进天然气产供储销体系建设的决心和力度加强，储气库业务将呈现快速化、规模化发展趋势，这给了储气库技术一个长足的发展内生动力。技术的发展能更好地推动和带动标准数量的增加和水平的提高，为将标准推向国际化奠定坚实基础。

随着储气库的规模化发展，未来，国内储气库技术将得到更大的提升。从业务发展趋势来看，预期储气库领域的国际标准发展重点为以下三个方向：

（1）完整性管理。储气库大规模交替注采、压力循环波动可能造成储气圈闭地质构造失稳、井屏障退化和地面设备故障，甚至导致泄漏、燃烧或爆炸等事故发生，储气库安全问题不容忽视。气藏、井筒以及地面系统的完整性管理，是保障储气库长期安全注采运行的有效手段，贯穿于储气库全生命周期的过程管理。

（2）储气库老井及报废井封堵技术规范。储气库建设的首要条件就是建库气藏的密封性，而大部分老井由于多种因素无法再次利用，都需要进行封堵。储气库老井封堵较常规油气井封堵存在井况较差、工艺复杂多样、储层跨度大、层间差异大等问题，因此处置难度较大。提出相应的技术要求与评价方法，可以规范老井封堵全过程，有效指导设计、施工、质量评价与管理等工作。

（3）井网调整设计及优化方法。对井网进行调整和优化，旨在提高储气库库存动用率和调峰能力等指标，从而提升储气库运行效益。提出相应的技术标准，可以科学调整优化注采井网，有效提高井网控制能力、单井生产能力和调峰能力。

6.1.9 煤层气

煤层气开发利用的重要性和战略意义日渐凸显，已基本形成一个规模化的独立产业，因此要有更加健全、完善的法律法规体系作保障。煤层气领域应加强开采利用产业链中游运输、下游终端利用及安全生产、节能减排等方面的标准建设，同时注重研究和沟通，努力协调和平衡煤层气的安全生产标准、抽采利用标准和节能减排标准，促进煤层气资源的有效利用。

未来，煤层气领域将对以下六项技术进行更深层次的探索和发展：

（1）建立煤层气全生命周期开发的地质-工程-排采一体化开发技术。通过构建集地质评价、井网规划、储层改造、生产排采、经济评价为一体的煤层气开发全生命周期动态数值模拟器，充分考虑地质环境、技术条件、开发成本等因素，对钻井井网布置、储层改造方案、生产排采制度等关键参数进行整体优化。

（2）研究煤炭与煤层气一体化原位开采技术。通过对煤炭与煤层气实施一体化开采，突破常规钻井与压裂的技术局限，以有效解决煤炭矿井开采中的安全与环境问题，同时改善煤层气单井产量低下的情况，减少 CH_4、CO_2 等温室气体的排放。这是未来煤层气资源清洁开采的重要方式。

（3）纵向多层协同开发的合层压裂技术。针对纵向上多层叠置、薄互层发育的复杂煤层，基于地质评价建立储层分类标准，将岩性近似的煤层实施合层压裂，可以降低压裂改造成本并提升煤层改造效果，促进储层产能释放，提高不同品质资源的综合利用率。

（4）暂堵转向相结合的重复压裂技术。针对气井产量低但开采资源丰富的煤层气井，可通过重复压裂开启原有裂缝或产生偏离原有裂缝的新裂缝对煤层进行二次压裂改造，再结合暂堵工艺提高裂缝转向的成功率，提升煤层气资源动用水平。

（5）研发无水压裂改造技术，提高煤层气资源动用水平。进行煤层的无水化压裂改造，可降低对储层的损害并提升单井产量，在减少水资源使用的同时实现保护环境和降低开采成本。超临界二氧化碳压裂形成的人工裂缝能充分沟通煤层天然割理形成的复杂缝网，结合置换吸附作用提高煤层气的解吸效率，可大幅提高煤层气单井产量。

（6）智能化的数据管理与远程决策系统。基于大数据、物联网、人工智能等数字信息技术，建立煤层气开发全生命周期远程监控和专家决策系统，实现煤层气建井、压裂、开发远程智能化监测、调控与管理，提高煤层气开发压裂智能化水平，实现降本增效。

6.1.10 管材和绿色制造

在对前期标准化成功经验总结的基础上，管材和绿色制造领域将继续加强国际标准平台建设和工作机制创新，稳步推进国际标准化进程，全面谋划和参与国际标准化战略、政策和规则的制修订，持续提升国际标准化工作水平、成果和对国际标准化活动的贡献度及影响力。

未来，管材和绿色制造领域的国际标准发展有以下两个方向：

（1）进一步加强国际标准平台维护和建设工作。按照国家和中石油国际标准化工作管理规定，做好国际标准化组织国内归口单位管理工作，密切跟踪油气管材及装备国际标准最新动态，及时查收、整理并转发最新投票文件和标准信息，积极组织提案和投票，加快国际标准的采标和转化；加强和API、NACE、ASME、ASTM 等机构的沟通联系，初步形成良好的合作交流机制，力争建立对口国内合作平台，拓展行业和本单位国际标准的立项渠道。

（2）促进国际标准化工作可持续发展。积极组织和参与国际标准化活动，选派相关技术人员持续参加 ISO/TC 67/SC 2、SC 5 年会以及 API 标准年会等，并开展技术交流，充分拓宽与国外专家沟通交流的渠道，跟踪国际标准最新信息。推荐有关行业专家成为 ISO 工作组成员，或者加入 NACE、ASME、ASTM 等机构的标委会，积极承办国际标准化会议，实质性参与国际标准的制修订工作。进一步深化国际标准制定机制，推动石油管及装备材料等企业和产业走出去。加强国际标准化人才队伍建设，选拔培养熟悉标准化知识、具有丰富国际标准工作经验的专家，组建精通石油管及装备材料领域技术、热心参与国际标准制定的技术专家队伍。

6.1.11 油气地震勘探

随着国内外油气勘探需求的不断增长，油气地震勘探资料采集、处理、解释等技术的研究和发展将不断深入，计划在"十五五"期间，物探业务领域形成智能化、多学科协同、油藏全生命周期服务能力，以满足油田高效、低成本勘探开发需求。油气地震勘探领域将在以下四个方面进行更深层次的探索和发展：

（1）采集技术。宽频高密度高效节点采集仍是重点发展方向，基于压缩感知的勘探技术将会成为热点，物联网、数字化管理、智能化应用将是发展趋势。

（2）处理技术。混采数据分离技术将朝着高精度反演方向发展，图像域最小二乘偏移成为业界主要发展方向。

（3）资料解释技术。地震构造解释自动化和智能化、多学科地球物理联合处理、解释与建模成为研究热点，展现出明显的优势。

（4）物探装备研制和应用。低成本和轻型节点仪器的开发与应用、低频可控震源研究和使用依然是装备技术的发展方向。

6.2 国际标准制定机制的发展策略

标准业务的国际化发展从管理机制、人才培养到技术进步等均需做好规划。高质量的标准离不开成熟的团队，成熟的团队需要标准化人才的支撑。在国际标准制定方面，努力探讨提升标准化业务水平，发挥标准国际化发展的引领作用，是标准化工作者努力奋斗的目标之一。我们应该从以下几个方面开展工作：

（1）完善国际标准工作机制和专家制度，积极组织协调，加强国际标准国内外专家组建设，调动专家参与国际标准制修订工作的积极性。

(2）积极组织委员会成员和专家对国际标准提案和投票项目进行认真研究，及时、高质量反馈标准制修订意见。

(3）加强国内外标准对标研究和核心标准跟踪研究，积极提出并落实国际标准提案。

(4）提高国际标准化工作的力度和深度。

(5）培养既精通技术又精通外语的标准化人才。

6.2.1 强化顶层设计

市场与行业的高速发展，助推了企业的标准化活动在各部门各业务间的进一步渗透，标准作为各部门都要涉及的一项整体活动，标准化管理机构也面临升级换代的挑战。在传统的标准化管理机构基础上，新的需求与发展将赋予机构更多的职责与权限。梳理相关信息可以确立以下几个发展方向：

(1）完善的管理体系是标准研制的重要保障。标准化组织结构的细分与优化，是标准化管理工作非常必要的更新迭代。根据业务发展形势，适时制修订标准化管理制度，明确职责权限与激励条款，并从科研、生产、管理、经费及后勤等多方面提供政策和资源保障方面的支撑。

(2）精准的研制机制是标准制修订的关键要素。科技研发和标准化工作高度融合。建立重大科技项目与标准化联动机制，将标准作为科技计划的重要产出，走出"实验装备研制、试验方法建立、创新成果形成、中间试验验证、工业应用推广、标准体系构建"的特色鲜明的标准创新之路。建立知识产权与标准一体化创制机制，研究成果申报国际发明专利。标准制定时发明专利是标准的必要专利，使用该标准必须要使用发明专利。将我国先进技术通过国际标准贡献给全世界，同时通过专利转让创造价值。

科技成果转化是标准高质量研制的关键。依托国内各标准化技术委员会标准研究项目、标准体系滚动研究项目、国际标准预备项目等，开展技术创新成果适应性及对标研究，支撑标准研制。在此基础上支撑国际、国内标准工作组的组建，推进国际标准研制。

推动国际国内标准一体化协同发展。推动标准互认，建立健全与国际接轨的标准体系及标准管理体系。通过直接采用、转化采用等方式，开展对标分析与标准外文版研制，建立适应国际化发展，达到国际水平的标准管理体制和标准体系。

关注新业务，把握标准国际化新风向。全球的新能源革命及数字化变革推动着标准的国际化格局的改变。油气上游领域的勘探开发作为能源行业中的关键环节，更需要在标准与技术融合的基础上关注新能源领域的发展趋势，研究数字化转型在标准中的应用。绿色标准与机器可读标准作为新的发展目标，也将渗透至上游领域各技术专业。

(3) 高水平的研制平台是标准质量提升的必要保障。

搭建科技研发与标准研制协同发展平台。依托博士后工作站、院士（专家）工作站及国家重点实验室，通过平台科技、设备及专家资源等发挥作用，建立各个专业的研发、应用场景，对标准研制、标准验证、标准实施效果进行后评估，持续改进和提升标准质量。

建立完善的标准交流机制。与国家标准委或国际标准化机构等先进的标准制修订单位建立良好的沟通渠道，为高质量标准化工作奠定基础。借助一体化平台机构和标准化技术机构，搭建项目锻炼、交流实践、学习培训平台。在企业内部定期开展标准化交流与培训。

多角度参与国际标准化活动，打造国家品牌，为国际标准化人才的培养搭建舞台。加强与国际标准化组织的交流与合作，提高实质性参与国际标准活动的能力，包括承担国际标准化技术组织、参与国际标准制修订、推进标准国际互认等。

6.2.2 加强队伍建设

近年来，中国参与 ISO 国际标准化活动取得了瞩目的成绩。但在国际标准化竞争日益激烈的环境下，中国标准的整体水平及国际标准化活动参与度还有待提高，标准机制创新尚不能满足需要。未来，要更加深入地参与国际竞争，获取更多的主动权，争夺标准制高点，首要任务就是大力培养国际标准化人才，尤其是高层次人才。

国际标准化人才指具有国际化意识和胸怀以及国际一流的知识结构，视野和能力达到国际化水准，在全球化竞争中善于把握机遇和争取主动的高层次标准化人才。

在人才培养方面，可以确立以下几个发展方向：

(1) 采用"四能力"竞聘机制，依据组织、技术、沟通、语言能力等考评标准，在良性竞争中促进标准化人才队伍的素质提升。要快速打造一批有实践经验、有国际视野、既掌握标准化专业知识又熟悉专业技术、精通外语、了解国际规则、具备组织和沟通协调能力的国际标准化人才，为形成创新标准提供强大的智力支撑和人才保障。

(2) 推行"全生命"标准化考核激励机制，制定专门的人才激励政策，提高科研、技术人员的创新自主权，完善标准化奖励制度，将国际标准化优秀工作者纳入奖励范围。探索和实施标准化工程师职业资格制度，将国际标准化工作成果纳入职称评定机制及其他人才激励体系。

（3）采用"优中优选"推优选拔机制，确保标准化人才有为有位。将国际标准化高端人才纳入政府特殊津贴推荐范围，支持引进或聘用海外标准化高层次人才。同时着力开展标准化人才的"引智"工程，聘用国外专家，在标准化制度设计、政策咨询、战略研究和标准化重点项目等方面发挥作用。鼓励在华外资企业和专家参与中国标准制修订工作，充分借鉴和发挥外国专家在技术、经验方面的优势，提升我国技术标准水平。加大外派力度，积极推荐中国专家参与重要国际标准化组织的日常工作。

参考文献

[1] Ma L, Wang S, Long Y, et al. Novel environmentally benign hydrogel: Nano-silica hybrid hydrolyzed polyacrylamide/polyethyleneimine gel system for conformance improvement in high temperature high salinity reservoir [C]. Abu Dhabi International Petroleum Exhibition & Conference, 2017.

[2] Zhao X, Huang W, Li G, et al. Effect of CO_2/H_2S and applied stress on corrosion behavior of 15Cr tubing in oil field environment [J]. Metals, 2020, 10 (3): 409.

[3] 张克勤, 王欣, 王奎才, 等. 国内外钻井液标准化工作综述（一）[J]. 石油钻探技术, 2001, 29 (3): 5.

[4] 张克勤, 王欣, 王奎才, 等. 国内外钻井液标准化工作综述（二）[J]. 石油钻探技术, 2001, 29 (4): 6.

[5] 谢关宝. 轻质水泥浆固井质量测井评价标准构建 [J]. 石油钻探技术, 2022, 50 (1): 119-126.

[6] 张书平, 付钢旦, 张振文. 鄂尔多斯盆地低渗透气藏采气工艺技术 [M]. 北京: 石油工业出版社, 2014.

[7] 罗勤, 常宏岗, 许文晓, 等. 天然气上游领域国际标准化工作进展及建议 [J]. 天然气工业, 2010, 30 (2): 110-111.

[8] 罗勤, 蔡黎. 中国天然气质量控制及分析测试技术的现状和展望 [J]. 天然气工业, 2012, 32 (s1): 104-107.

[9] 罗勤, 姬忠礼, 许文晓, 等. 天然气产品质量和分析测试技术国际标准化进展 [J]. 石油与天然气化工, 2013 (6): 549-554.

[10] 罗勤, 陈鹏飞, 付伟, 等. 中国页岩气技术标准体系建设进展 [J]. 石油与天然气化工, 2018 (1): 1-6.

[11] 罗勤, 许文晓, 陈效红. 国际标准化组织天然气技术委员会 ISO/TC 193 第 24 届年会情况报告 [J]. 石油工业技术监督, 2014 (2): 6-11.

[12] 罗勤, 杨芳, 蔡黎, 等. 国际标准化组织天然气技术委员会 2015 年标准化进展研究 [J]. 石油工业技术监督, 2016, 32 (4): 1-5.

附录 1 各国际标准化组织标准编号形式汇总表

各国际标准化组织标准编号形式汇总表见附表 1-1。

附表 1-1 各国际标准化组织标准编号形式汇总表

序号	组织	类别	编号形式	示例
1	API	API 标准	API+分类符号（Spec、RP、MPMS、TR 等）+数字或数字和字母混合序号+制定年份（确认年代）+名称	API Spec 5LD-1998 耐腐蚀合金内覆或衬里复合光管
2	API	被 ANSI 采用的美国国家标准	使用双重代号，即在原标准编号前面加注 ANSI 代号	ANSI/API RP 580-2002 基于风险的检测
3	ASTM	ASTM 标准	ASTM+字母分类代码+标准序号+制定年份+标准名称	ASTM D1945-14（2019）气相色谱分析天然气的标准试验方法

续附表1-1

序号	组织	类别	编号形式	示例
4	ASTM	ASTM编号说明	(1) 标准序号后带字母M的为公制单位标准，不带字母M的为英制单位标准。 (2) 制定年限后面括号内的年代为标准重新审定的年代。 (3) a, b, c, …表示修订版次。 (4) 字母分类代码为：A—黑色金属；B—有色金属（铜、铝、粉末冶金材料、导线等）；C—水泥、陶瓷、混凝土与砖石材料（石油产品、燃料、低强塑料等）；D—其他各种材料（电子材料、防震类（金属化学分析、无损试验、统计方法等）；F—特殊用途材料（电子材料、防震材料、外科用材料等）；G—材料的腐蚀、变质与降级	
5	BSI	BSI标准	BS+标准序号+制定年份+标准名称	BS 8609: 2014 天然气 由组成计算二氧化碳排放因子
6	BSI	BSI采用ISO或EN标准	BS+ISO/EN+标准序号+制定年份+标准名称	BS ISO 20729: 2017 天然气 硫化合物测定 用紫外荧光法测定总硫含量 BS EN 16723-1: 2016 运输用天然气和生物甲烷及注入天然气管网的生物甲烷 第1部分：注入天然气管网的生物甲烷规范
7	DIN	DIN标准	DIN+标准序号+制定年份+标准名称	DIN 1946-4: 2018 通风与空调 第4部分：医疗建筑与民用房的通风
8	DIN	DIN采用EN、ISO、VDE、ETS、IEC标准	DIN+EN（或其他组织代号）+标准序号+制定年份+标准名称	DIN EN 10204: 2005 金属产品 检验证类型 DIN VDE 0620-1: 2010 家用和类似用途的插头插座 第1部分：一般要求
9	DIN	DIN采用CEN研讨会协议	DIN+CWA+标准序号+制定年份+标准名称	DIN CWA 14523-2002 为欧洲小型企业提供的各种商业咨询和保障服务的规范
10	DIN	技术报告	DIN+TR+标准序号+制定年份+标准名称	DIN/TR 67702: 2020 档案、图书馆藏环境条件的管理

• 附录1 各国际标准化组织标准编号形式汇总表 •

续附表1—1

序号	组织	类别	编号形式	示例
11	DIN	规范	DIN+SPEC+标准序号+制定年份+标准名称	DIN SPEC 67600：2013 生物有效照明 设计指南
12	DIN	航空航天标准	DIN+LN+标准序号+制定年份+标准名称	DIN LN 29762-1984 航空航天 夹具 部件
13	CEN	CEN标准	EN+标准序号+制定年份+标准名称	EN 16723-1：2016 运输用天然气和生物甲烷及注入天然气管网的生物甲烷 第1部分：注入天然气管网的生物甲烷规范
14	CEN	CEN技术报告	CEN/TR+标准序号+制定年份+标准名称	CEN/TR 16395：2012 气体基础设施 CEN/TC 234 压力定义 指导性文件
15	CEN	CEN技术规范	CEN/TS+标准序号+制定年份+标准名称	CEN/TS 12007-6：2021 气体基础设施 最大工作压力可达16 bar 的管道 未增塑聚酰胺特定功能推荐值
16	CEN	直接采用ISO标准	EN ISO+标准序号+制定年份+标准名称	EN ISO 23306：2020 船用液化天然气规范
17	GPA	GPA标准	GPA+数字序号+发布年份+标准名称	GPA 2140-17 液化石油气规范和试验方法
18	GOST	GOST标准	GOST（R）数字序号+发布年份+标准名称 说明：GOST是苏联时期制定的独联体国家间标准，GOST R是俄罗斯联邦使用的标准	GOST 26374-2018 可燃天然气总硫和有机硫含量测定方法 GOST R 59424-2021 远程工厂审核指南
19	ASME	ASME标准	ASME+字母+数字顺序号+制定形式+发布年份+（确认年代）[M表示公制]	ASME A 112.1.2-1991 管道系统中的空隙

续附表1-1

序号	组织	类别	编号形式	示例
20	ASME	被ANSI采用的美国国家标准	使用双重代号，即在原标准编号前面加注ANSI代号，或采用ANSI的标准编号体系	ANSI/ASME B 16.5-2001 (R2004) NPS 1/2 至NPS 24 管法兰及法兰式管接件 ANSI B1.20.3-1976 (R2003) 干式密封管螺纹（英寸）
21	ASME	其他标准代号	ASME＋字母（F, LOS, HPS, HST, MH, OCS)＋发布年份	ASME HPS-2003 高压系统
22	AMPP	NACE标准	NACE＋分类符号＋数字序号＋发布年份 说明：目前所有带有NACE或SSPC标识的现有标准将继续使用，合并后制定的任何新标准都将使用AMPP标识	NACE No. 1/SSPC-SP 5-1994 白金属喷砂清理
23	AMPP	被ANSI采用的美国国家标准	使用双重代号，即在原标准编号前加注ANSI代号	ANSI/NACE RP0104-2004 阴极保护监测用试样的使用
24	AGA	AGA标准	AGA＋分类符号＋数字序号＋发布年份	AGA LC-2-1996 用于农畜圈养建筑中的直接燃气循环加热器
25	AGA	被ANSI采用的美国国家标准	使用双重代号，即在原标准编号前加注ANSI代号	ANSI/AGA Z223.1a-2003 国家燃气规范

附录 2　国际标准化机构标准发布清单

油气上游领域相关的五个国际标准化机构已经发布的标准和正在进行的标准化项目清单见附表 2-1 至附表 2-13。

附表 2-1　ISO/TC 28 已发布的标准清单

序号	分技术委员会	标准编号	标准名称	采标情况
1	直属 TC 28	ISO 1516：2002	Determination of flash/no flash—Closed cup equilibrium method 闪蒸/无闪蒸的测定　闭杯平衡法	GB/T 21792—2008，IDT
2	直属 TC 28	ISO 1523：2002	Determination of flash point—Closed cup equilibrium method 闪点的测定　闭杯平衡法	GB/T 21775—2008，IDT
3	直属 TC 28	ISO 1998-1：1998	Petroleum industry—Terminology—Part 1: Raw materials and products 石油工业　术语　第 1 部分：原材料和产品	GB/T 4016—2019，NEQ
4	直属 TC 28	ISO 1998-1：1998/Cor 1：1999	Petroleum industry—Terminology—Part 1: Raw materials and products—Technical Corrigendum 1 石油工业　术语　第 1 部分：原材料和产品　技术勘误 1	—
5	直属 TC 28	ISO 1998-2：1998	Petroleum industry—Terminology—Part 2: Properties and tests 石油工业　术语　第 2 部分：性能和试验	GB/T 4016—2019，NEQ

续附表2-1

序号	分技术委员会	标准编号	标准名称	采标情况
6	直属TC 28	ISO 1998-3：1998	Petroleum industry—Terminology—Part 3: Exploration and production 石油工业 术语 第3部分：勘探和生产	—
7	直属TC 28	ISO 1998-4：1998	Petroleum industry—Terminology—Part 4: Refining 石油工业 术语 第4部分：精炼	GB/T 4016—2019, NEQ
8	直属TC 28	ISO 1998-5：1998	Petroleum industry—Terminology—Part 5: Transport, storage, distribution 石油工业 术语 第5部分：运输、储存和分配	—
9	直属TC 28	ISO 1998-5：1998/Cor 1：1999	Petroleum industry—Terminology—Part 5: Transport, storage, distribution—Technical Corrigendum 1 石油工业 术语 第5部分：运输、储存和分配 技术勘误1	—
10	直属TC 28	ISO 1998-6：2000	Petroleum industry—Terminology—Part 6: Measurement 石油工业 术语 第6部分：测量	—
11	直属TC 28	ISO 1998-7：1998	Petroleum industry—Terminology—Part 7: Miscellaneous terms 石油工业 术语 第7部分：其他术语	—
12	直属TC 28	ISO 1998-99：2000	Petroleum industry—Terminology—Part 99: General and index 石油工业 术语 第99部分：总则和索引	GB/T 4016—2019, NEQ
13	直属TC 28	ISO 2049：1996	Petroleum products—Determination of colour (ASTM scale) 石油产品 颜色的测定（ASTM标度）	—

附录2 国际标准化机构标准发布清单

续附表2-1

序号	分技术委员会	标准编号	标准名称	采标情况
14	直属TC 28	ISO 2137：2020	Petroleum products and lubricants—Determination of cone penetration of lubricating greases and petrolatum 石油产品和润滑剂 润滑脂和淮土林的锥人度测定	—
15	直属TC 28	ISO 2160：1998	Petroleum products—Corrosiveness to copper—Copper strip test 石油产品 对铜的腐蚀性 铜片试验	—
16	直属TC 28	ISO 2176：1995	Petroleum products—Lubricating grease—Determination of dropping point 石油产品 润滑脂 滴点的测定	—
17	直属TC 28	ISO 2176：1995/Amd 1：2020	Petroleum products—Lubricating grease—Determination of dropping point—Amendment 1 石油产品 润滑脂 滴点的测定 修改件1	—
18	直属TC 28	ISO 2176：1995/Cor 1：2001	Petroleum products—Lubricating grease—Determination of dropping point—Technical Corrigendum 1 石油产品 润滑脂 滴点的测定 技术勘误1	—
19	直属TC 28	ISO 2207：1980	Petroleum waxes—Determination of congealing point 石油蜡 凝固点的测定	—
20	直属TC 28	ISO 2592：2017	Petroleum and related products—Determination of flash and fire points—Cleveland open cup method 石油和相关产品 闪点和燃点的测定 克利夫兰开杯法	GB/T 3536—2008，ISO 2592-2000，MOD
21	直属TC 28	ISO 2719：2016	Determination of flash point—Pensky-Martens closed cup method 闪点的测定 Pensky-Martens闭杯法	—

201

续附表2–1

序号	分技术委员会	标准编号	标准名称	采标情况
22	直属TC 28	ISO 2719: 2016/Amd 1: 2021	Determination of flash point—Pensky-Martens closed cup method—Amendment 1: Thermometers correction 闪点的测定 Pensky-Martens 闭杯法 修改件1：温度计校正	—
23	直属TC 28	ISO 2909: 2002	Petroleum products—Calculation of viscosity index from kinematic viscosity 石油产品 由运动粘度计算粘度指数	—
24	直属TC 28	ISO 2977: 1997	Petroleum products and hydrocarbon solvents—Determination of aniline point and mixed aniline point 石油产品和碳氢化合物溶剂 苯胺点和混合苯胺点的测定	GB/T 262—2010, MOD
25	直属TC 28	ISO 3007: 1999	Petroleum products and crude petroleum—Determination of vapour pressure—Reid method 石油产品和原油 蒸汽压的测定 里德法	—
26	直属TC 28	ISO 3012: 1999	Petroleum products—Determination of thiol (mercaptan) sulfur in light and middle distillate fuels—Potentiometric method 石油产品 轻馏分和中间馏分燃料中硫醇硫的测定 电位滴定法	—
27	直属TC 28	ISO 3013: 1997	Petroleum products—Determination of the freezing point of aviation fuels 石油产品 航空燃料凝固点的测定	—
28	直属TC 28	ISO 3014: 1993	Petroleum products—Determination of the smoke point of kerosine 石油产品 煤油烟点的测定	GB/T 382—1983（被 GB/T 382—2017 代替，但 GB/T 382—2017 未采标），NEQ

附录2 国际标准化机构标准发布清单

续附表2-1

序号	分技术委员会	标准编号	标准名称	采标情况
29	直属TC 28	ISO 3015: 2019	Petroleum and related products from natural or synthetic sources—Determination of cloud point 天然或合成来源的石油和相关产品 浊点的测定	—
30	直属TC 28	ISO 3016: 2019	Petroleum and related products from natural or synthetic sources—Determination of pour point 天然或合成来源的石油和相关产品 倾点的测定	GB/T 3535—2006, ISO 3016-1994, MOD
31	直属TC 28	ISO 3104: 2020	Petroleum products—Transparent and opaque liquids—Determination of kinematic viscosity and calculation of dynamic viscosity 石油产品 透明和不透明液体 运动粘度的测定和动态粘度的计算	GB/T 30515—2014, ISO 3104-1994, MOD
32	直属TC 28	ISO 3105: 1994	Glass capillary kinematic viscometers—Specifications and operating instructions 玻璃毛细管运动粘度计 规范和操作说明	—
33	直属TC 28	ISO 3405: 2019	Petroleum and related products from natural or synthetic sources—Determination of distillation characteristics at atmospheric pressure 天然或合成来源的石油和相关产品 常压下蒸馏特性的测定	—
34	直属TC 28	ISO 3448: 1992	Industrial liquid lubricants—ISO viscosity classification 工业液体润滑剂 ISO粘度分类	GB/T 3141—1994, MOD
35	直属TC 28	ISO 3448: 1992/ Cor 1: 1993	Industrial liquid lubricants—ISO viscosity classification—Technical Corrigendum 1 工业液体润滑剂 ISO粘度分类 技术勘误1	—

续附表2-1

序号	分技术委员会	标准编号	标准名称	采标情况
36	直属TC 28	ISO 3648: 1994	Aviation fuels—Estimation of net specific energy 航空燃料 净比能的估算	GB/T 2429—1988, ISO 3648-1976, NEQ
37	直属TC 28	ISO 3648: 1994/Cor 1: 1996	Aviation fuels—Estimation of net specific energy—Technical Corrigendum 1 航空燃料 净比能的估算 技术勘误1	—
38	直属TC 28	ISO/TR 3666: 1998	Viscosity of water 水的粘度	—
39	直属TC 28	ISO 3679: 2022	Determination of flash point—Method for flash no-flash and flash point by small scale closed cup tester 闪点的测定 小型闭杯测试仪闪点无闪点测试方法	GB/T 5208—2008, ISO 3679-2004, IDT
40	直属TC 28	ISO 3734: 1997	Petroleum products—Determination of water and sediment in residual fuel oils—Centrifuge method 石油产品 残余燃料油中水和沉淀物的测定 离心法	—
41	直属TC 28	ISO 3735: 1999	Crude petroleum and fuel oils—Determination of sediment—Extraction method 原油和燃料油 沉积物的测定 萃取法	GB/T 6531—1986, ISO 3735-1975, MOD
42	直属TC 28	ISO 3771: 2011	Petroleum products—Determination of base number—Perchloric acid potentiometric titration method 石油产品 碱值的测定 高氯酸电位滴定法	—

附录2 国际标准化机构标准发布清单

续附表2-1

序号	分技术委员会	标准编号	标准名称	采标情况
43	直属 TC 28	ISO 3830: 1993	Petroleum products—Determination of lead content of gasoline—Iodine monochloride method 石油产品 汽油中铅含量的测定 一氯化碘法	—
44	直属 TC 28	ISO 3837: 1993	Liquid petroleum products—Determination of hydrocarbon types—Fluorescent indicator adsorption method 液体石油产品 碳氢化合物类型的测定 荧光指示剂吸附法	—
45	直属 TC 28	ISO 3837: 1993/Amd 1: 2021	Liquid petroleum products—Determination of hydrocarbon types—Fluorescent indicator adsorption method—Amendment 1 液体石油产品 碳氢化合物类型的测定 荧光指示剂吸附法 修改件1	—
46	直属 TC 28	ISO 3837: 1993/Cor 1: 1994	Liquid petroleum products—Determination of hydrocarbon types—Fluorescent indicator adsorption method—Technical Corrigendum 1 液体石油产品 碳氢化合物类型的测定 荧光指示剂吸附法 技术勘误1	—
47	直属 TC 28	ISO 3837: 1993/Cor 2: 1996	Liquid petroleum products—Determination of hydrocarbon types—Fluorescent indicator adsorption method—Technical Corrigendum 2 液体石油产品 碳氢化合物类型的测定 荧光指示剂吸附法 技术勘误2	—

续附表2-1

序号	分技术委员会	标准编号	标准名称	采标情况
48	直属 TC 28	ISO 3839: 1996	Petroleum products—Determination of bromine number of distillates and aliphatic olefins—Electrometric method 石油产品 馏出物和脂肪族烯烃溴值的测定 电测法	—
49	直属 TC 28	ISO 3839: 1996/Amd 1: 2020	Petroleum products—Determination of bromine number of distillates and aliphatic olefins—Electrometric method—Amendment 1 石油产品 馏出物和脂肪族烯烃溴值的测定 电测法 修改件1	—
50	直属 TC 28	ISO 3924: 2019	Petroleum products—Determination of boiling range distribution—Gas chromatography method 石油产品 沸腾范围分布的测定 气相色谱法	—
51	直属 TC 28	ISO 3987: 2010	Petroleum products—Determination of sulfated ash in lubricating oils and additives 石油产品 润滑油和添加剂中硫酸化灰分的测定	—
52	直属 TC 28	ISO 3987: 2010/Cor 1: 2011	Petroleum products—Determination of sulfated ash in lubricating oils and additives—Technical Corrigendum 1 石油产品 润滑油和添加剂中硫酸化灰分的测定 技术勘误1	—
53	直属 TC 28	ISO 4256: 1996	Liquefied petroleum gases—Determination of gauge vapour pressure—LPG method 液化石油气 表压蒸汽压力的测定 液化石油气法	—

续附表2－1

序号	分技术委员会	标准编号	标准名称	采标情况
54	直属TC 28	ISO 4259-1：2017	Petroleum and related products—Precision of measurement methods and results—Part 1: Determination of precision data in relation to methods of test 石油和相关产品 测量方法和结果的精度 第1部分：与试验方法有关的精度数据的测定	GB/T 6683.1—2021（2022年5月1日实施），MOD
55	直属TC 28	ISO 4259-1：2017/Amd 1：2019	Petroleum and related products—Precision of measurement methods and results—Part 1: Determination of precision data in relation to methods of test—Amendment 1 石油和相关产品 测量方法和结果的精度 第1部分：与试验方法有关的精度数据的测定 修改件1	—
56	直属TC 28	ISO 4259-1：2017/Amd 2：2020	Petroleum and related products—Precision of measurement methods and results—Part 1: Determination of precision data in relation to methods of test—Amendment 2 石油和相关产品 测量方法和结果的精度 第1部分：与试验方法有关的精度数据的测定 修改件2	—
57	直属TC 28	ISO 4259-2：2017	Petroleum and related products—Precision of measurement methods and results—Part 2: Interpretation and application of precision data in relation to methods of test 石油和相关产品 测量方法和结果的精度 第2部分：与试验方法有关的精度数据的解释和应用	—

续附表2-1

序号	分技术委员会	标准编号	标准名称	采标情况
58	直属TC 28	ISO 4259-2：2017/Amd 1：2019	Petroleum and related products—Precision of measurement methods and results—Part 2: Interpretation and application of precision data in relation to methods of test—Amendment 1 石油和相关产品 测量方法和结果的精度 第2部分：与试验方法有关的精度数据的解释和应用 修改件1	—
59	直属TC 28	ISO 4259-3：2020	Petroleum and related products—Precision of measurement methods and results—Part 3: Monitoring and verification of published precision data in relation to methods of test 石油和相关产品 测量方法和结果的精度 第3部分：与试验方法有关的公布精度数据的监测和验证	—
60	直属TC 28	ISO 4259-4：2021	Petroleum and related products—Precision of measurement methods and results—Part 4: Use of statistical control charts to validate in-statistical-control status for the execution of a standard test method in a single laboratory 石油和相关产品 测量方法和结果的精度 第4部分：使用统计控制图验证单个实验室标准试验方法执行的"统计控制"状态	—
61	直属TC 28	ISO 4262：1993	Petroleum products—Determination of carbon residue—Ramsbottom method 石油产品 残炭的测定 拉姆斯伯顿法	SH/T 0160-1992，ISO 4262-1978，NEQ

续附录2-1

序号	分技术委员会	标准编号	标准名称	采标情况
62	直属 TC 28	ISO 4263-1: 2003	Petroleum and related products—Determination of the ageing behaviour of inhibited oils and fluids—TOST test—Part 1: Procedure for mineral oils 石油和相关产品 抑制油和液体老化性能的测定 TOST试验 第1部分：矿物油程序	—
63	直属 TC 28	ISO 4263-2: 2003	Petroleum and related products—Determination of the ageing behaviour of inhibited oils and fluids—TOST test—Part 2: Procedure for category HFC hydraulic fluids 石油和相关产品 抑制油和液体老化性能的测定 TOST试验 第2部分：HFC类液压油的程序	—
64	直属 TC 28	ISO 4263-3: 2015	Petroleum and related products—Determination of the ageing behaviour of inhibited oils and fluids using the TOST test—Part 3: Anhydrous procedure for synthetic hydraulic fluids 石油和相关产品 用TOST试验测定抑制油和液体的老化性能 第3部分：合成液压油液体的无水程序	—
65	直属 TC 28	ISO 4263-4: 2006	Petroleum and related products—Determination of the ageing behaviour of inhibited oils and fluids—TOST test—Part 4: Procedure for industrial gear oils 石油和相关产品 抑制油和液体老化性能的测定 TOST试验 第4部分：工业齿轮油程序	—
66	直属 TC 28	ISO 4264: 2018	Petroleum products—Calculation of cetane index of middle-distillate fuels by the four variable equation 石油产品 用四变量方程计算中间馏分燃料的十六烷指数	—

续附表 2-1

序号	分技术委员会	标准编号	标准名称	采标情况
67	直属 TC 28	ISO 4404-1: 2012	Petroleum and related products—Determination of the corrosion resistance of fire-resistant hydraulic fluids—Part 1: Water-containing fluids 石油和相关产品 耐火液压流体耐腐蚀性的测定 第 1 部分：含水流体	—
68	直属 TC 28	ISO 4404-2: 2010	Petroleum and related products—Determination of the corrosion resistance of fire-resistant hydraulic fluids—Part 2: Non-aqueous fluids 石油和相关产品 耐火液压流体耐腐蚀性的测定 第 2 部分：非水流体	—
69	直属 TC 28	ISO 5163: 2014	Petroleum products—Determination of knock characteristics of motor and aviation fuels—Motor method 石油产品 发动机和航空燃料爆震特性的测定 发动机法	—
70	直属 TC 28	ISO 5164: 2014	Petroleum products—Determination of knock characteristics of motor fuels—Research method 石油产品 汽车燃料爆震特性的测定 研究方法	—
71	直属 TC 28	ISO 5165: 2020	Petroleum products—Determination of the ignition quality of diesel fuels—Cetane engine method 石油产品 柴油点火质量的测定 十六烷发动机法	—

续附表2-1

序号	分技术委员会	标准编号	标准名称	采标情况
72	直属 TC 28	ISO 5275: 2003	Petroleum products and hydrocarbon solvents—Detection of thiols and other sulfur species—Doctor test 石油产品和碳氢化合物溶剂 硫醇和其他硫化物物种的检测 博士试验	NB/SH/T 0174-2015, MOD
73	直属 TC 28	ISO 5661: 1983	Petroleum products—Hydrocarbon liquids—Determination of refractive index 石油产品 烃类液体 折射率的测定	—
74	直属 TC 28	ISO 6244: 1982	Petroleum waxes and petrolatums—Determination of drop melting point 石油蜡和矿脂 滴熔点的测定	—
75	直属 TC 28	ISO 6245: 2001	Petroleum products—Determination of ash 石油产品 灰分的测定	GB/T 508—1985, ISO 6245-1982, NEQ
76	直属 TC 28	ISO 6246: 2017	Petroleum products—Gum content of fuels—Jet evaporation method 石油产品 燃料的胶质含量 喷射蒸发法	—
77	直属 TC 28	ISO 6246: 2017/Amd 1: 2019	Petroleum products—Gum content of fuels—Jet evaporation method—Amendment 1: Purity requirement for n-heptane 石油产品 燃料的胶质含量 喷射蒸发法 修改件1：正庚烷的纯度要求	—
78	直属 TC 28	ISO 6247: 1998	Petroleum products—Determination of foaming characteristics of lubricating oils 石油产品 润滑油泡沫特性的测定	GB/T 12579—2002, MOD

续附表 2-1

序号	分技术委员会	标准编号	标准名称	采标情况
79	直属 TC 28	ISO 6247: 1998/Cor 1: 1999	Petroleum products—Determination of foaming characteristics of lubricating oils—Technical Corrigendum 1 石油产品 润滑油泡沫特性的测定 技术勘误 1	—
80	直属 TC 28	ISO 6249: 2021	Petroleum products—Determination of thermal oxidation stability of gas turbine fuels 石油产品 燃气轮机燃料热氧化稳定性的测定	—
81	直属 TC 28	ISO 6250: 1997	Petroleum products—Determination of the water reaction of aviation fuel 石油产品 航空燃料水反应的测定	—
82	直属 TC 28	ISO 6251: 1996	Liquefied petroleum gases—Corrosiveness to copper—Copper strip test 液化石油气 对铜的腐蚀性 铜片试验	—
83	直属 TC 28	ISO 6293-1: 1996	Petroleum products—Determination of saponification number—Part 1: Colour-indicator titration method 石油产品 皂化值的测定 第 1 部分：颜色指示剂滴定法	—
84	直属 TC 28	ISO 6293-2: 1998	Petroleum products—Determination of saponification number—Part 2: Potentiometric titration method 石油产品 皂化值的测定 第 2 部分：电位滴定法	—
85	直属 TC 28	ISO 6297: 1997	Petroleum products—Aviation and distillate fuels—Determination of electrical conductivity 石油产品 航空和馏分燃料 电导率的测定	—

续附表2-1

序号	分技术委员会	标准编号	标准名称	采标情况
86	直属TC 28	ISO 6614：1994	Petroleum products—Determination of water separability of petroleum oils and synthetic fluids 石油产品 石油和合成液体水分离性的测定	—
87	直属TC 28	ISO 6614：1994/Amd 1：2019	Petroleum products—Determination of water separability of petroleum oils and synthetic fluids—Amendment 1 石油产品 石油和合成液体水分离性的测定 修改件1	—
88	直属TC 28	ISO 6615：1993	Petroleum products—Determination of carbon residue—Conradson method 石油产品 残炭的测定 康拉德森法	GB/T 268—1987，NEQ
89	直属TC 28	ISO 6617：1994	Petroleum-based lubricating oils—Aging characteristics—Determination of change in Conradson carbon residue after oxidation 石油基润滑油 老化特性 氧化后康拉德森残炭变化的测定	—
90	直属TC 28	ISO 6618：1997	Petroleum products and lubricants—Determination of acid or base number—Colour-indicator titration method 石油产品和润滑剂 酸值或碱值的测定 颜色指示剂滴定法	—
91	直属TC 28	ISO 6618：1997/Cor 1：1999	Petroleum products and lubricants—Determination of acid or base number—Colour-indicator titration method—Technical Corrigendum 1 石油产品司润滑剂 酸值或碱值的测定 颜色指示剂滴定法 技术勘误1	—

续附表2-1

序号	分技术委员会	标准编号	标准名称	采标情况
92	直属TC 28	ISO 6619:1988	Petroleum products and lubricants—Neutralization number—Potentiometric titration method 石油产品和润滑剂 中和值 电位滴定法	—
93	直属TC 28	ISO 7120:1987	Petroleum products and lubricants—Petroleum oils and other fluids—Determination of rust-preventing characteristics in the presence of water 石油产品和润滑剂 石油和其他液体 有水时防锈特性的测定	—
94	直属TC 28	ISO 7536:1994	Petroleum products—Determination of oxidation stability of gasoline—Induction period method 石油产品 汽油氧化稳定性的测定 诱导期法	—
95	直属TC 28	ISO 7537:1997	Petroleum products—Determination of acid number—Semi-micro colour-indicator titration method 石油产品 酸值的测定 半微量颜色指示剂滴定法	—
96	直属TC 28	ISO 7624:1997	Petroleum products and lubricants—Inhibited mineral turbine oils—Determination of oxidation stability 石油产品和润滑剂 抑制矿物汽轮机油 氧化稳定性的测定	—
97	直属TC 28	ISO 7941:1988	Commercial propane and butane—Analysis by gas chromatography 商用丙烷和丁烷 气相色谱分析	—

续附表2-1

序号	分技术委员会	标准编号	标准名称	采标情况
98	直属TC 28	ISO 8691：1994	Petroleum products—Low levels of vanadium in liquid fuels—Determination by flameless atomic absorption spectrometry after ashing 石油产品 液体燃料中的低含量钒 灰化后用无火焰原子吸收光谱法测定	—
99	直属TC 28	ISO 8754：2003	Petroleum products—Determination of sulfur content—Energy-dispersive X-ray fluorescence spectrometry 石油产品 硫含量的测定 能量色散X射线荧光光谱法	—
100	直属TC 28	ISO 8819：1993	Liquefied petroleum gases—Detection of hydrogen sulfide—Lead acetate method 液化石油气 硫化氢的检测 醋酸铅法	SH/T 0121-1992, ISO 8819-1987, MOD
101	直属TC 28	ISO 8973：1997	Liquefied petroleum gases—Calculation method for density and vapour pressure 液化石油气 密度和蒸汽压力的计算方法	—
102	直属TC 28	ISO 8973：1997/ Amd 1：2020	Liquefied petroleum gases—Calculation method for density and vapour pressure—Amendment 1 液化石油气 密度和蒸汽压力的计算方法 修改件1	—
103	直属TC 28	ISO 9038：2021	Determination of sustained combustibility of liquids 液体持续燃烧性的测定	—
104	直属TC 28	ISO 9114：1997	Crude petroleum—Determination of water content by hydride reaction—Field method 原油 用氢化物反应测定水含量 现场法	—

续附表2-1

序号	分技术委员会	标准编号	标准名称	采标情况
105	直属TC 28	ISO 9120: 1997	Petroleum and related products—Determination of air-release properties of steam turbine and other oils—Impinger method 石油和相关产品 蒸汽轮机和其他油的空气释放特性的测定 冲击器法	—
106	直属TC 28	ISO 9120: 1997/Amd 1: 2019	Petroleum and related products—Determination of air-release properties of steam turbine and other oils—Impinger method—Amendment 1 石油和相关产品 蒸汽轮机和其他油的空气释放特性的测定 冲击器法 修改件1	—
107	直属TC 28	ISO 9950: 1995	Industrial quenching oils—Determination of cooling characteristics—Nickel-alloy probe test method 工业淬火油 冷却特性的测定 镍合金探针试验方法	GB/T 30823—2014, IDT
108	直属TC 28	ISO 10307-1: 2009	Petroleum products—Total sediment in residual fuel oils—Part 1: Determination by hot filtration 石油产品 残余燃料油中的总沉淀物 第1部分：热过滤测定	—
109	直属TC 28	ISO 10307-2: 2009	Petroleum products—Total sediment in residual fuel oils—Part 2: Determination using standard procedures for ageing 石油产品 残余燃料油中的总沉淀物 第2部分：用标准老化程序测定	—

续附表2-1

序号	分技术委员会	标准编号	标准名称	采标情况
110	直属 TC 28	ISO 10307-2: 2009/Cor 1: 2010	Petroleum products—Total sediment in residual fuel oils—Part 2: Determination using standard procedures for ageing—Technical Corrigendum 1 石油产品 残余燃料油中的总沉淀物 第2部分：用标准老化程序测定 技术勘误1	—
111	直属 TC 28	ISO 10370: 2014	Petroleum products—Determination of carbon residue—Micro method 石油产品 残炭的测定 微量法	GB/T 17144—2021（2022年5月1日实施），MOD
112	直属 TC 28	ISO 10478: 1994	Petroleum products—Determination of aluminium and silicon in fuel oils—Inductively coupled plasma emission and atomic absorption spectroscopy methods 石油产品 燃料油中铝和硅的测定 电感耦合等离子体发射和原子吸收光谱法	—
113	直属 TC 28	ISO 11007-1: 2021	Petroleum products and lubricants—Determination of rust-prevention characteristics of lubricating greases—Part 1: Dynamic wet conditions 石油产品和润滑剂 润滑脂防锈特性的测定 第1部分：动态潮湿条件	SH/T 0700-2000, ISO 11007-1997, EQV
114	直属 TC 28	ISO/TS 11007-2: 2021	Petroleum products and lubricants—Determination of rust-prevention characteristics of lubricating greases—Part 2: Method with water wash-out 石油产品和润滑剂 润滑脂防锈特性的测定 第2部分：水洗法	—

续附表2-1

序号	分技术委员会	标准编号	标准名称	采标情况
115	直属TC 28	ISO 11009:2021	Petroleum products and lubricants—Determination of water wash-out characteristics of lubricating greases 石油产品和润滑剂 润滑脂水洗特性的测定	—
116	直属TC 28	ISO 12152:2012	Lubricants, industrial oils and related products—Determination of the foaming and air release properties of industrial gear oils using a spur gear test rig—Flender foam test procedure 润滑剂、工业用油和相关产品 使用正齿轮试验台测定工业齿轮油的泡沫和空气释放特性 弗莱德泡沫试验程序	—
117	直属TC 28	ISO 12156-1:2018	Diesel fuel—Assessment of lubricity using the high-frequency reciprocating rig (HFRR)—Part 1: Test method 柴油 用高频往复式试验台（HFRR）评定润滑性 第1部分：试验方法	—
118	直属TC 28	ISO 12205:1995	Petroleum products—Determination of the oxidation stability of middle-distillate fuels 石油产品 中间馏分燃料氧化稳定性的测定	—
119	直属TC 28	ISO 13032:2012	Petroleum products—Determination of low concentration of sulfur in automotive fuels—Energy-dispersive X-ray fluorescence spectrometric method 石油产品 汽车燃料中低浓度硫的测定 能量色散X射线荧光光谱测定法	—

附录2 国际标准化机构标准发布清单

续附表2—1

序号	分技术委员会	标准编号	标准名称	采标情况
120	直属 TC 28	ISO 13357-1: 2017	Petroleum products—Determination of the filterability of lubricating oils—Part 1: Procedure for oils in the presence of water 石油产品 润滑油可过滤性的测定 第1部分：有水情况下的油程序	—
121	直属 TC 28	ISO 13357-2: 2017	Petroleum products—Determination of the filterability of lubricating oils—Part 2: Procedure for dry oils 石油产品 润滑油可过滤性的测定 第2部分：干油程序	—
122	直属 TC 28	ISO 13736: 2021	Determination of flash point—Abel closed-cup method 闪点的测定 阿贝尔闭杯法	GB/T 21789—2008, ISO 13736-1997, IDT
123	直属 TC 28	ISO 13736: 2021/Amd 1: 2022	Determination of flash point—Abel closed-cup method—Amendment 1: Bias statement update 闪点的测定 阿贝尔闭杯法 修改件1：偏差声明更新	—
124	直属 TC 28	ISO 13737: 2004	Petroleum products and lubricants—Determination of low-temperature cone penetration of lubricating greases 石油产品和润滑剂 润滑脂低温锥形渗透的测定	—
125	直属 TC 28	ISO 13757: 1996	Liquefied petroleum gases—Determination of oily residues—High-temperature method 液化石油气 油残留物的测定 高温法	—
126	直属 TC 28	ISO 13758: 1996	Liquefied petroleum gases—Assessment of the dryness of propane—Valve freeze method 液化石油气 丙烷干燥度的评定 阀门冻结法	—

219

续附表2-1

序号	分技术委员会	标准编号	标准名称	采标情况
127	直属TC 28	ISO 13758:1996/Amd 1:2020	Liquefied petroleum gases—Assessment of the dryness of propane—Valve freeze method—Amendment 1 液化石油气 丙烷干燥度的评定 阀门冻结法 修改件1	—
128	直属TC 28	ISO 13759:1996	Petroleum products—Determination of alkyl nitrate in diesel fuels—Spectrometric method 石油产品 柴油燃料中硝酸烷基酯的测定 光谱测定法	—
129	直属TC 28	ISO 14596:2007	Petroleum products—Determination of sulfur content—Wavelength-dispersive X-ray fluorescence spectrometry 石油产品 硫含量的测定 波长色散X射线荧光光谱法	—
130	直属TC 28	ISO 14597:1997	Petroleum products—Determination of vanadium and nickel content—Wavelength-dispersive X-ray fluorescence spectrometry 石油产品 钒和镍含量的测定 波长色散X射线荧光光谱法	—
131	直属TC 28	ISO 14935:2020	Petroleum and related products—Determination of wick flame persistence of fire-resistant fluids 石油和相关产品 耐火液体芯火焰持久性的测定	—
132	直属TC 28	ISO 15029-1:1999	Petroleum and related products—Determination of spray ignition characteristics of fire-resistant fluids—Part 1: Spray flame persistence—Hollow-cone nozzle method 石油和相关产品 耐火液体喷雾点火特性的测定 第1部分：喷雾火焰持久性 空心锥形喷嘴法	—

续附表 2-1

序号	分技术委员会	标准编号	标准名称	采标情况
133	直属 TC 28	ISO 15029-2: 2018	Petroleum and related products—Determination of spray ignition characteristics of fire-resistant fluids—Part 2: Spray test—Stabilised flame heat release method 石油和相关产品 耐火液体喷雾点火特性的测定 第 2 部分：喷雾试验 稳定火焰热释放法	—
134	直属 TC 28	ISO 15167: 1999	Petroleum products—Determination of particulate content of middle distillate fuels—Laboratory filtration method 石油产品 中间馏分燃料颗粒含量的测定 实验室过滤法	GB/T 21452—2008, MOD
135	直属 TC 28	ISO 15597: 2001	Petroleum and related products—Determination of chlorine and bromine content—Wavelength-dispersive X-ray fluorescence spectrometry 石油和相关产品 氯和溴含量的测定 波长色散 X 射线荧光光谱法	SN/T 4570-2016, MOD
136	直属 TC 28	ISO 15911: 2000	Petroleum products—Estimation of net specific energy of aviation turbine fuels using hydrogen content data 石油产品 用氢含量数据估算航空涡轮燃料的净比能	—
137	直属 TC 28	ISO 16591: 2010	Petroleum products—Determination of sulfur content—Oxidative microcoulometry method 石油产品 硫含量的测定 氧化微库仑法	—

续附表2-1

序号	分技术委员会	标准编号	标准名称	采标情况
138	直属 TC 28	ISO 19291: 2016	Lubricants—Determination of tribological quantities for oils and greases—Tribological test in the translatory oscillation apparatus 润滑剂 油和油脂摩擦学量的测定 平动振荡装置中的摩擦学试验	—
139	直属 TC 28	ISO/TR 19441: 2018	Petroleum products—Density versus temperature relationships of current fuels, biofuels and biofuel components 石油产品 当前燃料、生物燃料和生物燃料组分的密度与温度关系	—
140	直属 TC 28	ISO/TR 19686-1: 2014	Petroleum products—Equivalency of test method determining the same property—Part 1: Atmospheric distillation of petroleum products 石油产品 测定相同性能的试验方法的等效性 第1部分：石油产品的常压蒸馏	—
141	直属 TC 28	ISO/TR 19686-2: 2018	Petroleum products—Equivalency of test method determining the same property—Part 2: Density of petroleum products 石油产品 测定相同性能的试验方法的等效性 第2部分：石油产品的密度	—
142	直属 TC 28	ISO/TR 19686-100: 2016	Petroleum products—Equivalency of test method determining the same propety—Part 100: Background and principle of the comparison and the evaluation of equivalency 石油产品 测定相同性能的试验方法的等效性 第100部分：比较和等效性评估的背景和原则	—

续附表2-1

序号	分技术委员会	标准编号	标准名称	采标情况
143	直属TC 28	ISO 20623：2017	Petroleum and related products—Determination of the extreme-pressure and anti-wear properties of lubricants—Four-ball method (European conditions) 石油和相关产品 润滑剂极压和抗磨性能的测定 四球法（欧洲条件）	—
144	直属TC 28	ISO 20763：2004	Petroleum and related products—Determination of anti-wear properties of hydraulic fluids—Vane pump method 石油和相关产品 液压油抗磨性能的测定 叶片泵法	—
145	直属TC 28	ISO 20764：2003	Petroleum and related products—Preparation of a test portion of high-boiling liquids for the determination of water content—Nitrogen purge method 石油和相关产品 测定水含量用高沸点液体试验部分的制备 氮气吹扫法	—
146	直属TC 28	ISO 20783-1：2011	Petroleum and related products—Determination of emulsion stability of fire-resistant fluids—Part 1: Fluids in category HFAE 石油和相关产品 耐火液体乳化稳定性的测定 第1部分：HFAE类液体	—
147	直属TC 28	ISO 20783-2：2003	Petroleum and related products—Determination of emulsion stability of fire-resistant fluids—Part 2: Fluids in category HFB 石油和相关产品 耐火液体乳化稳定性的测定 第2部分：HFB类流体	—

· 附录2 国际标准化机构标准发布清单 ·

223

续附表2-1

序号	分技术委员会	标准编号	标准名称	采标情况
148	直属TC 28	ISO 20823：2003	Petroleum and related products—Determination of the flammability characteristics of fluids in contact with hot surfaces—Manifold ignition test 石油和相关产品 与热表面接触液体可燃性的测定 歧管点火试验	—
149	直属TC 28	ISO 20843：2011	Petroleum and related products—Determination of pH of fire-resistant fluids within categories HFAE, HFAS and HFC 石油和相关产品 HFAE、HFAS和HFC类耐火液体pH的测定	—
150	直属TC 28	ISO 20844：2015	Petroleum and related products—Determination of the shear stability of polymer-containing oils using a diesel injector nozzle 石油和相关产品 用柴油喷射器喷嘴测定含聚合物油的剪切稳定性	—
151	直属TC 28	ISO 20846：2019	Petroleum products—Determination of sulfur content of automotive fuels—Ultraviolet fluorescence method 石油产品 汽车燃料硫含量的测定 紫外荧光法	—
152	直属TC 28	ISO 20847：2004	Petroleum products—Determination of sulfur content of automotive fuels—Energy-dispersive X-ray fluorescence spectrometry 石油产品 汽车燃料硫含量的测定 能量色散X射线荧光光谱法	—

附录2 国际标准化机构标准发布清单

续附表2—1

序号	分技术委员会	标准编号	标准名称	采标情况
153	直属 TC 28	ISO 20884: 2019	Petroleum products—Determination of sulfur content of automotive fuels—Wavelength-dispersive X-ray fluorescence spectrometry 石油产品 汽车燃料硫含量的测定 波长色散 X 射线荧光光谱法	—
154	直属 TC 28	ISO 20884: 2019/Amd 1: 2021	Petroleum products—Determination of sulfur content of automotive fuels—Wavelength-dispersive X-ray fluorescence spectrometry—Amendment 1: Addition of the SSD detector to the Monochromatic excitation part of Table 1 石油产品 汽车燃料硫含量的测定 波长色散 X 射线荧光光谱法 修改件1: 将 SSD 探测器添加到表1的单色激发部分	—
155	直属 TC 28	ISO 21493: 2019	Petroleum products—Determination of turbidity point and aniline point equivalent 石油产品 浊点和苯胺点当量的测定	—
156	直属 TC 28	ISO 21903: 2020	Refrigerated hydrocarbon fluids—Dynamic measurement—Requirements and guidelines for the calibration and installation of flowmeters used for liquefied natural gas (LNG) and other refrigerated hydrocarbon fluids 冷冻碳氢化合物流体 动态测量 液化天然气 (LNG) 和其他冷冻碳氢化合物流体用流量计的校准和安装要求和指南	—
157	直属 TC 28	ISO 22285: 2018	Petroleum products and lubricants—Determination of oil separation from grease—Pressure filtration method 石油产品和润滑剂 油脂分离的测定 压力过滤法	—

续附表2-1

序号	分技术委员会	标准编号	标准名称	采标情况
158	直属TC 28	ISO 22286:2018	Petroleum products and lubricants—Determination of the dropping point of grease with an automatic apparatus 石油产品和润滑剂 用自动仪器测定润滑脂滴点	—
159	直属TC 28	ISO 22854:2021	Liquid petroleum products—Determination of hydrocarbon types and oxygenates in automotive-motor gasoline and in ethanol (E85) automotive fuel—Multidimensional gas chromatography method 液态石油产品 车用汽油和乙醇（E85）车用燃料中碳氢化合物类型和氧化物的测定 多维气相色谱法	—
160	直属TC 28	ISO 22995:2019	Petroleum products—Determination of cloud point—Automated step-wise cooling method 石油产品 浊点的测定 自动分步冷却法	—
161	直属TC 28	ISO 23572:2020	Petroleum products—Lubricating greases—Sampling of greases 石油产品 润滑脂 润滑脂的取样	—
162	直属TC 28	ISO 23581:2020	Petroleum and related products—Determination of kinematic viscosity—Method by Stabinger type viscometer 石油和相关产品 运动粘度的测定 Stabinger型粘度计法	—
163	直属TC 28	ISO 26422:2014	Petroleum and related products—Determination of shear stability of lubricating oils containing polymers—Method using a tapered roller bearing 石油和相关产品 含聚合物润滑油剪切稳定性的测定 圆锥滚子轴承法	—

• 附录2 国际标准化机构标准发布清单 •

续附表2-1

序号	分技术委员会	标准编号	标准名称	采标情况
164	直属TC 28	ISO/TR 29662:2020	Petroleum products and other liquids—Guidance for flash point and combustibility testing 石油产品和其他液体 闪点和可燃性试验指南	—
165	SC 2	ISO 6551:1982	Petroleum liquids and gases—Fidelity and security of dynamic measurement—Cabled transmission of electric and/or electronic pulsed data 石油液体和气体 动态测量 电和（或）电子脉冲数据电缆传输的保真度和可靠度	GB/T 17746—1999, IDT
166	SC 2	ISO 3993:1984	Liquefied petroleum gas and light hydrocarbons—Determination of density or relative density—Pressure hydrometer method 液化石油气 密度或相对密度的测定 压力密度计法	SH/T 0221-1992, EQV
167	SC 2	ISO 7278-1:1987	Liquid hydrocarbons—Dynamic measurement—Proving systems for volumetric meters—Part 1: General principles 液态烃 动态测量 体积计量流量计检定系统 第1部分：一般原则	GB/T 17286.1—2016, IDT
168	SC 2	ISO 3171:1988	Petroleum liquids—Automatic pipeline sampling 石油液体 管线自动取样法	GB/T 27867—2011, IDT
169	SC 2	ISO 4267-2:1988	Petroleum and liquid petroleum products—Calculation of oil quantities—Part 2: Dynamic measurement 石油和液体石油产品 油量计算 第2部分：动态计量	GB/T 9109.5—2017, NEQ

227

续附表2—1

序号	分技术委员会	标准编号	标准名称	采标情况
170	SC 2	ISO 7278-2:1988	Liquid hydrocarbons—Dynamic measurement—Proving systems for volumetric meters—Part 2: Pipe provers 液态烃 动态测量 体积计量流量计检定系统 第2部分：体积管	GB/T 17286.2—2016, IDT
171	SC 2	ISO 9029:1990	Crude petroleum—Determination of water—Distillation method 原油 水含量的测定 蒸馏法	GB/T 8929—2006, MOD
172	SC 2	ISO 9030:1990	Crude petroleum—Determination of water and sediment—Centrifuge method 原油 水和沉淀物的测定 离心法	—
173	SC 2	ISO 9200:1993	Crude petroleum and liquid petroleum products—Volumetric metering of viscous hydrocarbons 原油和液体石油产品 粘稠烃的体积计量	GB/T 20658—2006, IDT
174	SC 2	ISO 4124:1994	Liquid hydrocarbons—Dynamic measurement—Statistical control of volumetric metering systems 液态烃 动态测量 体积计量系统的统计控制	GB/T 17287—1998, IDT
175	SC 2	ISO 12185:1996	Crude petroleum and petroleum products—Determination of density—Oscillating U-tube method 原油和石油产品 密度测定法 U形振动管法	SH/T 0604-2000, MOD
176	SC 2	ISO 10336:1997	Crude petroleum—Determination of water—Potentiometric Karl Fischer titration method 原油 水含量测定 卡尔·费休电位滴定法	GB/T 26986—2011, MOD

续附表2-1

序号	分技术委员会	标准编号	标准名称	采标情况
177	SC 2	ISO 10337:1997	Crude petroleum—Determination of water—Coulometric Karl Fischer titration method 原油 水含量测定 卡尔·费休库仑滴定法	GB/T 11146—2009, MOD
178	SC 2	ISO 3675:1998	Crude petroleum and liquid petroleum products—Laboratory determination of density—Hydrometer method 原油和液体石油产品 密度实验室测定法 密度计法	GB/T 1884—2000, MOD
179	SC 2	ISO 7278-3:1998	Liquid hydrocarbons—Dynamic measurement—Proving systems for volumetric meters—Part 3: Pulse interpolation techniques 液态烃 动态测量 体积计量流量计检定系统 第3部分：脉冲插入技术	GB/T 17286.3—2010, IDT
180	SC 2	ISO 3733:1999	Petroleum products and bituminous materials—Determination of water—Distillation method 石油产品水含量的测定 蒸馏法	GB/T 260—2016, MOD
181	SC 2	ISO 4268:2000	Petroleum and liquid petroleum products—Temperature measurements—Manual methods 石油和液体石油产品 温度测量 手工法	GB/T 8927—2008, MOD
182	SC 2	ISO 4512:2000	Petroleum and liquid petroleum products—Equipment for measurement of liquid levels in storage tanks—Manual methods 石油和液体石油产品 储罐液位测量 手工法	GB/T 13236—2011, MOD
183	SC 2	ISO 6296:2000	Petroleum products—Determination of water—Potentiometric Karl Fischer titration method 石油产品 水含量测定 卡尔·费休电位滴定法	—

续附表2-1

序号	分技术委员会	标准编号	标准名称	采标情况
184	SC 2	ISO 7507-5: 2000	Petroleum and liquid petroleum products—Calibration of vertical cylindrical tanks—Part 5: External electro-optical distance-ranging method 石油和液体石油产品 立式圆筒形金属油罐容积标定法 第5部分：光电外测距法	GB/T 13235.3—1995, NEQ
185	SC 2	ISO 12937: 2000	Petroleum products—Determination of water—Coulometric Karl Fischer titration method 石油产品 水含量测定 卡尔·费休库仑滴定法	SN/T 3812-2014, MOD
186	SC 2	ISO 4257: 2001	Liquefied petroleum gases—Method of sampling 液化石油气 采样方法	—
187	SC 2	ISO 4257: 2001/Cor 1: 2007	Liquefied petroleum gases—Method of sampling—Technical Corrigendum 1 液化石油气 采样方法 技术勘误1	—
188	SC 2	ISO 4269: 2001	Petroleum and liquid petroleum products—Tank calibration by liquid measurement—Incremental method using volumetric meters 石油和液体石油产品 油罐液体标定法 增量法	—
189	SC 2	ISO 12185: 1996/Cor 1: 2001	Crude petroleum and petroleum products—Determination of density—Oscillating U-tube method—Technical Corrigendum 1 原油和石油产品 密度的测定 振荡U形管法 技术勘误1	—

续附录表2−1

序号	分技术委员会	标准编号	标准名称	采标情况
190	SC 2	ISO 4266-1: 2002	Petroleum and liquid petroleum products—Measurement of level and temperature in storage tanks by automatic methods—Part 1: Measurement of level in atmospheric tanks 石油和液体石油产品 储罐中液位和温度自动测量法 第1部分：常压罐中的液位测量	GB/T 21451.1—2015, MOD
191	SC 2	ISO 4266-2: 2002	Petroleum and liquid petroleum products—Measurement of level and temperature in storage tanks by automatic methods—Part 2: Measurement of level in marine vessels 石油和液体石油产品 储罐中液位和温度自动测量法 第2部分：油船舱中的液位测量	GB/T 21451.2—2019, MOD
192	SC 2	ISO 4266-3: 2002	Petroleum and liquid petroleum products—Measurement of level and temperature in storage tanks by automatic methods—Part 3: Measurement of level in pressurized storage tanks (non-refrigerated) 石油和液体石油产品 储罐中液位和温度自动测量法 第3部分：带压罐（非冷冻）中的液位测量	GB/T 21451.3—2017, MOD
193	SC 2	ISO 4266-4: 2002	Petroleum and liquid petroleum products—Measurement of level and temperature in storage tanks by automatic methods—Part 4: Measurement of temperature in atmospheric tanks 石油和液体石油产品 储罐中液位和温度自动测量法 第4部分：常压罐中的温度测量	GB/T 21451.4—2008, MOD

续附表2—1

序号	分技术委员会	标准编号	标准名称	采标情况
194	SC 2	ISO 4266-5: 2002	Petroleum and liquid petroleum products—Measurement of level and temperature in storage tanks by automatic methods—Part 5: Measurement of temperature in marine vessels 石油和液体石油产品 储罐中液位和温度自动测量法 第5部分：油船舱中的温度测量	GB/T 21451.5—2019, MOD
195	SC 2	ISO 4266-6: 2002	Petroleum and liquid petroleum products—Measurement of level and temperature in storage tanks by automatic methods—Part 6: Measurement of temperature in pressurized storage tanks (non-refrigerated) 石油和液体石油产品 储罐中液位和温度自动测量法 第6部分：带压罐（非冷冻）中的温度测量	GB/T 21451.6—2017, MOD
196	SC 2	ISO 12917-2: 2002	Petroleum and liquid petroleum products—Calibration of horizontal cylindrical tanks—Part 2: Internal electro-optical distance-ranging method 石油和液体石油产品 卧式圆柱形储罐的校准 第2部分：光电内测距法	—
197	SC 2	ISO 7507-1: 2003	Petroleum and liquid petroleum products—Calibration of vertical cylindrical tanks—Part 1: Strapping method 石油和液体石油产品 立式圆柱形储罐的校准 第1部分：围尺法	GB/T 13235.1—2016, MOD
198	SC 2	ISO 11563: 2003	Crude petroleum and petroleum products—Bulk cargo transfer—Guidelines for achieving the fullness of pipelines 原油和石油产品 散装货运 达到管道充满度的导则	GB/T 40874—2021（2022年5月1日实施），MOD

续附表2-1

序号	分技术委员会	标准编号	标准名称	采标情况
199	SC 2	ISO 15169: 2003	Petroleum and liquid petroleum products—Determination of volume, density and mass of the hydrocarbon content of vertical cylindrical tanks by hybrid tank measurement systems 石油和液体石油产品 采用混合式油罐测量系统测量立式圆筒形油罐内油品体积、密度和质量的方法	GB/T 25964—2010, MOD
200	SC 2	ISO 3170: 2004	Petroleum liquids—Manual sampling 石油液体 手工取样法	—
201	SC 2	ISO 3838: 2004	Crude petroleum and liquid or solid petroleum products—Determination of density or relative density—Capillary-stopped pyknometer and graduated bicapillary pyknometer methods 原油和液体或固体石油产品 密度或相对密度的测定 毛细管塞比重瓶和带刻度双毛细管比重瓶法	GB/T 13377—2010, MOD
202	SC 2	ISO 11223: 2004	Petroleum and liquid petroleum products—Direct static measurements—Measurement of content of vertical storage tanks by hydrostatic tank gauging 石油和液体石油产品 立式罐内油量的直接静态测量 HTG质量测量法	GB/T 18273—2000, ISO 11223-1:1995, MOD
203	SC 2	ISO 7507-2: 2022	Petroleum and liquid petroleum products—Calibration of vertical cylindrical tanks—Part 2: Optical-reference-line method and electro-optical distance-ranging method 石油和液体石油产品 立式圆柱形储罐的校准 第2部分：光学基准线法或光电测距法	—

233

续附表2-1

序号	分技术委员会	标准编号	标准名称	采标情况
204	SC 2	ISO 7507-3: 2006	Petroleum and liquid petroleum products—Calibration of vertical cylindrical tanks—Part 3: Optical-triangulation method 石油和液体石油产品 立式圆柱形储罐的校准 第3部分：光学三角法	—
205	SC 2	ISO 7507-4: 2010	Petroleum and liquid petroleum products—Calibration of vertical cylindrical tanks—Part 4: Internal electro-optical distance-ranging method 石油和液体石油产品 立式圆柱形储罐的校准 第4部分：光电内测距法	GB/T 13235.3—1995, NEQ
206	SC 2	ISO 91: 2017	Petroleum and related products—Temperature and pressure volume correction factors (petroleum measurement tables) and standard reference conditions 石油和相关产品 温度和压力体积校正系数（石油测量表）和标准参考条件	—
207	SC 2	ISO 2714: 2017	Liquid hydrocarbons—Volumetric measurement by displacement meter 液态烃 用容积置换仪表测量体积	GB/T 17288—2009, ISO 2714-1980, IDT
208	SC 2	ISO 2715: 2017	Liquid hydrocarbons—Volumetric measurement by turbine meter 液态烃 用涡轮流量计测量体积	GB/T 17289—2009, ISO 2715-1981, IDT

续附录2-1

序号	分技术委员会	标准编号	标准名称	采标情况
209	SC 2	ISO 12917-1: 2017	Petroleum and liquid petroleum products—Calibration of horizontal cylindrical tanks—Part 1: Manual methods 石油和液体石油产品 卧式圆柱形储罐的校准 第1部分：手工法	—
210	SC 2	ISO 8222: 2020	Petroleum measurement systems—Calibration—Volumetric measures, proving tanks and field measures (including formulae for properties of liquids and materials) 石油测量系统 校准 体积测量，罐体检定和现场测量（包括液体和材料特性的公式）	—
211	SC 2	ISO 8222: 2020/Amd 1: 2022	Petroleum measurement systems—Calibration—Volumetric measures, proving tanks and field measures (including formulae for properties of liquids and materials) —Amendment 1: Correction of two typographical errors 石油测量系统 校准 体积测量，罐体检定和现场测量（包括液体和材料特性的公式） 修改件1：更正两处印刷错误	—
212	SC 2	ISO 13739: 2020	Petroleum products—Procedures for the transfer of bunkers to vessels 石油产品 燃料输送至船舶仓程序	—
213	SC 2	ISO/TS 21354: 2020	Measurement of multiphase fluid flow 多相流测量	—

续附表2-1

序号	分技术委员会	标准编号	标准名称	采标情况
214	SC 2	ISO 22192: 2021	Bunkering of marine fuel using the Coriolis mass flow meter (MFM) system 用科里奥利质量流量计（MFM）系统加注船用燃料油	—
215	SC 4	ISO 4261: 2013	Petroleum products—Fuels (class F) —Specifications of gas turbine fuels for industrial and marine applications 石油产品 燃料（F类）工业和船用燃气轮机燃料规范	GB/T 12692.3—1990 石油产品 燃料（F类）分类 第3部分 工业及船用燃气轮机燃料品种，采标：ISO 8216-2-1986，MOD
216	SC 4	ISO 6521-1: 2019	Lubricants, industrial oils and related products (Class L) —Family D (compressors) —Part 1: Specifications of categories DAA and DAB (lubricants for reciprocating and drip feed rotary air compressors) 润滑剂、工业用油和相关产品（L类） D系列（压缩机）第1部分：DAA和DAB类规范（往复式和滴注式旋转空气压缩机用润滑剂）	—
217	SC 4	ISO/TS 6521-2: 2021	Lubricants, industrial oils and related products (Class L) —Family D (Compressors) —Part 2: Specifications of categories DAG, DAH and DAJ (Lubricants for flooded rotary air compressors) 润滑剂、工业用油和相关产品（L类） D系列（压缩机）第2部分：DAG、DAH和DAJ类规范（溢流式旋转空气压缩机用润滑剂）	—

续附表2-1

序号	分技术委员会	标准编号	标准名称	采标情况
218	SC 4	ISO 6521-3: 2019	Lubricants, industrial oils and related products (Class L) —Family D (compressors) —Part 3: Specifications of categories DRA, DRB, DRC, DRD, DRE, DRF and DRG (lubricants for refrigerating compressors) 润滑剂、工业用油和相关产品（L类） D系列（压缩机） 第3部分：DRA、DRB、DRC、DRD、DRE、DRF和DRG类规范（制冷压缩机用润滑剂）	—
219	SC 4	ISO 6743-1: 2002	Lubricants, industrial oils and related products (class L) —Classification—Part 1: Family A (Total loss systems) 润滑剂、工业用油和相关产品（L类） 分类 第1部分：A系列（全损耗系统）	GB/T 7631.13—2012, MOD
220	SC 4	ISO 6743-2: 1981	Lubricants, industrial oils and related products (class L) —Classification—Part 2: Family F (Spindle bearings, bearings and associated clutches) 润滑剂、工业用油和相关产品（L类） 分类 第2部分：F系列（主轴轴承、轴承和相关离合器）	GB/T 7631.4—1989, MOD
221	SC 4	ISO 6743-3: 2003	Lubricants, industrial oils and related products (class L) —Classification—Part 3: Family D (Compressors) 润滑剂、工业用油和相关产品（L类） 分类 第3部分：D系列（压缩机）	GB/T 7631.9—2014, MOD

续附表 2-1

序号	分技术委员会	标准编号	标准名称	采标情况
222	SC 4	ISO 6743-4: 2015	Lubricants, industrial oils and related products (class L) —Classification—Part 4: Family H (Hydraulic systems) 润滑剂、工业用油和相关产品（L类） 分类 第4部分：H系列（液压系统）	GB/T 7631.2—2003, ISO 6743-4-1999, IDT
223	SC 4	ISO 6743-5: 2006	Lubricants, industrial oils and related products (class L) —Classification—Part 5: Family T (Turbines) 润滑剂、工业用油和相关产品（L类） 分类 第5部分：T系列（涡轮机）	GB/T 7631.10—2013, MOD
224	SC 4	ISO 6743-6: 2018	Lubricants, industrial oils and related products (class L) —Classification—Part 6: Family C (gear systems) 润滑剂、工业用油和相关产品（L类） 分类 第6部分：C系列（齿轮系统）	GB/T 7631.7—1995, ISO 6743-6-1990, MOD
225	SC 4	ISO 6743-7: 1986	Lubricants, industrial oils and related products (class L) —Classification—Part 7: Family M (Metalworking) 润滑剂、工业用油和相关产品（L类） 分类 第7部分：M系列（金属加工）	GB/T 7631.5—1989, MOD
226	SC 4	ISO 6743-8: 1987	Lubricants, industrial oils and related products (class L) —Classification—Part 8: Family R (Temporary protection against corrosion) 润滑剂、工业用油和相关产品（L类） 分类 第8部分：R系列（临时防腐）	GB/T 7631.6—1989, MOD

续附表2-1

序号	分技术委员会	标准编号	标准名称	采标情况
227	SC 4	ISO 6743-9: 2003	Lubricants, industrial oils and related products (class L) —Classification—Part 9: Family X (Greases) 润滑剂、工业用油和相关产品（L类）分类 第9部分：X系列（润滑脂）	GB/T 7631.8—1990, ISO 6743-9-1987, MOD
228	SC 4	ISO 6743-10: 1989	Lubricants, ndustrial oils and related products (class L) —Classification—Part 10: Family Y (Miscellaneous) 润滑剂、工业用油和相关产品（L类）分类 第10部分：Y系列（杂项）	GB/T 7631.18—2017, MOD
229	SC 4	ISO 6743-11: 1990	Lubricants, industrial oils and related products (class L) —Classification—Part 11: Family P (Pneumatic tools) 润滑剂、工业用油和相关产品（L类）分类 第11部分：P系列（气动工具）	GB/T 7631.16—1999, MOD
230	SC 4	ISO 6743-12: 1989	Lubricants, industrial oils and related products (class L) —Classification—Part 12: Family Q (Heat transfer fluids) 润滑剂、工业用油和相关产品（L类）分类 第12部分：Q系列（传热流体）	GB/T 7631.12—2014, NEQ
231	SC 4	ISO 6743-13: 2002	Lubricants, industrial oils and related products (class L) —Classification—Part 13: Family G (Slideways) 润滑剂、工业用油和相关产品（L类）分类 第13部分：G系列（滑道）	GB/T 7631.11—2014, MOD

续附表2-1

序号	分技术委员会	标准编号	标准名称	采标情况
232	SC 4	ISO 6743-14: 1994	Lubricants, industrial oils and related products (class L) —Classification—Part 14: Family U (Heat treatment) 润滑剂、工业用油和相关产品（L类） 分类 第14部分：U系列（热处理）	GB/T 7631.14—1998，MOD
233	SC 4	ISO 6743-15: 2007	Lubricants, industrial oils and related products (class L) —Classification—Part 15: Family E (Internal combustion engine oils) 润滑剂、工业用油和相关产品（L类） 分类 第15部分：E系列（内燃机油）	GB/T 7631.17—2014，MOD
234	SC 4	ISO 6743-99: 2002	Lubricants, industrial oils and related products (class L) —Classification—Part 99: General 润滑剂、工业用油和相关产品（L类） 分类 第99部分：总则	GB/T 7631.1—2008，IDT
235	SC 4	ISO 7745: 2010	Hydraulic fluid power—Fire-resistant (FR) fluids—Requirements and guidelines for use 液压传动 耐火（FR）液体 使用要求和指南	—
236	SC 4	ISO 8068: 2006	Lubricants, industrial oils and related products (class L) —Family T (Turbines) —Specification for lubricating oils for turbines 润滑剂、工业用油和相关产品（L类） T系列（涡轮机） 涡轮机用润滑油规范	—

续附表2-1

序号	分技术委员会	标准编号	标准名称	采标情况
237	SC 4	ISO 8068: 2006/Amd 1: 2019	Lubricants, industrial oils and related products (class L) —Family T (Turbines) —Specification for lubricating oils for turbines—Amendment 1: Filterability tests according to ISO 13357-1 and ISO 13357-2—Requirements related to the stage of the test method 润滑剂、工业用油和相关产品（L类） T系列（涡轮机） 涡轮机用润滑油规范 修改件1: 符合 ISO 13357-1 和 ISO 13357-2 的可过滤性试验 与试验方法阶段有关的要求	—
238	SC 4	ISO 8216-1: 2017	Petroleum products—Fuels (class F) —Classification—Part 1: Categories of marine fuels 石油产品 燃料（F类） 分类 第1部分: 船用燃料类别	GB/T 12692.2—2010 (GB/T 12692.2—2021于2022年7月1日实施), MOD
239	SC 4	ISO 8216-2: 1986	Petroleum products—Fuels (class F) —Classification—Part 2: Categories of gas turbine fuels for industrial and marine applications 石油产品 燃料（F类） 分类 第2部分: 工业和船用燃气轮机燃料的类别	GB/T 12692.3—1990, MOD
240	SC 4	ISO 8216-3: 1987	Petroleum products—Fuels (class F) —Classification—Part 3: Family L (Liquefied petroleum gases) 石油产品 燃料（F类） 分类 第3部分: L系列（液化石油气）	GB/T 12692.4—1992, NEQ
241	SC 4	ISO 8216-99: 2002	Petroleum products—Fuels (class F) —Classification—Part 99: General 石油产品 燃料（F类） 分类 第99部分: 总则	GB/T 12692.1—2010, IDT

续附表 2—1

序号	分技术委员会	标准编号	标准名称	采标情况
242	SC 4	ISO 8217: 2017	Petroleum products—Fuels (class F)—Specifications of marine fuels 石油产品 燃料（F类） 船用燃料规范	—
243	SC 4	ISO 8681: 1986	Petroleum products and lubricants—Method of classification—Definition of classes 石油产品和润滑剂 分类方法 类别的定义	GB/T 498—2014, MOD
244	SC 4	ISO 9162: 2013	Petroleum products—Fuels (class F)—Liquefied petroleum gases—Specifications 石油产品 燃料（F类） 液化石油气 规范	—
245	SC 4	ISO 10050: 2005	Lubricants, industrial oils and related products (class L)—Family T (Turbines)—Specifications of triaryl phosphate ester turbine control fluids (category ISO-L-TCD) 润滑剂、工业用油和相关产品（L类） T系列（涡轮机） 三芳基磷酸酯涡轮机控制液规范（ISO-L-TCD类）	—
246	SC 4	ISO 11158: 2009	Lubricants, industrial oils and related products (class L)—Family H (hydraulic systems)—Specifications for categories HH, HL, HM, HV and HG 润滑剂、工业用油和相关产品（L类） H系列（液压系统） HH、HL、HM、HV和HG类规范	—
247	SC 4	ISO 11365: 2017	Petroleum and related products—Requirements and guidance for the maintenance of triaryl phosphate ester turbine control fluids 石油和相关产品 三芳基磷酸酯涡轮机控制液的维护要求和指南	—

续附表2-1

序号	分技术委员会	标准编号	标准名称	采标情况
248	SC 4	ISO/TS 11366：2011	Petroleum and related products—Guidance for in-servicing of lubricating oils for steam, gas and combined-cycle turbines 石油和相关产品 蒸汽、燃气和联合循环涡轮机润滑油的使用指南	—
249	SC 4	ISO 12922：2020	Lubricants, industrial oils and related products (class L) —Family H (hydraulic systems) —Specifications for hydraulic fluids in categories HFAE, HFAS, HFB, HFC, HFDR and HFDU 润滑剂、工业用油和相关产品（L类） H系列（液压系统） HFAE、HFAS、HFB、HFC、HFDR 和 HFDU 类液压油规范	—
250	SC 4	ISO 12924：2010	Lubricants, industrial oils and related products (Class L) —Family X (Greases) —Specification 润滑剂、工业用油和相关产品（L类） X系列（润滑脂）规范	GB/T 34535—2017，MOD
251	SC 4	ISO 12924：2010/Cor 1：2012	Lubricants, industrial oils and related products (Class L) —Family X (Greases) —Specification—Technical Corrigendum 1 润滑剂、工业用油和相关产品（L类） X系列（润滑脂）规范 技术勘误1	—
252	SC 4	ISO 12925-1：2018	Lubricants, industrial oils and related products (class L) —Family C (gears) —Part 1: Specifications for lubricants for enclosed gear systems 润滑剂、工业用油和相关产品（L类） C系列（齿轮） 第1部分：封闭齿轮系统用润滑剂规范	—

续附表2–1

序号	分技术委员会	标准编号	标准名称	采标情况
253	SC 4	ISO 12925-1: 2018/Amd 1: 2020	Lubricants, industrial oils and related products (class L) —Family C (gears) —Part 1: Specifications for lubricants for enclosed gear systems—Amendment 1: Pour point, according to ISO 3016, of categories CKTG, CKES, CKPG and CKPR—Change of limits 润滑剂，工业用油和相关产品（L类） C系列（齿轮） 第1部分：封闭齿轮系统用润滑剂规范 修改件1：CKTG、CKES、CKPG和CKPR类的倾点 限值变更	—
254	SC 4	ISO 12925-2: 2020	Lubricants, industrial oils and related products (class L) —Family C (gears) —Part 2: Specifications of categories CKH, CKJ and CKM (lubricants open and semi-enclosed gear systems) 润滑剂，工业用油和相关产品（L类） C系列（齿轮） 第2部分：CKH、CKJ和CKM类规范（润滑剂开式和半封闭齿轮系统）	—
255	SC 4	ISO 12925-3: 2021	Lubricants, industrial oils and related products (Class L) —Family C (gears) —Part 3: Specifications for greases for enclosed and open gear systems 润滑剂，工业用油和相关产品（L类） C系列（齿轮） 第3部分：封闭和开式齿轮系统用润滑脂规范	—
256	SC 4	ISO/TS 12927: 1999	Lubricants, industrial oils and related products (class L) —Family M (Metalworking) —Guidelines for establishing specifications 润滑剂，工业用油和相关产品（L类） M系列（金属加工）规范制定指南	—

续附表2-1

序号	分技术委员会	标准编号	标准名称	采标情况
257	SC 4	ISO/TS 12928: 1999	Lubricants, irdustrial oils and related products (class L) —Family R (Products for temporary protection against corrosion) —Guidelines for establishing specifications 润滑剂、工业用油和相关产品（L类） R系列（临时防腐产品） 规范制定指南	—
258	SC 4	ISO 13738: 2011	Lubricants, industrial oils and related products (class L) —Family E (Internal combustion engine oils) —Specifications for two-stroke-cycle gasoline engine oils (categories EGB, EGC and EGD) 润滑剂、工业用油和相关产品（L类） E系列（内燃机油） 二冲程循环汽油发动机油规范（EGB、EGC和EGD类）	GB/T 20420—2006, ISO 13738-2000, MOD
259	SC 4	ISO 15380: 2016	Lubricants, industrial oils and related products (class L) —Family H (Hydraulic systems) —Specifications for hydraulic fluids in categories HETG, HEPG, HEES and HEPR 润滑剂、工业用油和相关产品（L类） H系列（液压系统） HETG、HEPG、HEES和HEPR类液压油规范	—
260	SC 4	ISO 16861: 2015	Petroleum products—Fuels (class F) —Specifications of dimethyl ether (DME) 石油产品 燃料（F类） 二甲醚（DME）规范	—
261	SC 4	ISO 17196: 2014	Dimethyl ether (DME) for fuels—Determination of impurities—Gas chromatographic method 燃料用二甲醚（DME） 杂质的测定 气相色谱法	—

245

续附表2-1

序号	分技术委员会	标准编号	标准名称	采标情况
262	SC 4	ISO 17197：2014	Dimethyl ether (DME) for fuels—Determination of water content—Karl Fischer titration method 燃料用二甲醚（DME）水含量的测定 卡尔·费休滴定法	—
263	SC 4	ISO 17198：2014	Dimethyl ether (DME) for fuels—Determination of total sulfur—Ultraviolet fluorescence method 燃料用二甲醚（DME）总硫的测定 紫外荧光法	—
264	SC 4	ISO 17786：2015	Dimethyl ether (DME) for fuels—Determination of high temperature (105℃) evaporation residues—Mass analysis method 高温（105℃）蒸发残留物的测定 质量分析法 燃料用二甲醚（DME）	—
265	SC 4	ISO 19378：2003	Lubricants, industrial oils and related products (class L) —Machine-tool lubricants—Categories and specifications 润滑剂，工业用油和相关产品（L类）机床润滑剂 类别和规范	—
266	SC 4	ISO/PAS 23263：2019	Petroleum products—Fuels (class F) —Considerations for fuel suppliers and users regarding marine fuel quality in view of the implementation of maximum 0.50 % sulfur in 2020 石油产品 燃料（F类）2020年最大含硫量为0.50%时，燃料供应商和用户对船用燃料质量的考虑	—
267	SC 4	ISO 23306：2020	Specification of liquefied natural gas as a fuel for marine applications 船用液化天然气燃料规范	—

续附表2-1

序号	分技术委员会	标准编号	标准名称	采标情况
268	SC 4	ISO 24254: 2007	Lubricants, industrial oils and related products (class L) —Family E (internal combustion engine oils) —Specifications for oils for use in four-stroke cycle motorcycle gasoline engines and associated drivetrains (categories EMA and EMB) 润滑剂、工业用油和相关产品（L类） E系列（内燃机油）四冲程摩托车汽油发动机和相关传动系用油规范（EMA和EMB类）	—
269	SC 5	ISO 6578: 2017	Refrigerated hydrocarbon liquids—Static measurement—Calculation procedure 冷冻碳氢化合物液体 静态测量 计算程序	—
270	SC 5	ISO 8310: 2012	Refrigerated hydrocarbon and non-petroleum based liquefied gaseous fuels—General requirements for automatic tank thermometers on board marine carriers and floating storage 冷冻碳氢化合物和非石油基液化气体燃料 海运船和浮式储油船上自动罐式温度计的一般要求	GB/T 24959—2019, MOD
271	SC 5	ISO 8311: 2013	Refrigerated hydrocarbon and non-petroleum based liquefied gaseous fuels—Calibration of membrane tanks and independent prismatic tanks in ships—Manual and internal electro-optical distance ranging methods 冷冻碳氢化合物和非石油基液化气体燃料 船用薄膜罐和独立棱柱罐的校准 手动和内部光电测距方法	GB/T 24957—2010, ISO 8311-1989, IDT

续附表2-1

序号	分技术委员会	标准编号	标准名称	采标情况
272	SC 5	ISO 8943: 2007	Refrigerated light hydrocarbon fluids—Sampling of liquefied natural gas—Continuous and intermittent methods 冷冻轻烃流体 液化天然气取样 连续法和间歇法	GB/T 20603—2006, ISO 8943-1991, IDT
273	SC 5	ISO 10976: 2015	Refrigerated light hydrocarbon fluids—Measurement of cargoes on board LNG carriers 冷冻轻烃液体 液化天然气运输船上货物的测量	GB/T 24964—2019, IDT
274	SC 5	ISO 16384: 2012	Refrigerated hydrocarbon and non-petroleum based liquefied gaseous fuels—Dimethylether (DME) —Measurement and calculation on board ships 冷冻碳氢化合物和非石油基液化气体燃料 二甲醚（DME）船上测量和计算	—
275	SC 5	ISO 18132-1: 2011	Refrigerated hydrocarbon and non-petroleum based liquefied gaseous fuels—General requirements for automatic tank gauges—Part 1: Automatic tank gauges for liquefied natural gas on board marine carriers and floating storage 冷冻碳氢化合物和非石油基液化气体燃料 自动液位计的一般要求 第1部分：海上运输船和浮式储罐上液化天然气的自动液位计	—
276	SC 5	ISO 18132-2: 2008	Refrigerated light hydrocarbon fluids—General requirements for automatic level gauges—Part 2: Gauges in refrigerated-type shore tanks 冷冻轻烃流体 自动液位计的一般要求 第2部分：冷冻式岸上储罐中的液位计	GB/T 37770.2—2019, MOD

附录2 国际标准化机构标准发布清单

续附表2-1

序号	分技术委员会	标准编号	标准名称	采标情况
277	SC 5	ISO 18132-3: 2011	Refrigerated hydrocarbon and non-petroleum based liquefied gaseous fuels—General requirements for automatic tank gauges—Part 3: Automatic tank gauges for liquefied petroleum and chemical gases on board marine carriers and floating storage 冷冻碳氢化合物和非石油基液化气体燃料 自动液位计的一般要求 第3部分：海上运输船和浮式储罐上液化石油气和化学气体的自动液位计	—
278	SC 5	ISO 19970: 2017	Refrigerated hydrocarbon and non-petroleum based liquefied gaseous fuels—Metering of gas as fuel on LNG carriers during cargo transfer operations 冷冻碳氢化合物和非石油基液化气体燃料 货物运输操作期间LNG船上作为燃料的气体计量	—
279	SC 5	ISO 29945: 2016	Refrigerated non-petroleum based liquefied gaseous fuels—Dimethylether (DME)—Method of manual sampling onshore terminals 冷冻非石油基液化气体燃料 二甲醚（DME）陆上终端手动取样方法	—
280	SC 7	ISO/TS 17306: 2016	Petroleum products—Biodiesel—Determination of free and total glycerin and mono-, di- and tracylglycerols by gas chromatography 石油产品 生物柴油 用气相色谱法测定游离甘油和总甘油以及单、二和粗甘油	—
281	SC 7	ISO/TS 17307: 2016	Petroleum products—Biodiesel—Determination of total esters content by gas chromatography 石油产品 生物柴油 用气相色谱法测定总酯含量	—

续附表2-1

序号	分技术委员会	标准编号	标准名称	采标情况
282	SC 7	ISO 17308: 2015	Petroleum products and other liquids—Ethanol—Determination of electrical conductivity 石油产品和其他液体 乙醇 电导率的测定	—
283	SC 7	ISO 17315: 2014	Petroleum products and other liquids—Ethanol—Determination of total acidity by potentiometric titration 石油产品和其他液体 乙醇 用电位滴定法测定总酸度	—
284	SC 7	ISO 20424: 2019	Fatty acid methyl esters (FAME) —Determination of sulfur content—Inductively coupled plasma optical emission spectrometry (ICP-OES) method 脂肪酸甲酯（FAME）硫含量的测定 电感耦合等离子体发射光谱（ICP-OES）法	—

附录2 国际标准化机构标准发布清单

附表2-2 ISO/TC 28 正进行的标准化项目清单

序号	分技术委员会	标准编号	标准名称	工作组	项目经理	项目经理所在国家	中国参加人员
1	直属 TC 28	ISO/DIS 3104	Petroleum products—Transparent and opaque liquids—Determination of kinematic viscosity and calculation of dynamic viscosity 石油产品 透明和不透明液体 运动粘度的测定和动态粘度的计算	—	—	—	—
2	直属 TC 28	ISO/DIS 4259-5	Petroleum and related products—Precision of measurement methods and results—Part 5: Statistical assessment of agreement between two different measurement methods that claim to measure the same property 石油和相关产品 测量方法和结果的精度 第5部分：声称测量相同性质的两种不同测量方法之间一致性的统计评估	—	—	—	—
3	直属 TC 28	ISO 11007-1:2021/Amd 1	Petroleum products and lubricants—Determination of rust-prevention characteristics of lubricating greases—Part 1: Dynamic wet conditions—Amendment 1: Test bearings 石油产品和润滑剂 润滑脂防锈特性的测定 第1部分：动态湿润条件 修改件1：测试轴承	—	—	—	—
4	直属 TC 28	ISO/TS 11007-2	Petroleum products and lubricants—Determination of rust-prevention characteristics of lubricating greases—Part 2: Method with water wash-out 石油产品和润滑剂 润滑油脂防锈特性的测定 第2部分：水洗法	—	—	—	—

251

续附表2-2

序号	分技术委员会	标准编号	标准名称	工作组	项目经理	项目经理所在国家	中国参加人员
5	直属TC 28	ISO/DIS 12156-1	Diesel fuel—Assessment of lubricity using the high-frequency reciprocating rig (HFRR) —Part 1: Test method 柴油 使用高频往复式钻机（HFRR）评估润滑性能 第1部分：测试方法	—	—	—	—
6	直属TC 28	ISO/CD 12921	Petroleum products and related products—Determination of the mechanical stability of greases in presence of water 石油产品和相关产品 在有水的情况下油脂机械稳定性的测定	—	—	—	—
7	直属TC 28	ISO/AWI 12940-1	Petroleum products and related products—Determination of roll stability of lubricating grease—Part 1: Dry condition test 石油产品和相关产品 润滑脂滚动稳定性的测定 第1部分：干燥条件试验	—	—	—	—
8	直属TC 28	ISO/AWI 12940-2	Petroleum products and related products—Determination of roll stability of lubricating grease—Part 2: Wet condition test 石油产品和相关产品 润滑脂滚动稳定性的测定 第2部分：湿态试验	—	—	—	—

续附表2-2

序号	分技术委员会	标准编号	标准名称	工作组	项目经理	项目经理所在国家	中国参加人员
9	直属 TC 28	ISO/AWI 13032	Petroleum products—Determination of low concentration of sulfur in automotive fuels—Energy-dispersive X-ray fluorescence spectrometric method 石油产品 汽车燃料中低浓度硫的测定 能量色散X射线荧光光谱法	—	—	—	—
10	直属 TC 28	ISO/AWI 13227	Petroleum products and lubricants—Rheological properties of lubricating greases—Determination of flow point using an oscillatory rheometer with a parallel-plate measuring system 石油产品和润滑剂 润滑脂的流变特性 使用带有平行板测量系统的摆动式流变仪测定流点	—	—	—	—
11	直属 TC 28	ISO/AWI 13511	Petroleum products and lubricants—Rheological properties of lubricating greases—Determination of the consistency of metal-saponified greases by an oscillatory rheometer with a cone/plate measuring system 石油产品和润滑剂 润滑脂的流变特性 使用带有锥/板测量系统的摆动式流变仪测定金属皂化润滑脂的浓度	—	—	—	—
12	直属 TC 28	ISO/AWI 13825	Petroleum and related products—Determination of arsenic content in crude oil using atomic fluorescence spectrometry 石油和相关产品 利用原子荧光光谱法测定原油中的砷含量	—	—	—	—

续附表2-2

序号	分技术委员会	标准编号	标准名称	工作组	项目经理	项目经理所在国家	中国参加人员
13	直属TC 28	ISO/AWI 16675	Petroleum and related products—Determination of anti-aging for phosphate ester turbine control fluids—Closed cup method 石油和相关产品 磷酸酯涡轮机控制液的抗老化测定 闭杯法	—	—	—	—
14	直属TC 28	ISO/CD 18335	Petroleum products and related products—Determination of dynamic viscosity and calculation of kinematic viscosity—Method by constant pressure viscometer 石油产品和相关产品 动态粘度的测定和运动粘度的计算 恒压粘度法	—	—	—	—
15	直属TC 28	ISO/AWI 22854	Liquid petroleum products—Determination of hydrocarbon types and oxygenates in automotive-motor gasoline and in ethanol (E85) automotive fuel—Multidimensional gas chromatography method 液体石油产品 测定车用汽油和乙醇（E85）车用燃料中的碳氢化合物类型和含氧化合物 多维气相色谱法	—	—	—	—
16	直属TC 28	ISO/CD 23581	Petroleum products and related products—Determination of dynamic viscosity and calculation of kinematic viscosity—Method by Stabinger type viscosimeter 石油产品和相关产品 动态粘度的测定和运动粘度的计算 Stabinger型 粘度计法	—	—	—	—

续附表2-2

序号	分技术委员会	标准编号	标准名称	工作组	项目经理	项目经理所在国家	中国参加人员
17	直属 TC 28	ISO/PRF TS 23877-1	Petroleum and related products from natural or synthetic sources—Determination of pour point—Part 1: Automated step-wise cooling method 天然或合成来源的石油及相关产品 倾点的测定 第1部分：自动分步冷却法	—	—	—	—
18	直属 TC 28	ISO/AWI TS 23877-2	Petroleum and related products from natural or synthetic sources—Determination of pour point—Part 2: Automated linear cooling method 天然或合成来源的石油及相关产品 倾点的测定 第2部分：自动线性冷却法	—	—	—	—
19	SC 2	ISO/WD 3170	Petroleum liquids—Manual sampling 石油液体 人工取样	—	—	—	—
20	SC 2	ISO/WD 3171	Petroleum liquids—Automatic pipeline sampling 石油液体 自动管道取样	—	—	—	—
21	SC 2	ISO 3675: 1998/AWI Amd 1	Crude petroleum and liquid petroleum products—Laboratory determination of density—Hydrometer method—Amendment 1 原油和液体石油产品 密度实验室测定法 密度计法 修改件1	—	—	—	—

续附表2-2

序号	分技术委员会	标准编号	标准名称	工作组	项目经理	项目经理所在国家	中国参加人员
22	SC 2	ISO/CD 6963	Bunker cargo delivery from oil terminal to bunker tanker using mass flow meter (MFM) 使用质量流量计（MFM）将油库货物从油库输送至油罐车	—	—	—	—
23	SC 2	ISO/AWI 4266-6	Petroleum and liquid petroleum products—Measurement of level and temperature in storage tanks by automatic methods—Part 5: Measurement of temperature in pressurised storage tanks (non-refrigerated) 石油和液体石油产品 储罐中液位和温度自动测量法 第6部分：测量加压储罐（非冷藏）的温度	—	—	—	—
24	SC 2	ISO/AWI 4266-5	Petroleum and liquid petroleum products—Measurement of level and temperature in storage tanks by automatic methods—Part 5: Measurement of temperature in marine vessels 石油和液体石油产品 储罐中液位和温度自动测量法 第5部分：油船舱中的温度测量	—	—	—	—
25	SC 2	ISO/DIS 4266-4	Petroleum and liquid petroleum products—Measurement of level and temperature in storage tanks by automatic methods—Part 4: Measurement of temperature in atmospheric tanks 石油和液体石油产品 储罐中液位和温度自动测量法 第4部分：常压罐中的温度测量	—	—	—	—

续附表2-2

序号	分技术委员会	标准编号	标准名称	工作组	项目经理	项目经理所在国家	中国参加人员
26	SC 2	ISO/AWI 4266-3	Petroleum and liquid petroleum products—Measurement of level and temperature in storage tanks by automatic methods—Part 3: Measurement of level in pressurized storage tanks (non-refrigerated) 石油和液体石油产品 储罐中液位和温度自动测量法 第3部分：带压罐（非冷冻）中的液位测量	—	—	—	—
27	SC 2	ISO/CD 4266-2	Petroleum and liquid petroleum products—Measurement of level and temperature in storage tanks by automatic methods—Part 2: Measurement of level in marine vessels 石油和液体石油产品 储罐中液位和温度自动测量法 第2部分：油船舱中的液位测量	—	—	—	—
28	SC 2	ISO/DIS 4266-1	Petroleum and liquid petroleum products—Measurement of level and temperature in storage tanks by automatic methods—Part 1: Measurement of level in atmospheric tanks 石油和液体石油产品 储罐中液位和温度自动测量法 第1部分：常压罐中的液位测量	—	—	—	—
29	SC 2	ISO/CD 6996	Bunkering—Meter verification using master mass flow meter (MFM) 加注 使用主质量流量计（MFM）验证流量计	—	—	—	—

续附表2-2

序号	分技术委员会	标准编号	标准名称	工作组	项目经理	项目经理所在国家	中国参加人员
30	SC 2	ISO 12917-1: 2017/AWI Amd 1	Petroleum and liquid petroleum products—Calibration of horizontal cylincrical tanks—Part 1: Manual methods—Amendment 1 石油和液体石油产品 卧式圆柱形储罐的校准 第1部分：手工法 修改件1	—	—	—	—
31	SC 2	ISO/DIS 12185	Crude petroleum and petroleum products—Determination of density—Oscillating U-tube method 原油和石油产品 密度的测定 振荡U形管法	—	—	—	—
32	SC 2	ISO/AWI 9200	Crude petroleum and liquid petroleum products—Volumetric metering of viscous hydrocarbons 原油和液体石油产品 黏稠烃的体积计量	—	—	—	—
33	SC 4	ISO/AWI 6583	Specification of methanol as a fuel for marine applications 船用甲醇燃料规范	—	—	—	—
34	SC 4	ISO/AWI 7745	Hydraulic fluid power—Fire-resistant (FR) fluids—Requirements and guidelines for use 液压传动 耐火（FR）液体 使用要求和指南	—	—	—	—
35	SC 4	ISO/CD 8068	Lubricants, industrial oils and related products (class L) —Family T (Turbines) —Specification for lubricating oils for turbines 润滑剂、工业用油和相关产品（L类） T系列（涡轮机） 涡轮机用润滑油规范	—	—	—	—

续附表 2-2

序号	分技术委员会	标准编号	标准名称	工作组	项目经理	项目经理所在国家	中国参加人员
36	SC 4	ISO/CD 8216-1	Petroleum products—Fuels (class F) —Classification—Part 1: Categories of marine fuels 石油产品 燃料（F类） 分类 第1部分：船用燃料类别	—	—	—	—
37	SC 4	ISO/CD 8217	Petroleum products—Fuels (class F) —Specifications of marine fuels 石油产品 燃料（F类） 船用燃料规范	—	—	—	—
38	SC 4	ISO/DIS 11158	Lubricants, industrial oils and related products (class L) —Family H (hydraulic systems) —Specifications for categories HH, HL, HM, HV and HG 润滑剂、工业用油和相关产品（L类） H系列（液压系统） HH、HL、HM、HV和HG类规范	—	—	—	—
39	SC 4	ISO/PRF 12924	Lubricants, industrial oils and related products (Class L) —Family X (Greases) —Specifications 润滑剂、工业用油和相关产品（L类） X系列（润滑脂） 规范	—	—	—	—
40	SC 4	ISO/DIS 15380	Lubricants, industrial oils and related products (class L) —Family H (Hydraulic systems) —Specifications for hydraulic fluids in categories HETG, HEPG, HEES and HEPR 润滑剂、工业用油和相关产品（L类） H系列（液压系统） HETG、HEPG、HEES和HEPR类液压油规范	—	—	—	—

续附表2-2

序号	分技术委员会	标准编号	标准名称	工作组	项目经理	项目经理所在国家	中国参加人员
41	SC 4	ISO/AWI TR 18588	Petroleum products—Characterisation of Marine Fuels by Viscosity Gravity Constant 石油产品 通过粘度重力常数对船用燃料进行表征	—	—	—	—
42	SC 5	ISO/DIS 6919	Measurement of refrigerated hydrocarbon and non-petroleum based liquefied gaseous fuels—Dynamic measurement of liquefied natural gas (LNG) as marine fuel—Truck-to-ship (TTS) bunkering 冷冻碳氢化合物和非石油基液化气体燃料 作为船用燃料的液化天然气（LNG）的动态测量 卡车到船舶（TTS）加油	—	—	—	—
43	SC 5	ISO/CD 8943	Refrigerated light hydrocarbon fluids—Sampling of liquefied natural gas—Continuous and intermittent methods 冷冻轻烃流体 液化天然气取样 连续法和间歇法	—	—	—	—
44	SC 5	ISO/DIS 10976	Refrigerated light hydrocarbon fluids—Measurement of cargoes on board LNG carriers 冷冻轻烃液体 液化天然气运输船上货物的测量	—	—	—	—
45	SC 5	ISO/WD 11982	Refrigerated hydrocarbon and non-petroleum based liquefied gaseous fuels—Liquefied Natural Gas (LNG) as marine fuel—Measurement on board LNG bunkering ship 冷冻碳氢化合物和非石油基液化气体燃料 作为船用燃料的液化天然气（LNG）LNG加注船上的测量	—	—	—	—

续附表 2-2

序号	分技术委员会	标准编号	标准名称	工作组	项目经理	项目经理所在国家	中国参加人员
46	SC 7	ISO/DIS 6729	Petroleum products and other liquids—Ethanol—Standard test method for ethanol determination in gasoline blends by gas chromatography 石油产品和其他液体 乙醇 用气相色谱法测定汽油混合物中乙醇的标准试验方法	—	—	—	—
47	SC 7	ISO/DIS 17308	Petroleum products and other liquids—Ethanol—Determination of electrical conductivity 石油产品和其他液体 乙醇 电导率的测定	—	—	—	—
48	SC 7	ISO/CD 17315	Petroleum products and other liquids—Ethanol—Determination of total acidity by potentiometric titration 石油产品和其他液体 乙醇 用电位滴定法测定总酸度	—	—	—	—
49	SC 7	ISO/AWI 5756	Fuel Ethanol Blends—Standard test method for ethanol and hydrocarbon determination in fuel ethanol and gasoline blends by volumetric test method 燃料乙醇混合物 采用体积测试法测定燃料乙醇和汽油混合物中乙醇和碳氢化合物的标准测试方法	—	—	—	—

附表 2–3　ISO/TC 30 已发布的标准清单

序号	分技术委员会	标准编号	标准名称	采标情况
1	直属 TC 30	ISO 4006：1991	Measurement of fluid flow in closed conduits—Vocabulary and symbols 封闭管道中流体流量测量　术语和符号	GB/T 17611—1998，ISO 4006-1991，IDT
2	直属 TC 30	ISO 4185：1980	Measurement of liquid flow in closed conduits—Weighing method 封闭管道中液体流量测量　称重法	GB/T 17612—1998，ISO 4185-1980，IDT
3	直属 TC 30	ISO 4185：1980/Cor 1：1993	Measurement of liquid flow in closed conduits—Weighing method—Technical Corrigendum 1 封闭管道中液体流量测量　称重法　技术勘误 1	—
4	直属 TC 30	ISO 5168：2005	Measurement of fluid flow—Procedures for the evaluation of uncertainties 流体流量测量　不确定度评估程序	GB/T 27759—2011，ISO 5168：2005，IDT
5	直属 TC 30	ISO 7066-2：1988	Assessment of uncertainty in the calibration and use of flow measurement devices—Part 2: Non-linear calibration relationships 流量测量装置校准和使用中不确定度的评估　第 2 部分：非线性校准关系	2021 年已下达国家标准计划，修改采用 ISO 7066-2：1988
6	直属 TC 30	ISO 8316：1987	Measurement of liquid flow in closed conduits—Method by collection of the liquid in a volumetric tank 封闭管道中液体流量测量　采用在容积计量容器内收集液体的方法	—

262

续附表2-3

序号	分技术委员会	标准编号	标准名称	采标情况
7	直属TC 30	ISO 9368-1: 1990	Measurement of liquid flow in closed conduits by the weighing method—Procedures for checking installations—Part 1: Static weighing systems 用称重法测量封闭管道中液体流量 装置的检验程序 第1部分：静态称重系统	GB/T 17613.1—1998, ISO 9368-1: 1990, IDT
8	直属TC 30	ISO 9951: 1993	Measurement of gas flow in closed conduits—Turbine meters 封闭管道中气体流量测量 涡轮流量计	GB/T 18940—2003, ISO 9951: 1993, IDT
9	直属TC 30	ISO 9951: 1993/Cor 1: 1994	Measurement of gas flow in closed conduits—Turbine meters—Technical Corrigendum 1 封闭管道中气体流量测量 涡轮流量计 技术勘误1	—
10	直属TC 30	ISO 11631: 1998	Measurement of fluid flow—Methods of specifying flowmeter performance 流体流量测量 流量计性能表述方法	GB/T 22133—2008, ISO 11631: 1998, IDT
11	SC 2	ISO 2186: 2007	Fluid flow in closed conduits—Connections for pressure signal transmissions between primary and secondary elements 封闭管道中流体流量 一次元件和二次元件间压力信号传输 连接	GB/T 26801—2011, ISO 2186: 2007, IDT
12	SC 2	ISO/TR 3313: 2018	Measurement of fluid flow in closed conduits—Guidelines on the effects of flow pulsations on flow-measurement instruments 封闭管道中流体流量测量 流体脉动对流量测量仪表影响指南	GB/T××××正在起草, ISO/TR 3313: 2018, IDT

续附表2–3

序号	分技术委员会	标准编号	标准名称	采标情况
13	SC 2	ISO 5167-1: 2022	Measurement of fluid flow by means of pressure differential devices inserted in circular cross-section conduits running full—Part 1: General principles and requirements 用安装在圆形截面管道中的差压装置测量满管流体流量 第1部分：总体原则和要求	GB/T 2624.1—2006, ISO 5167-1: 2003, IDT
14	SC 2	ISO 5167-2: 2022	Measurement of fluid flow by means of pressure differential devices inserted in circular cross-section conduits running full—Part 2: Orifice plates 用安装在圆形截面管道中的差压装置测量满管流体流量 第2部分：孔板	GB/T 2624.2—2006, ISO 5167-2: 2003, IDT
15	SC 2	ISO 5167-3: 2022	Measurement of fluid flow by means of pressure differential devices inserted in circular cross-section conduits running full—Part 3: Nozzles and Venturi nozzles 用安装在圆形截面管道中的差压装置测量满管流体流量 第3部分：喷嘴和文丘里喷嘴	GB/T 2624.3—2006, ISO 5167-3: 2003, IDT
16	SC 2	ISO 5167-4: 2022	Measurement of fluid flow by means of pressure differential devices inserted in circular cross-section conduits running full—Part 4: Venturi tubes 用安装在圆形截面管道中的差压装置测量满管流体流量 第4部分：文丘里管	GB/T 2624.4—2006, ISO 5167-4: 2003, IDT

续附录2-3

序号	分技术委员会	标准编号	标准名称	采标情况
17	SC 2	ISO 5167-5：2022	Measurement of fluid flow by means of pressure differential devices inserted in circular cross-section conduits running full—Part 5: Cone meters 用安装在圆形截面管道中的差压装置测量满管流体流量 第5部分：内锥流量计	GB/T 30243—2013，未采标
18	SC 2	ISO 5167-6：2022	Measurement of fluid flow by means of pressure differential devices inserted in circular cross-section conduits running full—Part 6: Wedge meters 用安装在圆形截面管道中的差压装置测量满管流体流量 第6部分：楔形流量计	GB/T ××××正在起草，ISO 5167-6：2019，IDT
19	SC 2	ISO 9300：2022	Measurement of gas flow by means of critical flow Venturi nozzles 用临界流文丘里喷嘴测量气体流量	GB/T 21188—2007，ISO 9300：2005，IDT
20	SC 2	ISO/TR 9464：2008	Guidelines for the use of ISO 5167：2003 ISO 5167：2003 使用指南	GB/Z 33875—2017，ISO/TR 9464：2008，IDT
21	SC 2	ISO/TR 11583：2012	Measurement of wet gas flow by means of pressure differential devices inserted in circular cross-section conduits 用安装在圆形截面管道中的差压装置测量湿气流量	GB/Z 35588—2017，ISO/TR 11583：2012，IDT

续附表 2-3

序号	分技术委员会	标准编号	标准名称	采标情况
22	SC 2	ISO/TR 12767: 2007	Measurement of fluid flow by means of pressure differential devices—Guidelines on the effect of departure from the specifications and operating conditions given in ISO 5167 用差压装置测量流体流量 偏离ISO 5167技术要求或工作状态的影响指南	GB/Z 33902—2017, ISO 12767: 2007, IDT
23	SC 2	ISO/TR 15377: 2018	Measurement of fluid flow by means of pressure differential devices—Guidelines for the specification of orifice plates, nozzles and Venturi tubes beyond the scope of ISO 5167 用差压装置测量流体流量 ISO 5167范围之外的孔板、喷嘴和文丘里管的使用指南	GB/Z 35140—2017, ISO/TR 15377: 2007, IDT
24	SC 5	ISO 2975-1: 1974	Measurement of water flow in closed conduits—Tracer methods—Part 1: General 封闭管道中水流量测量 示踪法 第1部分：总则	—
25	SC 5	ISO 2975-2: 1975	Measurement of water flow in closed conduits—Tracer methods—Part 2: Constant rate injection method using non-radioactive tracers 封闭管道中水流量测量 示踪法 第2部分：使用非放射性示踪剂的固定流量注入法	—
26	SC 5	ISO 2975-3: 1976	Measurement of water flow in closed conduits—Tracer methods—Part 3: Constant rate injection method using radioactive tracers 封闭管道中水流量测量 示踪法 第3部分：使用放射性示踪剂的固定流量注入法	—

续附录表2-3

序号	分技术委员会	标准编号	标准名称	采标情况
27	SC 5	ISO 2975-6: 1977	Measurement of water flow in closed conduits—Tracer methods—Part 6: Transit time method using non-radioactive tracers 封闭管道中水流量测量 示踪法 第6部分：使用非放射性示踪剂的过渡封闭时间法	—
28	SC 5	ISO 2975-7: 1977	Measurement of water flow in closed conduits—Tracer methods—Part 7: Transit time method using radioactive tracers 封闭管道中水流量测量 示踪法 第7部分：使用放射性示踪剂的过渡时间法	—
29	SC 5	ISO 3354: 2008	Measurement of clean water flow in closed conduits—Velocity area method using current-meters in full conduits and under regular flow conditions 封闭管道中清净水流量测量 在常规流动状态和满流条件下使用电流流量计的速度面积法	—
30	SC 5	ISO 3966: 2020	Measurement of fluid flow in closed conduits—Velocity area method using Pitot static tubes 封闭管道中流体流量测量 使用皮托静压管的速度面积法	2021年已列入国家标准计划，ISO 3966: 2020, IDT
31	SC 5	ISO 7194: 2008	Measurement of fluid flow in closed conduits—Velocity area methods of flow measurement in swirling or asymmetric flow conditions in circular ducts by means of current-meters or Pitot static tubes 封闭管道中流体流量测量 在涡流和非对称流条件下使用电流流量计或皮托静压管进行流量测量的速度面积法	—

续附表 2-3

序号	分技术委员会	标准编号	标准名称	采标情况
32	SC 5	ISO 10790: 2015	Measurement of fluid flow in closed conduits—Guidance to the selection, installation and use of Coriolis flowmeters (mass flow, density and volume flow measurements) 封闭管道中流体流量测量 科里奥利质量流量计的选型、安装和使用指南（质量流量、密度和体积流量测量）	GB/T 20728—2018, ISO 10790: 2015, IDT
33	SC 5	ISO 12242: 2012	Measurement of fluid flow in closed conduits—Ultrasonic transit-time meters for liquid 封闭管道中流体流量测量 液体传播时间差法超声流量计	GB/T 35138—2017, ISO 12242: 2012, IDT
34	SC 5	ISO 12764: 2017	Measurement of fluid flow in closed conduits—Flowrate measurement by means of vortex shedding flowmeters inserted in circular cross-section conduits running full 封闭管道中流体流量测量 用安装在满流圆管中的涡街流量计测量流体流量	GB/T 25922—2010, ISO/TR 12764-1997, IDT
35	SC 5	ISO 14511: 2019	Measurement of fluid flow in closed conduits—Thermal mass flowmeters 封闭管道中流体流量测量 热式质量流量计	GB/T 20727—2006, ISO 14511: 2001, IDT
36	SC 5	ISO 17089-1: 2019	Measurement of fluid flow in closed conduits—Ultrasonic meters for gas—Part 1: Meters for custody transfer and allocation measurement 封闭管道中流体流量测量 气体超声流量计 第1部分：贸易和分配计量	GB/T 34041.1—2017, ISO 17089-1: 2010, IDT

附录2 国际标准化机构标准发布清单

续附表2-3

序号	分技术委员会	标准编号	标准名称	采标情况
37	SC 5	ISO 17089-2: 2012	Measurement of fluid flow in closed conduits—Ultrasonic meters for gas—Part 2: Meters for industrial applications 封闭管道中流体流量测量 气体超声流量计 第2部分：工业应用	GB/T 34041.2—2017, ISO 17089-1: 2012, IDT
38	SC 5	ISO 20456: 2017	Measurement of fluid flow in closed conduits—Guidance for the use of electromagnetic flowmeters for conductive liquids 封闭管道中流体流量测量 用电磁流量计测量导电液体指南	GB/T ××××征求意见稿, ISO 20456: 2017, IDT
39	SC 7	ISO 4064-1: 2014	Water meters for cold potable water and hot water—Part 1: Metrological and technical requirements 用于饮用冷水和热水的水表 第1部分：计量和技术要求	GB/T 778.1—2018, ISO 4064.1: 2014, IDT
40	SC 7	ISO 4064-2: 2014	Water meters for cold potable water and hot water—Part 2: Test methods 用于饮用冷水和热水的水表 第2部分：测试方法	GB/T 778.2—2018, ISO 4064.2: 2014, IDT
41	SC 7	ISO 4064-3: 2014	Water meters for cold potable water and hot water—Part 3: Test report format 用于饮用冷水和热水的水表 第3部分：试验报告格式	GB/T 778.3—2018, ISO 4064.3: 2014, IDT
42	SC 7	ISO 4064-4: 2014	Water meters for cold potable water and hot water—Part 4: Non-metrological requirements not covered in ISO 4064-1 用于饮用冷水和热水的水表 第4部分：ISO 4064-1未包含的非计量要求	GB/T 778.4—2018, ISO 4064.4: 2014, IDT

续附表 2-3

序号	分技术委员会	标准编号	标准名称	采标情况
43	SC 7	ISO 4064-5: 2014	Water meters for cold potable water and hot water—Part 5: Installation requirements 用于饮用冷水和热水的水表 第 5 部分：安装要求	GB/T 778.5—2018, ISO 4064.3: 2014, IDT
44	SC 7	ISO 22158: 2011	Input/output protocols and electronic interfaces for water meters—Requirements 水表的输入/输出协议和电气接口	GB/T 36243—2018, ISO 22158: 2011, IDT

附表 2-4 ISO/TC 30 正进行的标准化项目清单

序号	分技术委员会	标准编号	标准名称	工作组	项目经理	项目经理所在国家	中国参加人员
1	SC 2	ISO/AWI TR 9464	Guidelines for the use of ISO 5167: 2022 ISO 5167: 2022 使用指南	WG 11	Dr. Noriyuki Furuichi	—	—
2	SC 2	ISO/AWI TR 12767	Measurement of fluid flow by means of pressure differential devices—Guidelines on the effect of departure from the specifications and operating conditions given in ISO 5167 用差压装置测量流体流量 偏离 ISO 5167 技术要求或工作状态的影响指南	WG 18	Dr. Masahiro Ishibashi	—	—

270

附录2 国际标准化机构标准发布清单

续附表2-4

序号	分技术委员会	标准编号	标准名称	工作组	项目经理	项目经理所在国家	中国参加人员
3	SC 2	ISO/AWI TR 15377	Measurement of fluid flow by means of pressure-differential devices—Guicelines for the specification of orifice plates, nozzles and Venturi tubes beyond the scope of ISO 5167 用差压装置测量流体流量 ISO 5167 范围之外的孔板、喷嘴和文丘里管的使用指南	WG 19	Dr. Michael Reader-Harris	—	—
4	SC 5	ISO/AWI 3966	Measurement of fluid flow in closed conduits—Velocity area method using Pitot static tubes 封闭管道中流体流量测量 使用皮托静电管得流速度面积法	—	—	—	—
5	SC 5	ISO/CD 24062	Measurement of fluid flow in closed conduits—Selection, installation and operation of clamp-on (externally mounted) ultrasonic flow-metering techniques for fluid applications 封闭管道中流体流量测量 用于流体流量测量的外夹超声流量计选型、安装和使用	—	—	—	—
6	SC 5	ISO/DIS 24460	Measurement of fluid flow rate in closed conduits—Radioactive Tracer Methods 封闭管道中流体流量测量 放射示踪剂法	WG 7	Mr. Jovan Thereska	—	—
7	SC 7	ISO/CD 4064-1	Water meters for cold potable water and hot water—Part 1: Metrological and technical requirements 用于饮用冷水和热水的水表 第1部分：计量和技术要求	WG 9	Mr. Sarah Jones	英国	—

271

续附表 2-4

序号	分技术委员会	标准编号	标准名称	工作组	项目经理	项目经理所在国家	中国参加人员
8	SC 7	ISO/CD 4064-2	Water meters for cold potable water and hot water—Part 2: Test methods 用于饮用冷水和热水的水表 第2部分：测试方法	WG 9	Mr. Sarah Jones	英国	—
9	SC 7	ISO/AWI 4064-3	Water meters for cold potable water and hot water—Part 3: Test report format 用于饮用冷水和热水的水表 第3部分：试验报告格式	—	—	—	—
10	SC 7	ISO/AWI 4064-4	Water meters for cold potable water and hot water—Part 4: Non-metrological requirements not covered in ISO 4064-1 用于饮用冷水和热水的水表 第4部分：ISO 4064-1 未包含的非计量要求	—	—	—	—
11	SC 7	ISO/AWI 4064-5	Water meters for cold potable water and hot water—Part 5: Installation requirements 用于饮用冷水和热水的水表 第5部分：安装要求	—	—	—	—

附表 2-5 ISO/TC 67 已发布的标准清单

序号	分技术委员会	标准编号	标准名称	采标情况
1	直属 TC 67	ISO/TS 3250: 2021	Petroleum, petrochemical and natural gas industries—Calculation and reporting production efficiency in the operating phase 石油、石化和天然气工业 运行阶段生产效率的计算和报告	—

续附录 2-5

序号	分技术委员会	标准编号	标准名称	采标情况
2	直属 TC 67	ISO/TR 12489: 2013	Petroleum, petrochemical and natural gas industries—Reliability modelling and calculation of safety systems 石油、石化和天然气工业 安全系统的可靠性建模和计算	—
3	直属 TC 67	ISO 13085: 2014	Petroleum and natural gas industries—Aluminium alloy pipe for use as tubing for wells 石油和天然气工业 油井管用铝合金管	GB/T 39096—2020, ISO 13085: 2014, MOD
4	直属 TC 67	ISO 13879: 1999	Petroleum and natural gas industries—Content and drafting of a functional specification 石油和天然气工业 功能规范的内容和起草	GB/T 24257—2009, ISO 13879: 1999, MOD
5	直属 TC 67	ISO 13880: 1999	Petroleum and natural gas industries—Content and drafting of a technical specification 石油和天然气工业 技术规范的内容和起草	GB/T 24258—2009, ISO 13880: 1999, MOD
6	直属 TC 67	ISO/TR 13881: 2000	Petroleum and natural gas industries—Classification and conformity assessment of products, processes and services 石油和天然气工业 产品、工艺和服务的分类和合格评定	GB/T 20662—2006, ISO/TR 13881: 2000, MOD
7	直属 TC 67	ISO 14224: 2016	Petroleum, petrochemical and natural gas industries—Collection and exchange of reliability and maintenance data for equipment 石油、石化和天然气工业 设备可靠性和维护数据的收集和交换	GB/T 20172—2006, ISO 14224: 1999, IDT

续附表 2—5

序号	分技术委员会	标准编号	标准名称	采标情况
8	直属 TC 67	ISO 15156-1: 2020	Petroleum and natural gas industries—Materials for use in H$_2$S-containing environments in oil and gas production—Part 1: General principles for selection of cracking-resistant materials 石油和天然气工业 石油和天然气生产中用于含 H$_2$S 环境的材料 第 1 部分：选择抗裂材料的一般原则	GB/T 20972.1—2007，ISO 15156-1: 2001，IDT
9	直属 TC 67	ISO 15156-2: 2020	Petroleum and natural gas industries—Materials for use in H$_2$S-containing environments in oil and gas production—Part 2: Cracking-resistant carbon and low-alloy steels, and the use of cast irons 石油和天然气工业 石油和天然气生产中用于含 H$_2$S 环境的材料 第 2 部分：抗裂碳钢和低合金钢及铸铁的使用	GB/T 20972.2—2008，ISO 15156-2: 2003，MOD
10	直属 TC 67	ISO 15156-3: 2020	Petroleum and natural gas industries—Materials for use in H$_2$S-containing environments in oil and gas production—Part 3: Cracking-resistant CRAs (corrosion-resistant alloys) and other alloys 石油和天然气工业 石油和天然气生产中在含 H$_2$S 环境中使用的材料 第 3 部分：抗裂 CRA（耐腐蚀合金）和其他合金	GB/T 20972.3—2008，ISO 15156-3: 2003，MOD
11	直属 TC 67	ISO 15546: 2011	Petroleum and natural gas industries—Aluminium alloy drill pipe 石油和天然气工业 铝合金钻杆	GB/T 20659—2017，ISO 15546: 2011，MOD

续附录2—5

序号	分技术委员会	标准编号	标准名称	采标情况
12	直属TC 67	ISO 15663：2021	Petroleum, petrochemical and natural gas industries—Life cycle costing 石油、石化和天然气工业 生命周期成本计算	GB/T 19829.1—2005, ISO 15663-1: 2000, IDT GB/T 19829.2—2005, ISO 15663-2: 2001, IDT GB/T 19829.3—2006, ISO 15663-3: 2001, IDT
13	直属TC 67	ISO 16961：2015	Petroleum, petrochemical and natural gas industries—Internal coating and lining of steel storage tanks 石油、石化和天然气工业 钢制储罐的内涂层和衬里	—
14	直属TC 67	ISO 17348：2016	Petroleum and natural gas industries—Materials selection for high content CO_2 for casing, tubing and downhole equipment 石油和天然气工业 套管、油管和井下设备用高含量 CO_2 的材料选择	GB/T 40543—2021, ISO 17348: 2016, IDT
15	直属TC 67	ISO 17349：2016	Petroleum and natural gas industries—Offshore platforms handling streams with high content of CO_2 at high pressures 石油和天然气工业 在高压下处理高 CO_2 含量气流的海上平台	—
16	直属TC 67	ISO 17781：2017	Petroleum, petrochemical and natural gas industries—Test methods for quality control of microstructure of ferritic/austenitic (duplex) stainless steels 石油、石化和天然气工业 铁素体/奥氏体（双相）不锈钢微观结构质量控制的试验方法	—

续附表2-5

序号	分技术委员会	标准编号	标准名称	采标情况
17	直属 TC 67	ISO 17782: 2018	Petroleum, petrochemical and natural gas industries—Scheme for conformity assessment of manufacturers of special materials 石油、石化和天然气工业 特殊材料制造商的合格评定方案	—
18	直属 TC 67	ISO 17945: 2015	Petroleum, petrochemical and natural gas industries—Metallic materials resistant to sulfide stress cracking in corrosive petroleum refining environments 石油、石化和天然气工业 在腐蚀性石油精炼环境中抗硫化物应力开裂的金属材料	—
19	直属 TC 67	ISO/TS 17969: 2017	Petroleum, petrochemical and natural gas industries—Guidelines on competency management for well operations personnel 石油、石化和天然气工业 油井作业人员能力管理指南	—
20	直属 TC 67	ISO 18796-1: 2018	Petroleum, petrochemicals and natural gas industries—Internal coating and lining of carbon steel process vessels—Part 1: Technical requirements 石油、石化和天然气工业 碳钢工艺容器的内涂层和衬里 第1部分：技术要求	—
21	直属 TC 67	ISO 18797-1: 2016	Petroleum, petrochemical and natural gas industries—External corrosion protection of risers by coatings and linings—Part 1: Elastomeric coating systems-polychloroprene or EPDM 石油、石化和天然气工业 涂层和衬里对立管的外部腐蚀防护 第1部分：弹性涂层系统氯丁橡胶或EPDM	—

· 附录2 国际标准化机构标准发布清单·

续附表2—5

序号	分技术委员会	标准编号	标准名称	采标情况
22	直属 TC 67	ISO 18797-2: 2021	Petroleum, petrochemical and natural gas industries—External corrosion protection of risers by coatings and linings—Part 2: Maintenance and field repair coatings for riser pipes 石油、石化和天然气工业 涂层和衬里对立管的外部腐蚀防护 第2部分：立管的维护和现场维修涂层	—
23	直属 TC 67	ISO 19008: 2016	Standard cost coding system for oil and gas production and processing facilities 油气生产和加工设施的标准成本编码系统	—
24	直属 TC 67	ISO 19277: 2018	Petroleum, petrochemical and natural gas industries—Qualification testing and acceptance criteria for protective coating systems under insulation 石油、石化和天然气工业 绝缘保护涂层系统的鉴定试验和验收标准	—
25	直属 TC 67	ISO 20312: 2011	Petroleum and natural gas industries—Design and operating limits of drill strings with aluminium alloy components 石油和天然气工业 带铝合金部件的钻柱的设计和操作极限	GB/T 37265—2018，ISO 20312: 2011, IDT
26	直属 TC 67	ISO 20815: 2018	Petroleum, petrochemical and natural gas industries—Production assurance and reliability management 石油、石化和天然气工业 生产保证和可靠性管理	—

277

续附表2-5

序号	分技术委员会	标准编号	标准名称	采标情况
27	直属TC 67	ISO 21457: 2010	Petroleum, petrochemical and natural gas industries—Materials selection and corrosion control for oil and gas production systems 石油和天然气工业 石油和天然气生产系统的材料选择和腐蚀控制	—
28	直属TC 67	ISO 23936-1: 2022	Petroleum, petrochemical and natural gas industries—Non-metallic materials in contact with media related to oil and gas production—Part 1: Thermoplastics 石油、石化和天然气工业 与石油和天然气生产有关的介质接触的非金属材料 第1部分：热塑性塑料	GB/T 34903.1—2017，ISO 23936-1: 2009，MOD
29	直属TC 67	ISO 23936-2: 2011	Petroleum, petrochemical and natural gas industries—Non-metallic materials in contact with media related to oil and gas production—Part 2: Elastomers 石油、石化和天然气工业 与石油和天然气生产有关的介质接触的非金属材料 第2部分：弹性体	GB/T 34903.2—2017，ISO 23936-2: 2011，IDT
30	直属TC 67	ISO 27627: 2014	Petroleum and natural gas industries—Aluminium alloy drill pipe thread connection gauging 石油和天然气工业 铝合金钻杆螺纹连接测量	GB/T 37262—2018，ISO 27627: 2014，IDT
31	直属TC 67	ISO 24200: 2022	Petroleum, petrochemical and natural gas industries—Bulk material for offshore projects—Pipe support 石油、石化和天然气行业 海上项目的散装材料 管道支架	—

续附表2-5

序号	分技术委员会	标准编号	标准名称	采标情况
32	直属TC 67	ISO 29001: 2020	Petroleum, petrochemical and natural gas industries—Sector-specific quality management systems—Requirements for product and service supply organizations 石油、石化和天然气工业 特定行业的质量管理体系 产品和服务供应组织的要求	—
33	SC 2	ISO 3183: 2019	Petroleum and natural gas industries—Steel pipe for pipeline transportation systems 石油和天然气工业 管道运输系统用钢管	GB/T 9711—2017, ISO 3183: 2012, MOD
34	SC 2	ISO 12490: 2011	Petroleum and natural gas industries—Mechanical integrity and sizing of actuators and mounting kits for pipeline valves 石油和天然气工业 管道阀门用制动器和安装套件的机械完整性与尺寸	未采标，未查到相关国内标准
35	SC 2	ISO 12736: 2014	Petroleum and natural gas industries—Wet thermal insulation coatings for pipelines, flow lines, equipment and subsea structures 石油和天然气工业 管道、流线、设备和海底结构用湿隔热涂层	政策原因未采标，有相关标准 GB/T 50538—2020《埋地钢质管道防腐保温层技术标准》
36	SC 2	ISO/TS 12747: 2011	Petroleum and natural gas industries—Pipeline transportation systems—Recommended practice for pipeline life extension 石油和天然气工业 管道运输系统 延长管道寿命的推荐实施规程	GB/T 31468—2015, ISO/TS 12747: 2011, IDT

续附表2–5

序号	分技术委员会	标准编号	标准名称	采标情况
37	SC 2	ISO 13623: 2017	Petroleum and natural gas industries—Pipeline transportation systems 石油和天然气工业 管道运输系统	GB/T 24259—2009, ISO 13623: 2000, MOD
38	SC 2	ISO 13847: 2013	Petroleum and natural gas industries—Pipeline transportation systems—Welding of pipelines 石油和天然气工业 管道运输系统 管道焊接	未采标、有相关标准 SY/T 6715—2008《钢管管接头焊接》（API RP 5C6: 2006, IDT）
39	SC 2	ISO 14313: 2007	Petroleum and natural gas industries—Pipeline transportation systems—Pipeline valves 石油和天然气工业 管道运输系统 管道阀门	GB/T 20173—2013, ISO 14313: 2007, MOD
40	SC 2	ISO 14313: 2007/Cor 1: 2009	Petroleum and natural gas industries—Pipeline transportation systems—Pipeline valves—Technical Corrigendum 1 石油和天然气工业 管道运输系统 管道阀门 技术勘误1	—
41	SC 2	ISO 14723: 2009	Petroleum and natural gas industries—Pipeline transportation systems—Subsea pipeline valves 石油和天然气工业 管道运输系统 海底管道阀门	未采标、有相关标准 SY/T 7058—2016《海底管道阀门规范》, API 6DSS: 2010, IDT
42	SC 2	ISO 15589-1: 2015	Petroleum, petrochemical and natural gas industries—Cathodic protection of pipeline systems—Part 1: On-land pipelines 石油，石化和天然气工业 管道系统的阴极保护 第1部分：陆上管道	政策原因未采标、有等效标准 GB/T 21448—2020《埋地钢质管道阴极保护技术规范》

续附表2-5

序号	分技术委员会	标准编号	标准名称	采标情况
43	SC 2	ISO 15589-2: 2012	Petroleum, petrochemical and natural gas industries—Cathodic protection of pipeline transportation systems—Part 2: Offshore pipelines 石油、石化和天然气工业 管道运输系统的阴极保护 第2部分：海上管道	政策原因未采标，有等效标准 GB/T 35988—2018《石油天然气工业海底管道阴极保护》
44	SC 2	ISO 15590-1: 2018	Petroleum and natural gas industries—Induction bends, fittings and flanges for pipeline transportation systems—Part 1: Induction bends 石油和天然气工业 管道运输系统用感应弯管、配件和法兰 第1部分：感应弯管	GB/T 29168.1—2012，ISO 15590-1: 2009, MOD
45	SC 2	ISO 15590-2: 2021	Petroleum and natural gas industries—Factory bends, fittings and flanges for pipeline transportation systems—Part 2: Fittings 石油和天然气工业 管道运输系统用工厂弯管、配件和法兰 第2部分：配件	GB/T 29168.2—2012，ISO 15590-2: 2003, MOD
46	SC 2	ISO 15590-3: 2022	Petroleum and natural gas industries—Factory bends, fittings and flanges for pipeline transportation systems—Part 3: Flanges 石油和天然气工业 管道运输系统用工厂弯管、配件和法兰 第3部分：法兰	GB/T 29168.3—2012，ISO 15590-3: 2004, MOD
47	SC 2	ISO 15590-4: 2019	Petroleum and natural gas industries—Factory bends, fittings and flanges for pipeline transportation systems—Part 4: Factory cold bends 石油和天然气工业 管道运输系统用工厂弯管、配件和法兰 第4部分：工厂冷弯	已有采标计划

续附表 2—5

序号	分技术委员会	标准编号	标准名称	采标情况
48	SC 2	ISO 16440: 2016	Petroleum and natural gas industries—Pipeline transportation systems—Design, construction and maintenance of steel cased pipelines 石油和天然气工业 管道运输系统 钢套管管道的设计、建造和维护	未采标，未查到相关国内标准
49	SC 2	ISO 16708: 2006	Petroleum and natural gas industries—Pipeline transportation systems—Reliability-based limit state methods 石油和天然气工业 管道运输系统 基于可靠性的极限状态法	GB/T 29167—2012，ISO 16708: 2006，MOD
50	SC 2	ISO 19345-1: 2019	Petroleum and natural gas industry—Pipeline transportation systems—Pipeline integrity management specification—Part 1: Full-life cycle integrity management for onshore pipeline 石油和天然气工业 管道运输系统 管道完整性管理规范 第 1 部分：陆上管道的全生命周期完整性管理	由我国提案，国内相关标准 GB 32167—2015《油气输送管道完整性管理规范》
51	SC 2	ISO 19345-2: 2019	Petroleum and natural gas industry—Pipeline transportation systems—Pipeline integrity management specification—Part 2: Full-life cycle integrity management for offshore pipeline 石油和天然气工业 管道运输系统 管道完整性管理规范 第 2 部分：海上管道的全生命周期完整性管理	由我国提案，国内相关标准 GB 32167—2015《油气输送管道完整性管理规范》
52	SC 2	ISO 20074: 2019	Petroleum and natural gas industry—Pipeline transportation systems—Geological hazard risk management for onshore pipeline 石油和天然气工业 管道运输系统 陆上管道的地质灾害风险管理	由我国提案，国内相关标准 SY/T 6828—2017《油气管道地质灾害风险管理技术规范》

附录 2 国际标准化机构标准发布清单

续附表 2-5

序号	分技术委员会	标准编号	标准名称	采标情况
53	SC 2	ISO 21329: 2004	Petroleum and natural gas industries—Pipeline transportation systems—Test procedures for mechanical connectors 石油和天然气工业 管道运输系统 机械连接器的试验程序	已有采标计划
54	SC 2	ISO 21809-1: 2018	Petroleum and natural gas industries—External coatings for buried or submerged pipelines used in pipeline transportation systems—Part 1: Polyolefin coatings (3-layer PE and 3-layer PP) 石油和天然气工业 管道运输系统用埋地或水下管道的外部涂层 第 1 部分：聚烯烃涂层（3 层 PE 和 3 层 PP）	政策原因未采标，有相关标准 GB/T 23257—2017《埋地钢质管道聚乙烯防腐层》
55	SC 2	ISO 21809-2: 2014	Petroleum and natural gas industries—External coatings for buried or submerged pipelines used in pipeline transportation systems—Part 2: Single layer fusion-bonded epoxy coatings 石油和天然气工业 管道运输系统用埋地或水下管道的外部涂层 第 2 部分：单层熔结环氧涂层	政策原因未采标，有等效标准 GB/T 39636—2020《钢制管道熔结环氧粉末外涂层技术规范》
56	SC 2	ISO 21809-3: 2016	Petroleum and natural gas industries—External coatings for buried or submerged pipelines used in pipeline transportation systems—Part 3: Field joint coatings 石油和天然气工业 管道运输系统用埋地或水下管道的外部涂层 第 3 部分：现场接头涂层	政策原因未采标，有等效标准 GB/T 51241—2017《管道外防腐补口技术规范》

续附表2—5

序号	分技术委员会	标准编号	标准名称	采标情况
57	SC 2	ISO 21809-3: 2016/Amd 1: 2020	Petroleum and natural gas industries—External coatings for buried or submerged pipelines used in pipeline transportation systems—Part 3: Field joint coatings—Amendment 1: Introduction of mesh-backed coating systems 石油和天然气工业 管道运输系统用埋地或水下管道的外部涂层 第3部分：现场接头涂层 修改件1：网状涂层系统的介绍	—
58	SC 2	ISO 21809-4: 2009	Petroleum and natural gas industries—External coatings for buried or submerged pipelines used in pipeline transportation systems—Part 4: Polyethylene coatings (2-layer PE) 石油和天然气工业 管道运输系统用埋地或水下管道的外部涂层 第4部分：聚乙烯涂层（2层PE）	政策原因未采标，有相关标准 GB/T 23257—2017《埋地钢质管道聚乙烯防腐层》
59	SC 2	ISO 21809-5: 2017	Petroleum and natural gas industries—External coatings for buried or submerged pipelines used in pipeline transportation systems—Part 5: External concrete coatings 石油和天然气工业 管道运输系统用埋地或水下管道的外部涂层 第5部分：外部混凝土涂层	政策原因未采标，无相关标准
60	SC 2	ISO 21809-11: 2019	Petroleum and natural gas industries—External coatings for buried or submerged pipelines used in pipeline transportation systems—Part 11: Coatings for in-field application, coating repairs and rehabilitation 石油和天然气工业 管道运输系统用埋地或水下管道的外部涂层 第11部分：现场应用、涂层修复和修复用涂层	政策原因未采标，有相关标准 GB/T 51241—2017《管道外防腐补口技术规范》

续附表2−5

序号	分技术委员会	标准编号	标准名称	采标情况
61	SC 2	ISO 21857：2021	Petroleum, petrochemical and natural gas industries—Prevention of corrosion on pipeline systems influenced by stray currents 石油、石化和天然气工业 杂散电流对管道系统腐蚀的预防	由我国提案，国内相关标准GB/T 50698—2011《埋地钢质管道交流干扰防护技术标准》，GB 50991—2014《埋地钢质管道直流干扰防护技术标准》
62	SC 2	ISO 24139-1：2022	Petroleum and natural gas industries—Corrosion resistant alloy clad bends and fittings for pipeline transportation system—Part 1: Clad bends 石油天然气工业 管道输送系统用耐蚀合金内覆复合弯管和管件 第1部分：复合弯管	—
63	SC 3	ISO 10414-1：2008	Petroleum and natural gas industries—Field testing of drilling fluids—Part 1: Water-based fluids 石油和天然气工业 钻井液的现场试验 第1部分：水基钻井液	GB/T 16783.1—2014，ISO 10414-1：2008，IDT
64	SC 3	ISO 10414-2：2011	Petroleum and natural gas industries—Field testing of drilling fluids—Part 2: Oil-based fluids 石油和天然气工业 钻井液的现场试验 第2部分：油基钻井液	GB/T 16783.2—2012，ISO 10414-2：2002，MOD
65	SC 3	ISO 10416：2008	Petroleum and natural gas industries—Drilling fluids—Laboratory testing 石油和天然气工业 钻井液 实验室试验	GB/T 29170—2012，ISO 10416：2008，MOD

续附表2-5

序号	分技术委员会	标准编号	标准名称	采标情况
66	SC 3	ISO 10426-1: 2009	Petroleum and natural gas industries—Cements and materials for well cementing—Part 1: Specification 石油和天然气工业 固井用水泥和材料 第1部分：规范	GB/T 10238—2015, ISO 10426-1: 2009, MOD
67	SC 3	ISO 10426-1: 2009/Cor 1: 2010	Petroleum and natural gas industries—Cements and materials for well cementing—Part 1: Specification—Technical Corrigendum 1 石油和天然气工业 固井用水泥和材料 第1部分：规范 技术勘误1	—
68	SC 3	ISO 10426-1: 2009/Cor 2: 2012	Petroleum and natural gas industries—Cements and materials for well cementing—Part 1: Specification—Technical Corrigendum 2 石油和天然气工业 固井用水泥和材料 第1部分：规范 技术勘误2	—
69	SC 3	ISO 10426-2: 2003	Petroleum and natural gas industries—Cements and materials for well cementing—Part 2: Testing of well cements 石油和天然气工业 固井用水泥和材料 第2部分：固井水泥的试验	GB/T 19139—2012, ISO 10426-2: 2003, MOD
70	SC 3	ISO 10426-2: 2003/Amd 1: 2005	Petroleum and natural gas industries—Cements and materials for well cementing—Part 2: Testing of well cements—Amendment 1: Water-wetting capability testing 石油和天然气工业 固井用水泥和材料 第2部分：固井水泥的试验 修改件1：润湿能力试验	—

附录2 国际标准化机构标准发布清单

续附表2-5

序号	分技术委员会	标准编号	标准名称	采标情况
71	SC 3	ISO 10426-2: 2003/Cor 1: 2006	Petroleum and natural gas industries—Cements and materials for well cementing—Part 2: Testing of well cements—Technical Corrigendum 1 石油和天然气工业 固井用水泥和材料 第2部分：固井水泥的试验 技术勘误1	—
72	SC 3	ISO 10426-3: 2019	Petroleum and natural gas industries—Cements and materials for well cementing—Part 3: Testing of deepwater well cement formulations 石油和天然气工业 固井用水泥和材料 第3部分：深水油井水泥配方的试验	GB/T 33294—2016, ISO 10426-3: 2003, MOD
73	SC 3	ISO 10426-4: 2004	Petroleum and natural gas industries—Cements and materials for well cementing—Part 4: Preparation and testing of foamed cement slurries at atmospheric pressure 石油和天然气工业 固井用水泥和材料 第4部分：常压下泡沫水泥浆的制备和试验	GB/T 39533—2020, ISO 10426-4: 2004, MOD
74	SC 3	ISO 10426-5: 2004	Petroleum and natural gas industries—Cements and materials for well cementing—Part 5: Determination of shrinkage and expansion of well cement formulations at atmospheric pressure 石油和天然气工业 固井用水泥和材料 第5部分：常压下固井水泥配方收缩和膨胀的测定	GB/T 33293—2016, ISO 10426-5: 2004, MOD

续附表2-5

序号	分技术委员会	标准编号	标准名称	采标情况
75	SC 3	ISO 10426-6: 2008	Petroleum and natural gas industries—Cements and materials for well cementing—Part 6: Methods for determining the static gel strength of cement formulations 石油和天然气工业 固井用水泥和材料 第6部分：水泥配方静态凝胶强度的测定方法	GB/T 39421—2020， ISO 10426-6: 2008，MOD
76	SC 3	ISO 10427-1: 2001	Petroleum and natural gas industries—Equipment for well cementing—Part 1: Casing bow-spring centralizers 石油和天然气工业 固井设备 第1部分：套管弓形弹簧扶正器	GB/T 19831.1—2005， ISO 10427-1: 2001，IDT
77	SC 3	ISO 10427-2: 2004	Petroleum and natural gas industries—Equipment for well cementing—Part 2: Centralizer placement and stop-collar testing 石油和天然气工业 固井设备 第2部分：扶正器放置和止动环试验	GB/T 19831.2—2008， ISO 10427-2: 2004，IDT
78	SC 3	ISO 10427-3: 2003	Petroleum and natural gas industries—Equipment for well cementing—Part 3: Performance testing of cementing float equipment 石油和天然气工业 固井设备 第3部分：固井浮动设备的性能试验	GB/T 20971—2007， ISO 10427-3: 2003，IDT
79	SC 3	ISO 13500: 2008	Petroleum and natural gas industries—Drilling fluid materials—Specifications and tests 石油和天然气工业 钻井液材料 规范和试验	GB/T 5005—2010， ISO 13500: 2008，MOD

续附录 2-5

序号	分技术委员会	标准编号	标准名称	采标情况
80	SC 3	ISO 13500: 2008/Amd 1: 2010	Petroleum and natural gas industries—Drilling fluid materials—Specifications and tests—Amendment 1: Barite 4.1 石油和天然气工业 钻井液材料 规范和试验 修改件 1: 重晶石 4.1	—
81	SC 3	ISO 13500: 2008/Cor 1: 2009	Petroleum and natural gas industries—Drilling fluid materials—Specifications and tests—Technical Corrigendum 1 石油和天然气工业 钻井液材料 规范和试验 技术勘误 1	—
82	SC 3	ISO 13501: 2011	Petroleum and natural gas industries—Drilling fluids—Processing equipment evaluation 石油和天然气工业 钻井液 加工设备评估	GB/T 33581—2017, ISO 13501: 2011, NEQ
83	SC 3	ISO 13503-1: 2011	Petroleum and natural gas industries—Completion fluids and materials—Part 1: Measurement of viscous properties of completion fluids 石油和天然气工业 完井液和材料 第 1 部分: 完井液粘性特性的测量	—
84	SC 3	ISO 13503-2: 2006	Petroleum and natural gas industries—Completion fluids and materials—Part 2: Measurement of properties of proppants used in hydraulic fracturing and gravel-packing operations 石油和天然气工业 完井液和材料 第 2 部分: 水力压裂和砾石充填作业用支撑剂性能的测量	—

续附表2—5

序号	分技术委员会	标准编号	标准名称	采标情况
85	SC 3	ISO 13503-2: 2006/Amd 1: 2009	Petroleum and natural gas industries—Completion fluids and materials—Part 2: Measurement of properties of proppants used in hydraulic fracturing and gravel-packing operations—Amendment 1: Addition of Annex B: Proppand specification 石油和天然气工业 完井液和材料 第2部分：水力压裂和砾石充填作业用支撑剂性能的测量 修改件1：增加附件B：支撑剂规范	—
86	SC 3	ISO 13503-3: 2005/Cor 1: 2006	Petroleum and natural gas industries—Completion fluids and materials—Part 3: Testing of heavy brines—Technical Corrigendum 1 石油和天然气工业 完井液和材料 第3部分：重盐水的试验 技术勘误1	—
87	SC 3	ISO 13503-3: 2022	Petroleum and natural gas industries—Completion fluids and materials—Part 3: Testing of heavy brines 石油和天然气工业 完井液和材料 第3部分：重盐水的试验	—
88	SC 3	ISO 13503-4: 2006	Petroleum and natural gas industries—Completion fluids and materials—Part 4: Procedure for measuring stimulation and gravel-pack fluid leakoff under static conditions 石油和天然气工业 完井液和材料 第4部分：静态条件下增产和砾石充填液泄漏的测量程序	—

续附表2—5

序号	分技术委员会	标准编号	标准名称	采标情况
89	SC 3	ISO 13503-5: 2006	Petroleum and natural gas industries—Completion fluids and materials—Part 5: Procedures for measuring the long-term conductivity of proppants 石油和天然气工业 完井液和材料 第5部分：支撑剂长期电导率的测量程序	—
90	SC 3	ISO 13503-6: 2014	Petroleum and natural gas industries—Completion fluids and materials—Part 6: Procedure for measuring leakoff of completion fluids under dynamic conditions 石油和天然气工业 完井液和材料 第6部分：在动态条件下测量完井液泄漏的程序	—
91	SC 4	ISO 3421: 2022	Petroleum and natural gas industries—Drilling and production equipment—Offshore conductor design, setting depth, and installation 石油和天然气工业 钻井和生产设备 海上导线设计、设置深度和安装	—
92	SC 4	ISO 10407-2: 2008	Petroleum and natural gas industries—Rotary drilling equipment—Part 2: Inspection and classification of used drill stem elements 石油和天然气工业 旋转钻井设备 第2部分：用过的钻杆元件的检验和分类	GB/T 29169—2012, ISO 10407-2: 2008, MOD

续附表2-5

序号	分技术委员会	标准编号	标准名称	采标情况
93	SC 4	ISO 10407-2: 2008/Cor 1: 2009	Petroleum and natural gas industries—Rotary drilling equipment—Part 2: Inspection and classification of used drill stem elements—Technical Corrigendum 1 石油和天然气工业 旋转钻井设备 第2部分：用过的钻杆元件的检验和分类 技术勘误1	—
94	SC 4	ISO 10407: 1993	Petroleum and natural gas industries—Drill stem design and operating limits 石油和天然气工业 钻井和生产设备 钻柱设计和操作极限	—
95	SC 4	ISO 10417: 2004	Petroleum and natural gas industries—Subsurface safety valve systems—Design, installation, operation and redress 石油和天然气工业 地下安全阀系统 设计、安装、操作和校正	GB/T 22342—2008, ISO 10417: 2004, IDT
96	SC 4	ISO 10423: 2022	Petroleum and natural gas industries—Drilling and production equipment—Wellhead and tree equipment 石油和天然气工业 钻井和生产设备 井口和采油树设备	GB/T 22513—2013, ISO 10423: 2009, MOD
97	SC 4	ISO 10424-1: 2004	Petroleum and natural gas industries—Rotary drilling equipment—Part 1: Rotary drill stem elements 石油和天然气工业 旋转钻井设备 第1部分：旋转钻杆元件	GB/T 22512.1—2012, ISO 10424-1: 2004, MOD

续附表2-5

序号	分技术委员会	标准编号	标准名称	采标情况
98	SC 4	ISO 10424-2: 2007	Petroleum and natural gas industries—Rotary drilling equipment—Part 2: Threading and gauging of rotary shouldered thread connections 石油和天然气工业 旋转钻井设备 第2部分：旋转肩螺纹连接的螺纹和量规	GB/T 22512.2—2008, ISO 10424-2: 2007, MOD
99	SC 4	ISO 10428: 1993	Petroleum and natural gas industries—Sucker rods (pony rods, polished rods, couplings and sub-couplings)—Specification 石油和天然气工业 抽油杆（小马杆、抛光杆、联轴节和副联轴节）规范	—
100	SC 4	ISO 10431: 1993	Petroleum and natural gas industries—Pumping units—Specification 石油和天然气工业 抽油机 规范	—
101	SC 4	ISO 10432: 2004	Petroleum and natural gas industries—Downhole equipment—Subsurface safety valve equipment 石油和天然气工业 井下设备 井下安全阀设备	GB/T 28259—2012, ISO 10432: 2004, MOD
102	SC 4	ISO 13354: 2014	Petroleum and natural gas industries—Drilling and production equipment—Shallow gas diverter equipment 石油和天然气工业 钻井和生产设备 浅层气体分流器设备	—
103	SC 4	ISO 13533: 2001	Petroleum and natural gas industries—Drilling and production equipment—Drill-through equipment 石油和天然气工业 钻井和生产设备 钻通设备	GB/T 20174—2006, ISO 13533: 2001, MOD

续附表2-5

序号	分技术委员会	标准编号	标准名称	采标情况
104	SC 4	ISO 13533: 2001/Cor 1: 2005	Petroleum and natural gas industries—Drilling and production equipment—Technical Corrigendum 1 石油和天然气工业 钻井和生产设备 钻通设备 技术勘误1	—
105	SC 4	ISO 13534: 2000	Petroleum and natural gas industries—Drilling and production equipment—Inspection, maintenance, repair and remanufacture of hoisting equipment 石油和天然气工业 钻井和生产设备 起重设备的检查、维护、修理和再制造	GB/T 19832—2005, ISO 13534: 2000, IDT
106	SC 4	ISO 13535: 2000	Petroleum and natural gas industries—Drilling and production equipment—Hoisting equipment 石油和天然气工业 钻井和生产设备 起重设备	GB/T 19190—2013, ISO 13535: 2000, IDT
107	SC 4	ISO 13624-1: 2009	Petroleum and natural gas industries—Drilling and production equipment—Part 1: Design and operation of marine drilling riser equipment 石油和天然气工业 钻井和生产设备 第1部分：海上钻井立管设备的设计和操作	GB/T 30217.1—2013, ISO 13624-1: 2009, IDT
108	SC 4	ISO/TR 13624-2: 2009	Petroleum and natural gas industries—Drilling and production equipment—Part 2: Deepwater drilling riser methodologies, operations, and integrity technical report 石油和天然气工业 钻井和生产设备 第2部分：深水钻井隔水管方法、操作和完整性技术报告	GB/T 30217.2—2016, ISO/TR 13624-2: 2009, IDT

续附表2-5

序号	分技术委员会	标准编号	标准名称	采标情况
109	SC 4	ISO 13625: 2002	Petroleum and natural gas industries—Drilling and production equipment—Marine drilling riser couplings 石油和天然气工业 钻井和生产设备 海上钻井立管接头	—
110	SC 4	ISO 13626: 2003	Petroleum and natural gas industries—Drilling and production equipment—Drilling and well-servicing structures 石油和天然气工业 钻井和生产设备 钻井和修井结构	GB/T 25428—2015, ISO 13626: 2003, MOD
111	SC 4	ISO 13628-1: 2005	Petroleum and natural gas industries—Design and operation of subsea production systems—Part 1: General requirements and recommendations 石油和天然气工业 水下生产系统的设计和操作 第1部分：一般要求和建议	GB/T 21412.1—2010, ISO 13628-1: 2005, IDT
112	SC 4	ISO 13628-1: 2005/Amd 1: 2010	Petroleum and natural gas industries—Design and operation of subsea production systems—Part 1: General requirements and recommendations—Amendment 1: Revised Clause 6 石油和天然气工业 水下生产系统的设计和操作 第1部分：一般要求和建议 修改件1：修改后的第6条	—
113	SC 4	ISO 13628-2: 2006	Petroleum and natural gas industries—Design and operation of subsea production systems—Part 2: Unbonded flexible pipe systems for subsea and marine applications 石油和天然气工业 水下生产系统的设计和操作 第2部分：水下和海上应用的无粘结软管系统	20194287-T-469, ISO 13628-2: 2006, IDT

续附表2-5

序号	分技术委员会	标准编号	标准名称	采标情况
114	SC 4	ISO 13628-2: 2006/Cor 1: 2009	Petroleum and natural gas industries—Design and operation of subsea production systems—Part 2: Unbonded flexible pipe systems for subsea and marine applications—Technical Corrigendum 1 石油和天然气工业 水下生产系统的设计和操作 第2部分：水下和海上应用的无粘结软管系统 技术勘误1	—
115	SC 4	ISO 13628-3: 2000	Petroleum and natural gas industries—Design and operation of subsea production systems—Part 3: Through flowline (TFL) systems 石油和天然气工业 水下生产系统的设计和操作 第3部分：直通管线（TFL）系统	GB/T 21412.3—2009，ISO 13628-3: 2000, IDT
116	SC 4	ISO 13628-4: 2010	Petroleum and natural gas industries—Design and operation of subsea production systems—Part 4: Subsea wellhead and tree equipment 石油和天然气工业 水下生产系统的设计和操作 第4部分：水下井口和采油树设备	GB/T 21412.4—2013，ISO 13628-4: 2010, IDT
117	SC 4	ISO 13628-4: 2010/Cor 1: 2011	Petroleum and natural gas industries—Design and operation of subsea production systems—Part 4: Subsea wellhead and tree equipment—Technical Corrigendum 1 石油和天然气工业 水下生产系统的设计和操作 第4部分：水下井口和采油树设备 技术勘误1	—

续附表 2-5

序号	分技术委员会	标准编号	标准名称	采标情况
118	SC 4	ISO 13628-5：2009	Petroleum and natural gas industries—Design and operation of subsea production systems—Part 5: Subsea umbilicals 石油和天然气工业 水下生产系统的设计和操作 第 5 部分：海底脐带	GB/T 21412.5—2017，ISO 13628-5：2009，IDT
119	SC 4	ISO 13628-6：2006	Petroleum and natural gas industries—Design and operation of subsea production systems—Part 6: Subsea production control systems 石油和天然气工业 水下生产系统的设计和操作 第 6 部分：水下生产控制系统	GB/T 21412.6—2018，ISO 13628-6：2006，IDT
120	SC 4	ISO 13628-7：2005	Petroleum and natural gas industries—Design and operation of subsea production systems—Part 7: Completion/workover riser systems 石油和天然气工业 水下生产系统的设计和操作 第 7 部分：完井/修井立管系统	GB/T 21412.7—2018，ISO 13628-7：2005，IDT
121	SC 4	ISO 13628-8：2002	Petroleum and natural gas industries—Design and operation of subsea production systems—Part 8: Remotely Operated Vehicle (ROV) interfaces on subsea production systems 石油和天然气工业 水下生产系统的设计和操作 第 8 部分：水下生产系统上的远程操作车辆 (ROV) 接口	GB/T 21412.8—2010，ISO 13628-8：2002，IDT

续附表2-5

序号	分技术委员会	标准编号	标准名称	采标情况
122	SC 4	ISO 13628-8: 2002/Cor 1: 2005	Petroleum and natural gas industries—Design and operation of subsea production systems—Part 8: Remotely Operated Vehicle (ROV) interfaces on subsea production systems—Technical Corrigendum 1 石油和天然气工业 水下生产系统的设计和操作 第8部分：水下生产系统上的远程操作车辆（ROV）接口 技术勘误1	—
123	SC 4	ISO 13628-9: 2000	Petroleum and natural gas industries—Design and operation of subsea production systems—Part 9: Remotely Operated Tool (ROT) intervention systems 石油和天然气工业 水下生产系统的设计和操作 第9部分：远程操作工具（ROT）干预系统	GB/T 21412.9—2009, ISO 13628-9: 2000, IDT
124	SC 4	ISO 13628-10: 2005	Petroleum and natural gas industries—Design and operation of subsea production systems—Part 10: Specification for bonded flexible pipe 石油和天然气工业 水下生产系统的设计和操作 第10部分：粘结软管规范	GB/T 21412.10—2019, ISO 13628-10: 2005, MOD
125	SC 4	ISO 13628-11: 2007	Petroleum and natural gas industries—Design and operation of subsea production systems—Part 11: Flexible pipe systems for subsea and marine applications 石油和天然气工业 水下生产系统的设计和操作 第11部分：水下和海上应用的软管系统	GB/T 21412.11—2019, ISO 13628-11: 2007, IDT

续附表2-5

序号	分技术委员会	标准编号	标准名称	采标情况
126	SC 4	ISO 13628-11: 2007/Cor 1: 2008	Petroleum and natural gas industries—Design and operation of subsea production systems—Part 11: Flexible pipe systems for subsea and marine applications—Technical Corrigendum 1 石油和天然气工业 水下生产系统的设计和操作 第11部分：水下和海上应用的软管系统 技术勘误1	—
127	SC 4	ISO 13628-15: 2011	Petroleum and natural gas industries—Design and operation of subsea production systems—Part 15: Subsea structures and manifolds 石油和天然气工业 水下生产系统的设计和操作 第15部分：海底结构和歧管	GB/T 21412.15—2017, ISO 13628-15: 2011, IDT
128	SC 4	ISO 14310: 2008	Petroleum and natural gas industries—Downhole equipment—Packers and bridge plugs 石油和天然气工业 井下设备 封隔器和桥塞	GB/T 20970—2007, ISO 14310: 2008, MOD
129	SC 4	ISO 14693: 2003	Petroleum and natural gas industries—Drilling and well-servicing equipment 石油和天然气工业 钻井和修井设备	GB/T 17744—2015, ISO 14693: 2003, MOD
130	SC 4	ISO 14998: 2013	Petroleum and natural gas industries—Downhole equipment—Completion accessories 石油和天然气工业 井下设备 完井附件	GB/T 35148—2017, ISO 14998: 2013, MOD
131	SC 4	ISO 15136-1: 2009	Petroleum and natural gas industries—Progressing cavity pump systems for artificial lift—Part 1: Pumps 石油和天然气工业 人工举升用螺杆泵系统 第1部分：泵	GB/T 21411.1—2014, ISO 15136-1: 2009, MOD

续附表2-5

序号	分技术委员会	标准编号	标准名称	采标情况
132	SC 4	ISO 15136-2: 2006	Petroleum and natural gas industries—Progressing cavity pump systems for artificial lift—Part 2: Surface-drive systems 石油和天然气工业 人工举升用螺杆泵系统 第2部分：地面驱动系统	GB/T 21411.2—2009, ISO 15136-2: 2006, MOD
133	SC 4	ISO 15551-1: 2015	Petroleum and natural gas industries—Drilling and production equipment—Part 1: Electric submersible pump systems for artificial lift 石油和天然气工业 钻井和采油设备 第1部分：人工举升用潜油电泵系统	—
134	SC 4	ISO 16070: 2005	Petroleum and natural gas industries—Downhole equipment—Lock mandrels and landing nipples 石油和天然气工业 井下设备 锁芯轴和固定接头	GB/T 21410-2015, ISO 16070: 2005, MOD
135	SC 4	ISO 16530-1: 2017	Petroleum and natural gas industries—Well integrity—Part 1: Life cycle governance 石油和天然气工业 油井完整性 第1部分：生命周期管理	—
136	SC 4	ISO 17078-1: 2004	Petroleum and natural gas industries—Drilling and production equipment—Part 1: Side-pocket mandrels 石油和天然气工业 钻井和生产设备 第1部分：侧袋心轴	—
137	SC 4	ISO 17078-1: 2004/Amd 1: 2010	Petroleum and natural gas industries—Drilling and production equipment—Part 1: Side-pocket mandrels—Amendment 1 石油和天然气工业 钻井和生产设备 第1部分：侧袋心轴 修改件1	—

续附表 2-5

序号	分技术委员会	标准编号	标准名称	采标情况
138	SC 4	ISO 17078-2: 2007	Petroleum and natural gas industries—Drilling and production equipment—Part 2: Flow-control devices for side-pocket mandrels 石油和天然气工业 钻井和生产设备 第2部分：侧袋心轴流量控制装置	—
139	SC 4	ISO 17078-2: 2007/Cor 1: 2009	Petroleum and natural gas industries—Drilling and production equipment—Part 2: Flow-control devices for side-pocket mandrels—Technical Corrigendum 1 石油和天然气工业 钻井和生产设备 第2部分：侧袋心轴流量控制装置 技术勘误 1	—
140	SC 4	ISO 17078-3: 2009	Petroleum and natural gas industries—Drilling and production equipment—Part 3: Running tools, pulling tools and kick-over tools and latches for side-pocket mandrels 石油和天然气工业 钻井和生产设备 第3部分：侧袋心轴用下入工具，拉拔工具和踢脚工具及插销	—
141	SC 4	ISO 17078-4: 2010	Petroleum and natural gas industries—Drilling and production equipment—Part 4: Practices for side-pocket mandrels and related equipment 石油和天然气工业 钻井和生产设备 第4部分：侧袋心轴和相关设备的实施规程	—
142	SC 4	ISO 17824: 2009	Petroleum and natural gas industries—Downhole equipment—Sand screens 石油和天然气工业 井下设备 砂筛	—

续附表 2—5

序号	分技术委员会	标准编号	标准名称	采标情况
143	SC 4	ISO 18647：2017	Petroleum and natural gas industries—Modular drilling rigs for offshore fixed platforms 石油和天然气工业 海上固定平台用组合式钻机	—
144	SC 4	ISO 20321：2020	Petroleum, petrochemical and natural gas industries—Safety of machineries—Powered elevators 石油、石化和天然气工业 机械安全 动力电梯	—
145	SC 4	ISO 28781：2010	Petroleum and natural gas industries—Drilling and production equipment—Subsurface barrier valves and related equipment 石油和天然气工业 钻井和生产设备 地下阻挡阀和相关设备	—
146	SC 5	ISO/TR 10400：2018	Petroleum and natural gas industries—Formulae and calculations for the properties of casing, tubing, drill pipe and line pipe used as casing or tubing 石油和天然气工业 用作套管或油管的套管、油管、钻杆和管线管性能的公式和计算	GB/T 20657—2011，ISO/TR 10400：2007，IDT
147	SC 5	ISO 10405：2000	Petroleum and natural gas industries—Care and use of casing and tubing 石油和天然气工业 套管和油管的保养和使用	GB/T 17745—2011，ISO 10405：2000，IDT
148	SC 5	ISO 11960：2020	Petroleum and natural gas industries—Steel pipes for use as casing or tubing for wells 石油和天然气工业 油井套管或油管用钢管	GB/T 19830—2017，ISO 11960：2014，IDT
149	SC 5	ISO 11961：2018	Petroleum and natural gas industries—Steel drill pipe 石油和天然气工业 钢钻杆	GB/T 29166—2012，ISO 11961：2008，MOD

附录 2 国际标准化机构标准发布清单

续附表 2—5

序号	分技术委员会	标准编号	标准名称	采标情况
150	SC 5	ISO 11961: 2018/Amd 1: 2020	Petroleum and natural gas industries—Steel drill pipe—Amendment 1 石油和天然气工业 钢钻杆 修改件 1	—
151	SC 5	ISO/TS 12835: 2022	Qualification of casing connections for thermal wells 热井套管连接的鉴定	GB/T 34907—2017《稠油蒸汽热采井套管技术条件与适用性评价方法》
152	SC 5	ISO 13678: 2010	Petroleum and natural gas industries—Evaluation and testing of thread compounds for use with casing, tubing, line pipe and drill stem elements 石油和天然气工业 套管、油管、管线管和钻杆元件用螺纹化合物的评定和试验	GB/T 23512—2015, ISO 13678: 2010, IDT
153	SC 5	ISO 13679: 2019	Petroleum and natural gas industries—Procedures for testing casing and tubing connections 石油和天然气工业 套管和油管连接的试验程序	GB/T 21267—2007, ISO 13679: 2002, IDT
154	SC 5	ISO 13680: 2020	Petroleum and natural gas industries—Corrosion-resistant alloy seamless tubular products for use as casing, tubing, coupling stock and accessory material—Technical delivery conditions 石油和天然气工业 用作套管、管道、连接件和附件材料的耐腐蚀合金无缝管产品 交货技术条件	GB/T 23802—2015, ISO 13680: 2010, MOD
155	SC 5	ISO 15463: 2003	Petroleum and natural gas industries—Field inspection of new casing, tubing and plain-end drill pipe 石油和天然气工业 新套管、油管和平端钻杆的现场检验	GB/T 20656—2006, ISO 15463: 2003, IDT

续附表2-5

序号	分技术委员会	标准编号	标准名称	采标情况
156	SC 5	ISO 15463: 2003/Cor 1: 2009	Petroleum and natural gas industries—Field inspection of new casing, tubing and plain-end drill pipe—Technical Corrigendum 1 石油和天然气工业 新套管、油管和平端钻杆的现场检验 技术勘误1	—
157	SC 5	ISO/PAS 24565: 2022	Petroleum and natural gas industries—Ceramic lined tubing 石油和天然气工业 陶瓷内衬管	—
158	SC 6	ISO 6368: 2021	Petroleum, petrochemical and natural gas industries—Dry gas sealing systems for axial, centrifugal, and rotary screw compressors and expanders 石油、石化和天然气工业 轴向、离心和旋转螺杆压缩机和膨胀机用干气密封系统	—
159	SC 6	ISO 10418: 2019	Petroleum and natural gas industries—Offshore production installations—Process safety systems 石油和天然气工业 海上生产装置 过程安全系统	GB/T 28574—2012, ISO 10437: 2003, MOD
160	SC 6	ISO 10437: 2003	Petroleum, petrochemical and natural gas industries—Steam turbines—Special-purpose applications 石油、石化和天然气工业 汽轮机 特殊用途	20191952-T-604, ISO 10438-1: 2007, IDT
161	SC 6	ISO 10438-1: 2007	Petroleum, petrochemical and natural gas industries—Lubrication, shaft-sealing and control-oil systems and auxiliaries—Part 1: General requirements 石油、石化和天然气工业 润滑、轴封和控制油系统及辅助设备 第1部分：一般要求	—

续附表2-5

序号	分技术委员会	标准编号	标准名称	采标情况
162	SC 6	ISO 10438-2: 2007	Petroleum, petrochemical and natural gas industries—Lubrication, shaft-sealing and control-oil systems and auxiliaries—Part 2: Special-purpose oil systems 石油、石化和天然气工业 润滑、轴封和控制油系统及辅助设备 第2部分：专用油系统	20191953-T-604, ISO 10438-3: 2007, IDT
163	SC 6	ISO 10438-3: 2007	Petroleum, petrochemical and natural gas industries—Lubrication, shaft-sealing and control-oil systems and auxiliaries—Part 3: General-purpose oil systems 石油、石化和天然气工业 润滑、轴封和控制油系统及辅助设备 第3部分：通用油系统	—
164	SC 6	ISO 10441: 2007	Petroleum, petrochemical and natural gas industries—Flexible couplings for mechanical power transmission—Special-purpose applications 石油、石化和天然气工业 机械动力传输用挠性联轴器 特殊用途	—
165	SC 6	ISO 12211: 2012	Petroleum, petrochemical and natural gas industries—Spiral plate heat exchangers 石油、石化和天然气工业 螺旋板式换热器	—
166	SC 6	ISO 12212: 2012	Petroleum, petrochemical and natural gas industries—Hairpin-type heat exchangers 石油、石化和天然气工业 发夹式热交换器	—

续附表2-5

序号	分技术委员会	标准编号	标准名称	采标情况
167	SC 6	ISO 13702: 2015	Petroleum and natural gas industries—Control and mitigation of fires and explosions on offshore production installations—Requirements and guidelines 石油和天然气工业 海上生产装置火灾和爆炸的控制和缓解 要求和指南	GB/T 20660—2020, ISO 13702: 2015, IDT
168	SC 6	ISO 13703: 2000	Petroleum and natural gas industries—Design and installation of piping systems on offshore production platforms 石油和天然气工业 海上生产平台上管道系统的设计和安装	GB/T 23803—2009, ISO 13703: 2000, IDT
169	SC 6	ISO 13703: 2000/Cor 1: 2002	Petroleum and natural gas industries—Design and installation of piping systems on offshore production platforms—Technical Corrigendum 1 石油和天然气工业 海上生产平台上管道系统的设计和安装 技术勘误1	—
170	SC 6	ISO 13704: 2022	Petroleum, petrochemical and natural gas industries—Calculation of heater-tube thickness in petroleum refineries 石油、石化和天然气工业 炼油厂加热器管厚度的计算	—
171	SC 6	ISO 13705: 2012	Petroleum, petrochemical and natural gas industries—Fired heaters for general refinery service 石油、石化和天然气工业 一般炼油厂用燃烧式加热器	—
172	SC 6	ISO 13706: 2011	Petroleum, petrochemical and natural gas industries—Air-cooled heat exchangers 石油、石化和天然气工业 风冷式热交换器	—

续附表2-5

序号	分技术委员会	标准编号	标准名称	采标情况
173	SC 6	ISO 14691: 2008	Petroleum, petrochemical and natural gas industries—Flexible couplings for mechanical power transmission—General-purpose applications 石油、石化和天然气工业 机械动力传输用挠性联轴器 一般用途	GB/T 35147—2017，ISO 14691: 2008，MOD
174	SC 6	ISO 14692-1: 2017	Petroleum and natural gas industries—Glass-reinforced plastics (GRP) piping—Part 1: Vocabulary, symbols, applications and materials 石油和天然气工业 玻璃钢管道 第1部分：词汇、符号、应用和材料	GB/T 29165.1—2012，ISO 14692-1: 2002，IDT
175	SC 6	ISO 14692-2: 2017	Petroleum and natural gas industries—Glass-reinforced plastics (GRP) piping—Part 2: Qualification and manufacture 石油和天然气工业 玻璃钢管道 第2部分：鉴定和制造	GB/T 29165.2—2012，ISO 14692-2: 2002，IDT
176	SC 6	ISO 14692-3: 2017	Petroleum and natural gas industries—Glass-reinforced plastics (GRP) piping—Part 3: System design 石油和天然气工业 玻璃钢管道 第3部分：系统设计	GB/T 29165.3—2015，ISO 14692-3: 2002，IDT
177	SC 6	ISO 14692-4: 2017	Petroleum and natural gas industries—Glass-reinforced plastics (GRP) piping—Part 4: Fabrication, installation and operation 石油和天然气工业 玻璃钢管道 第4部分：制造、安装和操作	GB/T 29165.4—2015，ISO 14692-4: 2002，IDT
178	SC 6	ISO 15138: 2018	Petroleum and natural gas industries—Offshore production installations—Heating, ventilation and air-conditioning 石油和天然气工业 海上生产装置 加热、通风和空调	—

续附表2-5

序号	分技术委员会	标准编号	标准名称	采标情况
179	SC 6	ISO 15544: 2000	Petroleum and natural gas industries—Offshore production installations—Requirements and guidelines for emergency response 石油和天然气工业 海上生产装置 应急响应的要求和指南	—
180	SC 6	ISO 15544: 2000/Amd 1: 2009	Petroleum and natural gas industries—Offshore production installations—Requirements and guidelines for emergency response—Amendment 1 石油和天然气工业 海上生产装置 应急响应的要求和指南 修改件1	—
181	SC 6	ISO 15547-1: 2005	Petroleum, petrochemical and natural gas industries—Plate-type heat exchangers—Part 1: Plate-and-frame heat exchangers 石油、石化和天然气工业 板式热交换器 第1部分：板框式热交换器	—
182	SC 6	ISO 15547-2: 2005	Petroleum, petrochemical and natural gas industries—Plate-type heat exchangers—Part 2: Brazed aluminium plate-fin heat exchangers 石油、石化和天然气工业 板式热交换器 第2部分：钎焊铝板翅式热交换器	—
183	SC 6	ISO 15649: 2001	Petroleum and natural gas industries—Piping 石油和天然气工业 管道	GB/T 20801—2006, ISO 15649: 2001, NEQ

308

续附表2－5

序号	分技术委员会	标准编号	标准名称	采标情况
184	SC 6	ISO 16812：2019	Petroleum, petrochemical and natural gas industries—Shell-and-tube heat exchangers 石油、石化和天然气工业 管壳式热交换器	—
185	SC 6	ISO 17776：2016	Petroleum and natural gas industries—Offshore production installations—Major accident hazard management during the design of new installations 石油和天然气工业 海上生产装置 新装置设计期间的重大事故危险管理	—
186	SC 6	ISO 23251：2019	Petroleum, petrochemical and natural gas industries—Pressure-relieving and depressuring systems 石油、石化和天然气工业 减压和减压系统	—
187	SC 6	ISO 24817：2017	Petroleum, petrochemical and natural gas industries—Composite repairs for pipework—Qualification and design, installation, testing and inspection 石油、石化和天然气工业 管道工程的复合修复 鉴定和设计、安装、试验和检验	—
188	SC 6	ISO 25457：2008	Petroleum, petrochemical and natural gas industries—Flare details for general refinery and petrochemical service 石油、石化和天然气工业 一般炼油厂和石化设施的火炬详图	—
189	SC 6	ISO 27509：2020	Petroleum and natural gas industries—Compact flanged connections with IX seal ring 石油和天然气工业 带 IX 密封圈的紧凑型法兰连接	—

续附表 2-5

序号	分技术委员会	标准编号	标准名称	采标情况
190	SC 6	ISO 28300: 2008	Petroleum, petrochemical and natural gas industries—Venting of atmospheric and low-pressure storage tanks 石油、石化和天然气工业 常压和低压储罐的通风	—
191	SC 6	ISO 28300: 2008/Cor 1: 2009	Petroleum, petrochemical and natural gas industries—Venting of atmospheric and low-pressure storage tanks—Technical Corrigendum 1 石油、石化和天然气工业 常压和低压储罐的通风 技术勘误 1	—
192	SC 7	ISO 10855-1: 2018	Offshore containers and associated lifting sets—Part 1: Design, manufacture and marking of offshore containers 海上集装箱和相关起重装置 第 1 部分：海上集装箱的设计、制造和标记	—
193	SC 7	ISO 10855-2: 2018	Offshore containers and associated lifting sets—Part 2: Design, manufacture and marking of lifting sets 海上集装箱和相关起重装置 第 2 部分：起重装置的设计、制造和标记	—
194	SC 7	ISO 10855-3: 2018	Offshore containers and associated lifting sets—Part 3: Periodic inspection, examination and testing 海上集装箱和相关起重装置 第 3 部分：定期检查、检验和试验	—
195	SC 7	ISO 19900: 2019	Petroleum and natural gas industries—General requirements for offshore structures 石油和天然气工业 海上结构物的一般要求	GB/T 23511—2009，ISO 19900: 2002, IDT

续附表2-5

序号	分技术委员会	标准编号	标准名称	采标情况
196	SC 7	ISO 19901-1: 2015	Petroleum and natural gas industries—Specific requirements for offshore structures—Part 1: Metocean design and operating considerations 石油和天然气工业 海上结构物的特殊要求 第1部分：海洋气象设计和操作考虑	—
197	SC 7	ISO 19901-2: 2022	Petroleum and natural gas industries—Specific requirements for offshore structures—Part 2: Seismic design procedures and criteria 石油和天然气工业 海上结构物的特殊要求 第2部分：抗震设计程序和标准	—
198	SC 7	ISO 19901-3: 2014	Petroleum and natural gas industries—Specific requirements for offshore structures—Part 3: Topsides structure 石油和天然气工业 海上结构物的特殊要求 第3部分：上部结构	—
199	SC 7	ISO 19901-4: 2016	Petroleum and natural gas industries—Specific requirements for offshore structures—Part 4: Geotechnical and foundation design considerations 石油和天然气工业 海上结构物的特殊要求 第4部分：岩土工程和基础设计考虑	—
200	SC 7	ISO 19901-5: 2021	Petroleum and natural gas industries—Specific requirements for offshore structures—Part 5: Weight management 石油和天然气工业 海上结构物的特殊要求 第5部分：重量管理	—

续附表2-5

序号	分技术委员会	标准编号	标准名称	采标情况
201	SC 7	ISO 19901-6: 2009	Petroleum and natural gas industries—Specific requirements for offshore structures—Part 6: Marine operations 石油和天然气工业 海上结构物的特殊要求 第6部分：海上作业	—
202	SC 7	ISO 19901-6: 2009/Cor 1: 2011	Petroleum and natural gas industries—Specific requirements for offshore structures—Part 6: Marine operations—Technical Corrigendum 1 石油和天然气工业 海上结构物的特殊要求 第6部分：海上作业 技术勘误1	—
203	SC 7	ISO 19901-7: 2013	Petroleum and natural gas industries—Specific requirements for offshore structures—Part 7: Stationkeeping systems for floating offshore structures and mobile offshore units 石油和天然气工业 海上结构物的特殊要求 第7部分：浮式海上结构物和移动式海上装置的定位系统	—
204	SC 7	ISO 19901-8: 2014	Petroleum and natural gas industries—Specific requirements for offshore structures—Part 8: Marine soil investigations 石油和天然气工业 海上结构物的特殊要求 第8部分：海洋土壤调查	—
205	SC 7	ISO 19901-9: 2019	Petroleum and natural gas industries—Specific requirements for offshore structures—Part 9: Structural integrity management 石油和天然气工业 海上结构物的特殊要求 第9部分：结构完整性管理	—

续附表2-5

序号	分技术委员会	标准编号	标准名称	采标情况
206	SC 7	ISO 19901-10: 2021	Petroleum and natural gas industries—Specific requirements for offshore structures—Part 10: Marine geophysical investigations 石油和天然气工业 海上结构物的特殊要求 第10部分：海洋地球物理调查	—
207	SC 7	ISO 19902: 2020	Petroleum and natural gas industries—Fixed steel offshore structures 石油和天然气工业 固定式海上钢结构	—
208	SC 7	ISO 19903: 2019	Petroleum and natural gas industries—Concrete offshore structures 石油和天然气工业 混凝土海上结构物	—
209	SC 7	ISO 19904-1: 2019	Petroleum and natural gas industries—Floating offshore structures—Part 1: Ship-shaped, semi-submersible, spar and shallow-draught cylindrical structures 石油和天然气工业 浮式海上结构物 第1部分：船形、半潜式、桅杆和浅水圆柱形结构物	GB/T 35989.1—2018, ISO 19904-1: 2006, IDT
210	SC 7	ISO 19905-1: 2016	Petroleum and natural gas industries—Site-specific assessment of mobile offshore units—Part 1: Jack-ups 石油和天然气工业 移动式海上装置的现场特定评估 第1部分：自升式平台	—

续附表 2—5

序号	分技术委员会	标准编号	标准名称	采标情况
211	SC 7	ISO/TR 19905-2: 2012	Petroleum and natural gas industries—Site-specific assessment of mobile offshore units—Part 2: Jack-ups commentary and detailed sample calculation 石油和天然气工业 移动式海上装置的现场特定评估 第2部分：自升式平台注释和详细样本计算	—
212	SC 7	ISO 19905-3: 2021	Petroleum and natural gas industries—Site-specific assessment of mobile offshore units—Part 3: Floating units 石油和天然气工业 移动式海上装置现场特定评估 第3部分：浮动装置	—
213	SC 7	ISO 19906: 2019	Petroleum and natural gas industries—Arctic offshore structures 石油和天然气工业 北极海洋结构物	—
214	SC 8	ISO 35101: 2017	Petroleum and natural gas industries—Arctic operations—Working environment 石油和天然气工业 北极作业 工作环境	—
215	SC 8	ISO 35102: 2020	Petroleum and natural gas industries—Arctic operations—Escape, evacuation and rescue from offshore installations 石油和天然气工业 北极作业 海上设施的逃生、疏散和救援	—
216	SC 8	ISO 35103: 2017	Petroleum and natural gas industries—Arctic operations—Environmental monitoring 石油和天然气工业 北极作业 环境监测	—

附录2 国际标准化机构标准发布清单

续附表2-5

序号	分技术委员会	标准编号	标准名称	采标情况
217	SC 8	ISO 35104: 2018	Petroleum and natural gas industries—Arctic operations—Ice management 石油和天然气工业 北极作业 冰管理	—
218	SC 8	ISO/TS 35105: 2018	Petroleum and natural gas industries—Arctic operations—Material requirements for arctic operations 石油和天然气工业 北极作业 北极作业的材料要求	—
219	SC 8	ISO 35106: 2017	Petroleum and natural gas industries—Arctic operations—Meteocean, ice, and seabed data 石油和天然气工业 北极作业 海洋、冰和海底数据	—
220	SC 9	ISO/TS 16901: 2015	Guidance or performing risk assessment in the design of onshore LNG installations including the ship/shore interface 陆上液化天然气装置（包括船/岸接口）设计中的风险评估指南	—
221	SC 9	ISO 16903: 2015	Petroleum and natural gas industries—Characteristics of LNG, influencing the design, and material selection 石油和天然气工业 液化天然气的特性，影响设计和材料选择	GB/T 19204—2020，ISO 16903: 2015, MOD
222	SC 9	ISO 16904: 2016	Petroleum and natural gas industries—Design and testing of LNG marine transfer arms for conventional onshore terminals 石油和天然气工业 常规陆上终端用液化天然气海上转移臂的设计和试验	—

续附表2–5

序号	分技术委员会	标准编号	标准名称	采标情况
223	SC 9	ISO/TR 17177：2015	Petroleum and natural gas industries—Guidelines for the marine interfaces of hybrid LNG terminals 石油和天然气工业 混合液化天然气接收站海上接口指南	—
224	SC 9	ISO/TS 18683：2021	Guidelines for safety and risk assessment of LNG fuel bunkering operations 液化天然气燃料加注作业安全和风险评估指南	—
225	SC 9	ISO 20088-1：2016	Determination of the resistance to cryogenic spillage of insulation materials—Part 1: Liquid phase 绝缘材料耐低温泄漏的测定 第1部分：液相	—
226	SC 9	ISO 20088-2：2020	Determination of the resistance to cryogenic spill of insulation materials—Part 2: Vapour exposure 绝缘材料耐低温泄漏的测定 第2部分：蒸汽暴露	—
227	SC 9	ISO 20088-3：2018	Determination of the resistance to cryogenic spillage of insulation materials—Part 3: Jet release 绝缘材料耐低温泄漏的测定 第3部分：喷射释放	—
228	SC 9	ISO 20257-1：2020	Installation and equipment for liquefied natural gas—Design of floating LNG installations—Part 1: General requirements 液化天然气装置和设备 浮式液化天然气装置的设计 第1部分：一般要求	—

• 附录2 国际标准化机构标准发布清单 •

续附表2-5

序号	分技术委员会	标准编号	标准名称	采标情况
229	SC 9	ISO 20257-2:2021	Installation and equipment for liquefied natural gas—Design of floating LNG installations—Part 2: Specific FSRU issues 液化天然气装置和设备 浮式液化天然气装置的设计 第2部分：特殊的FSRU问题	—
230	SC 9	ISO 28460:2010	Petroleum and natural gas industries—Installation and equipment for liquefied natural gas—Ship-to-shore interface and port operations 石油和天然气工业 液化天然气用设备和设施 船岸接口和港口操作	GB/T 24963—2019，ISO 28460:2010，MOD

附表2-6 ISO/TC 67 正进行的标准化项目清单

序号	分技术委员会	标准编号	标准名称	工作组	项目经理	项目经理所在国家	中国参加人员
1	直属TC 67	ISO/DIS 3845	Oil and gas industries including lower carbon energy—Full ring ovalization test method for the evaluation of the cracking resistance of steel line pipe in sour service 包括低碳能源在内的石油和天然气工业 以全环试样椭圆变形法评估酸性环境中钢管抗裂性能	—	—	—	—
2	直属TC 67	ISO/DIS 16961	Petroleum, petrochemical and natural gas industries—Internal coating and lining of steel storage tanks 石油、石化和天然气工业 钢制储罐的内涂层和衬里	—	—	—	—

317

续附表2-6

序号	分技术委员会	标准编号	标准名称	工作组	项目经理	项目经理所在国家	中国参加人员
3	直属TC 67	ISO/CD 24201	Petroleum, petrochemical and natural gas industries—Bulk material for offshore projects—Tertiary outfitting structures 石油、石化和天然气工业 海上项目用散装材料 第三舾装结构	—	—	—	—
4	直属TC 67	ISO/CD 24202	Petroleum, petrochemical and natural gas industries—Bulk material for offshore projects—Monorail beam and pad eye 石油、石化和天然气工业 海上项目用散装材料 单轨梁和耳板	—	—	—	—
5	SC 2	ISO/AWI 5872	Petroleum and natural gas industry—Pipeline transportation systems—Terms and definitions 石油和天然气工业 管道运输系统 条款和定义	—	—	—	—
6	SC 2	ISO/AWI 15590-1	Petroleum and natural gas industries—Induction bends, fittings and flanges for pipeline transportation systems—Part 1: Induction bends 石油和天然气工业 管道运输系统用感应弯管、配件和法兰 第1部分：感应弯管	—	—	—	—

附录2 国际标准化机构标准发布清单

续附表2-6

序号	分技术委员会	标准编号	标准名称	工作组	项目经理	项目经理所在国家	中国参加人员
7	SC 2	ISO/AWI 24177-1	Petroleum, petrochemical and natural gas industries—Part 1: Internal coatings for corrosion protection of steel pipes, bends and fittings used in pipeline transportation systems 石油、石化和天然气工业 第1部分：管道运输系统中使用的钢管、弯管和配件的防腐蚀内涂层	—	—	—	—
8	SC 2	ISO/AWI 24177-2	Petroleum, petrochemical and natural gas industries—Part 2: Field joint Internal coatings for corrosion protection of steel pipes, bends and fittings used in pipeline transportation systems 石油、石化和天然气工业 第2部分：现场连接管道运输系统中使用的钢管、弯管和配件的防腐内涂层	—	—	—	—
9	SC 2	ISO/CD 12747	Petroleum and natural gas industries—Pipeline transportation systems—Recommended practice for pipeline life extension 石油和天然气工业 管道运输系统 延长管道寿命推荐规程	WG 17	Graham Wilson	英国	无
10	SC 2	ISO 13623: 2017/CD Amd 1	Petroleum and natural gas industries—Pipeline transportation systems—Amendment 1 石油和天然气工业 管道运输系统 修改件1	WG 13	Robert J. T. Appleby	美国	冯庆善 苗青

319

续附表 2-6

序号	分技术委员会	标准编号	标准名称	工作组	项目经理	项目经理所在国家	中国参加人员
11	SC 2	ISO/AWI 15589-1	Petroleum, petrochemical and natural gas industries—Cathodic protection of pipeline systems—Part 1: On-land pipelines 石油、石化和天然气工业 管道运输系统的阴极保护 第1部分：陆上管道	WG 11	Jorge Suarez	美国	无
12	SC 2	ISO/DIS 15589-2	Petroleum, petrochemical and natural gas industries—Cathodic protection of pipeline transportation systems—Part 2: Offshore pipelines 石油、石化和天然气工业 管道运输系统的阴极保护 第2部分：海上管道	WG 11	Jorge Suarez	美国	无
13	SC 2	ISO/DIS 21809-2	Petroleum and natural gas industries—External coatings for buried or submerged pipelines used in pipeline transportation systems—Part 2: Single layer fusion-bonded epoxy coatings 石油和天然气工业 管道运输系统用埋地或水下管道的外部涂层 第2部分：单层熔结环氧涂层	WG 14	Tom Weber	美国	冯庆善 侯其滨 张其滨 焦如义 廖宇平 罗 锋 张其滨 陈志昕
14	SC 2	ISO/AWI 21809-3	Petroleum and natural gas industries—External coatings for buried or submerged pipelines used in pipeline transportation systems—Part 3: Field joint coatings 石油和天然气工业 管道运输系统用埋地或水下管道的外部涂层 第3部分：现场接缝涂层	WG 14	Tom Weber	美国	同上

续附表2-6

序号	分技术委员会	标准编号	标准名称	工作组	项目经理	项目经理所在国家	中国参加人员
15	SC 2	ISO/AWI 21809-5	Petroleum and natural gas industries—External coatings for buried or submerged pipelines used in pipeline transportation systems—Part 5: External concrete coatings 石油和天然气工业 管道运输系统用埋地或水下管道的外部涂层 第5部分：外部混凝土涂层	WG 14	Tom Weber	美国	同上
16	SC 2	ISO/WD 22504	Petroleum and natural gas industries—Pipeline transportation systems—Onshore and offshore pipelines pig traps design requirements 石油天然气工业 管道输送系统 陆上和海上管道清管器设计要求	WG 13	Robert J. T. Appleby	美国	冯庆善 苗青
17	SC 2	ISO/FDIS 24139-2	Petroleum and natural gas industries—Corrosion resistant alloy clad bends and fittings for pipeline transportation system—Part 2: Clad fittings 石油和天然气工业 管道运输系统用耐蚀合金复合弯管和管件 第2部分：复合管件	WG 10	许晓锋	中国	同上
18	SC 2	ISO/AWI 10903	Pipeline geohazards monitoring technologies, processes and systems 管道地质灾害监测技术、流程和系统	WG 23	李亮亮	中国	李亮亮 穆树怀 吴张中 荆宏远 刘建平 陈宏远 姜昌亮

续附表2-6

序号	分技术委员会	标准编号	标准名称	工作组	项目经理	项目经理所在国家	中国参加人员
19	SC 2	ISO/DIS 12736-1	Petroleum and natural gas industries—Wet thermal insulation systems for pipelines and subsea equipment—Part 1: Validation of materials and insulation systems 石油和天然气工业 管道和水下设备的湿隔热系统 第1部分：材料和隔热系统的验证	WG 19	Melot Denis M.	法国	罗锋 廖宇平
20	SC 2	ISO/DIS 12736-2	Petroleum and natural gas industries—Wet thermal insulation systems for pipelines and subsea equipment—Part 2: Qualification processes for production and application procedures 石油和天然气工业 管道和水下设备的湿隔热系统 第2部分：生产和应用程序的鉴定过程	WG 19	Melot Denis M.	法国	罗锋 廖宇平
21	SC 2	ISO/DIS 12736-3	Petroleum and natural gas industries—Wet thermal insulation systems for pipelines and subsea equipment—Part 3: Interfaces between systems, field joint system, field repairs and prefabricated insulation 石油和天然气工业 管道和水下设备的湿隔热系统 第3部分：系统之间的接口、现场连接系统、现场维修和预制隔热	WG 19	Melot Denis M.	法国	罗锋 廖宇平

续附表2-6

序号	分技术委员会	标准编号	标准名称	工作组	项目经理	项目经理所在国家	中国参加人员
22	SC 2	ISO/AWI 21809-4	Petroleum and natural gas industries—External coatings for buried or submerged pipelines used in pipeline transportation systems—Part 4: Polyethylene coatings (2-layer PE) 石油和天然气工业 管道运输系统用埋地或水下管道的外部涂层 第4部分：聚乙烯涂层（2层PE）	WG 14	Mr. Weber Thomas	美国	陈志昕 付安庆 冯庆善 侯宇 罗锋 张其滨 焦如义 廖宇平
23	SC 2	ISO/DIS 22974	Petroleum and natural gas industries—Pipeline integrity assessment specification 石油和天然气工业 管道完整性评估规范	WG 21	冯庆善	中国	冯庆善 王为 李国辉 项小强 罗锋 燕冰川 周亚薇
24	SC 4	ISO/AWI 6398-1	Petroleum and natural gas industries—Submersible linear motor systems for artificial lift—Part 1: Submersible linear motors 石油和天然气工业 人工举升用潜水直线电机系统 第1部分：潜水直线电机	—	—	—	—

续附表2-6

序号	分技术委员会	标准编号	标准名称	工作组	项目经理	项目经理所在国家	中国参加人员
25	SC 4	ISO/DIS 15551	Petroleum and natural gas industries—Drilling and production equipment—Electric submersible pump systems for artificial lift 石油和天然气工业 钻井和生产设备 人工举升用潜油电泵系统	—	—	—	—
26	SC 5	ISO/AWI PAS 16846	Petroleum and natural gas industries—Thermoplastics lined tubing 石油和天然气行业 热塑性塑料内衬管	—	—	—	—
27	SC 5	ISO 13680: 2020/CD Amd 1	Petroleum and natural gas industries—Corrosion-resistant alloy seamless tubular products for use as casing, tubing, coupling stock and accessory material—Technical delivery conditions—Amendment 1 石油和天然气工业 用作套管、油管，联接件和附件材料的耐腐蚀合金无缝管产品 技术交货条件 修改件1	—	—	—	—
28	SC 6	ISO/CD 15544	Petroleum and natural gas industries—Offshore production installations—Requirements and guidelines for emergency response 石油和天然气工业 海上生产装置 应急响应的要求和指南	—	—	—	—

续附表2-6

序号	分技术委员会	标准编号	标准名称	工作组	项目经理	项目经理所在国家	中国参加人员
29	SC 6	ISO/DIS 25457	Petroleum, petrochemical and natural gas industries—Flare details for general refinery and petrochemical service 石油、石化和天然气工业 一般炼油厂和石化设施的火炬详图	—	—	—	—
30	SC 6	ISO/DIS 13703-2	Petroleum and natural gas industries—Piping systems on offshore platforms and onshore plants—Part 2: Materials 石油和天然气工业 海上生产平台和陆上工厂的管道系统 第2部分：材料	—	—	—	—
31	SC 6	ISO/DIS 13703-3	Petroleum and natural gas industries—Piping systems on offshore production platforms and onshore plants—Part 3: Fabrication 石油和天然气工业 海上生产平台和陆上工厂的管道系统 第3部分：制造	—	—	—	—
32	SC 6	ISO 13704	Petroleum, petrochemical and natural gas industries—Calculation of heater-tube thickness in petroleum refineries 石油、石化和天然气工业 炼油厂加热器管厚度的计算	—	—	—	—
33	SC 7	ISO/AWI 10855-1	Offshore containers and associated lifting sets—Part 1: Design, manufacture and marking of offshore containers 海上集装箱和相关起重装置 第1部分：海上集装箱的设计、制造和标记	—	—	—	—

续附表 2–6

序号	分技术委员会	标准编号	标准名称	工作组	项目经理	项目经理所在国家	中国参加人员
34	SC 7	ISO/AWI 10855-2	Offshore containers and associated lifting sets—Part 2: Design, manufacture and marking of lifting sets 海上集装箱和相关起重装置 第2部分：起重装置的设计、制造和标记	—	—	—	—
35	SC 7	ISO/AWI 10855-3	Offshore containers and associated lifting sets—Part 3: Periodic inspection, examination and testing 海上集装箱和相关起重装置 第3部分：定期检查、检验和试验	—	—	—	—
36	SC 7	ISO/CD 19901-1	Petroleum and natural gas industries—Specific requirements for offshore structures—Part 1: Metocean design and operating considerations 石油和天然气工业 海上结构物的特殊要求 第1部分：海洋气象设计和操作考虑	—	—	—	—
37	SC 7	ISO/DIS 19901-3	Petroleum and natural gas industries—Specific requirements for offshore structures—Part 3: Topsides structure 石油和天然气工业 海上结构物的特殊要求 第3部分：上部结构	—	—	—	—
38	SC 7	ISO/DIS 19901-4	Petroleum and natural gas industries—Specific requirements for offshore structures—Part 4: Geotechnical design considerations 石油和天然气工业 海上结构物的特殊要求 第4部分：岩土工程设计考虑	—	—	—	—

续附表2-6

序号	分技术委员会	标准编号	标准名称	工作组	项目经理	项目经理所在国家	中国参加人员
39	SC 7	ISO/CD 19901-7	Petroleum and natural gas industries—Specific requirements for offshore structures—Part 7: Stationkeeping systems for floating offshore structures and mobile offshore units 石油和天然气工业 海上结构物的特殊要求 第7部分：浮式海上结构物和移动式海上装置的定位系统	—	—	—	—
40	SC 7	ISO/DIS 19901-8	Petroleum and natural gas industries—Specific requirements for offshore structures—Part 8: Marine soil investigations 石油和天然气工业 海上结构物的特殊要求 第8部分：海洋土壤调查	—	—	—	—
41	SC 7	ISO/DIS 19905-1	Petroleum and natural gas industries—Site-specific assessment of mobile offshore units—Part 1: Jack-ups 石油和天然气工业 移动式海上装置的特定场地评估 第1部分：自升式平台	—	—	—	—
42	SC 7	ISO/AWI TR 19905-2	Petroleum and natural gas industries—Site-specific assessment of mobile offshore units—Part 2: Jack-ups commentary and detailed sample calculation 石油和天然气工业 移动式海上装置的特定场地评论和详细的样本计算 第2部分：自升式装置的评论和详细样本计算	—	—	—	—
43	SC 9	ISO/AWI 5124	Installations and equipment for LNG—LNG railcar applications 液化天然气 液化天然气轨道车应用的安装和设备	—	—	—	—

续附表2-6

序号	分技术委员会	标准编号	标准名称	工作组	项目经理	项目经理所在国家	采标情况	中国参加人员
44	SC 9	ISO/DIS 6338	Method to calculate GHG emissions at LNG plant 液化天然气工厂温室气体排放量的计算方法	—	—	—		—

附表2-7 ISO/TC 193 已发布的标准清单

序号	分技术委员会	标准编号	标准名称	采标情况
1	直属TC 193	ISO 13443: 1996	Natural gas—Standard reference conditions 天然气 标准参考条件	—
2	直属TC 193	ISO 13443: 1996/Cor 1: 1997	Natural gas—Standard reference conditions—Technical Corrigendum 1 天然气 标准参考条件 技术勘误1	—
3	直属TC 193	ISO 13686: 2013	Natural gas—Quality designation 天然气 质量标志	—
4	直属TC 193	ISO 13734: 2013	Natural gas—Organic components used as odorants—Requirements and test methods 天然气 用作加臭剂的有机成分 要求和试验方法	—
5	直属TC 193	ISO 14532: 2014	Natural gas—Vocabulary 天然气 词汇	—
6	直属TC 193	ISO 15112: 2018	Natural gas—Energy determination 天然气 能量测定	—

附录2 国际标准化机构标准发布清单

续附录2-7

序号	分技术委员会	标准编号	标准名称	采标情况
7	直属TC 193	ISO 15403-1：2006	Natural gas—Natural gas for use as a compressed fuel for vehicles—Part 1: Designation of the quality 天然气 用作车辆压缩燃料的天然气 第1部分：质量标志	—
8	直属TC 193	ISO 15970：2008	Natural gas—Measurement of properties—Volumetric properties: density, pressure, temperature and compression factor 天然气 特性的测量 容积特性：密度、压力、温度和压缩系数	—
9	直属TC 193	ISO 15971：2008	Natural gas—Measurement of properties—Calorific value and Wobbe index 天然气 性能测量 热值和沃泊指数	—
10	直属TC 193	ISO/TS 16922：2022	Natural gas—Odorization 天然气 加臭剂	—
11	SC 1	ISO/TS 2610：2022	Analysis of natural gas—Biomethane—Determination of amines content 天然气分析 生物甲烷 胺含量测定	—
12	SC 1	ISO 6327：1981	Gas analysis—Determination of the water dew point of natural gas—Cooled surface condensation hygrometers 气体分析 天然气水露点的测定 冷却表面冷凝湿度计	—
13	SC 1	ISO 6570：2001	Natural gas—Determination of potential hydrocarbon liquid content—Gravimetric methods 天然气 潜在碳氢化合物液体含量的测定 重量分析法	—

续附表2-7

序号	分技术委员会	标准编号	标准名称	采标情况
14	SC 1	ISO 6974-1: 2012	Natural gas—Determination of composition and associated uncertainty by gas chromatography—Part 1: General guidelines and calculation of composition 天然气 用气相色谱法测定规定的不确定度的组分 第1部分：通用导则和成分计算	—
15	SC 1	ISO 6974-1: 2012/Cor 1: 2012	Natural gas—Determination of composition and associated uncertainty by gas chromatography—Part 1: General guidelines and calculation of composition—Technical Corrigendum 1 天然气 用气相色谱法测定规定的不确定度的组分 第1部分：通用导则和成分计算 技术勘误1	—
16	SC 1	ISO 6974-2: 2012	Natural gas—Determination of composition and associated uncertainty by gas chromatography—Part 2: Uncertainty calculations 天然气 用气相色谱法测定规定的不确定度的组分 第2部分：不确定度计算	—
17	SC 1	ISO 6974-3: 2018	Natural gas—Determination of composition and associated uncertainty by gas chromatography—Part 3: Precision and bias 天然气 用气相色谱法测定规定的不确定度的组分 第3部分：精密度和偏差	—

续附表2-7

序号	分技术委员会	标准编号	标准名称	采标情况
18	SC 1	ISO 6974-4: 2000	Natural gas—Determination of composition with defined uncertainty by gas chromatography—Part 4: Determination of nitrogen, carbon dioxide and C- to C5 and C6+ hydrocarbons for a laboratory and on-line measuring system using two columns 天然气 用气相色谱法测定具有规定不确定度的组分 第4部分：实验室和在线测量系统用双柱测定氮、二氧化碳和C1至C5和C6+碳氢化合物	—
19	SC 1	ISO 6974-5: 2014	Natural gas—Determination of composition and associated uncertainty by gas chromatography—Part 5: Isothermal method for nitrogen, carbon dioxide, C1 to C5 hydrocarbons and C6+ hydrocarbons 天然气 用气相色谱法测定规定的不确定度的组分 第5部分：氮、二氧化碳、C1至C5碳氢化合物和C6+碳氢化合物的等温法	—
20	SC 1	ISO 6974-6: 2002	Natural gas—Determination of composition with defined uncertainty by gas chromatography—Part 6: Determination of hydrogen, helium, oxygen, nitrogen, carbon dioxide and C1 to C8 hydrocarbons using three capillary columns 天然气 用气相色谱法测定具有规定不确定度的组分 第6部分：用三根毛细管柱测定氢、氦、氧、氮、二氧化碳和C1至C8碳氢化合物	—
21	SC 1	ISO 6974-6: 2002/Cor 1: 2003	Natural gas—Determination of composition with defined uncertainty by gas chromatography—Part 6: Determination of hydrogen, helium, oxygen, nitrogen, carbon dioxide and C1 to C8 hydrocarbons using three capillary columns—Technical Corrigendum 1 天然气 用气相色谱法测定具有规定不确定度的组分 第6部分：用三根毛细管柱测定氢、氦、氧、氮、二氧化碳和C1至C8碳氢化合物 技术勘误1	—

续附表2-7

序号	分技术委员会	标准编号	标准名称	采标情况
22	SC 1	ISO 6975: 1997	Natural gas—Extended analysis—Gas-chromatographic method 天然气 扩展分析 气相色谱法	—
23	SC 1	ISO 6976: 2016	Natural gas—Calculation of calorific values, density, relative density and Wobbe indices from composition 天然气 热值、密度、相对密度和沃泊指数的计算	—
24	SC 1	ISO 6978-1: 2003	Natural gas—Determination of mercury—Part 1: Sampling of mercury by chemisorption on iodine 天然气 汞的测定 第1部分：碘化学吸附汞取样	—
25	SC 1	ISO 6978-2: 2003	Natural gas—Determination of mercury—Part 2: Sampling of mercury by amalgamation on gold/platinum alloy 天然气 汞的测定 第2部分：用金/铂合金混汞法对汞的取样	—
26	SC 1	ISO 6978-2: 2003/Cor 2: 2006	Natural gas—Determination of mercury—Part 2: Sampling of mercury by amalgamation on gold/platinum alloy—Technical Corrigendum 2 天然气 汞的测定 第2部分：用金/铂合金混汞法对汞的取样 技术勘误2	—
27	SC 1	ISO/TR 7262: 2022	Natural gas—Coalbed methane quality designation and the applicability of ISO/TC 193 current standards 天然气 煤层气质量标志和ISO/TC 193现行标准的适用性	—
28	SC 1	ISO 10101-1: 2022	Natural gas—Determination of water by the Karl Fischer method—Part 1: Introduction 天然气 用卡尔·费休法测定水含量 第1部分：介绍	—

续附表2-7

序号	分技术委员会	标准编号	标准名称	采标情况
29	SC 1	ISO 10101-2: 2022	Natural gas—Determination of water by the Karl Fischer method—Part 2: Volumetric procedure 天然气 用卡尔·费休法测定水含量 第2部分：滴定法	—
30	SC 1	ISO 10101-3: 2022	Natural gas—Determination of water by the Karl Fischer method—Part 3: Coulometric procedure 天然气 用卡尔·费休法测定水含量 第3部分：库仑法	—
31	SC 1	ISO 10715: 2022	Natural gas—Gas sampling 天然气 气体取样	—
32	SC 1	ISO 10723: 2012	Natural gas—Performance evaluation for analytical systems 天然气 分析系统的性能评估	—
33	SC 1	ISO/TR 11150: 2007	Natural gas—Hydrocarbon dew point and hydrocarbon content 天然气 烃露点和烃含量	—
34	SC 1	ISO 11541: 1997	Natural gas—Determination of water content at high pressure 天然气 高压下含水量的测定	—
35	SC 1	ISO/TR 12148: 2009	Natural gas—Calibration of chilled mirror type instruments for hydrocarbon dewpoint (liquid formation) 天然气 碳氢化合物露点（液体形成）冷却镜式仪器的校准	—
36	SC 1	ISO 12213-1: 2006	Natural gas—Calculation of compression factor—Part 1: Introduction and guidelines 天然气 压缩系数的计算 第1部分：介绍和指南	—

附录2 国际标准化机构标准发布清单

333

续附表2-7

序号	分技术委员会	标准编号	标准名称	采标情况
37	SC 1	ISO 12213-2: 2006	Natural gas—Calculation of compression factor—Part 2: Calculation using molar-composition analysis 天然气 压缩系数的计算 第2部分：使用摩尔组成分析的计算	—
38	SC 1	ISO 12213-3: 2006	Natural gas—Calculation of compression factor—Part 3: Calculation using physical properties 天然气 压缩系数的计算 第3部分：使用物理性质的计算	—
39	SC 1	ISO 14111: 1997	Natural gas—Guidelines to traceability in analysis 天然气 分析中可追溯性指南	—
40	SC 1	ISO 16960: 2014	Natural gas—Determination of sulfur compounds—Determination of total sulfur by oxidative microcoulometry method 天然气 硫化物的测定 用氧化微库仑法测定总硫	—
41	SC 1	ISO 18453: 2004	Natural gas—Correlation between water content and water dew point 天然气 水含量和水露点之间的相关性	—
42	SC 1	ISO 19739: 2004	Natural gas—Determination of sulfur compounds using gas chromatography 天然气 用气相色谱法测定硫化物	—
43	SC 1	ISO 19739: 2004/Cor 1: 2009	Natural gas—Determination of sulfur compounds using gas chromatography—Technical Corrigendum 1 天然气 用气相色谱法测定硫化物 技术勘误1	—

续附表2-7

序号	分技术委员会	标准编号	标准名称	采标情况
44	SC 1	ISO 20729：2017	Natural gas—Determination of sulfur compounds—Determination of total sulfur content by ultraviolet fluorescence method 天然气 硫化物的测定 用紫外荧光法测定总硫含量	—
45	SC 1	ISO 20765-1：2005	Natural gas—Calculation of thermodynamic properties—Part 1: Gas phase properties for transmission and distribution applications 天然气 热力学性质的计算 第1部分：输送和分配用气相性质	—
46	SC 1	ISO 20765-2：2015	Natural gas—Calculation of thermodynamic properties—Part 2: Single-phase properties (gas, liquid, and dense fluid) for extended ranges of application 天然气 热力学性质的计算 第2部分：扩展应用范围的单相性质（气体、液体和稠密流体）	—
47	SC 1	ISO 20765-5：2022	Natural gas—Calculation of thermodynamic properties—Part 5: Calculation of viscosity, Joule-Thomson coefficient, and isentropic exponent 天然气 热力学性质的计算 第5部分：粘度、焦耳、汤姆逊系数和等熵指数的计算	—
48	SC 1	ISO 23219：2022	Natural gas—Format for data from gas chromatograph analysers for natural gas— XML File Format 天然气 天然气气相色谱分析仪的数据格式 XML文件格式	—
49	SC 1	ISO 23874：2006	Natural gas—Gas chromatographic requirements for hydrocarbon dew-point calculation 天然气 碳氢化合物露点计算的气相色谱要求	—

续附表2-7

序号	分技术委员会	标准编号	标准名称	采标情况
50	SC 1	ISO/TR 24094: 2006	Analysis of natural gas—Validation methods for gaseous reference materials 天然气分析 气体标准物质的验证方法	—
51	SC 1	ISO/TR 29922: 2017	Natural gas—Supporting information on the calculation of physical properties according to ISO 6976 天然气 根据ISO 6976计算物理性质的支持信息	—
52	SC 3	ISO/TR 12748: 2015	Natural Gas—Wet gas flow measurement in natural gas operations 天然气 天然气操作中的湿气流量测量	—
53	SC 3	ISO/TR 14749: 2016	Natural gas—Online gas chromatograph for upstream area 天然气 上游领域在线气相色谱仪	—
54	SC 3	ISO 20676: 2018	Natural gas—Upstream area—Determination of hydrogen sulfide content by laser absorption spectroscopy 天然气 上游领域 用激光光谱法分析硫化氢含量	—
55	SC 3	ISO 23978: 2020	Natural gas—Upstream area—Determination of composition by Laser Raman spectroscopy 天然气 上游领域 用激光拉曼光谱法测定组成	—
56	SC 3	ISO/TR 26762: 2008	Natural gas—Upstream area—Allocation of gas and condensate 天然气 上游领域 天然气和凝析油的分配	—

附录2 国际标准化机构标准发布清单

附表2-8 ISO/TC 193 正进行的标准化项目清单

序号	分技术委员会	标准编号	标准名称	工作组	项目经理	项目经理所在国家	中国参加人员
1	直属TC 193	ISO/AWI TR 5268	Natural gas—Odorants and Odor character 天然气 添味剂和气味特征（制定）	WG 5	Amélie Louvat	法国	罗勤 李晓红
2	直属TC 193	ISO/AWI 17507-1	Natural gas—Calculation of methane number of gaseous fuels for internal combustion engines—Part 1: MNc method 天然气 内燃机用气体燃料的甲烷数计算 第1部分：MNc法	WG 8	Robin J. Bremmer	美国	罗勤 周理 张锴
3	直属TC 193	ISO/AWI 17507-2	Natural gas—Calculation of methane number of gaseous fuels for internal combustion engines—Part 2: PKI method 天然气 内燃机气体燃料的甲烷数计算 第2部分：PKI法	WG 8	Gerco van Dijk	荷兰	罗勤 周理 张锴
4	直属TC 193	ISO/CD TS 18222	Natural gas—Olfactory method for the evaluation of odour intensity 天然气 气味强度评估的嗅觉方法	WG 5	Amélie Louvat	法国	罗勤 李晓红
5	SC 1	ISO/CD 2611-1	Analysis of natural gas—Biomethane determination of halogenated compounds—Part 1: HCl and HF content by ion chromatography 天然气分析 生物甲烷中卤代化合物测定 第1部分：离子色谱测定 HCL和HF	WG 25	Adriaan van der Veen	荷兰	罗勤 周理 蔡黎

续附表 2-8

序号	分技术委员会	标准编号	标准名称	工作组	项目经理	项目经理所在国家	中国参加人员
6	SC 1	ISO/CD 2612	Analysis of natural gas—Biomethane—Determination of ammonia content by Tuneable Diode Laser Absorption Spectroscopy 天然气分析 生物甲烷 用可调谐二极管激光吸收光谱测定氨含量（制定）	WG 25	s Lucy Culleton	英国	罗勤 周理 蔡黎
7	SC 1	ISO/DIS 2613-1	Analysis of natural gas—Silicon content of biomethane—Part 1: Determination of total silicon content by AES 天然气分析 生物甲烷硅含量 第1部分：AAS测定总硅含量	WG 25	Katarina Hafner-Vuk	波斯尼亚和黑塞哥维那	罗勤 周理 蔡黎
8	SC 1	ISO/CD 2613-2	Analysis of natural gas—Silicon content of biomethane—Part 2: Determination of siloxane content by Gas Chromatography Ion Mobility Spectrometry 天然气分析 生物甲烷硅含量 第2部分：用气相色谱离子迁移度光谱测定硅氧烷含量	WG 25	PrpLucy Culleton	英国	罗勤 周理 蔡黎
9	SC 1	ISO/CD 2614	Analysis of natural gas—Analysis of biomethane—Determination of terpenes' content by micro gas chromatography 天然气分析 生物甲烷的分析 用微气相色谱法测定萜烯含量	WG 25	Sanz Beatrice Mme	法国	罗勤
10	SC 1	ISO/AWI 2615	Natural gas—Analysis of biomethane—Determination of the content of compressor oil 天然气 生物甲烷的分析 压缩机油含量的测定	WG 25	Karine Arrhenius	瑞典	罗勤

附录2 国际标准化机构标准发布清单

续附表2—8

序号	分技术委员会	标准编号	标准名称	工作组	项目经理	项目经理所在国家	中国参加人员
11	SC 1	ISO/AWI 2620	Analysis of natural gas—Biomethane—Determination of VOCs by thermal desorption gas chromatography with flame ionization and/or mass spectrometry detectors 天然气分析 生物甲烷 用火焰离子化和/或质谱检测器的热脱附气相色谱法测定VOCs	WG 25	Karine Arrhenius	瑞典	罗勤 林莉莉 李晓红
12	SC 1	ISO/CD 11626	Natural gas—Determination of sulfur compounds—Determination of hydrogen sulfide content by UV absorption method 天然气 硫化物的测定 用紫外吸收法测定硫化氢含量	WG 24	常宏岗	中国	罗勤 顾岐宇 陈海平 张鹏 吴岩 李浆华
13	SC 1	ISO/AWI TR 17910	Natural Gas—Coal-based synthetic natural gas quality designation 天然气 煤基合成天然气的质量认定	WG 26	罗勤	中国	韩敬 王强 王少楠 吴海 张锴 李晓红
14	SC 3	ISO/CD 7055	Natural gas—Upstream area—Determination of drag reduction rate in laboratory for slick water 天然气 上游领域 滑溜水降阻性能测定方法	WG 8	常宏岗 罗勤	中国	乐宏 付永强 郭建春 蒋恩 向超

续附表2-8

序号	分技术委员会	标准编号	标准名称	工作组	项目经理	项目经理所在国家	中国参加人员
15	SC 3	ISO/AWI TR 26762	Design & operation of allocation systems used in gas productions facilities 天然气生产设施分配系统的设计与运行	WG 1	Jean-Paul Couput	法国	罗勤 张镨

附表2-9 ISO/TC 197已发布的标准清单

序号	分技术委员会	标准编号	标准名称	采标情况
1	直属TC 197	ISO 13984: 1999	Liquid hydrogen—Land vehicle fuelling system interface 液氢 车辆燃料加注系统接口	—
2	直属TC 197	ISO 13985: 2006	Liquid hydrogen—Land vehicle fuel tanks 液氢 车辆燃料箱	—
3	直属TC 197	ISO 14687: 2019	Hydrogen fuel quality—Product specification 氢燃料质量 产品规范	—
4	直属TC 197	ISO/TR 15916: 2015	Basic considerations for the safety of hydrogen systems 氢系统安全的基本要求	—
5	直属TC 197	ISO 16110-1: 2007	Hydrogen generators using fuel processing technologies—Part 1: Safety 燃料转化制氢装置 第1部分：安全	—
6	直属TC 197	ISO 16110-2: 2010	Hydrogen generators using fuel processing technologies—Part 2: Test methods for performance 燃料转化制氢装置 第2部分：性能测试方法	—

・附录 2 国际标准化机构标准发布清单・

续附表 2-9

序号	分技术委员会	标准编号	标准名称	采标情况
7	直属 TC 197	ISO 16111：2018	Transportable gas storage devices—Hydrogen absorbed in reversible metal hydride 可运输储气装置 可逆性金属氢化物吸收的氢	—
8	直属 TC 197	ISO 17268：2020	Gaseous hydrogen land vehicle refuelling connection devices 压缩氢气车辆加注连接装置	—
9	直属 TC 197	ISO 19880-1：2020	Gaseous hydrogen—Fuelling stations—Part 1: General requirements 气态氢 加氢站 第 1 部分：通用要求	—
10	直属 TC 197	ISO 19880-3：2018	Gaseous hydrogen—Fuelling stations—Part 3: Valves 气态氢 加氢站 第 3 部分：阀门	—
11	直属 TC 197	ISO 19880-5：2019	Gaseous hydrogen—Fuelling stations—Part 5: Dispenser hoses and hose assemblies 气态氢 加氢站 第 5 部分：加氢机软管及其组件	—
12	直属 TC 197	ISO 19880-8：2019	Gaseous hydrogen—Fuelling stations—Part 8: Fuel quality control 气态氢 加氢站 第 8 部分：氢燃料质量控制	—
13	直属 TC 197	ISO 19880-8：2019/Amd 1：2021	Gaseous hydrogen—Fuelling stations—Part 8: Fuel quality control—Amendment 1: Alignment with Grade D of ISO 14687 气态氢 加氢站 第 8 部分：氢燃料质量控制 修订 1：与 ISO 14687 的 D 级对齐	—
14	直属 TC 197	ISO 19881：2018	Gaseous hydrogen—Land vehicle fuel containers 气态氢 车辆燃料储罐	—

341

续附表2-9

序号	分技术委员会	标准编号	标准名称	采标情况
15	直属TC 197	ISO 19882:2018	Gaseous hydrogen—Thermally activated pressure relief devices for compressed hydrogen vehicle fuel containers 气态氢 车辆燃料罐用氢气压力泄放装置	—
16	直属TC 197	ISO/TS 19883:2017	Safety of pressure swing adsorption systems for hydrogen separation and purification 变压吸附提纯氢系统安全要求	—
17	直属TC 197	ISO 22734:2019	Hydrogen generators using water electrolysis—Industrial, commercial, and residential applications 水电解制氢装置 工业、商业和民用	—
18	直属TC 197	ISO 26142:2010	Hydrogen detection apparatus—Stationary applications 氢气探测装置 固定式应用	—

附表2-10 ISO/TC 197正在进行的标准化项目清单

序号	分技术委员会	标准编号	标准名称	工作组	项目经理	项目经理所在国家	中国参加人员
1	直属TC 197	ISO/AWI 13984	Liquid hydrogen land vehicle fueling protocol 液体氢 车辆加气协议	—	—	—	—
2	直属TC 197	ISO/AWI 13985	Liquid hydrogen—Land vehicle fuel tanks 液体氢气 氢气车辆燃料箱	—	—	—	—
3	直属TC 197	ISO/AWI 14687	Hydrogen fuel quality—Product specification 氢燃料质量 产品规范	—	—	—	—

续附表2-10

序号	分技术委员会	标准编号	标准名称	工作组	项目经理	项目经理所在国家	中国参加人员
4	直属TC 197	ISO/AWI TR 15916	Basic considerations for the safety of hydrogen systems 氢系统安全的基本要求	—	—	—	—
5	直属TC 197	ISO/AWI 17268-1	Gaseous hydrogen land vehicle refuelling connection devices—Part 1: Flow capacities up to and including 120 g/s 压缩氢气气车辆加注连接装置 第1部分：流量小于等于120克/秒	—	—	—	—
6	直属TC 197	ISO/CD 19880-2	Gaseous hydrogen—Fuelling stations—Part 2: Dispensers and dispensing systems 气态氢 加氢站 第2部分：加氢机和加氢系统	—	—	—	—
7	直属TC 197	ISO/AWI 19880-5	Gaseous hydrogen—Fuelling stations—Part 5: Dispenser hoses and hose assemblies 气态氢 加氢站 第5部分：加氢机软管及其组件	—	—	—	—
8	直属TC 197	ISO/CD 19880-6	Gaseous hydrogen—Fuelling stations—Part 6: Fittings 气态氢 加氢站 第6部分：配件	—	—	—	—
9	直属TC 197	ISO/WD 19880-7	Gaseous hydrogen—Fuelling stations—Part 7: O-rings 气态氢 加氢站 第7部分：O形环	—	—	—	—
10	直属TC 197	ISO/AWI 19880-8	Gaseous hydrogen—Fuelling stations—Part 8: Fuel quality control 气态氢 加氢站 第8部分：氢燃料质量控制	—	—	—	—

续附表2—10

序号	分技术委员会	标准编号	标准名称	工作组	项目经理	项目经理所在国家	中国参加人员
11	直属TC 197	ISO/AWI 19880-9	Gaseous hydrogen—Fuelling stations—Part 9: Sampling for fuel quality analysis 气态氢 加氢站 第9部分：燃料质量分析的取样	—	—	—	—
12	直属TC 197	ISO/AWI 19881	Gaseous hydrogen—Land vehicle fuel containers 气态氢 车辆燃料储罐	—	—	—	—
13	直属TC 197	ISO/AWI 19882	Gaseous hydrogen—Thermally activated pressure relief devices for compressed hydrogen vehicle fuel containers 气态氢 用于压缩氢气车辆燃料容器的热激活泄压装置	—	—	—	—
14	直属TC 197	ISO/WD 19884-1	Gaseous hydrogen—Cylinders and tubes for stationary storage—Part 1: General Requirements 气态氢 用于固定储存的气瓶和管道 第1部分：通用要求	—	—	—	—
15	直属TC 197	ISO/AWI TR 19884-2	Gaseous Hydrogen—Cylinders and tubes for stationary storage—Part 2: Material test data of class A materials (steels and aluminum alloys) compatible to hydrogen service 气态氢 用于固定储存的气瓶和管道 第2部分：适用于氢环境的A类材料（钢和铝合金）的材料试验数据				
16	直属TC 197	ISO/AWI TR 19884-3	Gaseous hydrogen—Cylinders and tubes for stationary storage—Part 3: Pressure cycle test data to demonstrate shallow pressure cycle estimation methods 气态氢 用于固定储存的气瓶和管道 第3部分：压力循环试验数据，以证明浅层压力循环估算方法				

附录 2 国际标准化机构标准发布清单

续附录 2-10

序号	分技术委员会	标准编号	标准名称	工作组	项目经理	项目经理所在国家	中国参加人员
17	直属 TC 197	ISO/CD 19885-1	Gaseous hydrogen—Fuelling protocols for hydrogen-fuelled vehicles—Part 1: Design and development process for fuelling protocols 气态氢 以氢气为燃料的车辆的燃料协议 第1部分: 加注协议的设计和开发过程	—	—	—	—
18	直属 TC 197	ISO/AWI 19885-2	Gaseous hydrogen—Fuelling protocols for hydrogen-fuelled vehicles—Part 2: Definition of communications between the vehicle and dispenser control systems 气态氢 以氢气为燃料的车辆的燃料协议 第2部分: 车辆和分配器控制系统之间的通信定义	—	—	—	—
19	直属 TC 197	ISO/AWI 19885-3	Gaseous hydrogen—Fuelling protocols for hydrogen-fuelled vehicles—Part 3: High flow hydrogen fuelling protocols for heavy duty road vehicles 气态氢 以氢气为燃料的车辆的燃料协议 第3部分: 重型公路车辆的大流量氢燃料协议	—	—	—	—
20	直属 TC 197	ISO/CD 19887	Gaseous Hydrogen—Fuel system components for hydrogen fuelled vehicles 气态氢 氢燃料车辆的燃料系统部件	—	—	—	—

续附表 2-10

序号	分技术委员会	标准编号	标准名称	工作组	项目经理	项目经理所在国家	中国参加人员
21	直属 TC 197	ISO/AWI 22734-1	Hydrogen generators using water electrolysis—Industrial, commercial, and residential applications—Part 1: General requirements, test protocols and safety requirements 使用水电解氢气发生器 工业，商业和住宅应用 第1部分：常规要求，测试协议要求和安全要求	—	—	—	—
22	直属 TC 197	ISO/AWI 24078	Hydrogen in energy systems—Vocabulary 能源系统的氢气 词汇	—	—	—	—
23	SC 1	ISO/AWI TS 19870	Methodology for Determining the Greenhouse Gas Emissions Associated with the Production, Conditioning and Transport of Hydrogen to Consumption Gate 确定与氢气生产，调节和运输至消耗闸门相关的温室气体排放的方法	—	—	—	—

附表 2-11 ISO/TC 263 已发布的标准清单

序号	分技术委员会	标准编号	标准名称	采标情况
1	直属 TC 263	ISO 18871：2015	Method of determining coalbed methane content 煤层气含量测定方法	—
2	直属 TC 263	ISO 18875：2015	Coalbed methane exploration and development—Terms and definitions 煤层气勘探开发 术语与定义	—

续附表 2−11

序号	分技术委员会	标准编号	标准名称	采标情况
3	直属 TC 263	ISO 4657：2022	Assessment specification of coalbed methane resources 煤层气资源评价规范	—
4	直属 TC 263	ISO 23604：2022	Method of determining specific surface area of coal 煤的比表面积测定方法	—

附表 2−12 ISO/TC 265 已发布的标准清单

序号	分技术委员会	标准编号	标准名称	采标情况
1	直属 TC 265	ISO/TR 27912：2016	Carbon dioxide capture—Carbon dioxide capture systems, technologies and processes 二氧化碳捕集 二氧化碳捕集系统、技术和过程	—
2	直属 TC 265	ISO 27913：2016	Carbon dioxide capture, transportation and geological storage—Pipeline transportation systems 二氧化碳捕集、运输与地质封存 管道运输系统	—
3	直属 TC 265	ISO 27914：2017	Carbon dioxide capture, transportation and geological storage—Geological storage 二氧化碳捕集、运输与地质封存 地质封存	—
4	直属 TC 265	ISO/TR 27915：2017	Carbon dioxide capture, transportation and geological storage—Quantification and verification 二氧化碳捕集、运输与地质封存 量化和验证	—

续附表2-12

序号	分技术委员会	标准编号	标准名称	采标情况
5	直属TC 265	ISO 27916: 2019	Carbon dioxide capture, transportation and geological storage—Carbon dioxide storage using enhanced oil recovery (CO_2-EOR) 二氧化碳捕集、运输与地质封存 使用提高石油采收率（CO_2-EOR）的二氧化碳封存	—
6	直属TC 265	ISO 27917: 2017	Carbon dioxide capture, transportation and geological storage—Vocabulary—Cross cutting terms 二氧化碳捕集、运输与地质封存 词汇 共性术语	—
7	直属TC 265	ISO/TR 27918: 2018	Lifecycle risk management for integrated CCS projects CCS项目的生命周期风险管理	—
8	直属TC 265	ISO 27919-1: 2018	Carbon dioxide capture—Part 1: Performance evaluation methods for post-combustion CO_2 capture integrated with a power plant 二氧化碳捕集 第1部分：电厂燃烧后CO_2捕集效率评估方法	—
9	直属TC 265	ISO/TR 27921: 2020	Carbon dioxide capture, transportation, and geological storage—Cross Cutting Issues—CO_2 stream composition 二氧化碳捕集、运输与地质封存 共性问题 CO_2流成分	—
10	直属TC 265	ISO 27919-2: 2021	Carbon dioxide capture—Part 2: Evaluation procedure to assure and maintain stable performance of post-combustion CO_2 capture plant integrated with a power plant 二氧化碳捕集 第2部分：确保和保持电厂燃烧后CO_2捕集装置性能稳定的评估程序	—
11	直属TC 265	ISO/TR 27922: 2021	Carbon dioxide capture—Overview of carbon dioxide capture technologies in the cement industry 二氧化碳捕集 水泥行业二氧化碳捕集技术综述	—

·附录2 国际标准化机构标准发布清单·

续附表2-12

序号	分技术委员会	标准编号	标准名称	采标情况
12	直属TC 265	ISO/TR 27923: 2022	Carbon dioxide capture, transportation and geological storage—Injection operations, infrastructure and monitoring 二氧化碳捕集、运输与地质封存 注入操作、基础设施和监控	—

附表2-13 ISO/TC 265 正进行的标准化项目清单

序号	分技术委员会	标准编号	标准名称	工作组	项目经理	项目经理所在国家	中国参加人员
1	直属TC 265	ISO/CD 27913	Carbon dioxide capture, transportation and geological storage—Pipeline transportation systems 二氧化碳捕集、运输与地质封存 管道运输系统	—	—	—	—
2	直属TC 265	ISO/AWI 27914	Carbon dioxide capture, transportation and geological storage—Geological storage 二氧化碳捕集、运输与地质封存 地质封存	—	—	—	—
3	直属TC 265	ISO/DTR TR 27925	Carbon dioxide capture, transportation, and geological storage—Cross Cutting Issues—Flow assurance 二氧化碳捕集、运输与地质封存 交叉问题 流体保障	—	—	—	—
4	直属TC 265	ISO/AWI TR 27926	Carbon dioxide enhanced oil recovery (CO$_2$-EOR) Transitioning from EOR to storage 二氧化碳驱动采油 (CO$_2$-EOR) 从EOR过渡到封存	—	—	—	—

续附表 2-13

序号	分技术委员会	标准编号	标准名称	工作组	项目经理	项目经理所在国家	中国参加人员
5	直属 TC 265	ISO/AWI 27927	Carbon dioxide capture, transportation and geological storage—Key performance parameters and characterization methods of absorption liquids for post-combustion CO_2 capture 二氧化碳捕集、运输与地质封存 用于燃烧后二氧化碳捕获的吸收液的关键性能参数和表征方法	—	—	—	—
6	直属 TC 265	ISO/AWI 27928	Carbon dioxide capture, transportation and geological storage—Performance evaluation methods for CO_2 capture plants connected with CO_2 intensive plants 二氧化碳捕集、运输与地质封存 与二氧化碳密集型工厂相连的二氧化碳捕集工厂的性能评估方法	—	—	—	—
7	直属 TC 265	ISO/AWI TR 27929	Transportation of CO_2 by ship 二氧化碳船舶运输	—	—	—	—

附录 3 油气上游领域国际国内标准统计表

油气上游领域国际国内标准统计表见附表 3-1 至附表 3-6。注：所有未标注具体编号的标准为规划标准，待制定或发布。

附表 3-1 天然气领域国内标准统计表

序号	模块名称	门类	项目编号/宣定级别	标准名称
1	天然气专业通用基础	基础通用	GB/T 19205—2008	天然气标准参比条件
2			GB/T 20604—2006	天然气词汇
3			GB/T 8423.4—××××	石油天然气工业术语 第 4 部分：油气计量与分析
4	上游领域分析测试和测量	天然气处理过程检测评价标准	GB/T 35212.1—2017	天然气处理厂气体及溶液分析评价方法 第 1 部分：气体及溶液分析
5			GB/T 35212.2—2017	天然气处理厂气体及溶液分析评价方法 第 2 部分：脱硫、脱碳溶剂分析
6			GB/T 35212.3—2017	天然气处理厂气体及尾气处理催化剂技术要求及分析评价方法 第 3 部分：硫磺回收分析评价方法
7			GB/T ××××.4	天然气处理厂气体及溶液分析评价方法 第 4 部分：用离子色谱法测定醇胺脱硫溶液中钠、镁、钙离子组成

续附表3—1

序号	模块名称	门类	项目编号/宣定级别	标准名称
8	上游领域分析测试和测量	天然气处理过程检测评价标准	GB/T××××.5	天然气处理厂气体及溶液分析与脱硫、脱碳及硫磺回收分析评价方法 第5部分：CO₂分析
9			GB/T××××.6	天然气处理厂气体及溶液分析与脱硫、脱碳及硫磺回收分析评价方法 第6部分：加氢尾气中微量硫化物分析
10			GB/T××××.7	天然气处理厂气体及溶液分析与脱硫、脱碳及硫磺回收分析评价方法 第7部分：脱硫溶液中残余固体颗粒物含量、成分、粒径分析
11			GB/T××××.8	天然气中苯系物的测定
12			SY/T 6538—2016	配方型选择性脱硫溶剂
13			SY/T 7001—2014	醇胺型脱硫溶液中热稳定性盐阴离子组成分析 离子色谱法
14			SY/T 7322—2016	天然气处理厂产出硫磺中残留硫化氢的测定 第1部分：化学法
15			GB/T××××	天然气处理厂产出硫磺中砷含量分析方法 原子荧光法
16			SY/T××××	天然气处理厂产出硫磺中铁含量分析方法 原子吸光谱法
17			SY/T××××	天然气处理厂产出硫磺中砷含量的测定 原子荧光光谱法
18			SY/T××××	酸性气田砷含量分析方法
19			SY/T 7506—1996	天然气中二氧化碳含量的测定 氢氧化钡法
20			SY/T××××	加氢过程气微量硫化物的测定 二维中心切割气相色谱法
21			SY/T××××.1	天然气处理装置性能评价技术规范 第1部分：公用工程
22			SY/T××××.2	天然气处理装置性能评价技术规范 第2部分：脱水单元
23			SY/T××××.3	天然气处理装置性能评价技术规范 第3部分：脱硫脱碳单元

· 附录 3 油气上游领域国际国内标准统计表 ·

续附表 3-1

序号	模块名称	门类	项目编号/宣定级别	标准名称
24		天然气处理过程检测评价标准	SY/T ××××.4	天然气处理装置性能评价技术规范 第 4 部分：硫黄回收单元
25			SY/T ××××.5	天然气处理装置性能评价技术规范 第 5 部分：天然气凝液回收单元
26		高含硫天然气检测	SY/T ××××	高含硫天然气中有机硫化合物测定方法
27			SY/T ××××	高含硫天然气中元素硫测定方法
28	上游领域分析测试和测量		GB/T 35065.1—2018	湿天然气流量测量 第 1 部分：一般原则
29			GB/T ××××	湿天然气流量测量 第 2 部分：湿气流量计测试和评价方法
30			GB/Z ××××	湿天然气流量测量 第 3 部分：单相流量计测量湿天然气特性
31			GB/Z ××××	湿天然气流量测量 第 4 部分：两相湿天然气流量计
32			GB/Z ××××	湿天然气流量测量 第 5 部分：多相湿天然气流量计
33		湿天然气检测标准	SY/T 7321—2016	井口天然气中汞含量的测定 差减法
34			SY/T ××××	湿天然气细菌含量检测
35			SY/T ××××	湿天然气中砷、汞、氢含量检测方法
36			SY/T ××××	湿天然气颗粒物检测方法
37			GB/T ××××	天然气上游领域气体和冷凝物的分配
38			SY/T ××××	湿天然气总含水的测定
39			GB/T ××××	湿天然气取样方法

353

续附表3-1

序号	模块名称	门类	项目编号/拟定级别	标准名称
40	上游领域分析测试和测量	集气管道气相残留物检测	GB/T ×××××	天然气上游领域组成分析 在线气相色谱法
41			SY/T ×××××	天然气上游领域 残留油田化学剂含量检测方法
42			SY/T ×××××	天然气上游领域 残留水合物抑制剂检测方法
43			SY/T ×××××	天然气水合物生成温度的测定 模拟法
44		通用基础	GB/Z 33440—2016	进入长输管网天然气互换性一般要求
45			SY/T 7448—2019	天然气气体标准物质稳定性分析 气相色谱法
46			GB/T ×××××	天然气分析溯源性准则
47			GB/Z ×××××	管输天然气交接协议质量条款一般要求
48			GB/T ×××××	天然气和天然气凝析液参比标准混合物的选择、制备、确认、保护和储存
49			GB/T ×××××	天然气 由组成计算甲烷值
50	质量控制	产品	GB 17820—2018	天然气（中俄双语版）
51			HG/T 4987—2016	工业燃气 天然气为原料的增效燃气
52			GB 18047—2017	车用压缩天然气
53			NB/T 10035—2016	通过管道输送的煤层气技术要求和试验方法
54			GB/T 33296—2016	页岩气技术要求和试验方法
55			GB/T 32865—2016	致密砂岩天然气技术要求和试验方法
56			GB/T 37124—2018	进入天然气长输管道的气体质量要求

续附表3-1

序号	模块名称	门类	项目编号/宣定级别	标准名称
57		产品	GB/T ××××	煤制代用天然气技术要求和试验方法
58			GB/T ××××	生物甲烷气技术要求和试验方法
59			GB/T ××××	氢气天然气混合燃气技术要求和试验方法
60			SY/T ××××	车船用液化天然气质量要求
61		取样	GB/T 13609—2017	天然气取样导则
62			GB/T 30490—2014	天然气自动取样方法
63			GB/T 20603—2006	冷冻轻经流体 液化天然气的取样 连续法
64			GB/T ××××	采用便携式气相色谱仪取样的取样方法
65	质量控制	组成分析	GB/T 13610—2020	天然气的组成分析 气相色谱法
66			SY/T 7433—2018	天然气的组成分析 激光拉曼光谱法
67			GB/T 27894.1—2020	天然气 用气相色谱法测定组成和计算相关不确定度 第1部分：总导则和组成计算
68			GB/T 27894.2—2020	天然气 用气相色谱法测定组成和计算相关不确定度 第2部分：不确定度计算
69			GB/T 27894.3—2011	天然气 在一定不确定度下用气相色谱法测定组成 第3部分：用两根填充柱测定氢、氦、氧、氮、二氧化碳和直至C8的烃类
70			GB/T 27894.4—2012	天然气 在一定不确定度下用气相色谱法测定组成 第4部分：实验室和在线系统中用两根色谱柱测定氮、二氧化碳和C1至C5和C6+的烃类
71			GB/T 27894.5—2012	天然气 在一定不确定度下用气相色谱法测定组成 第5部分：实验室和在线系统中用三根色谱柱测定氮、二氧化碳和C1至C5和C6+的烃类

续附表3-1

序号	模块名称	门类	项目编号/宣定级别	标准名称
72	质量控制	组成分析	GB/T 27894.6—2012	天然气 在一定的不确定度下用气相色谱法测定组成 第6部分：实验室和在线系统中用三根毛细色谱柱测定氢、氦、氧、氮、二氧化碳和直至C8的烃类
73			GB/T 17281—2016	天然气中丁烷至十六烷类的测定 气相色谱法
74			GB/T ××××	天然气的组成分析 质谱法
75			GB/T ××××	含硫加臭剂在天然气中的含量测定
76			SY/T ××××	天然气 利用光声光谱 红外光谱燃料电池联合法测定组成 第1部分：总则
77			SY/T ××××	天然气 利用光声光谱 红外光谱燃料电池联合法测定组成 第2部分：光声光谱法测定甲烷含量
78			SY/T ××××	天然气 利用光声光谱 红外光谱燃料电池联合法测定组成 第3部分：红外光谱法测定乙烷及以上烷烃、二氧化碳、一氧化碳
79			SY/T ××××	天然气 利用光声光谱 红外光谱燃料电池联合法测定组成 第4部分：燃料电池法测定氢含量
80		有毒有害物质分析	GB/T 19206—2020	天然气用有机硫化合物加臭剂的要求和测试方法
81			GB/T 11060.1—2010	天然气 含硫化合物的测定 第1部分：用碘量法测定硫化氢含量
82			GB/T 11060.2—2008	天然气 含硫化合物的测定 第2部分：用亚甲兰法测定硫化氢含量
83			GB/T 11060.3—2018	天然气 含硫化合物的测定 第3部分：用乙酸铅反应速率双光路检测法测定硫化氢含量
84			GB/T 11060.4—2017	天然气 含硫化合物的测定 第4部分：用氧化微库仑法测定总硫含量
85			GB/T 11060.5—2010	天然气 含硫化合物的测定 第5部分：用氢解速率计比色法测定总硫含量

续附录3-1

序号	模块名称	门类	项目编号/宣定级别	标准名称
86	质量控制	有毒有害物质分析	GB/T 11060.6—2011	天然气 含硫化合物的测定 第6部分：用电位法测定硫化氢、硫醇硫和氧化碳硫含量
87			GB/T 11060.8—2020	天然气 含硫化合物的测定 第8部分：用紫外荧光度法测定总硫含量
88			GB/T 11060.9—2011	天然气 含硫化合物的测定 第9部分：用碘量法测定硫醇含量
89			GB/T 11060.10—2014	天然气 含硫化合物的测定 第10部分：气相色谱法
90			GB/T 11060.11—2014	天然气 含硫化合物的测定 第11部分：用着色色长度检测管法测定硫化氢含量
91			GB/T 11060.12—2014	天然气 含硫化合物的测定 第12部分：用激光吸收光谱法测定硫化氢含量
92			GB/T 11060.××××	天然气 含硫化合物的测定 第×部分：紫外吸收法测定硫化氢含量
93			SY/T 7483—2020	用在线气相色谱法测定天然气中硫化合物的换算
94			GB/T 22634—2008	天然气 水含量与水露点之间的换算
95			SY/T 6899—2012	天然气 水露点的测定 电容法
96			GB/T 17283—2014	天然气 水露点的测定 冷却镜面凝析湿度计法
97			GB/T 18619.1—2002	天然气中水含量的测定 卡尔·费休一库仑法
98			GB/T 21069—2007	天然气高压下水含量的测定
99			SY/T 7507—2016	天然气中水含量的测定 电解法
100			SY/T 7379—2017	天然气 水含量的测定 激光吸收光谱法
101			GB/T 27896—2018	天然气中水含量的测定 电子分析法
102			GB/T 27893—2011	天然气中颗粒含量的测定 称量法

续附表3-1

序号	模块名称	门类	项目编号/宣定级别	标准名称
103	质量控制	有毒有害物质分析	GB/T 16781.1—2017	天然气 汞含量的测定 第1部分：碘化学吸附取样法
104			GB/T 16781.2—2010	天然气 汞含量的测定 第2部分：金/铂合金汞齐化取样法
105			GB/T 34536—2017	天然气 氢浓度的测定 闪烁瓶取样法
106			GB/T 34162—2017	天然气 砷含量的测定 高锰酸钾溶液吸收取样法
107			GB/T 27895—2011	天然气烃露点的测定 冷却镜面目测法
108			GB/T 30492—2014	天然气烃露点计算的气相色谱分析要求
109			SY/T 7484—2020	天然气 烃露点的测定 冷却镜面自动检测法
110			GB/T ×××××	天然气中氧气含量的测定 电化学传感法
111			GB/T ×××××	天然气 氧含量的测定 电化学法
112			GB/T ×××××	天然气中烃露点和烃含量测定
113			GB/T ×××××	天然气 烃露点冷却镜面仪的校准（液态形成物）
114			GB/T ×××××	天然气中总硅含量测定
115			GB/T ×××××	天然气中压缩机油含量测定
116			GB/T ×××××	天然气凝析液质量测量
117			GB/T ×××××	天然气 颗粒物粒径分布的测定 光学法
118			SY/T ×××××	天然气中微量金属元素含量测定
119			SY/T 7607—2020	带微型热导气相色谱快速测定天然气中硫化氢、四氢噻吩
120			SY/T ×××××	天然气 水露点和烃露点的测定 偏振光冷镜法

续附表3-1

序号	模块名称	门类	项目编号/宣定级别	标准名称
121	质量控制	液化天然气	GB/T 21068—2007	液化天然气密度计算模型规范
122			GB/T 19204—2003	液化天然气的一般特性
123			GB/T 24957—2010	冷冻轻烃流体 船上膜式膜柱形储罐的校准 物理测量法
124			GB/T 24958.1—2010	冷冻轻烃流体 船上球形储罐的校准 第1部分：立体照相测量法
125			GB/T 24959—2019	冷冻轻烃流体 液化天然气运输船货舱内温度测量系统一般要求
126			GB/T 24960—2010	冷冻轻烃流体 储罐内液位的测量 电容液位计
127			GB/T 24961—2010	冷冻轻烃流体 储罐内液位的测量 浮子式液位计
128			GB/T 24962—2010	冷冻烃类流体 静态测量 计算方法
129			GB/T 24964—2019	冷冻轻烃流体 液化天然气运输船上货物量的测量
130			GB/T 37770.2—2019	冷冻轻烃流体 自动液位计的一般要求 第2部分：岸上冷冻型储罐用自动液位计
131	能量测定	通用基础	GB/T 22723—2008	天然气能量的测定
132		物性参数测定	GB/T 11062—2020	天然气 发热量、密度、相对密度和沃泊指数的计算方法
133			GB/Z 35474—2017	天然气 通过组成计算物性参数的技术说明
134			GB/T 35211—2017	天然气发热量的测量 连续燃烧法
135			GB/T 31253—2014	天然气 气体标准物质验证 发热量和密度直接测量
136			GB/T 17747.1—2011	天然气压缩因子的计算 第1部分：导论和指南
137			GB/T 17747.2—2011	天然气压缩因子的计算 第2部分：用摩尔组成进行计算

续附表3-1

序号	模块名称	门类	项目编号/宜定级别	标准名称
138			GB/T 17747.3—2011	天然气压缩因子的计算 第3部分：用物性值进行计算
139		物性参数测定	GB/T ×××××	天然气密度、压力、温度和压缩因子的测定
140			GB/T 30491.1—2014	天然气 热力学性质计算 第1部分：输配气中的气相性质
141	能量测定		GB/T ×××××	天然气 热力学性质计算 第2部分：延伸应用中的单相性质（气体、液体和凝析流体）
142			GB/T ×××××	天然气 热力学性质计算 第3部分：两相性质（气液平衡）
143			SY/T ×××××	用于贸易交接的天然气中理论液烃含量计算
144			GB/T 28766—2018	天然气 发热量的测定 可见光光谱-超声波关联法
145		分析系统性能评价	GB/T 35186—2017	天然气 分析系统性能评价
146			SY/T ×××××	天然气计量系统性能评价
147				天然气 在线气相色谱仪性能评价

附表3-2 原油检测国际标准统计表

序号	标准编号	标准名称	是否转化
1	ISO 3170：2004	Petroleum liquids—Manual sampling 石油液体 手工取样法	已转化
2	ISO 3171：1988	Petroleum liquids—Automatic pipeline sampling 石油液体 管线自动取样法	已转化

续附表3-2

序号	标准编号	标准名称	是否转化
3	ISO 3735：1999	Crude petroleum and fuel oils—Determination of Sediment—Extraction method 原油和燃料油 沉淀物的测定 抽提法	已转化
4	ISO 9029：1990	Crude petroleum—Determination of water—Distillation method 原油 水含量的测定 蒸馏法	已转化
5	ISO 9030：1990	Crude petroleum—Determination of water and sediment—Centrifuge method 原油 水和沉淀物的测定 离心法	未转化
6	ISO 9114：1997	Crude petroleum—Determination of water content by hydride reaction—Field method 原油 氢化物反应测定水含量 现场法	未转化
7	ISO 12185：1996	Crude petroleum and petroleum products—Determination of density—Oscillating U-tube method 原油和石油产品 密度测定法 U形振动管法	已转化
8	ISO 10336：1997	Crude petroleum—Determination of water—Potentiometric Karl Fischer titration method 原油 水含量测定 卡尔·费休电位滴定法	已转化
9	ISO 10337：1997	Crude petroleum—Determination of water—Coulometric Karl Fischer titration method 原油 水含量测定 卡尔·费休库仑滴定法	已转化
10	ISO 3675：1998	Crude petroleum and liquid petroleum products—Laboratory determination of density—Hydrometer method 原油和液体石油产品 密度实验室测定法 密度计法	已转化
11	ISO 3838：2004	Crude petroleum and liquid or solid petroleum products—Determination of density or relative density—Capillary-stoppered pyknometer and graduated bicapillary pyknometer methods 原油和液体或固体石油产品 密度或相对密度的测定 毛细管塞比重瓶和带刻度双毛细管比重瓶法	已转化

续附表3-2

序号	标准编号	标准名称	是否转化
12	ISO 91：2017	Petroleum and related products—Temperature and pressure volume correction factors (petroleum measurement tables) and standard reference conditions 石油及相关产品 温度和压力体积校正系数（石油测量表）和标准参考条件	已转化

附表3-3 原油检测国内标准统计表

序号	标准编号	标准名称	是否采标
1	GB 36170—2018	原油	未采标
2	GB/T 11059—2011	原油蒸气压的测定 膨胀法	已采标
3	GB/T 11137—1989	深色石油产品运动粘度测定法（逆流法）和动力粘度计算法	已采标
4	GB/T 11146—2009	原油水含量测定 卡尔·费休库仑滴定法	已采标
5	GB/T 13377—2010	原油和液体或固体石油产品 密度或相对密度的测定 毛细管塞比重瓶和带刻度双毛细管比重瓶法	已采标
6	GB/T 17280—2017	原油蒸馏标准试验方法 15-理论塔板蒸馏柱	已采标
7	GB/T 17282—2012	根据粘度测量值确定石油平均相对分子质量的方法	已采标
8	GB/T 17606—2009	原油中硫含量的测定 能量色散X-射线荧光光谱法	已采标
9	GB/T 17674—2012	原油中氮含量的测定 舟进样化学发光法	已采标
10	GB/T 18608—2012	原油中铁、镍、钠、钒含量的测定 原子吸收光谱法	已采标
11	GB/T 18609—2011	原油酸值的测定 电位滴定法	已采标
12	GB/T 18610.1—2015	原油 残炭的测定 第1部分：康氏法	已采标

附录3 油气上游领域国际国内标准统计表

续附表3-3

序号	标准编号	标准名称	是否采标
13	GB/T 18610.2—2016	原油 残炭的测定 第2部分：微量法	已采标
14	GB/T 18611—2015	原油简易蒸馏试验方法	未采标
15	GB/T 18612—2011	原油中有机氯含量的测定	已采标
16	GB/T 1884—2000	原油和液体石油产品密度实验室测定法（密度计法）	已采标
17	GB/T 26982—2011	原油蜡含量的测定	已采标
18	GB/T 26983—2011	原油中硫化氢、甲基硫醇和乙基硫醇测定法	已采标
19	GB/T 26984—2011	原油馏程的测定	已采标
20	GB/T 26985—2018	原油倾点的测定	已采标
21	GB/T 26986—2011	原油液水含量测定 卡尔•费休电位滴定法	已采标
22	GB/T 27867—2011	石油液体管线自动取样法	已采标
23	GB/T 4756—2015	石油液体手工取样法	已采标
24	GB/T 511—2010	石油和石油产品及添加剂机械杂质测定法	已采标
25	GB/T 6531—1986	原油和燃料油中沉淀物测定法（抽提法）	已采标
26	GB/T 6532—2012	原油中盐含量的测定 电位滴定法	已采标
27	GB/T 6533—2012	原油中水和沉淀物测定 离心法	已采标
28	GB/T 8929—2006	原油水含量的测定 蒸馏法	已采标
29	SY/T 0520—2008	原油粘度测定 旋转粘度计平衡法	未采标

续附表3-3

序号	标准编号	标准名称	是否采标
30	SY/T 0521—2008	原油析蜡点测定 显微观测法	未采标
31	SY/T 0522—2008	原油析蜡点测定 旋转粘度计法	未采标
32	SY/T 0528—2008	原油中砷含量的测定 原子荧光光谱法	未采标
33	SY/T 0536—2008	原油盐含量测定法 电量法	未采标
34	SY/T 0537—2008	原油中蜡含量测定法	未采标
35	SY/T 0541—2009	原油凝点测定法	未采标
36	SY/T 0545—2012	原油析蜡热特性参数的测定 差示扫描量热法	未采标
37	SY/T 5402—2016	原油水含量的测定 电脱法	未采标
38	SY/T 6520—2014	原油脱水试验方法 压力釜法	未采标
39	SY/T 7504—2008	原油中正辛烷及以前烃组分分析 气相色谱法	未采标
40	SY/T 7516—2010	改性原油倾点的测定 熔化法	未采标
41	SY/T 7517—2010	原油比热容的测定方法	未采标
42	SY/T 7547—2014	原油屈服值的测定旋转粘度计法	未采标
43	SY/T 7549—2000	原油粘温曲线的确定 旋转粘度计法	未采标
44	SY/T 7550—2012	原油中蜡、胶质、沥青质含量的测定	已采标
45	SH/T 0604—2000	原油和石油产品密度测定法（U形振动管法）	已采标
46	SH/T 0715—2002	原油和残渣燃料油中镍、钒、铁含量测定法（电感耦合等离子体发射光谱法）	已采标

附录3 油气上游领域国际国内标准统计表

附表3-4 页岩油领域国际标准统计表

序号	标准编号	标准名称	标准描述	发布日期	发布机构
1	API HF 3	Practices for mitigating surface impacts associated with hydraulic fracturing (First Edition) 减轻与水力压裂有关的表面影响的实践（第一版）	确定和描述目前在石油和天然气行业中用于最小化水力压裂作业中的地表环境影响（对地表水、土壤、野生动物、其他地表生态系统和附近社区的潜在影响）的做法	2011/1/1	API
2	API HF 2	Water management associated with hydraulic fracturing (First Edition) 与水力压裂相关的水资源管理（第一版）	确定和描述相关水和其他流体再使用、裂过程相关水的环境和社会影响的许多行业最佳实践。此外，主要关注与水力压裂相关的领域，并未涉及与石油和天然气勘探、钻井和生产相关的其他水资源管理问题和考虑事项	2010/6/1	API
3	API HF 1	Hydraulic fracturing operations-well construction and integrity guidelines (First Edition) 水力压裂作业井施工和完整性指南（第一版）	为压裂井的施工和完整性提供指导，并强调行业推荐的做法。这里提供的指导将有助于确保浅层地下水含水层环境得到保护，同时也有助于在经济上可行地开发石油和天然气资源。适用于垂直井、定向井和水平井	2009/10/1	API
4	API Std 19C	Measurement of proppants used in hydraulic fracturing and gravel-packing operations (Second Edition) 用于水力压裂和砾石充填作业的支撑剂的测量（第二版）	提供了评价在水力压裂和砾石充填作业中使用支撑剂的标准化测试规程。目的是为水力压裂和/或砾石充填支撑剂的测试提供一致的方法。开发这些程序是为了提高交付到井场的支撑剂的质量，用于评价水力压裂和砾石充填作业中的某些物理特性	2018/8/1	API

365

续附表3-4

序号	标准编号	标准名称	标准描述	发布日期	发布机构
5	ANSI/API RP 100-1	Hydraulic fracturing—well integrity and fracture containment (First Edition) 水力压裂井口完整性和裂缝密封（第一版）	包含了陆上井建设、压裂增产设计和实施的建议，涉及井的完整性和裂缝密封	2015/10/1	API
6	ANSI/API RP 100-2	Managing environmental aspects associated with exploration and production operations including hydraulic fracturing (First Edition) 管理环境方面的勘探和生产操作，包括水力压裂（第一版）	提供了适用于水力井和水力压裂井的规划和操作的推荐做法。所涵盖的主题包括规划期间管理环境方面的建议，此外还包括在石油和施工过程中管理环境方面的指导	2015/8/1	API
7	ANSI/API RP 19D (R2015)	Recommended practice for measuring the long-term conductivity of proppants (First Edition) (ISO 13503-5: 2006, Identical) (Includes July 2008 Errata) 支撑剂长期电导率测量推荐操作规程（第一版）(ISO 13503-5: 2006, 相同)	提供用于评价水力压裂和砾石充填作业的支撑剂的标准测试程序。文中提到的"支撑剂"指的是砂、陶瓷介质、树脂覆膜支撑剂、砾石充填介质以及其他用于水力压裂和砾石充填作业的材料	2008/5/1	API

附表3-5 稠油热采存在通用性的国际标准统计表

序号	标准编号	标准名称
1	ISO 1998-1: 1998	Petroleum industry—Terminology—Part 1: Raw materials and products 石油工业 术语 第1部分：原材料和产品
2	ISO 13503-3: 2005	Petroleum And Natural Gas Industries—Completion Fluids And Materials—Part 3: Testing Of Heavy Brines 石油和天然气工业 完井液和材料 第3部分：重盐水测试

续附表3-5

序号	标准编号	标准名称
3	ISO/TS 21354: 2020	Measurement of multiphase fluid flow 多相流体流动的测量
4	ISO 12764: 2017	Measurement of fluid flow in closed conduits—Flowrate measurement by means of vortex shedding flowmeters inserted in circular cross-section conduits running full 封闭管道中流体流量的测量 通过插入圆形横截面管道中的涡流流量计测量流量
5	ISO 17078-2: 2007	Petroleum and natural gas industries—Drilling and production equipment—Part 2: Flow-control devices for side-pocket mandrels 石油和天然气工业 钻井和生产设备 第2部分：侧袋心轴的流量控制装置
6	ISO 15136-1: 2009	Petroleum and natural gas industries—Progressing cavity pump systems for artificial lift—Part 1: Pumps 石油和天然气工业 人工举升用螺杆泵系统 第1部分：泵
7	ISO 15136-2: 2006	Petroleum and natural gas industries—Progressing cavity pump systems for artificial lift—Part 2: Surface-drive systems 石油和天然气工业 人工举升用螺杆泵系统 第2部分：地面驱动系统
8	ISO 15551-1: 2015	Petroleum and natural gas industries—Drilling and production equipment—Part 1: Electric submersible pump systems for artificial lift 石油和天然气工业 钻井和生产设备 第1部分：人工举升用电潜泵系统
9	ISO 16530-1: 2017	Petroleum and natural gas industries—Well integrity—Part 1: Life cycle governance 石油和天然气行业 油井完整性 第1部分：生命周期治理
10	ISO 14224: 2016	Petroleum, petrochemical and natural gas industries—Collection and exchange of reliability and maintenance data for equipment 石油、石化和天然气行业 收集和交换设备的可靠性和维护数据

续附表3-5

序号	标准编号	标准名称
11	ISO 3104: 2020	Petroleum products—Transparent and opaque liquids—Determination of kinematic viscosity and calculation of dynamic viscosity 石油产品 透明和不透明液体 运动粘度的测定和动力粘度的计算
12	ISO 13503-2: 2006	Petroleum and natural gas industries—Completion fluids and materials—Part 2: Measurement of properties of proppants used in hydraulic fracturing and gravel-packing operations 石油和天然气工业 完井液和材料 第2部分：用于水力压裂和砾石充填作业的支撑剂特性的测量
13	ISO 13503-5: 2006	Petroleum and natural gas industries—Completion fluids and materials—Part 5: Procedures for measuring the long-term conductivity of proppants 石油和天然气工业 完井液和材料 第5部分：测量支撑剂长期电导率的程序

附表3-6 稠油热采国内标准统计表

序号	标准编号	标准名称	类型
1	GB/T 28910—2012	原油流变性测定方法	基础研究与油藏工程
2	SY/T 6316—1997（2005）	稠油油藏流体物性分析方法 原油粘度的测定	基础研究与油藏工程
3	SY/T 6311—2012	注蒸汽采油高温高压三维比例物理模拟实验技术要求	基础研究与油藏工程
4	SY/T 6898—2012	火烧油层基础参数测定方法	基础研究与油藏工程
5	SY/T 5672—1993（2002）	注蒸汽用高温起泡剂评定方法	基础研究与油藏工程
6	SY/T 6955—2013	注蒸汽泡沫提高石油采收率室内评价方法	基础研究与油藏工程
7	SY/T 6954—2013	稠油高温氧化动力学参数测定方法 热重法	基础研究与油藏工程

说明：本表格企标部分仅列示了中石油企业标准。

附录3 油气上游领域国际国内标准统计表

续附表3-6

序号	标准编号	标准名称	类型
8	SY/T 6510—2014	稠油油田注蒸汽开发方案设计技术要求	基础研究与油藏工程
9	SY/T 7068—2016	注蒸汽采油二维比例物理模拟实验技术要求	基础研究与油藏工程
10	SY/T 6315—2017	稠油油藏高温相对渗透率及驱油效率测定方法	基础研究与油藏工程
11	SY/T 6130—2018	注蒸汽井参数测试及吸汽剖面解释方法	基础研究与油藏工程
12	Q/SY 1744—2014	注蒸汽热采储层伤害评价实验方法	基础研究与油藏工程
13	Q/SY 01744—2019	注蒸汽热采储层伤害评价实验方法	基础研究与油藏工程
14	Q/SYXJ 0295—2019	稠油油藏蒸汽辅助重力泄油地质油藏工程设计技术规范	基础研究与油藏工程
15	Q/SY 01831—2020	火烧油层比例物理模拟实验技术规范	基础研究与油藏工程
16	Q/SY 01869—2020	稠油油藏SAGD开发技术规范	基础研究与油藏工程
17	Q/SYXJ 0197—2018	浅层稠油油藏精细描述技术规范	基础研究与油藏工程
18	Q/SYXJ 0302—2015 (2018)	浅层稠油油藏分类规范	基础研究与油藏工程
19	Q/SYXJ 0303—2015 (2018)	浅层稠油油藏蒸汽吞吐、蒸汽驱开发筛选条件	基础研究与油藏工程
20	GB/T 34907—2017	稠油油藏蒸汽热采井套管技术条件与适用性评价方法	基础研究与油藏工程
21	SY/T 5729—2012	稠油热采井固井作业规程	钻采工艺
22	SY/T 6952.4—2014	基于应变设计的热采井套管柱 第4部分：套管螺纹连接	钻采工艺
23	SY/T 6952.1—2014	基于应变设计的热采井套管柱 第1部分：设计方法	钻采工艺
24	SY/T 6952.2—2013	基于应变设计的热采井套管柱 第2部分：套管	钻采工艺

续附表3-6

序号	标准编号	标准名称	类型
25	SY/T 6952.3—2013	基于应变设计的热采井套管柱 第3部分：适用性评价方法	钻采工艺
26	SY/T 0027—2014	稠油注汽系统设计规范	钻采工艺
27	SY/T 5328—2019	石油天然气钻采设备 热采井口装置	钻采工艺
28	SY/T 7455—2019	稠油井井筒降黏工艺规程	钻采工艺
29	Q/SY 01640—2018	稠油热采水平井采油工程设计规范	钻采工艺
30	Q/SY 17118—2018	水包油型稠油降黏剂技术规范	钻采工艺
31	Q/SY 01868—2020	稠油火驱点火工艺技术规范	钻采工艺
32	Q/SYXJ 0946—2013（2017）	稠油热采井维修作业工序质量监督规范	钻采工艺
33	Q/SYXJ 0861—2009（2018）	特种法兰式热采井口装置	钻采工艺
34	Q/SYXJ 0634—2014（2018）	火驱固定式电点火器入井作业规程	钻采工艺
35	Q/SYXJ 0633—2014（2018）	火驱产出气气体组分分析方法（气相色谱法）	钻采工艺
36	Q/SYXJ 0290—2019	稠油注采两用抽油泵操作规程	钻采工艺
37	Q/SYXJ 0315—2020	热采井口注脂密封器技术规范	钻采工艺
38	GB 50428—2015	油田采出水处理设计规范	地面工程
39	SY/T 0441—2010	油田注汽锅炉制造安装技术规范	地面工程
40	SY/T 6086—2012	热力采油蒸汽发生器运行技术规程	地面工程
41	SY/T 6118—2013	热力采油蒸汽发生器水处理系统运行技术规程	地面工程

续附表3-6

序号	标准编号	标准名称	类型
42	SY/T 0097—2016	油田采出水用于注汽锅炉给水处理设计规范	地面工程
43	SY/T 6835—2017	油田热采注汽系统节能监测规范	地面工程
44	Q/SY 06028—2020	稠油火驱地面工程设计规范	地面工程
45	Q/SYXJ 0285—2018	稠油油藏火烧油层空压机组运行规程	地面工程
46	Q/SYXJ 0297—2019	火驱开采节能量与节水量计算方法	地面工程
47	Q/SYXJ 0063—2003（2020）	注蒸汽采油地面输、配汽管网工艺要求	地面工程
48	Q/SYXJ 0616—2020	风城稠油外输管道运行规范	地面工程
49	SY/T 6354—2016	稠油热力开采安全技术规程	安全环保
50	Q/SYXJ 0099—2006（2020）	稠油热采硫化氢环境下作业安全预防规程	安全环保
51	Q/SY 08315—2020	稠油热采注汽管道在线安全检查规则	安全环保

附录 4 ISO 国内归口单位目录

ISO 国内归口单位目录见附表 4-1。

附表 4-1 ISO 国内归口单位目录

序号	TC	SC	TC/SC 名称	成员状态	承担单位	联系人	固定电话	电子邮件	地区
1	TC 1	直属	Screw threads 螺纹	P	中机生产力促进中心	李晓滨	010-88301715	lixiaobin-cn@263.net	北京
2	TC 2	直属	Fasteners 紧固件	P	中机生产力促进中心	丁宝平	010-88301013	dingbp@263.net	北京
3	TC 2	SC 7	Reference standards 相关标准	P	中机生产力促进中心	丁宝平	010-88301013	dingbp@263.net	北京
4	TC 2	SC 11	Fasteners with metric external thread 米制外螺纹紧固件	P	中机生产力促进中心	丁宝平	010-88301013	dingbp@263.net	北京

续附表4-1

序号	TC	SC	TC/SC名称	成员状态	承担单位	联系人	固定电话	电子邮件	地区
5	TC 2	SC 12	Fasteners with metric internal thread 米制内螺纹紧固件	P	中机生产力促进中心	丁宝平	010-88301013	dingbp@263.net	北京
6	TC 2	SC 13	Fasteners with non-metric thread 非米制螺纹紧固件	P	中机生产力促进中心	丁宝平	010-88301013	dingbp@263.net	北京
7	TC 2	SC 14	Surface coatings 表面处理	P	中机生产力促进中心	丁宝平	010-88301013	dingbp@263.net	北京
8	TC 4	直属	Rolling bearings 滚动轴承	P	洛阳轴承研究所有限公司	李飞雪	0379-64881286	lifeixuezys@163.com	河南
9	TC 4	SC 4	Tolerances, tolerance definitions and symbols (including GPS) 公差、公差定义、符号（包括GPS）	P	洛阳轴承研究所有限公司	李飞雪	0379-64881286	lifeixuezys@163.com	河南
10	TC 4	SC 5	Needle, cylindrical and spherical roller bearings 球面滚子、圆柱滚子和滚针轴承	P	洛阳轴承研究所有限公司	李飞雪	0379-64881286	lifeixuezys@163.com	河南
11	TC 4	SC 6	Insert bearings 外球面轴承	P	洛阳轴承研究所有限公司	李飞雪	0379-64881286	lifeixuezys@163.com	河南

续附表4—1

序号	TC	SC	TC/SC 名称	成员状态	承担单位	联系人	固定电话	电子邮件	地区
12	TC 4	SC 7	Spherical plain bearings 关节轴承	P	洛阳轴承研究所有限公司	李飞雪	0379-64881286	lifeixuezys@163.com	河南
13	TC 4	SC 8	Load ratings and life 额定载荷及寿命	P	洛阳轴承研究所有限公司	李飞雪	0379-64881286	lifeixuezys@163.com	河南
14	TC 4	SC 9	Tapered roller bearings 圆锥滚子轴承	P	洛阳轴承研究所有限公司	李飞雪	0379-64881286	lifeixuezys@163.com	河南
15	TC 4	SC 11	Linear motion rolling bearings 直线运动滚动支承	P	洛阳轴承研究所有限公司	李飞雪	0379-64881286	lifeixuezys@163.com	河南
16	TC 4	SC 12	Ball bearings 球轴承	P	洛阳轴承研究所有限公司	李飞雪	0379-64881286	lifeixuezys@163.com	河南
17	TC 5	直属	Ferrous metal pipes and metallic fittings 黑色金属管和金属配件	P	冶金工业信息标准研究院	侯捷	010-65254564	houjie@cmisi.cn	北京
18	TC 5	SC 1	Steel tubes 钢管	P	冶金工业信息标准研究院	侯捷	010-65254564	houjie@cmisi.cn	北京
19	TC 5	SC 2	Cast iron pipes, fittings and their joints 铸铁管、配件及其连接件	P	冶金工业信息标准研究院	侯捷	010-65254564	houjie@cmisi.cn	北京

续附表4-1

序号	TC	SC	TC/SC 名称	成员状态	承担单位	联系人	固定电话	电子邮件	地区
20	TC 5	SC 5	Threaded fittings, solder fittings, welding fittings, pipe threads, thread gauges 螺纹的或平端的对焊管配件、螺纹、螺纹测量	P	机械标准院全国螺纹标委会	李晓滨 王欣玲	010-88301715	—	北京
21	TC 5	SC 10	Metallic flanges and their joints 金属法兰及其连接	P	中机生产力促进中心	冯 峰	010-88301134	fengfeng@pcmi.com.cn	北京
22	TC 5	SC 11	Metal hoses and expansion joints 螺旋金属软管和连接件	P	冶金工业信息标准研究院	侯 捷	010-65254564	houjie@cmisi.cn	北京
23	TC 6	直属	Paper, board and pulps 纸、纸板和纸浆	P	中国制浆造纸研究院有限公司	黎的非	010-64778143	bzh88@hotmail.com	北京
24	TC 6	SC 2	Test methods and quality specifications for paper and board 纸张和纸板的测试方法与质量规范	P	中国制浆造纸研究院有限公司	黎的非	010-64778143	bzh88@hotmail.com	北京
25	TC 8	直属	Ships and marine technology 船舶与海洋技术	P	中国船舶工业综合技术经济研究院	郭 娅	010-62120306	cimtecstandard@126.com	北京
26	TC 8	SC 1	Maritime safety 海事安全	P	中国船舶工业综合技术经济研究院	郭 娅	010-62120306	cimtecstandard@126.com	北京

续附表4-1

序号	TC	SC	TC/SC 名称	成员状态	承担单位	联系人	固定电话	电子邮件	地区
27	TC 8	SC 2	Marine environment protection 海洋环境保护	P	中国船舶工业综合技术经济研究院	郭娅	010-62120306	cimtecstandard@126.com	北京
28	TC 8	SC 3	Piping and machinery 管系与机械	P	中国船舶工业综合技术经济研究院	郭娅	010-62120306	cimtecstandard@126.com	北京
29	TC 8	SC 4	Outfitting and deck machinery 舾装与甲板机械	P	中国船舶重工集团公司第七○四研究所	杨龙霞	021-54529704-5203	cisc_src@vip.163.com	上海
30	TC 8	SC 6	Navigation and ship operations 航海与船舶操纵	P	中国船舶工业综合技术经济研究院	郭娅	010-62120306	cimtecstandard@126.com	北京
31	TC 8	SC 7	Inland navigation vessels 内河船	P	武汉长江船舶设计院有限公司	曾志刚	027-51828199	Zeng1128@163.com	湖北
32	TC 8	SC 8	Ship design 船舶设计	P	中国船舶工业综合技术经济研究院	郭娅	010-62120306	cimtecstandard@126.com	北京
33	TC 8	SC 11	Intermodal and Short Sea Shipping 联运与船舶短途运输	P	中国船舶工业综合技术经济研究院	郭娅	010-62120306	cimtecstandard@126.com	北京
34	TC 8	SC 12	Ships and marine technology—Large yachts 船舶和海洋技术 大型游艇	P	中国船舶工业综合技术经济研究院	郭娅	010-62120306	cimtecstandard@126.com	北京

附录4 ISO国内归口单位目录

续附表4-1

序号	TC	SC	TC/SC名称	成员状态	承担单位	联系人	固定电话	电子邮件	地区
35	TC 8	SC 13	Marine technology 海洋技术	P	国家海洋局第二研究所	马乐天	—	mlt285772317@126.com	浙江
36	TC 10	直属	Technical product documentation 技术产品文件	P	中机生产力促进中心	潘康华	010-88301716-606	sactc146@163.com	北京
37	TC 10	SC 1	Basic conventions 通则	P	中机生产力促进中心	潘康华	010-88301716-606	sactc146@163.com	北京
38	TC 10	SC 6	Mechanical engineering documentation 机械工程文件	P	中机生产力促进中心	潘康华	010-88301716-606	sactc146@163.com	北京
39	TC 10	SC 8	Construction documentation 建筑文件	P	中国建筑标准设计研究院有限公司	宋婕	010-68799191	songjie0000@163.com	北京
40	TC 10	SC 10	Process plant documentation 加工厂文件	P	中机生产力促进中心	潘康华	010-88301716-606	sactc146@163.com	北京
41	TC 11	直属	Boilers and pressure vessels 锅炉及压力容器	P	中国特种设备检测研究院	寿比南	010-64415747 010-64415752	iso11_1@sacvote.gov.cn	北京
42	TC 12	直属	Quantities and units 量值单位符号换算系数	P	中国计量科学研究院	李进源 郑华欣	010-82261849	gaowei@nim.ac.cn	北京
43	TC 14	直属	Shafts for machinery and accessories 机器轴及附件	P	中机生产力促进中心	明翠新	010-88301713	mingcuixin@sina.com	北京

377

续附表4-1

序号	TC	SC	TC/SC名称	成员状态	承担单位	联系人	固定电话	电子邮件	地区
44	TC 17	直属	Steel 钢	P	冶金工业信息标准研究院	侯 捷	010-65254564	houjie@cmisi.cn	北京
45	TC 17	SC 1	Methods of determination of chemical composition 化学成分测定方法	P	钢铁研究总院	廉学魁 罗倩华	010-62182542	lxk-84@163.com	北京
46	TC 17	SC 3	Steels for structural purposes 结构用钢	P	冶金工业信息标准研究院	侯 捷	010-65254564	houjie@cmisi.cn	北京
47	TC 17	SC 4	Heat treatable and alloy steels 热处理及合金钢	P	冶金工业信息标准研究院	侯 捷	010-65254564	houjie@cmisi.cn	北京
48	TC 17	SC 7	Methods of testing (other than mechanical tests and chemical analysis) 试验方法（机械试验和化学分析除外）	P	钢铁研究总院	廉学魁 罗倩华	010-62182542	lxk-84@163.com	北京
49	TC 17	SC 9	Tinplate and blackplate 镀锡钢板和黑钢板	P	冶金工业信息标准研究院	侯 捷	010-65254564	houjie@cmisi.cn	北京
50	TC 17	SC 10	Steel for pressure purposes 压力用钢	P	冶金工业信息标准研究院	侯 捷	010-65254564	houjie@cmisi.cn	北京
51	TC 17	SC 11	Steel castings 铸钢件	P	沈阳铸造研究所有限公司	朱家辉	024-25852311-395	zhujiahui@foundrynations.com	辽宁

续附表4—1

序号	TC	SC	TC/SC名称	成员状态	承担单位	联系人	固定电话	电子邮件	地区
52	TC 17	SC 12	Continuous mill flat rolled products 连续轧制扁平材	P	冶金工业信息标准研究院	侯捷	010-65254564	houjie@cmisi.cn	北京
53	TC 17	SC 15	Railway rails, rails fasteners, wheels and wheelsets 钢轨、车轮及其紧固件	P	冶金工业信息标准研究院	侯捷	010-65254564	houjie@cmisi.cn	北京
54	TC 17	SC 16	Steels for the reinforcement and prestressing of concrete 钢筋混凝土与预应力混凝土用钢	P	冶金工业信息标准研究院	侯捷	010-65254564	houjie@cmisi.cn	北京
55	TC 17	SC 17	Steel wire rod and wire products 盘条与钢丝	P	冶金工业信息标准研究院	侯捷	010-65254564	houjie@cmisi.cn	北京
56	TC 17	SC 19	Technical delivery conditions for steel tubes for pressure purposes 压力用钢管的交货技术条件	P	冶金工业信息标准研究院	侯捷	010-65254564	houjie@cmisi.cn	北京
57	TC 17	SC 20	General technical delivery conditions, sampling and mechanical testing methods 一般交货技术条件、取样和机械检验方法	P	冶金工业信息标准研究院	侯捷	010-65254564	houjie@cmisi.cn	北京

续附表 4-1

序号	TC	SC	TC/SC 名称	成员状态	承担单位	联系人	固定电话	电子邮件	地区
58	TC 18	直属	Zinc and zinc alloys 锌和锌合金	P	中国有色金属工业标准计量质量研究所	席欢	010-62549233	Huan_xi@126.com	北京
59	TC 19	直属	Preferred numbers 优先数系	P	中机生产力促进中心	黄刚	010-88301031	huanggang0116@gmail.com	北京
60	TC 20	直属	Aircraft and space vehicles 航空与航天器	P	中国航空综合技术研究所	高丽稳	010-84380066	gaolw@cape.avic.com; gaoliw@gmail.com	北京
61	TC 20	SC 1	Aerospace electrical requirements 航天航空的电器要求	P	中国航空综合技术研究所	高丽稳	010-84380066	gaolw@cape.avic.com; gaoliw@gmail.com	北京
62	TC 20	SC 4	Aerospace fastener systems 航天航空坚固件系统	P	中国航空综合技术研究所	高丽稳	010-84380066	gaolw@cape.avic.com; gaoliw@gmail.com	北京
63	TC 20	SC 6	Standard atmosphere 标准大气	P	中国航空综合技术研究所	高丽稳	010-84380066	gaolw@cape.avic.com; gaoliw@gmail.com	北京
64	TC 20	SC 8	Aerospace terminology 航空航天术语	P	中国航空综合技术研究所	高丽稳	010-84380066	gaolw@cape.avic.com; gaoliw@gmail.com	北京

续附表4—1

序号	TC	SC	TC/SC 名称	成员状态	承担单位	联系人	固定电话	电子邮件	地区
65	TC 20	SC 9	Air cargo and ground equipment 航空货运及地面设备	P	中国民用航空总局航空安全技术中心	刘家伟	010-64201323	liujw@mail.castc.org.cn	北京
66	TC 20	SC 10	Aerospace fluid systems and components 航空航天液压系统及其组件	P	中国航空综合技术研究所	高丽稳	010-84380066	gaolw@cape.avic.com; gaoliw@gmail.com	北京
67	TC 20	SC 13	Space data and information transfer systems 空间数据与信息传输系统	P	中国航天标准化所	李琼	010-88108087	std@ht708.com.cn	北京
68	TC 20	SC 14	Space systems and operations 航天系统及其应用	P	中国航天标准化所	李琼	010-88108087	std@ht708.com.cn	北京
69	TC 20	SC 16	Unmanned aircraft systems 无人机系统	P	中国航空综合技术研究所	高丽稳	010-84380066	gaolw@cape.avic.com; gaoliw@gmail.com	北京
70	TC 21	直属	Equipment for fire protection and fire fighting 消防设备	P	应急管理部消防救援局	胡锐	010-83932687	hurui119@263.net	北京
71	TC 21	SC 2	Manually transportable fire extinguishers 人力移动式灭火器	P	应急管理部消防救援局	胡锐	010-83932687	hurui119@263.net	北京

续附表4—1

序号	TC	SC	TC/SC名称	成员状态	承担单位	联系人	固定电话	电子邮件	地区
72	TC 21	SC 3	Fire detection and alarm systems 火灾探测和报警系统	P	应急管理部消防救援局	胡锐	010-83932687	hurui119@263.net	北京
73	TC 21	SC 5	Fixed firefighting systems using water 喷水和喷雾灭火系统	P	应急管理部消防救援局	胡锐	010-83932687	hurui119@263.net	北京
74	TC 21	SC 6	Foam and powder media and firefighting systems using foam and powder 灭火介质	P	应急管理部消防救援局	胡锐	010-83932687	hurui119@263.net	北京
75	TC 21	SC 8	Gaseous media and firefighting systems using gas 气体灭火系统	P	应急管理部消防救援局	胡锐	010-83932687	hurui119@263.net	北京
76	TC 21	SC 11	Smoke and heat control systems and components 烟雾和热控制系统及组件	P	应急管理部消防救援局	胡锐	010-83932687	hurui119@263.net	北京
77	TC 22	直属	Road vehicles 道路车辆	P	中国汽车技术研究中心有限公司标准化研究所	王颖 张清莹	022-84379278 022-84379127	1607.wang@163.com; zhangqingying@catarc.ac.cn	天津

续附表4-1

序号	TC	SC	TC/SC名称	成员状态	承担单位	联系人	固定电话	电子邮件	地区
78	TC 22	SC 39	Ergonomics 人类工效学	O	中国汽车技术研究中心有限公司标准化研究所	王颖；张清莹	022-8437 9278 022-8437 9127	1607.wang@163.com; zhangqingying@catarc.ac.cn	天津
79	TC 23	直属	Tractors and machinery for agriculture and forestry 农林拖拉机和机械	P	中国农业机械化科学研究院	张咸胜	010-64882636	cnams@163.com	北京
80	TC 23	SC 2	Common tests 通用试验	P	中国农业机械化科学研究院	张咸胜	010-64882636	cnams@163.com	北京
81	TC 23	SC 3	Safety and comfort 操作者的舒适与安全	P	中国农业机械化科学研究院	张咸胜	010-64882636	cnams@163.com	北京
82	TC 23	SC 4	Tractors 拖拉机	P	中国农业机械化科学研究院	张咸胜	010-64882636	cnams@163.com	北京
83	TC 23	SC 6	Equipment for crop protection 植物保护设备	P	中国农业机械化科学研究院	张咸胜	010-64882636	cnams@163.com	北京
84	TC 23	SC 7	Equipment for harvesting and conservation 收获和贮藏设备	P	中国农业机械化科学研究院	张咸胜	010-64882636	cnams@163.com	北京
85	TC 23	SC 13	Powered lawn and garden equipment 草坪与园艺动力机具	P	国家林业和草原局哈尔滨林业机械研究所	樊冬温	0451-86664626	fandongwen_4626@126.com	黑龙江

续附表4-1

序号	TC	SC	TC/SC 名称	成员状态	承担单位	联系人	固定电话	电子邮件	地区
86	TC 23	SC 14	Operator controls, operator symbols and other displays, operator manuals 操作整制、操作符号和其他显示、操作者手册	P	中国农业机械化科学研究院	张咸胜	010-64882636	cnams@163.com	北京
87	TC 23	SC 15	Machinery for forestry 林业机械	P	国家林业和草原局哈尔滨林业机械研究所	樊冬温	0451-86664626	fandongwen_4626@126.com	黑龙江
88	TC 23	SC 17	Manually portable forest machinery 手持便携式林业机械	P	国家林业和草原局哈尔滨林业机械研究所	樊冬温	0451-86664626	fandongwen_4626@126.com	黑龙江
89	TC 23	SC 18	Irrigation and drainage equipment and systems 排灌设备和系统	P	中国农业机械化科学研究院	张咸胜	010-64882636	cnams@163.com	北京
90	TC 23	SC 19	Agricultural electronics 农业电子	P	中国农业机械化科学研究院	张咸胜	010-64882636	cnams@163.com	北京
91	TC 24	直属	Particle characterization including sieving 筛子及其他粒度分级方法	P	中机生产力促进中心	侯长革	010-88301101	tc168@sactc.cn	北京
92	TC 24	SC 4	Particle characterization 与筛分不同的其他粒度分级方法	P	中机生产力促进中心	侯长革	010-88301101	tc168@sactc.cn	北京

续附表4-1

序号	TC	SC	TC/SC名称	成员状态	承担单位	联系人	固定电话	电子邮件	地区
93	TC 24	SC 8	Test sieves, sieving and industrial screens 试验筛、筛分和工业网	P	中机生产力促进中心	侯长革	010-88301101	tc168@sactc.cn	北京
94	TC 25	直属	Cast irons and pig irons 铸铁和生铁	P	沈阳铸造研究所有限公司	朱家辉	024-25852311-395	zhujiahui@foundrynations.com	辽宁
95	TC 26	直属	Copper and copper alloys 铜和铜合金	P	中国有色金属工业标准计量质量研究所	席欢	010-62549233	Huan_xi@126.com	北京
96	TC 27	直属	Solid mineral fuels 固体矿物燃料	P	煤炭科学技术研究院有限公司	丁华	010-84264660	tc42@bricc.cn	北京
97	TC 27	SC 1	Coal preparation: Terminology and performance 选煤：术语和特性	P	煤科院唐山分院选煤所	李学俊	0315-2822145-5541	iso27sc1_1@sacvote.gov.cn	河北
98	TC 27	SC 3	Coke 焦炭	P	冶金工业信息标准研究院	侯捷	010-65254564	houjie@cmisi.cn	北京
99	TC 27	SC 4	Sampling 取样	P	煤炭科学技术研究院有限公司	皮中原 王秋湘	010-84264050 010-84262351	mjzxiso@sina.com	北京
100	TC 27	SC 5	Methods of analysis 分析方法	P	煤炭科学技术研究院有限公司	皮中原 王秋湘	010-84264050 010-84262351	mjzxiso@sina.com	北京

续附表4—1

序号	TC	SC	TC/SC 名称	成员状态	承担单位	联系人	固定电话	电子邮件	地区
101	TC 28	直属	Petroleum and related products, fuels and lubricants from natural or synthetic sources 石油产品和润滑剂	P	石化科学研究院五室	祝馨怡 赵玥	010-82368447 010-82368553	13671349698@163.com; youlanda-zy@hotmail.com	北京
102	TC 28	SC 2	Measurement of petroleum and related products 石油动态测量	P	中油计量测试研究所（大庆设计院石油计量测试所）	高军 郑琦	0459-5902932	—	黑龙江
103	TC 28	SC 4	Classifications and specifications 分类与规范	P	石化科学研究院五室	祝馨怡 赵玥	010-82368447 010-82368553	13671349698@163.com; youlanda-zy@hotmail.com	北京
104	TC 28	SC 5	Measurement of refrigerated hydrocarbon and non-petroleum based liquefied gaseous fuels 轻烃类液体的测量	P	石化科学研究院五室	祝馨怡 赵玥	010-82368447 010-82368553	13671349698@163.com; youlanda-zy@hotmail.com	北京
105	TC 28	SC 7	Liquid Biofuels 液体生物燃料	P	石化科学研究院五室	祝馨怡 赵玥	010-82368447 010-82368553	13671349698@163.com; youlanda-zy@hotmail.com	北京

续附表 4—1

序号	TC	SC	TC/SC 名称	成员状态	承担单位	联系人	固定电话	电子邮件	地区
106	TC 29	直属	Small tools 小工具	P	成都工具研究所有限公司	曾宇环	028-83255594	sac-tc91@163.com	四川
107	TC 29	SC 5	Grinding wheels and abrasives 砂轮和磨料磨具	P	郑州磨料磨具磨削研究所	张良包华	0371-67614280	sactc139@126.com	河南
108	TC 29	SC 8	Tools for pressing and moulding 冲模和成型模	P	桂林电器科学研究院有限公司	张莉	0773-5888270	sac_tc33@163.com	广西
109	TC 29	SC 9	Tools with defined cutting edges, holding tools, cutting items, adaptive items and interfaces 具有硬质材料切削刃的工具	P	成都工具研究所	樊瑾	028-83242225	jcsbz@chinatool.net	四川
110	TC 29	SC 10	Assembly tools for screws and nuts, pliers and nippers 螺钉和螺母装配工具、夹扭钳和剪切钳	P	上海市工具工业研究所	吴祖训	021-63800905	tooltc29sc10@163.com	上海
111	TC 30	直属	Measurement of fluid flow in closed conduits 封闭管道中流体流量测量	P	机械工业仪器仪表综合技术经济研究所	汪烁	010-63261385	wangshuo@tcl24.com	北京
112	TC 30	SC 2	Pressure differential devices 差压装置	P	机械工业仪器仪表综合技术经济研究所	汪烁	010-63261385	wangshuo@tcl24.com	北京

续附表4—1

序号	TC	SC	TC/SC 名称	成员状态	承担单位	联系人	固定电话	电子邮件	地区
113	TC 30	SC 5	Velocity and mass methods 速度和质量测量法	P	机械工业仪器仪表综合技术经济研究所	汪烁	010-63261385	wangshuo@tcl24.com	北京
114	TC 30	SC 7	Volume methods including water meters 容积方法（包括水表）	P	机械工业仪器仪表综合技术经济研究所	汪烁	010-63261385	wangshuo@tcl24.com	北京
115	TC 31	直属	Tyres, rims and valves 轮胎、轮辋和气门嘴	P	北京橡胶工业研究设计院有限公司	李淑环	010-51338162	sac_tc19@126.com	北京
116	TC 31	SC 3	Passenger car tyres and rims 乘用车轮胎和轮辋	P	北京橡胶工业研究设计院有限公司	李淑环	010-51338162	sac_tc19@126.com	北京
117	TC 31	SC 4	Truck and bus tyres and rims 卡车和公共汽车轮胎和轮辋	P	北京橡胶工业研究设计院有限公司	李淑环	010-51338162	sac_tc19@126.com	北京
118	TC 31	SC 5	Agricultural tyres and rims 农用车轮胎和轮辋	P	北京橡胶工业研究设计院有限公司	李淑环	010-51338162	sac_tc19@126.com	北京
119	TC 31	SC 6	Off-the-road tyres and rims 越野车轮胎和轮辋	P	北京橡胶工业研究设计院有限公司	李淑环	010-51338162	sac_tc19@126.com	北京
120	TC 31	SC 7	Industrial tyres and rims 工业用轮胎和轮辋	P	北京橡胶工业研究设计院有限公司	李淑环	010-51338162	sac_tc19@126.com	北京
121	TC 31	SC 8	Aircraft tyres and rims 飞机轮胎和轮辋	P	中国化工集团曙光橡胶工业研究设计院有限公司	高静	0773-5880383	here54321@163.com	广西

续附表4-1

序号	TC	SC	TC/SC 名称	成员状态	承担单位	联系人	固定电话	电子邮件	地区
122	TC 31	SC 9	Valves for tube and tubeless tyres 有内胎和无内胎的轮胎气门嘴	P	山东高天金属制造有限公司	李 峰	0536-2506711	lifeng86606740@sina.com	山东
123	TC 31	SC 10	Cycle, moped, motorcycle tyres and rims 自行车、助力车、摩托车轮胎和轮辋	P	北京橡胶工业研究设计院有限公司	李淑环	010-51338162	sac_tc19@126.com	北京
124	TC 33	直属	Refractories 耐火材料	P	中钢集团洛阳耐火材料研究院	王晓利	0379-64205871	nbw@lirrc.com	河南
125	TC 34	直属	Food products 食品	P	中国标准化研究院	刘 文	010-58811655	liuwen@cmis.ac.cn	北京
126	TC 34	SC 2	Oleaginous seeds and fruits and oilseed meals 含油种子和果实	O	中国农业科学院油料作物研究所	李培武	027-86812943 027-86812862	peiwuli@oilcrops.cn	湖北
127	TC 34	SC 3	Fruits and vegetables and their derived products 水果和蔬菜制品	P	中国食品发酵工业研究院有限公司	王晓龙	010-53218325	13810947211@163.com	北京
128	TC 34	SC 4	Cereals and pulses 谷物与豆类	P	国家粮食和物资储备局标准质量中心	张 艳 祁潇哲 徐广超	010-58523778 010-58523777	isotc34SC4@163.com	北京

续附表4—1

序号	TC	SC	TC/SC 名称	承担单位	成员状态	联系人	固定电话	电子邮件	地区
129	TC 34	SC 5	Milk and milk products 奶和奶制品	黑龙江省绿色食品科学研究院	O	王芸	0451-86630308	standard0451@126.com	黑龙江
130	TC 34	SC 6	Meat, poultry, fish, eggs and their products 肉和肉制品	中国商业联合会商业标准中心	P	刘振宇	010-68391807	zhenyuliu808@163.com	北京
131	TC 34	SC 7	Spices, culinary herbs and condiments 香料和调味品	南京野生植物综合利用研究所	P	陈仕来	025-5474879	iso34SC7_1@sacvote.gov.cn	江苏
132	TC 34	SC 8	Tea 茶	杭州茶叶研究所	P	周卫龙	0571-86035023	teains@public1.hz.zj.cn	浙江
133	TC 34	SC 9	Microbiology 微生物学	中国食品发酵工业研究院有限公司	P	王晓龙	010-53218325	13810947211@163.com	北京
134	TC 34	SC 10	Animal feeding stuffs 动物饲料	中国饲料工业协会	P	王黎文	010-59194657	slpsc-nahs@agri.gov.cn	北京
135	TC 34	SC 11	Animal and vegetable fats and oils 动植物油脂	国家粮食和物资储备局标准质量中心	P	张艳 祁谦哲 徐广超	010-58523778 010-58523777	lybzTC270@163.com	北京
136	TC 34	SC 12	Sensory analysis 感官分析	中国标准化研究院	P	刘文	010-58811655	liuwen@cmis.ac.cn	北京

续附表 4-1

序号	TC	SC	TC/SC 名称	成员状态	承担单位	联系人	固定电话	电子邮件	地区
137	TC 34	SC 15	Coffee 咖啡	O	中国热带农业科学院	徐兵强 李 琼 李希娟	0898-66962968	23300546@163.com	海南
138	TC 34	SC 16	Horizontal methods for molecular biomarker analysis 食品、食品作物的种子和繁殖体，商用食品作物、水果、蔬菜及其加工产品中分子生物标记检测的水平方法	P	上海出入境检验检疫局动植物与食品检验检疫技术中心转基因实验室	潘良文	021-68543124	panlw888@126.com	上海
139	TC 34	SC 17	Management systems for food safety 食品安全管理体系	P	中国标准化研究院	刘 文	010-58811655	liuwen@cnis.ac.cn	北京
140	TC 34	SC 19	Bee products 蜂产品	P	中国蜂产品协会	谭丽蓉	010-59361516	beetlr@126.com	北京
141	TC 35	直属	Paints and varnishes 色漆与清漆	P	中海油常州涂料化工研究院有限公司	彭菊芳 唐 瑛	0519-85382016	jufangpeng@163.com	江苏
142	TC 35	SC 9	General test methods for paints and varnishes 颜料和清漆的一般试验方法	P	中海油常州涂料化工研究院有限公司	彭菊芳 唐 瑛	0519-85382016	jufangpeng@163.com	江苏

序号	TC	SC	TC/SC名称	成员状态	承担单位	联系人	固定电话	电子邮件	地区
143	TC 35	SC 12	Preparation of steel substrates before application of paints and related products 涂漆前的钢质底基的制备和有关产品	P	中国船舶工业集团公司第十一研究所	傅建华 张辉	021-6485498	jhfu115@163.com zhanghui9400@qq.com	上海
144	TC 35	SC 14	Protective paint systems for steel structures 钢构件用防护漆系统	P	中海油常州涂料化工研究院有限公司	彭菊芳 唐瑛	0519-85382016	jufangpeng@163.com	江苏
145	TC 35	SC 15	Protective coatings: concrete surface preparation and coating application 防护涂料：混凝土表面处理和涂料施工	P	中海油常州涂料化工研究院有限公司	彭菊芳 唐瑛	0519-85382016	jufangpeng@163.com	江苏
146	TC36	直属	Cinematography 摄影术	P	国家广电总局电影科学技术研究所	刘茂英	010-82132438	crifst_bzs@126.com	北京
147	TC37	直属	Language and terminology 语言和术语	P	中国标准化研究院	王海涛	010-58811709	wanght@cnis.ac.cn	北京
148	TC 37	SC 1	Principles and methods 原则与方法	P	中国标准化研究院	王海涛	010-58811709	wanght@cnis.ac.cn	北京
149	TC 37	SC 2	Terminology workflow and language coding 术语工作流程和语言编码	P	中国标准化研究院	王海涛	010-58811709	wanght@cnis.ac.cn	北京

附录 4 ISO 国内归口单位目录

续附表 4—1

序号	TC	SC	TC/SC 名称	成员状态	承担单位	联系人	固定电话	电子邮件	地区
150	TC 37	SC 3	Management of terminology resources 术语资源管理	O	中国标准化研究院	王海涛	010-58811709	wanght@cnis.ac.cn	北京
151	TC 37	SC 4	Language resource management 语言资源管理	O	中国标准化研究院	王海涛	010-58811709	wanght@cnis.ac.cn	北京
152	TC 37	SC 5	Translation, interpreting and related technology 笔译、口译和相关技术	P	中国标准化研究院	王海涛	010-58811709	wanght@cnis.ac.cn	北京
153	TC 38	直属	Textiles 纺织品	P	纺织工业标准化研究所	斯颖	010-65987258	siying@cta.com.cn	北京
154	TC 38	SC 1	Tests for coloured textiles and colorants 染色纺织品和染料的试验	P	纺织工业标准化研究所	斯颖	010-65987258	siying@cta.com.cn	北京
155	TC 38	SC 2	Cleansing, finishing and water resistance tests 清洗、整理和防水试验	P	纺织工业标准化研究所	斯颖	010-65987258	siying@cta.com.cn	北京
156	TC 38	SC 20	Fabric descriptions 织物描述	O	纺织工业标准化研究所	斯颖	010-65987258	siying@cta.com.cn	北京
157	TC 38	SC 23	Fibres and yarns 纤维和纱线	P	纺织工业标准化研究所	斯颖	010-65987258	siying@cta.com.cn	北京

续附表4—1

序号	TC	SC	TC/SC名称	成员状态	承担单位	联系人	固定电话	电子邮件	地区
158	TC 38	SC 24	Conditioning atmospheres and physical tests for textile fabrics 调湿大气和纺织织物物理试验	P	纺织工业标准化研究所	斯 颖	010-65987258	siying@cta.com.cn	北京
159	TC 39	直属	Machine tools 机床	P	北京机床研究所有限公司	黄祖广	010-64739659	hzg36@163.com	北京
160	TC 39	SC 2	Test conditions for metal cutting machine tools 金属切削机床试验条件	P	北京机床研究所有限公司	黄祖广	010-64739659	hzg36@163.com	北京
161	TC 39	SC 4	Woodworking machines 木工机床	O	北京机床研究所有限公司	黄祖广	010-64739659	hzg36@163.com	北京
162	TC 39	SC 6	Noise of machine tools 机床噪声	O	北京机床研究所有限公司	黄祖广	010-64739659	hzg36@163.com	北京
163	TC 39	SC 8	Work holding spindles and chucks 夹工件轴和卡盘	P	北京机床研究所有限公司	黄祖广	010-64739659	hzg36@163.com	北京
164	TC 39	SC 10	Safety 机床安全	P	国家机床质量监督检验中心	张 维	010-64739716-8029	zwjcs@126.com	北京

续附表4—1

序号	TC	SC	TC/SC 名称	成员状态	承担单位	联系人	固定电话	电子邮件	地区
165	TC 41	直属	Pulleys and belts (including veebelts) 带轮和带（包括V形带）	P	中机生产力促进中心	黄　刚	010-88301031	huanggang0116@gmail.com	北京
166	TC 41	SC 1	FrictionV 形带和槽轮	P	青岛科技大学	刘　莉	0532-84023947	liuliqust@126.com	山东
167	TC 41	SC 3	Conveyor belts 输送带	P	青岛科技大学	刘　莉	0532-84023947	liuliqust@126.com	山东
168	TC 41	SC 4	Synchronous belt drives 同步带传动	P	中机生产力促进中心	黄　刚 周玉洁	010-88301031	huanggang@pcmi.com.cn sactc428@126.com	北京
169	TC 42	直属	Photography 摄影术	P	中国乐凯集团有限公司	赵燕燕 柳　菁	0312-7922754	zhaoyy@luckyfilm.com; liuqing@luckyfilm.com	河北
170	TC 43	直属	Acoustics 声学	P	中科院声学所（声标委）	吕亚东 徐　欣	010-82547573	cstca@mail.ioa.ac.cn	北京
171	TC 43	SC 1	Noise 噪声	O	中科院声学所（声标委）	吕亚东 徐　欣	010-82547573	cstca@mail.ioa.ac.cn	北京
172	TC 43	SC 2	Building acoustics 建筑声学	O	中科院声学所（声标委）	吕亚东 徐　欣	010-82547573	cstca@mail.ioa.ac.cn	北京
173	TC 43	SC 3	Underwater acoustics 水声	P	中船重工集团杭州应用声学研究所	陈　毅	0571-63332466	y.chen@163.com	杭州

续附表4−1

序号	TC	SC	TC/SC 名称	成员状态	承担单位	联系人	固定电话	电子邮件	地区
174	TC 44	直属	Welding and allied processes 焊接及相关工艺	P	哈尔滨焊接研究院有限公司	朴东光	0451-87199366	parkdg2004@163.com	黑龙江
175	TC 44	SC 3	Welding consumables 焊接消耗品	P	哈尔滨焊接研究院有限公司	朴东光	0451-87199366	parkdg2004@163.com	黑龙江
176	TC 44	SC 5	Testing and inspection of welds 焊点的试验和检验	P	哈尔滨焊接研究院有限公司	朴东光	0451-87199366	parkdg2004@163.com	黑龙江
177	TC 44	SC 6	Resistance welding and allied mechanical joining 电阻焊	P	成都三方电气有限公司	蒲有东	028-84216692	puyoudong@163.com	四川
178	TC 44	SC 7	Representation and terms 术语和图示	P	哈尔滨焊接研究院有限公司	朴东光	0451-87199366	parkdg2004@163.com	黑龙江
179	TC 44	SC 8	Equipment for gas welding, cutting and allied processes 气焊、切割和相关工艺用设备	P	哈尔滨焊接研究院有限公司	朴东光	0451-87199366	parkdg2004@163.com	黑龙江
180	TC 44	SC 9	Health and safety 健康和安全	P	哈尔滨焊接研究院有限公司	朴东光	0451-87199366	parkdg2004@163.com	黑龙江
181	TC 44	SC 10	Quality management in the field of welding 金属焊接方面的统一要求	P	哈尔滨焊接研究院有限公司	朴东光	0451-87199366	parkdg2004@163.com	黑龙江

续附表 4-1

序号	TC	SC	TC/SC 名称	成员状态	承担单位	联系人	固定电话	电子邮件	地区
182	TC 44	SC 11	Qualification requirements for welding and allied processes personnel 焊接和相关人员的合格要求	P	哈尔滨焊接研究院有限公司	朴东光	0451-87199366	parkdg2004@163.com	黑龙江
183	TC 44	SC 12	Soldering materials 软、硬钎料	O	哈尔滨焊接研究院有限公司	朴东光	0451-87199366	parkdg2004@163.com	黑龙江
184	TC 44	SC 13	Brazing materials and processes 硬钎焊材料及工艺	P	哈尔滨焊接研究院有限公司	朴东光	0451-87199366	parkdg2004@163.com	黑龙江
185	TC 45	直属	Rubber and rubber products 橡胶与橡胶制品	P	沈阳橡胶研究设计院有限公司	刘惠春	024-25843285	huichunliu@hotmail.com	辽宁
186	TC 45	SC 1	Rubber and plastics hoses and hose assemblies 橡胶和塑料软管及软管组合件	P	沈阳橡胶研究设计院有限公司	刘惠春	024-25843285	huichunliu@hotmail.com	辽宁
187	TC 45	SC 2	Testing and analysis 试验和分析	P	北京橡胶工业研究设计院有限公司	孙斯文	010-51338162	1041492317@qq.com	北京
188	TC 45	SC 3	Raw materials (including latex) for use in the rubber industry 橡胶工业用原材料（包括胶乳）	P	沈阳橡胶研究设计院有限公司	刘惠春	024-25843285	huichunliu@hotmail.com	辽宁

续附表4-1

序号	TC	SC	TC/SC 名称	成员状态	承担单位	联系人	固定电话	电子邮件	地区
189	TC 45	SC 4	Products (other than hoses) 制品（不包括软管）	P	沈阳橡胶研究设计院有限公司	刘惠春	024-25843285	huichunliu@hotmail.com	辽宁
190	TC 46	直属	Information and documentation 信息与文献	P	中国科技信息研究所	刘春燕	010-58882319	liucy@istic.ac.cn	北京
191	TC 46	SC 4	Technical interoperability 技术互操作	P	中国科技信息研究所	刘春燕	010-58882319	liucy@istic.ac.cn	北京
192	TC 46	SC 8	Quality—Statistics and performance evaluation 统计和绩效评估	P	中国科技信息研究所	刘春燕	010-58882319	liucy@istic.ac.cn	北京
193	TC 46	SC 9	Identification and description 识别与描述	P	中国科技信息研究所	刘春燕	010-58882319	liucy@istic.ac.cn	北京
194	TC 46	SC 10	Requirements for document storage and conditions for preservation 文献存储要求和保存条件	P	中国科技信息研究所	刘春燕	010-58882319	liucy@istic.ac.cn	北京
195	TC 46	SC 11	Archives/records management 档案/记录管理	P	中国科技信息研究所	刘春燕 沈玉兰	010-58882318	shenyl@istic.ac.cn	北京
196	TC 47	直属	Chemistry 化学	P	化工标准化所	魏 静	010-84485997	—	北京

续附表4-1

序号	TC	SC	TC/SC 名称	成员状态	承担单位	联系人	固定电话	电子邮件	地区
197	TC 48	直属	Laboratory equipment 实验室玻璃器皿和有关器具	P	全国玻璃仪器标准化中心	袁春梅	010-50950474	yuancm0909@163.com	北京
198	TC 48	SC 3	Thermometers 温度计	P	全国玻璃仪器标准化中心	袁春梅	010-50950474	yuancm0909@163.com	北京
199	TC 48	SC 4	Density measuring instruments 密度测量仪	P	全国玻璃仪器标准化中心	袁春梅	010-50950474	yuancm0909@163.com	北京
200	TC 51	直属	Pallets for unit load method of materials handling 单件货物搬运用托盘	P	铁道部标准计量所	张 锦 赵靖宇	010-51849134	jjys@rails.com.cn	北京
201	TC 52	直属	Light gauge metal containers 薄壁金属容器	P	中国食品发酵工业研究院有限公司	仇 凯	010-53218326	cnscff@263.net	北京
202	TC 54	直属	Essential oils 香精油	P	上海香料研究所	杨 斌	021-64229877	youngflavor@163.com	上海
203	TC 58	直属	Gas cylinders 气瓶	P	北京天海工业有限公司	张保国 王艳辉	010-62054232 010-62366911	wyhui0546@126.com	北京
204	TC 58	SC 2	Cylinder fittings 气瓶附件	P	北京天海工业有限公司	张保国 王艳辉	010-62054232 010-62366911	wyhui0546@126.com	北京
205	TC 58	SC 3	Cylinder design 气瓶设计	P	北京天海工业有限公司	张保国 王艳辉	010-62054232 010-62366911	wyhui0546@126.com	北京

续附表4-1

序号	TC	SC	TC/SC 名称	成员状态	承担单位	联系人	固定电话	电子邮件	地区
206	TC 58	SC 4	Operational requirements for gas cylinders 气瓶的操作要求	O	北京天海工业有限公司	张保国 王艳辉	010-62054232 010-62366911	wyhui0546@126.com	北京
207	TC 59	直属	Buildings and civil engineering works 建筑和土木工程	P	中国建筑标准设计研究院有限公司	宋婕	010-68799191	songjie0000@163.com	北京
208	TC 59	SC 2	Terminology and harmonization of languages 术语和语言的协调	P	中国建筑标准设计研究院有限公司	宋婕	010-68799191	songjie0000@163.com	北京
209	TC 59	SC 8	Sealants 密封胶	P	上海橡胶制品研究所有限公司	张建庆	021-62815008	tc59sc8@shhuayi.com	上海
210	TC 59	SC 13	Organization and digitization of information about buildings and civil engineering works, including building information modelling (BIM) 建筑和土木工程的信息组织和数字化，包含建筑信息模型（BIM）	P	中国建筑标准设计研究院有限公司	宋婕	010-68799191	songjie0000@163.com	北京
211	TC 59	SC 14	Design life 设计寿命	P	中国建筑标准设计研究院有限公司	宋婕	010-68799191	songjie0000@163.com	北京

续附表4—1

序号	TC	SC	TC/SC 名称	成员状态	承担单位	联系人	固定电话	电子邮件	地区
212	TC 59	SC 15	Framework for the description of housing performance 住宅性能描述的框架	P	中国建筑标准设计研究院有限公司	宋婕	010-68799191	songjie0000@163.com	北京
213	TC 59	SC 16	Accessibility and usability of the built environment 建筑环境的可访问性和可用性	P	中国建筑标准设计研究院有限公司	宋婕	010-68799191	songjie0000@163.com	北京
214	TC 59	SC 17	Sustainability in buildings and civil engineering works 建筑和土木工程的可持续性	P	中国建筑标准设计研究院有限公司	宋婕	010-68799191	songjie0000@163.com	北京
215	TC 60	直属	Gears 齿轮	P	郑州机械研究所有限公司齿轮标委会	王志刚	0371-67710823	chanyebu@126.com	河南
216	TC 60	SC 1	Nomenclature and wormgearing 术语和涡轮传动	P	郑州机械研究所有限公司齿轮标委会	王志刚	0371-67710823	chanyebu@126.com	河南
217	TC 60	SC 2	Gear capacity calculation 齿轮负载计算	O	郑州机械研究所有限公司齿轮标委会	王志刚	0371-67710823	chanyebu@126.com	河南
218	TC 61	直属	Plastics 塑料	P	中蓝晨光成都检测技术有限公司	陈敏剑	028-85583906	chenminjian01@bluestar.chemchina.com	四川

续附表4-1

序号	TC	SC	TC/SC 名称	成员状态	承担单位	联系人	固定电话	电子邮件	地区
219	TC 61	SC 1	Terminology 术语	P	中蓝晨光成都检测技术有限公司	陈敏剑	028-85583906	chenminjian01@bluestar.chemchina.com	四川
220	TC 61	SC 2	Mechanical behavior 机械性能	P	中蓝晨光成都检测技术有限公司	陈敏剑	028-85583906	chenminjian01@bluestar.chemchina.com	四川
221	TC 61	SC 4	Burning behaviour 燃烧性能	P	中蓝晨光成都检测技术有限公司	陈敏剑	028-85583906	chenminjian01@bluestar.chemchina.com	四川
222	TC 61	SC 5	Physical-chemical properties 物理化学性能	P	中蓝晨光成都检测技术有限公司	陈敏剑	028-85583906	chenminjian01@bluestar.chemchina.com	四川
223	TC 61	SC 6	Ageing, chemical and environmental resistance 耐老化、耐化学及抗环境性能	P	中蓝晨光成都检测技术有限公司	陈敏剑	028-85583906	chenminjian01@bluestar.chemchina.com	四川
224	TC 61	SC 9	Thermoplastic materials 热塑性材料	P	北京燕化树脂研究所	郑慧琴	010-69342465	wangxl02.yssh@sinopec.com	北京
225	TC 61	SC 10	Cellular plastics 泡沫塑料	P	轻工业塑料加工应用研究所	周迎鑫 刁晓倩	010-68983612 010-68985380	zhouyingxin@btbu.edu.cn	北京

续附表4-1

序号	TC	SC	TC/SC 名称	成员状态	承担单位	联系人	固定电话	电子邮件	地区
226	TC 61	SC 11	Products 制品	P	轻工业塑料加工应用研究所	周迎鑫 刁晓倩	010-68983612 010-68985380	zhouyingxin@btbu.edu.cn	北京
227	TC 61	SC 12	Thermosetting materials 热固性材料	P	中蓝晨光成都检测技术有限公司	陈敏剑	028-85583906	chenminjian01@bluestar.chemchina.com	四川
228	TC 61	SC 13	Composites and reinforcement fibres 复合材料和增强纤维	P	南京玻璃纤维研究设计院有限公司	王玉梅	025-52416164	wangym_chn@yahoo.com	江苏
229	TC 61	SC 14	Environmental aspects 环境因素	O	轻工业塑料加工应用研究所	陈家琪 许丽丹	010-68985358 010-68983612	lith@th.btbu.edu.cn	北京
230	TC 63	直属	Glass containers 玻璃容器	P	东华大学	张国骥 王立坤	021-67792929	zhgx@dhu.edu.cn; flowerangel826@aliyun.com	上海
231	TC 67	直属	Materials, equipment and offshore structures for petroleum, petrochemical and natural gas industries 石油和天然气工业用材料、设备和海上结构	P	石油工业标准化研究所	操建平 丁飞	010-83598940 010-83597689	caojianping@petrochina.com.cn	北京
232	TC 67	SC 2	Pipeline transportation systems 管道输送系统	P	中国石油集团石油管工程技术研究院	徐婷	029-81887847	xuting@cnpc.com.cn	陕西

续附表4-1

序号	TC	SC	TC/SC 名称	成员状态	承担单位	联系人	固定电话	电子邮件	地区
233	TC 67	SC 3	Drilling and completion fluids, and well cements 钻井和完井液及井用水泥	P	中国石油集团工程技术研究院有限公司	杨小珊	010-80162237	yangxiaoshan@petrochina.com.cn	北京
234	TC 67	SC 4	Drilling and production equipment 钻井及生产设备	P	石油工业标准化研究所	操建平 丁飞	010-83598940 010-83597689	caojianping@petrochina.com.cn	北京
235	TC 67	SC 5	Casing, tubing and drill pipe 套管、油管和钻杆	P	中国石油集团石油管工程技术研究院	秦长毅 方伟	029-81887782	fangwei001@cnpc.com.cn	陕西
236	TC 67	SC 6	Processing equipment and systems 加工设备和系统	P	中国寰球工程有限公司	付振奇 杨宇宸	010-58675450	fuzhenqi@hqcec.com	北京
237	TC 67	SC 7	Offshore structures 海洋结构	P	中海油研究总院有限责任公司	谭越	010-84525415	tanyue2@cnooc.cn	北京
238	TC 67	SC 9	Liquefied natural gas installations and equipment 液化天然气装置与设备	P	中海石油气电集团有限责任公司	程昊	010-84526513	chenghao2@cnooc.com	北京
239	TC 68	直属	Financial services 金融服务	P	中国人民银行科技司	冯蕾 谢彦丽	010-66199078 010-83111239	cfstc@pbc.gov.cn	北京
240	TC 68	SC 2	Financial Services, security 安全	P	中国人民银行科技司	冯蕾 谢彦丽	010-66199078 010-83111239	cfstc@pbc.gov.cn	北京

附录4 ISO国内归口单位目录

续附表4-1

序号	TC	SC	TC/SC名称	成员状态	承担单位	联系人	固定电话	电子邮件	地区
241	TC 68	SC 8	Reference data for financial services 参考数据	P	中国人民银行科技司	冯蕾 谢彦丽	010-66199078 010-83111239	cfstc@pbc.gov.cn	北京
242	TC 68	SC 9	Information exchange for financial services 信息交换	P	中国人民银行科技司	冯蕾 谢彦丽	010-66199078 010-83111239	cfstc@pbc.gov.cn	北京
243	TC 69	直属	Applications of statistical methods 统计方法应用	P	中国标准化研究院	张帆	010-58811680	zhangfan@cnis.ac.cn	北京
244	TC 69	SC 4	Applications of statistical methods in product and process management 统计方法在过程管理中的应用	P	中国标准化研究院	张帆	010-58811680	zhangfan@cnis.ac.cn	北京
245	TC 69	SC 5	Acceptance sampling 验收抽样	P	中国标准化研究院	张帆	010-58811680	zhangfan@cnis.ac.cn	北京
246	TC 69	SC 6	Measurement methods and results 测量方法与结果	P	中国标准化研究院	张帆	010-58811680	zhangfan@cnis.ac.cn	北京

续附表4-1

序号	TC	SC	TC/SC 名称	成员状态	承担单位	联系人	固定电话	电子邮件	地区
247	TC 69	SC 7	Applications of statistical and related techniques for the implementation of Six Sigma 六西格玛实施中统计及相关技术应用	P	中国标准化研究院	张 帆	010-58811680	zhangfan@cnis.ac.cn	北京
248	TC 69	SC 8	Application of statistical and related methodology for new technology and product development 新技术和产品开发中统计和相关应用	P	中国标准化研究院	张 帆	010-58811680	zhangfan@cnis.ac.cn	北京
249	TC 70	直属	Internal combustion engines 内燃机	P	上海内燃机研究所	乔亮亮	021-25079795	qiaoliangliang00@163.com	上海
250	TC 70	SC 7	Tests for lubricating oil filters 机油滤清器试验	P	上海内燃机研究所	乔亮亮	021-25079795	qiaoliangliang00@163.com	上海
251	TC 70	SC 8	Exhaust gas emission measurement 废气排放测量	P	上海内燃机研究所	乔亮亮	021-25079795	qiaoliangliang00@163.com	上海

续附表4—1

序号	TC	SC	TC/SC名称	成员状态	承担单位	联系人	固定电话	电子邮件	地区
252	TC71	直属	Concrete, reinforced concrete and pre-stressed concrete 混凝土、钢筋混凝土和预应力混凝土	P	中国建筑科学研究院建筑材料研究所	冷发光	010-64517940	lengfaguang@126.com	北京
253	TC 71	SC 1	Test methods for concrete 混凝土试验方法	P	中国建筑科学研究院建筑材料研究所	冷发光	010-64517940	lengfaguang@126.com	北京
254	TC 71	SC 3	Concrete production and execution of concrete structures 混凝土生产和混凝土建筑的施工	P	中国建筑科学研究院建筑材料研究所	冷发光	010-64517940	lengfaguang@126.com	北京
255	TC 71	SC 5	Simplified design standard for concrete structures 混凝土建筑的简化设计标准	P	建研院结构所	黄小坤	010-64517505	huangxiaokun@cabrtech.com; xkhuang@sina.com	北京
256	TC 71	SC 6	Non-traditional reinforcing materials for concrete structures 混凝土构件非传统加固材料	P	建研院结构所	黄小坤	010-64517505	huangxiaokun@cabrtech.com; xkhuang@sina.com	北京
257	TC 71	SC 7	Maintenance and repair of concrete structures 混凝土结构维护与修复	P	建研院结构所	黄小坤	010-64517505	huangxiaokun@cabrtech.com; xkhuang@sina.com	北京

续附表4-1

序号	TC	SC	TC/SC名称	成员状态	承担单位	联系人	固定电话	电子邮件	地区
258	TC 72	直属	Textile machinery and accessories 纺织机械和干洗工业洗衣机械	P	中国纺织机械器材工业协会	钱玉	010-58221177-614	qianyu@ctma.net	北京
259	TC 72	SC 1	Spinning preparatory, spinning, twisting and winding machinery and accessories 粗纺、精纺、捻线和成纹机械及附件	P	中国纺织机械器材工业协会	钱玉	010-58221177-614	qianyu@ctma.net	北京
260	TC 72	SC 3	Machinery for fabric manufacturing including preparatory machinery and accessories 织物生产机械包括准备机械和附件	P	中国纺织机械器材工业协会	钱玉	010-58221177-614	qianyu@ctma.net	北京
261	TC 72	SC 4	Dyeing and finishing machinery and accessories 染整机械和附件	P	中国纺织机械器材工业协会	钱玉	010-58221177-614	qianyu@ctma.net	北京
262	TC 72	SC 5	Industrial laundry and dry-cleaning machinery and accessories 工业洗衣机和干洗机及其附件	P	中国纺织机械器材工业协会	钱玉	010-58221177-614	qianyu@ctma.net	北京

续附表4-1

序号	TC	SC	TC/SC名称	成员状态	承担单位	联系人	固定电话	电子邮件	地区
263	TC 72	SC 8	Safety requirements for textile machinery 纺织机械的安全要求	P	中国纺织机械器材工业协会	钱玉	010-58221177-614	qianyu@cttma.net	北京
264	TC 74	直属	Cement and lime 水泥和石灰	P	中国建材研究院水泥所	颜碧兰 刘晨	010-51167433 010-51167265	iso74_1@sacvote.gov.cn	北京
265	TC 76	直属	Transfusion, infusion and injection, and blood processing equipment for medical and pharmaceutical use 医用输液、输血和注射器具	P	山东省医疗器械产品质量检验中心	张丽梅	0531-82682916	tc1942009@163.com	山东
266	TC 77	直属	Products in fibre reinforced cement 纤维增强水泥制品	P	苏州混凝土水泥制品研究院	晏飞达	0512-68285793	iso77_1@sacvote.gov.cn	江苏
267	TC 79	直属	Light metals and their alloys 轻金属及其合金	P	中国有色金属工业标准计量质量研究所	席欢	010-62549233	Huan_xi@126.com	北京
268	TC 79	SC 2	Organic and anodic oxidation coatings on aluminium 阳极氧化处理的铝合金属	P	中国有色金属工业标准计量质量研究所	席欢	010-62549233	Huan_xi@126.com	北京
269	TC 79	SC 4	Unalloyed (refined) aluminium ingots 非合金（精炼）铝锭	P	中国有色金属工业标准计量质量研究所	席欢	010-62549233	Huan_xi@126.com	北京

续附表4—1

序号	TC	SC	TC/SC 名称	成员状态	承担单位	联系人	固定电话	电子邮件	地区
270	TC 79	SC 5	Magnesium and alloys of cast or wrought magnesium 铸及铸造锻造镁合金	P	中国有色金属工业标准计量质量研究所	席欢	010-62549233	Huan_xi@126.com	北京
271	TC 79	SC 6	Wrought aluminium and aluminium alloys 锻造铝与铸铝合金	P	中国有色金属工业标准计量质量研究所	席欢	010-62549233	Huan_xi@126.com	北京
272	TC 79	SC 7	Aluminium and cast aluminium alloys 铝与铸铝合金	P	北京航空材料研究所	刘东升	010-62458120 010-62456622-2440	ying.liu@biam.ac.cn	北京
273	TC 79	SC 9	Symbolization 代号	P	中国有色金属工业标准计量质量研究所	席欢	010-62549233	Huan_xi@126.com	北京
274	TC 79	SC 11	Titanium 钛	P	中国有色金属工业标准计量质量研究所	席欢	010-62549233	Huan_xi@126.com	北京
275	TC 79	SC 12	Aluminium ores 铝土矿	P	中国有色金属工业标准计量质量研究所	席欢	010-62549233	Huan_xi@126.com	北京
276	TC 81	直属	Common names for pesticides and other agrochemicals 杀虫剂和其他农业化学品通用名称	O	沈阳化工研究院	侯春青	024-85869045	iso81_1@sacvote.gov.cn	辽宁
277	TC 82	直属	Mining 矿业	P	中煤科工集团上海有限公司	陶峥	021-64388714	zhmkgshh@163.com	上海

附录4 ISO国内归口单位目录

续附表4-1

序号	TC	SC	TC/SC名称	成员状态	承担单位	联系人	固定电话	电子邮件	地区
278	TC 82	SC 7	Mine closure and reclamation management 矿山关闭和复垦管理	P	中煤科工集团上海有限公司	陶峥	021-64388714	zhmkgshh@163.com	上海
279	TC 82	SC 8	Advanced automated mining systems 先进的自动化采矿系统	P	中煤科工集团上海有限公司	陶峥	021-64388714	zhmkgshh@163.com	上海
280	TC 83	直属	Sports and other recreational facilities and equipment 运动和娱乐器材	P	上海文教体育用品研究所有限公司	何余灵	021-64169006	shwjs2007@aliyun.com	上海
281	TC 83	SC 4	Snowsports equipment 滑雪板	O	上海文教体育用品研究所有限公司	何余灵	021-64169006	shwjs2007@aliyun.com	上海
282	TC 83	SC 5	Environmental aspects 环境因素	O	轻工业塑料加工应用研究所	陈家琪 许丽丹	010-68985358 010-68983612	lith@th.btbu.edu.cn	北京
283	TC 83	SC 6	Martial arts 武术	P	国家体育总局体育器材装备中心	侯亮	010-87183073	tystandard@sport.gov.cn	北京
284	TC 84	直属	Devices for administration of medicinal products and catheters 医用注射器（针）	P	上海国家医疗器械质量监督检验中心	陆鹤原	021-38019805	bzh@cmtc.com.cn	上海

续附表4-1

序号	TC	SC	TC/SC 名称	成员状态	承担单位	联系人	固定电话	电子邮件	地区
285	TC 85	直属	Nuclear energy, nuclear technologies, radiological protection 核能、核技术和辐射防护	P	核工业标准化研究所	李筱珍	010-62863550	lixiaozhen@isni.cn	北京
286	TC 85	SC 2	Radiological protection 辐射防护	P	核工业标准化研究所	刘立坡	010-62863577	lipoliu@163.com	北京
287	TC 85	SC 5	Nuclear installations, processes and technologies 核装置、工艺和技术	P	核工业标准化研究所	郭建新	010-62863503	guojianxin@isni.cn	北京
288	TC 85	SC 6	Reactor technology 反应堆技术	P	核工业标准化研究所	刘尚源	010-62863566	shangyuanliu_isni@163.com	北京
289	TC 86	直属	Refrigeration and air-conditioning 制冷和空气调节	P	中国制冷学会	杨一凡	010-68475543	yfyang@car.org.cn	北京
290	TC 86	SC 1	Safety and environmental requirements for refrigerating systems 制冷装置安全	P	合肥通用机械研究院有限公司	石竹青	0551-65335946	tc86SC4@163.com	安徽
291	TC 86	SC 4	Testing and rating of refrigerant compressors 制冷压缩机的试验和评定	P	合肥通用机械研究院有限公司	石竹青	0551-65335946	tc86SC4@163.com	安徽

续附表4-1

序号	TC	SC	TC/SC名称	成员状态	承担单位	联系人	固定电话	电子邮件	地区
292	TC 86	SC 6	Testing and rating of air-conditioners and heat pumps 空调器和热泵的试验与评定	P	中国建筑科学研究院空气调节研究所	李 正	010-64693254	lizhenghdlf@163.com; lizheng@chinaibee.com	北京
293	TC 86	SC 7	Testing and rating of commercial refrigerated display cabinets 商业冷藏陈列柜的试验和评定	O	中国商业联合会商业标准中心	刘振宇	010-68391807	zhenyuliu808@163.com	北京
294	TC 86	SC 8	Refrigerants and refrigeration lubricants 制冷剂和制冷润滑剂	O	北京化工研究院	郭燕玲 黄 熠	010-59202521 010-59202329	tc63sc9.bjhy@sinopec.com	北京
295	TC 89	直属	Wood-based panels 木基板材	P	林科院木材工业研究所	段新芳	010-62888324	duanchitin@aliyun.com	北京
296	TC 89	SC 1	Fibre boards 纤维板	P	林科院木材工业研究所	段新芳	010-62888324	duanchitin@aliyun.com	北京
297	TC 89	SC 2	Particle boards 碎料板	P	林科院木材工业研究所	段新芳	010-62888324	duanchitin@aliyun.com	北京
298	TC 89	SC 3	Plywood 胶合板	P	林科院木材工业研究所	段新芳	010-62888324	duanchitin@aliyun.com	北京
299	TC 91	直属	Surface active agents 表面活性剂	P	中国日用化学研究院有限公司	姚晨之	0351-2029194 0351-2023927	TC 272@163.com	山西

·油气上游领域国际标准推进策略·

续附表4-1

序号	TC	SC	TC/SC 名称	成员状态	承担单位	联系人	固定电话	电子邮件	地区
300	TC 92	直属	Fire safety 防火安全	P	应急管理部消防救援局	胡锐	010-83932687	hurui119@263.net	北京
301	TC 92	SC 1	Fire initiation and growth 火灾的发生和蔓延	P	应急管理部消防救援局	胡锐	010-83932687	hurui119@263.net	北京
302	TC 92	SC 2	Fire containment 耐火性能	P	应急管理部消防救援局	胡锐	010-83932687	hurui119@263.net	北京
303	TC 92	SC 3	Fire threat to people and environment 受火灾威胁的人和环境	P	应急管理部消防救援局	胡锐	010-83932687	hurui119@263.net	北京
304	TC 92	SC 4	Fire safety engineering 防火安全工程	P	应急管理部消防救援局	胡锐	010-83932687	hurui119@263.net	北京
305	TC 93	直属	Starch (including derivatives and by-products) 淀粉（包括衍生物和副产品）	P	中国商业联合会商业标准中心	刘振宇	010-68391807	zhenyuliu808@163.com	北京
306	TC 94	直属	Personal safety—Personal protective equipment 个人安全 个人防护装备	P	应急管理部国际交流合作中心	蔡忠	010-64463778	chinatal12@163.com	北京
307	TC 94	SC 1	Head protection 头部防护装备	P	应急管理部国际交流合作中心	蔡忠	010-64463778	chinatal12@163.com	北京
308	TC 94	SC 3	Foot protection 足部防护装备	P	应急管理部国际交流合作中心	蔡忠	010-64463778	chinatal12@163.com	北京

续附表4-1

序号	TC	SC	TC/SC名称		成员状态	承担单位	联系人	固定电话	电子邮件	地区
309	TC 94	SC 4	Personal equipment for protection against falls	坠落防护装备	P	应急管理部国际交流合作中心	蔡 忠	010-64463778	chinatal112@163.com	北京
310	TC 94	SC 6	Eye and face protection	眼面部防护装备	P	中国标准化研究院	蔡建奇	010-58811387	guodh@cnis.ac.cn	北京
311	TC 94	SC 13	Protective clothing	防护服装	P	应急管理部国际交流合作中心	蔡 忠	010-64463778	caijq@cnis.ac.cn	北京
312	TC 94	SC 14	firefighters' personal equipment	消防员个人装备	P	应急管理部消防救援局	胡 锐	010-83932687	hurui119@263.net	北京
313	TC 94	SC 15	Respiratory protective devices	呼吸防护装备	P	应急管理部国际交流合作中心	蔡 忠	010-64463778	chinatal112@163.com	北京
314	TC 96	直属	Cranes	起重机	P	北京起重运输机械设计研究院有限公司	赵春晖	010-64035247	qzjbwh@vip.163.com	北京
315	TC 96	SC 2	Terminology	术语	P	中蓝晨光成都检测技术有限公司	赵春晖	010-64035247	qzjbwh@vip.163.com	北京
316	TC 96	SC 3	Selection of ropes	绳的选择	P	北京起重运输机械设计研究院有限公司	赵春晖	010-64035247	qzjbwh@vip.163.com	北京
317	TC 96	SC 4	Test methods	试验方法	P	北京起重运输机械设计研究院有限公司	赵春晖	010-64035247	qzjbwh@vip.163.com	北京

续附表4—1

序号	TC	SC	TC/SC名称	成员状态	承担单位	联系人	固定电话	电子邮件	地区
318	TC 96	SC 5	Use, operation and maintenance 使用、操作和维护	P	北京起重运输机械设计研究院有限公司	赵春晖	010-64035247	qzjbwh@vip.163.com	北京
319	TC 96	SC 6	Mobile cranes 移动式起重机	P	中联重科股份有限公司	付玲	0731-89932180	isotc96@zoomlion.com	吉林
320	TC 96	SC 7	Tower cranes 塔式起重机	P	中联重科股份有限公司	付玲	0731-89932180	isotc96@zoomlion.com	湖南
321	TC 96	SC 8	Jib cranes 悬架起重机	P	北京起重运输机械设计研究院有限公司	赵春晖	010-64035247	qzjbwh@vip.163.com	北京
322	TC 96	SC 9	Bridge and gantry cranes 桥式和门式起重机	P	北京起重运输机械设计研究院有限公司	赵春晖	010-64035247	qzjbwh@vip.163.com	北京
323	TC 96	SC 10	Design principles and requirements 设计原则与要求	P	北京起重运输机械设计研究院有限公司	赵春晖	010-64035247	qzjbwh@vip.163.com	北京
324	TC 98	直属	Bases for design of structures 建筑结构设计基础	P	中国建筑科学研究院有限公司建筑结构研究所	陈凯高迪	010-84280389-810	chenkai@cabrtech.com	北京
325	TC 98	SC 1	Terminology and symbols 术语与符号	O	中国建筑科学研究院有限公司建筑结构研究所	陈凯高迪	010-84280389-810	chenkai@cabrtech.com	北京

附录4 ISO国内归口单位目录

续附表4-1

序号	TC	SC	TC/SC名称		成员状态	承担单位	联系人	固定电话	电子邮件	地区
326	TC 98	SC 2	Reliability of structures	结构可靠性	P	中国建筑科学研究院有限公司建筑结构研究所	陈 凯高 迪	010-84280389-810	chenkai@cabrtech.com	北京
327	TC 98	SC 3	Loads, forces and other actions	荷载、力和其他作用	P	中国建筑科学研究院有限公司建筑结构研究所	陈 凯高 迪	010-84280389-810	chenkai@cabrtech.com	北京
328	TC 100	直属	Chains and chain sprockets for power transmission and conveyors	传动用和输送用链条和链轮	P	吉林工大链传所	王海鸥	0431-85095366	wangho@jlu.edu.cn	吉林
329	TC 101	直属	Continuous mechanical handling equipment	连续机械搬运设备	P	北京起重运输机械设计研究院有限公司	赵春晖	010-64035247	qzjbwh@vip.163.com	北京
330	TC 102	直属	Iron ore and direct reduced iron	铁矿石	P	冶金工业信息标准研究院	侯 捷	010-65254564	houjie@cmisi.cn	北京
331	TC 102	SC 1	Sampling	取样	P	煤科总院煤炭分析实验室	余振峰李玉光	021-26644897 021-26646125	iso102sc1_1@sacvote.gov.c	上海
332	TC 102	SC 2	Chemical analysis	化学分析	P	冶金工业信息标准研究院	侯 捷	010-65254564	houjie@cmisi.cn	北京

417

续附表 4—1

序号	TC	SC	TC/SC 名称	成员状态	承担单位	联系人	固定电话	电子邮件	地区
333	TC 102	SC 3	Physical testing 物理性能检测	P	上海宝山钢铁股份有限公司	余程峰 李玉光	021-26644897 021-26646125	iso102sc1_1@sacvote.gov.c	上海
334	TC 104	直属	Freight containers 货运集装箱	P	交通运输部水运科学研究院	赵洁婷 李继春	010-65290568	iso104_china@wti.ac.cn	北京
335	TC 104	SC 1	General purpose containers 通用集装箱	P	交通运输部水运科学研究院	赵洁婷 李继春	010-65290568	iso104_china@wti.ac.cn	北京
336	TC 104	SC 2	Specific purpose containers 专用集装箱	P	交通运输部水运科学研究院	赵洁婷 李继春	010-65290568	iso104_china@wti.ac.cn	北京
337	TC 104	SC 4	Identification and communication 识别标志和通讯	P	交通运输部水运科学研究院	赵洁婷 李继春	010-65290568	iso104_china@wti.ac.cn	北京
338	TC 105	直属	Steel wire ropes 钢丝绳	P	冶金工业信息标准研究院	侯 捷	010-65254564	houjie@cmisi.cn	北京
339	TC 106	直属	Dentistry 牙科学	P	北京医科大学口腔医学院口腔医疗器械检验中心	张 金	010-82195747	sactc99@163.com	北京
340	TC 106	SC 1	Filling and restorative materials 充填修复复合材料	P	北京医科大学口腔医学院口腔医疗器械检验中心	张 金	010-82195747	sactc99@163.com	北京

续附表4-1

序号	TC	SC	TC/SC 名称	成员状态	承担单位	联系人	固定电话	电子邮件	地区
341	TC 106	SC 2	Prosthodontic materials 义齿修复材料	P	北京医科大学口腔医学院口腔医疗器械检验中心	张 金	010-82195747	sactc99@163.com	北京
342	TC 106	SC 3	Terminology 术语	P	北京医科大学口腔医学院口腔医疗器械检验中心	张 金	010-82195747	sactc99@163.com	北京
343	TC 106	SC 4	Dental instruments 牙科器械	P	北京医科大学口腔医学院口腔医疗器械检验中心	张 金	010-82195747	sactc99@163.com	北京
344	TC 106	SC 6	Dental equipment 牙科设备	P	北京医科大学口腔医学院口腔医疗器械检验中心	张 金	010-82195747	sactc99@163.com	北京
345	TC 106	SC 7	Oral care products 口腔护理用品	P	北京医科大学口腔医学院口腔医疗器械检验中心	张 金	010-82195747	sactc99@163.com	北京
346	TC 106	SC 8	Dental implants 牙科植入物	P	北京医科大学口腔医学院口腔医疗器械检验中心	张 金	010-82195747	sactc99@163.com	北京
347	TC 106	SC 9	Dental CAD/CAM systems 牙科CAD/CAM系统	P	北京医科大学口腔医学院口腔医疗器械检验中心	张 金	010-82195747	sactc99@163.com	北京

续附表 4-1

序号	TC	SC	TC/SC 名称	成员状态	承担单位	联系人	固定电话	电子邮件	地区
348	TC 107	直属	Metallic and other inorganic coatings 金属及其他无机涂层	P	武汉材料保护研究所	贾建新	027-83638270	tc57-2001@163.com	湖北
349	TC 107	SC 3	Electrodeposited coatings and related finishes 电镀层及其精饰	P	武汉材料保护研究所	贾建新	027-83638270	tc57-2001@163.com	湖北
350	TC 107	SC 4	Hot dip coatings (galvanized, etc.) 热浸镀层（镀锌等）	P	武汉材料保护研究所	贾建新	027-83638270	tc57-2001@163.com	湖北
351	TC 107	SC 7	Corrosion tests 腐蚀试验	P	武汉材料保护研究所	贾建新	027-83638270	tc57-2001@163.com	湖北
352	TC 107	SC 8	Chemical conversion coatings 化学转换涂层	P	武汉材料保护研究所	贾建新	027-83638270	tc57-2001@163.com	湖北
353	TC 108	直属	Mechanical vibration, shock and condition monitoring 机械振动与冲击	P	郑州机械研究所	慎 政	0371-67710819	sac_tc53@sina.com	河南

续附表4—1

序号	TC	SC	TC/SC名称	成员状态	承担单位	联系人	固定电话	电子邮件	地区
354	TC 108	SC 2	Measurement and evaluation of mechanical vibration and shock as applied to machines, vehicles and structures 作用于机器、车辆和结构的机械振动和冲击的测量与评价	P	郑州机械研究所	王义翠	0371-67710819	sac_tc53@sina.com	河南
355	TC 108	SC 4	Human exposure to mechanical vibration and shock 处于振动和冲击下的人体	P	航天医学工程研究所	刘洪涛	010-66362229	iso108SC 4_1@sacvote.gov.cn	北京
356	TC 108	SC 5	Condition monitoring and diagnostics of machine systems 机器的条件监控诊断	P	郑州机械研究所	王义翠	0371-67710819	sac_tc53@sina.com	河南
357	TC 108	SC 6	Vibration and shock generating systems 振动和冲击的发生系统	P	郑州机械研究所	王义翠	0371-67710819	sac_tc53@sina.com	河南
358	TC 110	直属	Industrial trucks 工业车辆	P	北京起重运输机械设计研究院有限公司	赵春晖	010-64035247	qzjbwh@vip.163.com	北京
359	TC 110	SC 1	General terminology 通用术语	P	北京起重运输机械设计研究院有限公司	赵春晖	010-64035247	qzjbwh@vip.163.com	北京

续附表4-1

序号	TC	SC	TC/SC 名称	成员状态	承担单位	联系人	固定电话	电子邮件	地区
360	TC 110	SC 2	Safety of powered industrial trucks 机动工业车辆安全	P	北京起重运输机械设计研究院有限公司	赵春晖	010-64035247	qzjbwh@vip.163.com	北京
361	TC 110	SC 4	Rough-terrain trucks 越野叉车	P	北京起重运输机械设计研究院有限公司	赵春晖	010-64035247	qzjbwh@vip.163.com	北京
362	TC 110	SC 5	Sustainability 可持续性	P	北京起重运输机械设计研究院有限公司	赵春晖	010-64035247	qzjbwh@vip.163.com	北京
363	TC 111	直属	Round steel link chains, chain slings, components and accessories 钢制圆环链、吊链及附件	P	北京起重运输机械设计研究院有限公司	赵春晖	010-64035247	qzjbwh@vip.163.com	北京
364	TC 111	SC 1	Chains and chain slings 链条及吊链	P	北京起重运输机械设计研究院有限公司	赵春晖	010-64035247	qzjbwh@vip.163.com	北京
365	TC 111	SC 3	Components and accessories 部件及附件	P	北京起重运输机械设计研究院有限公司	赵春晖	010-64035247	qzjbwh@vip.163.com	北京
366	TC 112	直属	Vacuum technology 真空技术	P	沈阳真空技术研究所有限公司	王玲玲	024-24121929	cnvs2005@163.com	辽宁
367	TC 113	直属	Hydrometry 流量测量	P	水利部水文局	熊珊珊 朱晓原 赵昕	010-63202306 010-63202060	xss@mwr.gov.cn	北京

续附表4—1

序号	TC	SC	TC/SC 名称	成员状态	承担单位	联系人	固定电话	电子邮件	地区
368	TC 113	SC 1	Velocity area methods 速率面积方法	P	水利部水文局	熊珊珊 朱晓原 赵 昕	010-63202306 010-63202060	xss@mwr.gov.cn	北京
369	TC 113	SC 2	Flow measurement structures 流量测量结构	P	水利部水文局	熊珊珊 朱晓原 赵 昕	010-63202306 010-63202060	xss@mwr.gov.cn	北京
370	TC 113	SC 5	Instruments, equipment and data management 仪器、设备和数据管理	P	水利部水文局	熊珊珊 朱晓原 赵 昕	010-63202306 010-63202060	xss@mwr.gov.cn	北京
371	TC 113	SC 6	Sediment transport 沉积物输送	P	水利部水文局	熊珊珊 朱晓原 赵 昕	010-63202306 010-63202060	xss@mwr.gov.cn	北京
372	TC 113	SC 8	Ground water 地下水	P	水利部水文局	熊珊珊 朱晓原 赵 昕	010-63202306 010-63202060	xss@mwr.gov.cn	北京
373	TC 114	直属	Horology 钟表	P	西安轻工业钟表研究所有限公司	郭玉锦	029-85222462	ISOTC114_sac160@163.com	陕西
374	TC 114	SC 1	Shock resistant watches 防震手表	P	西安轻工业钟表研究所有限公司	郭玉锦	029-85222462	ISOTC114_sac160@163.com	陕西
375	TC 114	SC 3	Water-resistant watches 防水手表	P	西安轻工业钟表研究所有限公司	郭玉锦	029-85222462	ISOTC114_sac160@163.com	陕西

续附表4-1

序号	TC	SC	TC/SC 名称	成员状态	承担单位	联系人	固定电话	电子邮件	地区
376	TC 114	SC 5	Luminescence 发光	P	西安轻工业钟表研究所有限公司	郭玉锦	029-85222462	ISOTC114_sac160@163.com	陕西
377	TC 114	SC 6	Precious metal coverings 贵重金属镀层	P	西安轻工业钟表研究所有限公司	郭玉锦	029-85222462	ISOTC114_sac160@163.com	陕西
378	TC 114	SC 7	Overall dimensions 总尺寸	P	西安轻工业钟表研究所有限公司	郭玉锦	029-85222462	ISOTC114_sac160@163.com	陕西
379	TC 114	SC 9	Technical definitions 技术定义	P	西安轻工业钟表研究所有限公司	郭玉锦	029-85222462	ISOTC114_sac160@163.com	陕西
380	TC 114	SC 10	Rate of watches 手表走时差	P	西安轻工业钟表研究所有限公司	郭玉锦	029-85222462	ISOTC114_sac160@163.com	陕西
381	TC 114	SC 11	Indication of accuracy 精度指示	P	西安轻工业钟表研究所有限公司	郭玉锦	029-85222462	ISOTC114_sac160@163.com	陕西
382	TC 114	SC 12	Antimagnetism 防磁	P	西安轻工业钟表研究所有限公司	郭玉锦	029-85222462	ISOTC114_sac160@163.com	陕西
383	TC 114	SC 13	Watch-glasses 手表玻璃	P	西安轻工业钟表研究所有限公司	郭玉锦	029-85222462	ISOTC114_sac160@163.com	陕西
384	TC 114	SC 14	Table and wall clocks 台钟和挂钟	P	西安轻工业钟表研究所有限公司	郭玉锦	029-85222462	ISOTC114_sac160@163.com	陕西
385	TC 115	直属	Pumps 泵	P	沈阳水泵研究所	董钦敏	024-25801524	dongqml15@163.com	辽宁

续附录 4-1

序号	TC	SC	TC/SC 名称	成员状态	承担单位	联系人	固定电话	电子邮件	地区
386	TC 115	SC 1	Dimensions and technical specifications of pumps 泵的尺寸与技术规范	P	沈阳水泵研究所	董钦敏	024-25801524	dongqml15@163.com	辽宁
387	TC 115	SC 2	Methods of measurement and testing 泵的测量与测试方法	P	沈阳水泵研究所	董钦敏	024-25801524	dongqml15@163.com	辽宁
388	TC 117	直属	Fans 工业风机	P	沈阳鼓风机研究所（有限公司）	郑华	024-25800507	zhenghuasy@126.com	辽宁
389	TC 118	直属	Compressors and pneumatic tools, machines and equipment 压缩机和气动工具、机器和设备	O	合肥通用机械研究院有限公司	石竹青	0551-65325105	tc86SC 4@163.com	安徽
390	TC 118	SC 1	Process compressors 透平压缩机	P	沈阳鼓风机研究所（有限公司）	郑华	024-25800507	zhenghuasy@126.com	辽宁
391	TC 118	SC 3	Pneumatic tools and machines 凿岩机械气动工具	P	天水凿岩机械气动工具研究所	高学径	0938-2739545	tc173@163.com	甘肃
392	TC 118	SC 4	Compressed air treatment technology 压缩空气净化技术	P	合肥通用机械研究院有限公司	任芳	0551-65335442	ysjbz@126.com	安徽

续附表4-1

序号	TC	SC	TC/SC 名称	成员状态	承担单位	联系人	固定电话	电子邮件	地区
393	TC 118	SC 6	Air compressors and compressed air systems 空气压缩机和压缩空气系统	P	合肥通用机械研究院有限公司	任 芳	0551-65335442	ysjbz@126.com	安徽
394	TC 119	直属	Powder metallurgy 粉末冶金	P	中国有色金属工业标准计量质量研究所	席 欢	010-62276892	Huan_xi@126.com	北京
395	TC 119	SC 2	Sampling and testing methods for powders (including powders for hardmetals) 粉末的取样和试验方法（包括硬质合金粉末）	P	钢铁研究总院	廉学魁 罗倩华	010-62182542	lxk-84@163.com	北京
396	TC 119	SC 3	Sampling and testing methods for sintered metal materials (excluding hardmetals) 烧结金属材料的取样和试验方法（不包括硬质合金）	P	钢铁研究总院	廉学魁 罗倩华	010-62182542	lxk-84@163.com	北京
397	TC 119	SC 4	Sampling and testing methods for hardmetals 硬质合金的取样和试验方法	P	中国有色金属工业标准计量质量研究所	席 欢	010-1062276892	Huan_xi@126.com	北京
398	TC 120	直属	Leather 皮革	P	中国皮革制鞋研究院有限公司	桑 军	010-64337789	leathertc@163.com	北京

续附表4-1

序号	TC	SC	TC/SC 名称	成员状态	承担单位	联系人	固定电话	电子邮件	地区
399	TC 120	SC 1	Raw hides and skins, including pickled pelts 原料皮，包括含浸酸皮	O	中国皮革制鞋研究院有限公司	桑军	010-64337789	leathertc@163.com	北京
400	TC 120	SC 2	Tanned leather 鞣制革	O	中国皮革制鞋研究院有限公司	桑军	010-64337789	leathertc@163.com	北京
401	TC 120	SC 3	Leather products 皮革制品	P	中国皮革制鞋研究院有限公司	桑军	010-64337789	leathertc@163.com	北京
402	TC 121	直属	Anaesthetic and respiratory equipment 麻醉设备和医疗呼吸设备	P	国家食品药品监督管理局上海医疗器械质量监督检验中心	陆离原 刘群	021-38019805	bzh@cmtc.com.cn; liuq@cmtc.com.cn	上海
403	TC 121	SC 1	Breathing attachments and anaesthetic machines 呼吸附加装置和麻醉机	P	国家食品药品监督管理局上海医疗器械质量监督检验中心	陆离原 刘群	021-38019805	bzh@cmtc.com.cn; liuq@cmtc.com.cn	上海
404	TC 121	SC 2	Airways and related equipment 气管及其他设备	P	国家食品药品监督管理局上海医疗器械质量监督检验中心	陆离原 刘群	021-38019805	bzh@cmtc.com.cn; liuq@cmtc.com.cn	上海
405	TC 121	SC 3	Respiratory devices and related equipment used for patient care 肺部辅助呼吸通气装置及有关设备	P	国家食品药品监督管理局上海医疗器械质量监督检验中心	陆离原 刘群	021-38019805	bzh@cmtc.com.cn; liuq@cmtc.com.cn	上海

续附表4−1

序号	TC	SC	TC/SC 名称	成员状态	承担单位	联系人	固定电话	电子邮件	地区
406	TC 121	SC 4	Vocabulary and semantics 麻醉术语	P	国家食品药品监督管理局上海医疗器械质量监督检验中心	陆离原 刘群	021-38019805	bzh@cmtc.com.cn; liuq@cmtc.com.cn	上海
407	TC 121	SC 6	Medical gas supply systems 医用气体设备	P	国家食品药品监督管理局上海医疗器械质量监督检验中心	陆离原 刘群	021-38019805	bzh@cmtc.com.cn; liuq@cmtc.com.cn	上海
408	TC 121	SC 8	Suction devices 医院和急救护理用抽吸装置	P	国家食品药品监督管理局上海医疗器械质量监督检验中心	陆离原 刘群	021-38019805	bzh@cmtc.com.cn; liuq@cmtc.com.cn	上海
409	TC 122	直属	Packaging 包装	O	中国包装联合会	王利 朱静	010-65839059-6528/5139	wlwangli@sina.com; zhujing2431@sina.com	北京
410	TC 122	SC 3	Performance requirements and tests for means of packaging, packages and unit loads (as required by ISO/TC 122) 包装方法、包裹和成组货物的性能要求和试验（按ISO/TC 122 的要求）	P	中国包装联合会	王利 朱静	010-65839059-6528/5139	wlwangli@sina.com; zhujing2431@sina.com	北京
411	TC 122	SC 4	Packaging and the environment 包装与环境	P	中国出口商品包装研究所	邢文彬	010-65909689	xingwenbin@china-pack.net	北京

附录4 ISO国内归口单位目录

续附表4—1

序号	TC	SC	TC/SC名称	成员状态	承担单位	联系人	固定电话	电子邮件	地区
412	TC 123	直属	Plain bearings 滑动轴承	P	中机生产力促进中心	黄 刚	010-88301031	huanggang@pcmi.com.cn	北京
413	TC 123	SC 2	Materials and lubricants, their properties, characteristics, test methods and testing conditions 材料和润滑剂及其性能、特性试验方法和试验条件	P	中机生产力促进中心	黄 刚	010-88301031	huanggang0116@gmail.com	北京
414	TC 123	SC 3	Dimensions, tolerances and construction details 尺寸、公差和尺寸结构细节	P	中机生产力促进中心	黄 刚	010-88301031	huanggang0116@gmail.com	北京
415	TC 123	SC 5	Quality analysis and assurance 质量分析和保证	P	中机生产力促进中心	黄 刚	010-88301031	huanggang0116@gmail.com	北京
416	TC 123	SC 6	Terms and common items 术语和通用项目	P	中机生产力促进中心	黄 刚	010-88301031	huanggang0116@gmail.com	北京
417	TC 123	SC 7	Special types of plain bearings 特殊型式的滑动轴承	P	中机生产力促进中心	黄 刚	010-88301031	huanggang0116@gmail.com	北京

续附表4-1

序号	TC	SC	TC/SC 名称	成员状态	承担单位	联系人	固定电话	电子邮件	地区
418	TC 123	SC 8	Calculation methods for plain bearings and their applications 滑动轴承的计算方法及其应用	O	中机生产力促进中心	黄刚	010-88301031	huanggang0116@gmail.com	北京
419	TC 126	直属	Tobacco and tobacco products 烟草和烟草制品	P	中国烟草总公司郑州烟草研究院	冯茜	0371-67672673	feng@ztri.com	河南
420	TC 126	SC 1	Physical and dimensional tests 物理试验及尺寸试验	P	中国烟草总公司郑州烟草研究院	冯茜	0371-67672673	feng@ztri.com	河南
421	TC 126	SC 2	Leaf tobacco 烟叶	P	中国烟草总公司郑州烟草研究院	冯茜	0371-67672673	feng@ztri.com	河南
422	TC 126	SC 3	Vape and vapour products 电子烟、雾化产品	P	中国烟草总公司郑州烟草研究院	冯茜	0371-67672673	feng@ztri.com	河南
423	TC 127	直属	Earth-moving machinery 土方机械	P	天津工程机械研究院有限公司	李广庆	022-26899823	sactc334@163.vip.com	天津
424	TC 127	SC 1	Test methods relating to safety and machine performance 机械性能的试验方法	P	天津工程机械研究院有限公司	李广庆	022-26899823	sactc334@163.vip.com	天津
425	TC 127	SC 2	Safety, ergonomics and general requirements 安全要求及人的因素	P	天津工程机械研究院有限公司	李广庆	022-26899823	sactc334@163.vip.com	天津

续附表4-1

序号	TC	SC	TC/SC名称	成员状态	承担单位	联系人	固定电话	电子邮件	地区
426	TC 127	SC 3	Machine characteristics, electrical and electronic systems, operation and maintenance 操作和保养	P	天津工程机械研究院有限公司	李广庆	022-26899823	sactc334@163.vip.com	天津
427	TC 127	SC 4	Terminology, commercial nomenclature, classification and ratings 术语、商业名词、分类和评级	P	天津工程机械研究院有限公司	李广庆	022-26899823	sactc334@163.vip.com	天津
428	TC 130	直属	Graphic technology 印刷技术	P	中国印刷技术协会	李美芳 马智勇	010-59361241	tc170_lmf@126.com;cntcps@vip.sina.com	北京
429	TC 131	直属	Fluid power systems 液体动力系统	P	北京机械工业自动化研究所有限公司	罗经	010-82285320	sactc3@riamb.ac.cn	北京
430	TC 131	SC 1	Symbols, terminology and classifications 术语、分类和符号	P	北京机械工业自动化研究所有限公司	罗经	010-82285320	sactc3@riamb.ac.cn	北京
431	TC 131	SC 2	Pumps, motors and integral transmissions 泵、马达和整体传动	P	北京机械工业自动化研究所有限公司	罗经	010-82285320	sactc3@riamb.ac.cn	北京

续附表4-1

序号	TC	SC	TC/SC名称	成员状态	承担单位	联系人	固定电话	电子邮件	地区
432	TC 131	SC 3	Cylinders 液压（气压）缸	P	北京机械工业自动化研究所有限公司	罗 经	010-82285320	sactc3@riamb.ac.cn	北京
433	TC 131	SC 4	Connectors and similar products and components 连接件和类似元器件	P	北京机械工业自动化研究所有限公司	罗 经	010-82285320	sactc3@riamb.ac.cn	北京
434	TC 131	SC 5	Control products and components 控制件及元件	P	北京机械工业自动化研究所有限公司	罗 经	010-82285320	sactc3@riamb.ac.cn	北京
435	TC 131	SC 6	Contamination control 杂质控制和液压液	P	北京机械工业自动化研究所有限公司	罗 经	010-82285320	sactc3@riamb.ac.cn	北京
436	TC 131	SC 7	Sealing devices 密封装置	P	北京机械工业自动化研究所有限公司	罗 经	010-82285320	sactc3@riamb.ac.cn	北京
437	TC 131	SC 8	Product testing 产品试验	P	北京机械工业自动化研究所有限公司	罗 经	010-82285320	sactc3@riamb.ac.cn	北京
438	TC 131	SC 9	Installations and systems 系统与装置	P	北京机械工业自动化研究所有限公司	罗 经	010-82285320	sactc3@riamb.ac.cn	北京
439	TC 132	直属	Ferroalloys 铁合金	P	冶金工业信息标准研究院	侯 捷	010-65254564	houjie@cmisi.cn	北京

续附表4-1

序号	TC	SC	TC/SC 名称	成员状态	承担单位	联系人	固定电话	电子邮件	地区
440	TC 133	直属	Clothing sizing systems—Size designation, size measurement methods and digital fittings 服装尺码系统 尺寸指定、尺寸测量方法和数字配件	P	上海纺织集团检测标准有限公司	张德良 杨秀月	021-55217262	fzbwh@163.com	上海
441	TC 134	直属	Fertilizers, soil conditioners and beneficial substances 肥料和土壤改良剂	P	上海化工研究院有限公司	冯卓 刘刚	021-31015226 021-31015203	fz@ghs.cn; lg@ghs.cn	上海
442	TC 135	直属	Non-destructive testing 无损检测	P	上海材料研究所	丁杰	021-65556775-396	srim_isotc135@163.com	上海
443	TC 135	SC 2	Surface methods 表面方法	P	上海材料研究所	丁杰	021-65556775-396	srim_isotc135@163.com	上海
444	TC 135	SC 3	Ultrasonic testing 超声检测	P	上海材料研究所	丁杰	021-65556775-396	srim_isotc135@163.com	上海
445	TC 135	SC 4	Eddy current testing 涡流检测	P	上海材料研究所	丁杰	021-65556775-396	srim_isotc135@163.com	上海
446	TC 135	SC 5	Radiographic testing 射线检测	P	上海材料研究所	丁杰	021-65556775-396	srim_isotc135@163.com	上海
447	TC 135	SC 6	Leak testing 泄漏检测	P	上海材料研究所	丁杰	021-65556775-396	srim_isotc135@163.com	上海

续附表4-1

序号	TC	SC	TC/SC名称	成员状态	承担单位	联系人	固定电话	电子邮件	地区
448	TC 135	SC 7	Personnel qualification 人员资格鉴定	P	上海材料研究所	丁杰	021-65556775-396	srim_isotc135@163.com	上海
449	TC 135	SC 8	Thermographic testing 热像检测	P	上海材料研究所	丁杰	021-65556775-396	srim_isotc135@163.com	上海
450	TC 135	SC 9	Acoustic emission testing 声发射检测	P	上海材料研究所	丁杰	021-65556775-396	srim_isotc135@163.com	上海
451	TC 136	直属	Furniture 家具	P	上海市质量监督检验技术研究院	罗菊芬 许俊	021-54336502 021-54336510	luojuf@sina.com.cn	上海
452	TC 137	直属	Footwear sizing designations and marking systems 鞋号标识和标记体系	P	中国皮革制鞋研究院有限公司	张伟娟 孟红伟	010-64337824 010-64337769	footweartc@163.com	北京
453	TC 138	直属	Plastics pipes, fittings and valves for the transport of fluids 输送流体用塑料管、管配件和阀门	P	轻工业塑料加工应用研究所	项爱民	010-68988056	xaming@th.btbu.edu.cn	北京
454	TC 138	SC 1	Plastics pipes and fittings for soil, waste and drainage (including land drainage) 用于土壤、废物和排水（包括土地排水）的塑料管和配件	P	轻工业塑料加工应用研究所	项爱民	010-68988056	xaming@th.btbu.edu.cn	北京

续附表4—1

序号	TC	SC	TC/SC名称	成员状态	承担单位	联系人	固定电话	电子邮件	地区
455	TC 138	SC 2	Plastics pipes and fittings for water supplies 供水用塑料管道和管配件	P	轻工业塑料加工应用研究所	项爱民	010-68998056	xaming@th.btbu.edu.cn	北京
456	TC 138	SC 3	Plastics pipes and fittings for industrial applications 工业用塑料管和管配件	P	轻工业塑料加工应用研究所	项爱民	010-68998056	xaming@th.btbu.edu.cn	北京
457	TC 138	SC 4	Plastics pipes and fittings for the supply of gaseous fuels 输送气体燃料用塑料管和管配件	P	轻工业塑料加工应用研究所	项爱民	010-68998056	xaming@th.btbu.edu.cn	北京
458	TC 138	SC 5	General properties of pipes, fittings and valves of plastic materials and their accessories—Test methods and basic specifications 塑料管、管配件、阀门及其附件的一般性能 试验方法和基本规范	P	轻工业塑料加工应用研究所	项爱民	010-68998056	xaming@th.btbu.edu.cn	北京
459	TC 138	SC 6	Reinforced plastics pipes and fittings for all applications 各种用途的增强塑料管道和管配件	P	轻工业塑料加工应用研究所	项爱民	010-68998056	xaming@th.btbu.edu.cn	北京

续附表4-1

序号	TC	SC	TC/SC 名称	成员状态	承担单位	联系人	固定电话	电子邮件	地区
460	TC 138	SC 7	Valves and auxiliary equipment of plastics materials 塑料阀门和辅助设备	P	轻工业塑料加工应用研究所	项爱民	010-68988056	xaming@th.btbu.edu.cn	北京
461	TC 138	SC 8	Rehabilitation of pipeline systems 非开挖修复用管道系统	P	轻工业塑料加工应用研究所	项爱民	010-68988056	xaming@th.btbu.edu.cn	北京
462	TC 142	直属	Cleaning equipment for air and other gases 空气和其他气体的清洁设备	P	中国建筑科学研究院空气调节研究所	李 正	010-64693254	lizhenghdf@163.com; lizheng@chinaibee.com	北京
463	TC 145	直属	Graphical symbols 图形符号	P	中国标准化研究院	邹传渝	010-58811686	zouchy@cnis.ac.cn	北京
464	TC 145	SC 1	Public information symbols 公共信息图形符号	P	中国标准化研究院	邹传渝	010-58811686	zouchy@cnis.ac.cn	北京
465	TC 145	SC 2	Safety identification, signs, shapes, symbols and colours 安全识别、标志、形状、符号和颜色	P	中国标准化研究院	邹传渝	010-58811686	zouchy@cnis.ac.cn	北京
466	TC 145	SC 3	Graphical symbols for use on equipment 设备用图形符号	O	中国标准化研究院	邹传渝	010-58811686	zouchy@cnis.ac.cn	北京

续附表4-1

序号	TC	SC	TC/SC名称	成员状态	承担单位	联系人	固定电话	电子邮件	地区
467	TC 146	直属	Air quality 空气质量	P	中国环境监测总站	王 光 汪太明	010-84943044	iso_china@cnemc.cn	北京
468	TC 146	SC 1	Stationary source emissions 固定源排出物	P	中国环境监测总站	王 光 汪太明	010-84943044	iso_china@cnemc.cn	北京
469	TC 146	SC 2	Workplace atmospheres 工作场所的大气	P	中国环境监测总站	王 光 汪太明	010-84943044	iso_china@cnemc.cn	北京
470	TC 146	SC 3	Ambient atmospheres 环境大气	P	中国环境监测总站	王 光 汪太明	010-84943044	iso_china@cnemc.cn	北京
471	TC 146	SC 4	General aspects 通用特性	P	中国环境监测总站	王 光 汪太明	010-84943044	iso_china@cnemc.cn	北京
472	TC 146	SC 5	Meteorology 气象学	P	中国气象局	周少雄 丁海芳	010-68406301	dinghf@cma.gov.cn	北京
473	TC 147	直属	Water quality 水质	P	中国环境监测总站	王 光 汪太明	010-84943044	iso_china@cnemc.cn	北京
474	TC 147	SC 1	Terminology 术语	P	中蓝晨光成都检测技术有限公司	王 光 汪太明	010-84943044	iso_china@cnemc.cn	北京
475	TC 147	SC 2	Physical, chemical and biochemical methods 物理、化学和生物化学方法	P	中国环境监测总站	王 光 汪太明	010-84943044	iso_china@cnemc.cn	北京

续附表4—1

序号	TC	SC	TC/SC名称	成员状态	承担单位	联系人	固定电话	电子邮件	地区
476	TC 147	SC 4	Microbiological methods 微生物方法	P	中国环境监测总站	王光 汪太明	010-84943044	iso_china@cnemc.cn	北京
477	TC 147	SC 5	Biological methods 生物方法	P	中国环境监测总站	王光 汪太明	010-84943044	iso_china@cnemc.cn	北京
478	TC 147	SC 6	Sampling (general methods) 取样	P	中国环境监测总站	王光 汪太明	010-84943044	iso_china@cnemc.cn	北京
479	TC 148	直属	Sewing machines 缝纫机	P	上海市缝纫机研究所	方海祥	021-63157350	fanghx@sgsbgroup.com	上海
480	TC 149	直属	Cycles 自行车	P	上海市自行车研究所	于世光	021-64827477	shzxcyjs@online.sh.cn	上海
481	TC 149	SC 1	Cycles and major sub-assemblies 自行车及其主要组件	P	上海市自行车研究所	于世光	021-64827477	shzxcyjs@online.sh.cn	上海
482	TC 150	直属	Implants for surgery 外科植入物	P	天津市医疗器械质量监督检验中心	李立宾	022-87175226	li-libin@163.com	天津
483	TC 150	SC 1	Materials 材料	P	天津市医疗器械质量监督检验中心	李立宾	022-87175226	li-libin@163.com	天津
484	TC 150	SC 2	Cardiovascular implants and extracorporeal systems 心血管植入物及体外系统	P	天津市医疗器械质量监督检验中心	焦永哲	022-87175568	tjjyz@aliyun.com	天津

附录4 ISO国内归口单位目录

续附表4—1

序号	TC	SC	TC/SC 名称	成员状态	承担单位	联系人	固定电话	电子邮件	地区
485	TC 150	SC 4	Bone and joint replacements 骨和关节置换	P	天津市医疗器械质量监督检验中心	董双鹏	022-87175536	dsp3217@aliyun.com	天津
486	TC 150	SC 5	Osteosynthesis and spinal devices 骨接合及脊柱植入物	P	天津市医疗器械质量监督检验中心	董双鹏	022-87175536	dsp3217@aliyun.com	天津
487	TC 150	SC 6	Active implants 有源植入物	P	天津市医疗器械质量监督检验中心	李立宾	022-87175226	li-libin@163.com	天津
488	TC 150	SC 7	Tissue-engineered medical products 组织工程医疗产品	P	中国食品药品检定研究院	徐丽明	010-53852556	xuliming@nifdc.org.cn	北京
489	TC 153	直属	Valves 阀门	P	合肥通用机械研究院有限公司	胡军	0551-65335955	tc188@126.com	安徽
490	TC 154	直属	Processes, data elements and documents in commerce, industry and administration 工商行政管理中的过程、数据资料和文件	P	中国标准化研究院	刘颖	010-58811615	—	北京
491	TC 155	直属	Nickel and nickel alloys 镍和镍合金	P	中国有色金属工业标准计量质量研究所	席欢	010-62276892	Huan_xi@126.com	北京

续附表4—1

序号	TC	SC	TC/SC名称	成员状态	承担单位	联系人	固定电话	电子邮件	地区
492	TC 156	直属	Corrosion of metals and alloys 金属及合金的腐蚀	P	冶金工业信息标准研究院	侯 捷	010-65254564	houjie@cmisi.cn	北京
493	TC 156	SC 1	Corrosion control engineering life cycle 腐蚀控制工程全生命周期	P	中国工业防腐蚀技术协会	李济克	010-64896415	lijike@139.com	北京
494	TC 157	直属	Non-systemic contraceptives and STI barrier prophylactics 机械避孕用具	P	国家食品药品监督管理局上海医疗器械质量监督检验中心	刘 群 陆离原	021-38019805	liuq@cmtc.com.cn; bzh@cmtc.com.cn	上海
495	TC 158	直属	Analysis of gases 气体分析	P	西南化工研究院	陈雅丽	028-85964988	iso158_1@sacvote.gov.cn	四川
496	TC 159	直属	Ergonomics 人类工效学	P	中国标准化研究院	冉令华	010-58811707	ranlh@cmis.ac.cn	北京
497	TC 159	SC 1	General ergonomics principles 人类工效学指导原理	P	中国标准化研究院	冉令华	010-58811707	ranlh@cmis.ac.cn	北京
498	TC159	SC 3	Anthropometry and biomechanics 人类测量学与生物力学	P	中国标准化研究院	冉令华	010-58811707	ranlh@cmis.ac.cn	北京

续附表 4-1

序号	TC	SC	TC/SC 名称	成员状态	承担单位	联系人	固定电话	电子邮件	地区
499	TC 159	SC 4	Ergonomics of human-system interaction 人-装置相互作用的人类工效学	P	中国标准化研究院-工效	冉令华	010-58811707	ranlh@cnis.ac.cn	北京
500	TC 159	SC 5	Ergonomics of the physical environment 自然环境的人类工效学	P	中国标准化研究院-工效	冉令华	010-58811707	ranlh@cnis.ac.cn	北京
501	TC 160	直属	Glass in building 建筑用玻璃	P	秦皇岛玻璃工业研究设计院	黄建斌	0335-5917508	gbzjzx@sohu.com	河北
502	TC 160	SC 1	Product considerations 产品研究	P	秦皇岛玻璃工业研究设计院	黄建斌	0335-5917508	gbzjzx@sohu.com	河北
503	TC 160	SC 2	Use considerations 应用研究	P	秦皇岛玻璃工业研究设计院	黄建斌	0335-5917508	gbzjzx@sohu.com	河北
504	TC 161	直属	Controls and protective devices for gas and/or oil 燃气和/或燃油控制和保护装置	P	中国市政工程华北设计研究总院有限公司	渠艳红	022-83713505	llv828@126.com	天津
		直属	Doors, windows and curtain walling 门、窗和幕墙	P	中国建筑标准设计研究院有限公司	宋 婕	010-68799191	songjie0000@163.com	北京

续附表4—1

序号	TC	SC	TC/SC 名称	成员状态	承担单位	联系人	固定电话	电子邮件	地区
506	TC 163	直属	Thermal performance and energy use in the built environment 隔热	P	国家玻璃纤维检验中心	崔军	025-85017580	cuij00@163.com	江苏
507	TC 163	SC 1	Test and measurement methods 试验和测量方法	P	国家玻璃纤维检验中心	崔军	025-85017580	cuij00@163.com	江苏
508	TC 163	SC 2	Calculation methods 计算方法	P	国家玻璃纤维检验中心	崔军	025-85017580	cuij00@163.com	江苏
509	TC 163	SC 3	Thermal insulation products 建筑业用隔热产品	P	国家玻璃纤维检验中心	崔军	025-85017580	cuij00@163.com	江苏
510	TC 164	直属	Mechanical testing of metals 金属材料力学试验	P	冶金工业信息标准研究院	侯捷	010-65254564	houjie@cmisi.cn	北京
511	TC 164	SC 1	Uniaxial testing 单轴向试验	P	冶金工业信息标准研究院	侯捷	010-65254564	houjie@cmisi.cn	北京
512	TC 164	SC 2	Ductility testing 延伸试验	P	冶金工业信息标准研究院	侯捷	010-65254564	houjie@cmisi.cn	北京
513	TC 164	SC 3	Hardness testing 硬度试验	P	冶金工业信息标准研究院	侯捷	010-65254564	houjie@cmisi.cn	北京

续附表4-1

序号	TC	SC	TC/SC名称	成员状态	承担单位	联系人	固定电话	电子邮件	地区
514	TC 164	SC 4	Fatigue, fracture and toughness testing 韧性试验	P	冶金工业信息标准研究院	侯 捷	010-65254564	houjie@cmisi.cn	北京
515	TC 165	直属	Timber structures 木结构	P	中国建筑西南设计研究院有限公司	杨学兵	028-83233024	yangxb0730@263.net	四川
516	TC 166	直属	Ceramic ware, glassware and glass ceramic ware in contact with food 接触食品的陶瓷器皿、玻璃器皿和玻璃陶瓷器皿	P	中国轻工业陶瓷研究所	沈 薇 李 硕	0798-8442134 0798-8415688	iso166_1@sacvote.gov.cn	江西
517	TC 167	直属	Steel and aluminium structures 钢和铝结构	P	冶金工业信息标准研究院	侯 捷	010-65254564	houjie@cmisi.cn	北京
518	TC 167	SC 1	Steel: Material and design 钢：原料和设计	P	冶金工业信息标准研究院	侯 捷	010-65254564	houjie@cmisi.cn	北京
519	TC 167	SC 2	Steel: Fabrication and erection 钢：制作和安装	P	湖北省建工总公司技术处	吴茂平	027-87817742	iso167SC2_1@sacvote.gov.cn	湖北
520	TC 167	SC 3	Aluminium structures 铝结构	O	冶金工业信息标准研究院	侯 捷	010-65254564	houjie@cmisi.cn	北京

续附表 4—1

序号	TC	SC	TC/SC 名称	成员状态	承担单位	联系人	固定电话	电子邮件	地区
521	TC 168	直属	Prosthetics and orthotics 假肢与矫形器	O	中国假肢矫形器协会	王以昌 常志海	010-64465010-8005	cspo@sina.com	北京
522	TC 170	直属	Surgical instruments 外科器械	P	上海国家医疗器械质量监督检验中心	陆离原 刘 群	021-38019805	bzh@cmtc.com.cn liuq@cmtc.com.cn	上海
523	TC 171	直属	Document management applications 文件成像的应用	P	国家图书馆	李晓明 常慧慧	010-88544122	qgwyb@nlc.cn	北京
524	TC 171	SC 1	Quality, preservation and integrity of information 质量	P	国家图书馆	李晓明 常慧慧	010-88544122	qgwyb@nlc.cn	北京
525	TC 171	SC 2	Document file formats, EDMS systems and authenticity of information 文件档案格式，EDMS 系统和信息的真实性	P	国家图书馆	李晓明 常慧慧	010-88544122	qgwyb@nlc.cn	北京
526	TC 172	直属	Optics and photonics 光学与光学仪器	P	上海理工大学	章慧贤	021-55272123	hxzhang@usst.edu.cn	上海
527	TC 172	SC 1	Fundamental standards 基础标准	P	中国兵器工业标准化研究所	刘 瑜	010-68966030	fengbin81164@163.com	北京

续附表4—1

序号	TC	SC	TC/SC名称	成员状态	承担单位	联系人	固定电话	电子邮件	地区
528	TC 172	SC 3	Optical materials and components 光学材料和元件	P	中国兵器工业标准化研究所	刘瑜	010-68966030	fengbin81164@163.com	北京
529	TC 172	SC 4	Telescopic systems 望远镜	P	中国兵器工业标准化研究所	刘瑜	010-68966030	fengbin81164@163.com	北京
530	TC 172	SC 5	Microscopes and endoscopes 显微镜和内窥镜	P	上海理工大学	章慧贤	021-55272123	hxzhang@usst.edu.cn	上海
531	TC 172	SC 6	Geodetic and surveying instruments 大地测量仪器	P	上海理工大学	章慧贤	021-55272123	hxzhang@usst.edu.cn	上海
532	TC 172	SC 7	Ophthalmic optics and instruments 眼科光学及仪器	P	东华大学	张国琇 王立坤	021-67792929	zhgx@dhu.edu.cn; flowerangel826@aliyun.com	上海
533	TC 172	SC 9	Laser and electro-optical systems 激光和光电系统	P	中国兵器工业标准化研究所	刘瑜	010-68966030	fengbin81164@163.com	北京
534	TC 173	直属	Assistive products 残疾人用的技术装置和辅助器	O	中国假肢矫形器协会	王以昌 常志海	010-64465010-8005	cspo@sina.com	北京
535	TC 173	SC 1	Wheelchairs 轮椅	O	中国假肢矫形器协会	王以昌 常志海	010-64465010-8005	cspo@sina.com	北京

·油气上游领域国际标准推进策略·

续附表4-1

序号	TC	SC	TC/SC名称	成员状态	承担单位	联系人	固定电话	电子邮件	地区
536	TC 173	SC 2	Classification and terminology 分类和术语	P	中国假肢矫形器协会	王以昌 常志海	010-64465010-8005	cspo@sina.com	北京
537	TC 173	SC 3	Aids for ostomy and incontinence 为使用人造瘘和排便失控者提供的装置	O	中国假肢矫形器协会	王以昌 常志海	010-64465010-8005	cspo@sina.com	北京
538	TC 173	SC 7	Assistive products for persons with impaired sensory functions 感官功能受损人士辅助产品	P	中国康复器具协会	王以昌	010-64465010	cspo@sina.com	北京
539	TC 174	直属	Jewellery and precious metals 首饰和贵金属	P	国家首饰质量监督检验中心	李素青 秦胜辉	010-64843499	tc256@njc.com.cn	北京
540	TC 176	直属	Quality management and quality assurance 质量管理和质量保证	P	中国标准化研究院-质量	康键	010-58811734	kangjian@cnis.ac.cn	北京
541	TC 176	SC 1	Concepts and terminology 概念和术语	P	中国标准化研究院-质量	康键	010-58811734	kangjian@cnis.ac.cn	北京
542	TC 176	SC 2	Quality systems 质量体系	P	中国标准化研究院-质量	康键	010-58811734	kangjian@cnis.ac.cn	北京
543	TC 176	SC 3	Supporting technologies 支撑技术	P	中国标准化研究院-质量	康键	010-58811734	kangjian@cnis.ac.cn	北京

续附表4-1

序号	TC	SC	TC/SC名称	成员状态	承担单位	联系人	固定电话	电子邮件	地区
544	TC 178	直属	Lifts, escalators and moving walks 电梯、自动扶梯和旅客运送机	P	建研院机械化研究所	陈凤旺	0316-2311402	—	河北
545	TC 180	直属	Solar energy 太阳能	P	中国标准化研究院资源环境研究分院	王庚 刘猛	010-58811136	wanggeng@cnis.ac.cn	北京
546	TC 180	SC 1	Climate—Measurement and data 气候 测量和数据	P	中国标准化研究院资源环境研究分院	王庚 刘猛	010-58811136	wanggeng@cnis.ac.cn	北京
547	TC 180	SC 4	Systems—Thermal performance, reliability and durability 系统 热性能、可靠性和耐久性	P	中国标准化研究院资源环境研究分院	王庚	010-58811136	wanggeng@cnis.ac.cn	北京
548	TC 181	直属	Safety of toys 玩具的安全	P	北京中轻联认证中心	张霞 白烨珲	010-68396625	ntcst@263.net.cn	北京
549	TC 182	直属	Geotechnics 土工学	O	南京水科院土工研究所	章为民 常虹	025-85828032	iso182_1@sacvote.gov.cn	江苏
550	TC 183	直属	Copper, lead, zinc and nickel ores and concentrates 铜铅锌镍精矿	P	中国有色金属工业标准计量质量研究所	席欢	010-62276892	Huan_xi@126.com	北京

续附表4-1

序号	TC	SC	TC/SC名称	成员状态	承担单位	联系人	固定电话	电子邮件	地区
551	TC 184	直属	Automation systems and integration 自动化系统与集成	P	北京机械工业自动化研究所有限公司	黎晓东 杨书评 高雪芹	010-82285795	lixd@riamb.ac.cn; yangshp@riamb.ac.cn; gaoxq@riamb.ac.cn	北京
552	TC 184	SC 1	Physical device control 物理设备控制	P	北京机械工业自动化研究所有限公司	黎晓东 杨书评 高雪芹	010-82285795	lixd@riamb.ac.cn; yangshp@riamb.ac.cn; gaoxq@riamb.ac.cn	北京
553	TC 184	SC 4	Industrial data 工业数据	P	中国标准化研究院	洪岩	010-58811625	hongy@cnis.ac.cn	北京
554	TC 184	SC 5	Interoperability, integration, and architectures for enterprise systems and automation applications 企业系统和自动化应用的互操作、集成和体系结构	P	北京机械工业自动化研究所有限公司	黎晓东 杨书评 高雪芹	010-82285795	lixd@riamb.ac.cn; yangshp@riamb.ac.cn; gaoxq@riamb.ac.cn	北京
555	TC 185	直属	Safety devices for protection against excessive pressure 过压保护安全装置	P	合肥通用机械研究院有限公司	胡军	0551-65335955	tc188@126.com	安徽

续附表4—1

序号	TC	SC	TC/SC名称	成员状态	承担单位	联系人	固定电话	电子邮件	地区
556	TC 186	直属	Cutlery and table and decorative metal hollow-ware 餐刀具和装饰用金属中空器皿	P	沈阳市轻工研究设计院	廖徽娜 刘 纲	024-26211077	rywjbzh@tom.com	辽宁
557	TC 188	直属	Small craft 小艇	P	中国船舶工业集团公司第七〇八所	刘 群	021-63142036	liuqun@maric.com.cn	上海
558	TC 189	直属	Ceramic tile 瓷砖	P	咸阳陶瓷研究设计院	刘幼红 王 博	029-38136300	74277_1@163.com	陕西
559	TC 190	直属	Soil quality 土壤质量	P	中国环境监测总站	王 光 汪太明	010-84943044	iso_china@cnemc.cn	北京
560	TC 190	SC 3	Chemical and physical characterization 化学方法和土壤特性	O	中国环境监测总站	王 光 汪太明	010-84943044	iso_china@cnemc.cn	北京
561	TC 190	SC 4	Biological characterization 生物方法	O	中国环境监测总站	王 光 汪太明	010-84943044	iso_china@cnemc.cn	北京
562	TC 190	SC 7	Impact assessment 土壤和现场评定	P	中国环境监测总站	王 光 汪太明	010-84943044	iso_china@cnemc.cn	北京
563	TC 191	直属	Animal (mammal) traps 哺乳动物捕捉机	O	国家林业局林牧保护司	—	010-84238708	liqiling@cnpvp.net	北京
564	TC 192	直属	Gas turbines 燃气轮机	P	南京燃气轮机研究所	周 亿	025-58056398	njgtt@ntcchina.com	江苏

续附表4-1

序号	TC	SC	TC/SC 名称	成员状态	承担单位	联系人	固定电话	电子邮件	地区
565	TC 193	直属	Natural gas 天然气	P	西南油气田分公司天然气研究院科技管理科	罗 勤	028-85604518	luoq@petrochina.com.cn; liu_xx@petrochina.com.cn	四川
566	TC 193	SC 1	Analysis of natural gas 天然气分析	P	中国石油西南油气田分公司天然气研究院	罗 勤 许文晓	028-85604518 028-85604642-8012	luoq@petrochina.com.cn; liu_xx@petrochina.com.cn	四川
567	TC 193	SC 3	Upstream area 上游领域	P	中国石油西南油气田分公司天然气研究院	罗 勤 许文晓	028-85604518 028-85604642-8012	luoq@petrochina.com.cn; liu_xx@petrochina.com.cn	四川
568	TC 194	直属	Biological and clinical evaluation of medical devices 医疗器械生物学评定	P	山东省医疗器械产品质量检验中心	侯 丽	0531-82682916	tc1942009@163.com	山东
569	TC 195	直属	Building construction machinery and equipment 建筑施工机械与设备	P	北京建筑机械化研究院有限公司	刘 双 周紫晗	010-84018386 010-84018107	sactc328@163.com	北京
570	TC 195	SC 1	Machinery and equipment for concrete work 混凝土施工机械与设备	P	北京建筑机械化研究院有限公司	刘 双 周紫晗	010-84018386 010-84018107	sactc328@163.com	北京

续附录4-1

序号	TC	SC	TC/SC 名称	成员状态	承担单位	联系人	固定电话	电子邮件	地区
571	TC 195	SC 2	Road operation machinery and associated equipment 路面操作机械与相关设备	P	北京建筑机械化研究院有限公司	刘双周紫晗	010-84018386 010-84018107	sactc328@163.com	北京
572	TC 197	直属	Hydrogen technologies 氢技术	P	中国标准化研究院资源环境研究分院	王赓	010-58811136	wanggeng@cnis.ac.cn	北京
573	TC 198	直属	Sterilization of health care products 医疗保健产品灭菌	P	广东省医疗器械质量监督检验所	胡昌明 林曼婷	020-66602550 020-66602873	22487379@qq.com; mantylin@163.com	广东
574	TC 199	直属	Safety of machinery 机械安全	P	中机生产力促进中心	李勤	010-88301758	sactc208@pcmi.cn	北京
575	TC 201	直属	Surface chemical analysis 表面化学分析	P	中科院物理所（探标委）	沈电洪	010-82649425	dhshen@aphy.iphy.ac.cn	北京
576	TC 201	SC 1	Terminology 术语	O	中蓝晨光成都检测技术有限公司	沈电洪	010-82649425	dhshen@aphy.iphy.ac.cn	北京
577	TC 201	SC 2	General procedures 通用规程	P	中科院物理所（探标委）	沈电洪	010-82649425	dhshen@aphy.iphy.ac.cn	北京
578	TC 201	SC 4	Depth profiling 比色法	P	中科院物理所（探标委）	沈电洪	010-82649425	dhshen@aphy.iphy.ac.cn	北京
579	TC 201	SC 6	Secondary ion mass spectrometry 第二离子质谱测定法	P	中科院物理所（探标委）	沈电洪	010-82649425	dhshen@aphy.iphy.ac.cn	北京

·油气上游领域国际标准推进策略·

续附表4—1

序号	TC	SC	TC/SC名称	成员状态	承担单位	联系人	固定电话	电子邮件	地区
580	TC 201	SC 7	Electron spectroscopies 电子光谱学	P	中科院物理所（探标委）	沈电洪	010-8649425	dhshen@aphy.iphy.ac.cn	北京
581	TC 201	SC 8	Glow discharge spectroscopy 发光放电光谱学	P	中科院物理所（探标委）	沈电洪	010-8649425	dhshen@aphy.iphy.ac.cn	北京
582	TC 201	SC 9	Scanning probe microscopy 扫描探测显微镜检查法	P	中科院物理所（探标委）	沈电洪	010-8649425	dhshen@aphy.iphy.ac.cn	北京
583	TC 202	直属	Microbeam analysis 微束分析	P	中国科学院化学研究所	刘芬	010-62553516	fenliu@iccas.ac.cn	北京
584	TC 202	SC 1	Terminology 术语	P	中国科学院化学研究所	刘芬	010-62553516	fenliu@iccas.ac.cn	北京
585	TC 202	SC 2	Electron probe microanalysis 电子探针微量分析	P	中国科学院化学研究所	刘芬	010-62553516	fenliu@iccas.ac.cn	北京
586	TC 202	SC 3	Analytical electron microscopy 电子分析显微镜	P	中国科学院化学研究所	刘芬	010-62553516	fenliu@iccas.ac.cn	北京
587	TC 202	SC 4	Scanning electron microscopy (SEM) 扫描电子显微镜	P	中国科学院化学研究所	刘芬	010-62553516	fenliu@iccas.ac.cn	北京
588	TC 204	直属	Intelligent transport systems 运输信息和管理系统	P	交通部公路所国家智能交通系统工程技术研究中心	焦伟赟	010-62079526-234	jwy@itsc.cn	北京

续附表4-1

序号	TC	SC	TC/SC 名称	成员状态	承担单位	联系人	固定电话	电子邮件	地区
589	TC 205	直属	Building environment design 建筑物环境设计	O	建研院物理所	王书晓	010-64693279	wangshuxiao417@163.com	北京
590	TC 206	直属	Fine ceramics 精细陶瓷	P	山东工业陶瓷研究设计院	吴萍	0533-3597010	wp7981@126.com	山东
591	TC 207	直属	Environmental management 环境管理	P	中国标准化研究院资源环境研究分院	刘玫 黄进	010-58811715 010-58811712	liumei@cmis.ac.cn; huangjin@cmis.ac.cn	北京
592	TC 207	SC 1	Environmental management systems 环境管理系统	P	中国标准化研究院资源环境研究分院	黄进	010-58811712	huangjin@cmis.ac.cn	北京
593	TC 207	SC 2	Environmental auditing and related environmental investigations 环境审核和相关环境调查	P	中国标准化研究院资源环境研究分院	黄进	010-58811712	huangjin@cmis.ac.cn	北京
594	TC 207	SC 3	Environmental labelling 环境标签	P	中国标准化研究院资源环境研究分院	黄进	010-58811712	huangjin@cmis.ac.cn	北京
595	TC 207	SC 4	Environmental performance evaluation 环境性能评估	P	中国标准化研究院资源环境研究分院	黄进	010-58811712	huangjin@cmis.ac.cn	北京
596	TC 207	SC 5	Life cycle assessment 生命周期评定	P	中国标准化研究院资源环境研究分院	宗建芳	010-58811130	zongjf@cmis.ac.cn	北京

续附表4-1

序号	TC	SC	TC/SC 名称	成员状态	承担单位	联系人	固定电话	电子邮件	地区
597	TC 207	SC 7	Greenhouse gas management and related activities 温室气体管理及相关活动	P	中国标准化研究院-资源环境研究分院	刘玫 孙亮	010-58811715 010-58811573	liumei@cnis.ac.cn; sunliangn@cnis.ac.cn	北京
598	TC 209	直属	Cleanrooms and associated controlled environments 洁净室和有关受控环境	P	中国标准化协会	杨子强 王大千	010-68482276 010-68207505	yzq@china-cas.org	北京
599	TC 210	直属	Quality management and corresponding general aspects for medical devices 医疗器械质量管理和通用要求	P	北京国医械华光认证有限公司	王美英	010-62368716	mywhhz@foxmail.com	北京
600	TC 211	直属	Geographic information/Geomatics 地理信息/数字地理	P	国家基础地理信息中心	郭建坤	010-63881115	guojk@ngcc.cn	北京
601	TC 212	直属	Clinical laboratory testing and in vitro diagnostic test systems 临床实验室测试和体外诊断系统	P	北京市医疗器械检验所	王军	010-57901363	sac_tc136@188.com	北京

附录4 ISO国内归口单位目录

续附表4—1

序号	TC	SC	TC/SC 名称	成员状态	承担单位	联系人	固定电话	电子邮件	地区
602	TC 213	直属	Dimensional and geometrical product specifications and verification 产品儿何技术规范	P	中机生产力促进中心	明翠新	010-88301713	mingcuixin@sina.com	北京
603	TC 214	直属	Elevating work platforms 升降工作平台	P	北京建筑机械化研究院有限公司	尹文静 刘 双	010-84018464 010-84018086	sactc335@163.com	北京
604	TC 215	直属	Health informatics 健康信息学	O	中国标准化研究院-高新技术	任冠华	010-58811605	rengh@cnis.ac.cn; guanhua_ren@126.com	北京
605	TC 216	直属	Footwear 鞋类	P	中国皮革制鞋研究院有限公司	张伟娟 孟红伟	010-64337824 010-64337769	footweartc@163.com	北京
606	TC 217	直属	Cosmetics 化妆品	P	上海香料研究所	康 薇	021-54483433	iso217@126.com	上海
607	TC 218	直属	Timber 木材	P	中国林业科学研究院-木材工业研究所	虞华强	010-62889404	mcbz@caf.ac.cn	北京
608	TC 219	直属	Floor coverings 铺地物	P	天津市地毯研究院	何玉梅	022-28319681	iso@carpetcenter.cn	天津
609	TC 220	直属	Cryogenic vessels 低温容器	P	上海华谊集团装备工程有限公司	周伟明 滕俊华	021-64477797	junhua.teng@sgia.com.cn	上海
610	TC 221	直属	Geosynthetics 土工合成材料	P	中国产业用纺织品行业协会	张传雄	010-85229561	foreignaffairs@cnita.org.cn	北京

续附表4—1

序号	TC	SC	TC/SC 名称	成员状态	承担单位	联系人	固定电话	电子邮件	地区
611	TC 222	直属	Personal financial planning 个人理财规划	P	中国人民银行科技司	冯 雷 谢彦丽	010-66799078 010-83111239	cfstc@pbc.gov.cn	北京
612	TC 224	直属	Service activities relating to drinking water supply wastewater and stormwater systems 涉及饮用水供应及废水和雨水系统的服务活动	P	深圳市海川实业股份有限公司	朱 霞	0755-83300666-8118	zhuxia@oceanpower.com	深圳
613	TC 225	直属	Market, opinion and social research 市场、民意和社会调查	P	中国标准化研究院质量所	冯 卫	010-58811681	fengw@cmis.ac.cn	北京
614	TC 226	直属	Materials for the production of primary aluminium 原铝生产用原材料	P	中国有色金属工业标准计量质量研究所	席 欢	010-62549233	Huan_xi@126.com	北京
615	TC 227	直属	Springs 弹簧	P	机械科学研究院生产力促进中心标准与检测技术中心	余 方 程 鹏	010-88301117	sactc235@163.com	北京
616	TC 228	直属	Tourism and related services 旅游服务	O	中华人民共和国国家旅游局	王 井	010-59882138	ttcc@cnta.gov.cn	北京
617	TC 229	直属	Nanotechnologies 纳米技术	P	国家纳米中心	高 洁	010-8545599	gaoj@nanoctr.cn	北京

续附表4-1

序号	TC	SC	TC/SC 名称	成长状态	承担单位	联系人	固定电话	电子邮件	地区
618	TC 232	直属	Learning services outside formal education 教育服务	P	中国标准化研究院	曹俐莉	010-58811704	caoll@cnis.ac.cn	北京
619	TC 241	直属	Road traffic safety management systems 道路交通安全系统	P	交通运输部公路科学研究院	矫成武	010-82019588-9654	cw.jiao@rioh.cn	北京
620	TC 244	直属	Industrial furnaces and associated processing equipment 工业炉及其相关工艺设备	O	西安电炉研究所有限公司	李琨 杨佳	029-8526543	gyjrbwh_2@126.com	陕西
621	TC 249	直属	Traditional chinese medicine 中医药	P	中国中医科学院中医临床基础医学研究所	王燕平 史楠楠 刘玉祁	010-64093295	akihabara@126.com	北京
622	TC 251	直属	Asset management 资产管理	P	中国标准化研究院高新技术与信息标准化研究所	高昂 孙广芝	010-58811107 010-58811553	gaoang@cnis.ac.cn; sungz@cnis.ac.cn	北京
623	TC 254	直属	Safety of amusement rides and amusement devices 游乐设施安全	P	中国特种设备检测研究院	邢友新	010-59068921	xingyouxin@csei.org.cn	北京
624	TC 255	直属	Biogas 沼气	P	农业部农业生态与资源保护总站	孙丽英	010-59196395	hmilysly@126.com	北京

续附表4—1

序号	TC	SC	TC/SC 名称	成员状态	承担单位	联系人	固定电话	电子邮件	地区
625	TC 256	直属	Pigments, dyestuffs and extenders 颜料、染料和体质颜料	P	中海油常州涂料化工研究院有限公司	彭菊芳 唐瑛	0519-85382016	jufangpeng@163.com	江苏
626	TC 258	直属	Project, programme and portfolio management 项目、项目群及投资组合	P	上海市标准化研究院	晏绍庆	021-54046869	yanshq@cnsis.info	上海
627	TC 261	直属	Additive manufacturing 增材制造	P	中机生产力促进中心	张华	010-88301709	pingzhang@yeah.net	北京
628	TC 262	直属	Risk management 风险管理	P	中国标准化研究院	崔艳武	010-58811729	cuiyw@cnis.ac.cn	北京
629	TC 263	直属	Coalbed methane (CBM) 煤层气	P	中联煤层气国家工程研究中心有限公司	吴仕贵	010-63593675-8249/3381	wusg@nccbm.com.cn	北京
630	TC 264	直属	Fireworks 烟花爆竹	P	湖南烟花爆竹产品安全质量监督检测中心	黄荼香	0731-83683639	hndnx@21cn.com	湖南
631	TC 265	直属	Carbon dioxide capture, transportation, and geological storage 二氧化碳捕集、运输与地质封存	P	中国标准化研究院资源环境研究分院	刘玫 孙亮	010-58811537	sunliang@cnis.ac.cn	北京

续附表4—1

序号	TC	SC	TC/SC 名称	成员状态	承担单位	联系人	固定电话	电子邮件	地区
632	TC 266	直属	Biomimetics 仿生学	P	北京机械工业自动化研究所有限公司	黎晓东 杨书评 高雪芹	010-82285795	lixd@riamb.ac.cn; yangshup@riamb.ac.cn; gaoxq@riamb.ac.cn	北京
633	TC 267	直属	Facility management 设施管理	P	中机生产力促进中心	张利民	010-88301706	zhanglimin@pcmi.com.cn	北京
634	TC 268	直属	Sustainable cities and communities 社区可持续发展	P	中国标准化研究院	杨锋	010-58811692	yangfeng@cnis.ac.cn	北京
635	TC 268	SC 1	Smart community infrastructures 城市智能基础设施计量	P	中国城市科学研究会	姜栋	010-68010386	jiangdong@scitylab.org	北京
636	TC 269	直属	Railway applications 铁路应用	P	中国铁道科学研究院集团有限公司	刘剑	010-51893915	13601265536@263.net	北京
637	TC 269	SC 1	Infrastructure 基础设施	P	中国铁道科学研究院集团有限公司铁道建筑研究所	宁娜	—	ningna@rails.cn	北京
638	TC 269	SC 2	Rolling stock 机车车辆	P	中国铁道科学研究院集团有限公司机车车辆研究所	李青颖	010-51893837	liqingying1992@163.com	北京

续附表4–1

序号	TC	SC	TC/SC 名称	成员状态	承担单位	联系人	固定电话	电子邮件	地区
639	TC 269	SC 3	Operations and services 运营和服务	P	中国铁道科学研究院集团有限公司标准计量研究所	尚迪	—	di_shang_cars@163.com	北京
640	TC 270	直属	Plastics and rubber machines 塑料橡胶机械	P	北京橡胶工业研究设计院有限公司	何成	010-51338018	sac-tc71@126.com	北京
641	TC 274	直属	Light and lighting 灯光和照明	P	北京半导体照明科技促进中心	阮军	010-82388280 010-82388282	ruanjun@china-led.net	北京
642	TC 275	直属	Sludge recovery, recycling, treatment and disposal 污泥污水回收循环处理和处置	O	中国标准化研究院资源环境研究分院	黄进	010-58811712	huangjin@cmis.ac.cn	北京
643	TC 276	直属	Biotechnology 生物技术	P	中国食品发酵工业研究院有限公司	王晓龙	010-53218325	13810947211@163.com	北京
644	TC 279	直属	Innovation management 创新管理	P	国家知识产权局	马鸿雅	010-62086560	mahongya@sipo.gov.cn	北京
645	TC 281	直属	Fine bubble technology 微细气泡技术	P	中国科学院过程工程研究所	李兆军	010-62531688	zjli@ipe.ac.cn	北京
646	TC 282	直属	Water reuse 水再利用	P	中国标准化研究院资源环境研究分院	张晓昕 黄进	010-58811654	zhangxx@cmis.ac.cn	北京

续附表4—1

序号	TC	SC	TC/SC名称	成员状态	承担单位	联系人	固定电话	电子邮件	地区
647	TC 282	SC 1	Treated wastewater reuse for irrigation 再生水灌溉利用	P	清华大学	吴光学	0755-26036390	wu. guangxue@sz.tsinghua.edu.cn	广东
648	TC 282	SC 2	Water reuse in urban areas 城镇水回用	P	中国标准化研究院资源环境研究分院	张晓昕 黄进	010-58811654	zhangxxx@cnis.ac.cn	北京
649	TC 282	SC 3	Risk and performance evaluation of water reuse systems 水回用系统风险与绩效评价	P	清华大学	吴乾元	0755-26036701	wuqianyuan@tsinghua.edu.cn	广东
650	TC 282	SC 4	Industrial water reuse 工业水回用分委员会	F	南京大学宜兴环保研究院	全新路	0510-87078306	quanxinlu@163.com;quanxi nlu@126.com	江苏
651	TC 283	直属	Occupational health and safety management 职业健康及安全管理	P	中国标准化研究院	陈元桥	010-58811795	chenyq@cnis.ac.cn	北京
652	TC 285	直属	Clean cookstoves and clean cooking solutions 清洁炉灶和清洁炊事解决方案	P	农业部农业生态与资源保护总站	孙丽英	010-59196395	hmilysly@126.com	北京
653	TC 286	直属	Collaborative business relationship management 合作商业关系管理	P	深圳市标准技术研究院	温利峰	0755-83997937	wlf@sist.org.cn	广东

续附表4-1

序号	TC	SC	TC/SC名称	成员状态	承担单位	联系人	固定电话	电子邮件	地区
654	TC 289	直属	Brand evaluation 品牌评价	P	中国品牌建设促进会	吕安然	010-64522699 010-64522697	lvar@ccbd.org.cn	北京
655	TC 290	直属	Online reputation 在线信誉	P	中国标准化研究院（TC290）	周莉	010-58811731	zhouli@cnis.ac.cn	北京
656	TC 291	直属	Domestic gas cooking appliances 家用燃气烹饪器具	P	中国五金制品协会	柳润峰	010-84379121	liurunfeng@sina.com	北京
657	TC 292	直属	Security and resilience 安全	P	中国标准化研究院	张超	010-58811291	zhangchao@cnis.ac.cn	北京
658	TC 293	直属	Feed machinery 饲料机械	P	江苏牧羊控股有限公司	王渊明	—	wangym@muyang.com	江苏
659	PC 295	直属	Audit data collection 审计数据采集	P	审计署计算机技术中心	卢靖	010-50992389	lujingcnao@163.com	北京
660	TC 296	直属	Bamboo and rattan 竹藤	P	国际竹藤中心	王倩	010-84789955	celia9514@163.com	北京
661	TC 298	直属	Rare earth 稀土	P	中国有色金属工业标准计量质量研究所	席欢	010-62549233	Huan_xi@126.com	北京
662	TC 299	直属	Robotics 机器人和机器人装备	P	北京机械工业自动化研究所有限公司	黎晓东 杨书评 高雪芹	010-82285795	lixd@riamb.ac.cn; yangshup@riamb.ac.cn; gaoxq@riamb.ac.cn	北京

附录4 ISO国内归口单位目录

续附表4-1

序号	TC	SC	TC/SC 名称	成员状态	承担单位	联系人	固定电话	电子邮件	地区
663	TC 300	直属	Solid Recovered Fuels 固体回收燃料	P	中国恩菲工程技术有限公司	王 欢	010-63936898	wanghuan@enfi.com.cn	北京
664	TC 301	直属	Energy management and energy savings 能源管理与能源节约	P	中国标化研究院资源环境研究分院	丁 晴	010-58811740	dingqing@cnis.ac.cn	北京
665	PC 303	直属	Guidelines on consumer warranties and guarantees 消费者保护指南	P	中国标准化研究院	程永红	010-58811710	chengyh@cnis.ac.cn	北京
666	TC 306	直属	Foundry machinery 铸造机械	P	济南铸锻所检验检测科技有限公司	卢 军	0531-87979292	luj568@163.com	山东
667	TC 307	直属	Blockchain and distributed ledger technologies 区块链和分布式记账技术	P	中国电子技术标准化研究院	李佳秾	010-64102804	lijn@cesi.cn	北京
668	PC 308	直属	Chain of custody 监管链	P	山东省标准化研究院	吴 菁	0531-82679039	wujing@sdis.cn	山东
669	TC 309	直属	Governance of organizations 机构治理	P	深圳市标准技术研究院	温利峰	0755-83997937	wlf@sist.org.cn	广东
670	PC 311	直属	Vulnerable consumers 弱势消费者	P	中国标准化研究院	杨跃翔	010-58811970	yangyx@cnis.ac.cn	北京
671	TC 312	直属	Excellence in service 卓越服务	P	中国标准化研究院 (ISO/TC 312)	曹俐莉	010-58811704	caoll@cnis.ac.cn	北京

续附表4-1

序号	TC	SC	TC/SC名称	成员状态	承担单位	联系人	固定电话	电子邮件	地区
672	TC 313	直属	Packaging machinery 包装机械	P	合肥通用机械研究院有限公司	陈润洁	0551-65335670	runjie-chen@163.com	安徽
673	TC 314	直属	Ageing societies 老龄社会	P	中国标准化研究院	曹俐莉	010-58811704	caoll@cnis.ac.cn	北京
674	PC 315	直属	Indirect, temperature-controlled refrigerated delivery services—Land transport of parcels with intermediate transfer 间接温控冷藏配送服务：具有中间转移的冷藏包裹陆上运输	P	中国物流与采购联合会	王晓晓	010-83775853	wxxx@lenglian.org.cn	北京
675	PC 317	直属	Consumer protection: privacy by design for consumer goods and services 消费者保护：消费品和服务的隐私策略	P	中国标准化研究院	侯非	010-58811541	houfei@cnis.ac.cn	北京

附录 5　国际标准制修订相关表格

ISO 国际标准制修订相关表格见附表 5-1 至附表 5-7。

附表 5-1　ISO Form 4 新工作项目提案申请表

ISO FORM 4

NEW WORK ITEM PROPOSAL (NP)

DATE OF CIRCULATION:	**CLOSING DATE FOR VOTING:**
Click here to enter a date.	Click here to enter a date.
PROPOSER:	**REFERENCE NUMBER:**
☐ ISO member body:	Click or tap here to enter text.
Click or tap here to enter text.	☐ **WITHIN EXISTING COMMITTEE**
☐ Committee, liaison or other:	Document Number: Click or tap here to enter text.
Click or tap here to enter text.	Committee Secretariat: Click or tap here to enter text.
	☐ **PROPOSAL FOR A NEW PC**

A proposal for a new work item within the scope of an existing committee shall be submitted to the secretariat of that committee.

A proposal for a new project committee shall be submitted to the Central Secretariat, which will process the proposal in accordance with ISO/IEC Directives, Part 1, Clause 2.3.

Guidelines for proposing and justifying new work items or new fields of technical activity (Project Committee) are given in ISO/IEC Directives, Part 1, Annex C.

IMPORTANT NOTE: Proposals without adequate justification and supporting information risk rejection or referral to the originator.

PROPOSAL
(to be completed by the proposer, following discussion with committee leadership if appropriate)

English title

Click or tap here to enter text.

French title

Click or tap here to enter text.

(Please see ISO/IEC Directives, Part 1, Annex C, Clause C.4.2).
In case of amendment, revision or a new part of an existing document, please include the reference number and current title

SCOPE
(Please see ISO/IEC Directives, Part 1, Annex C, Clause C.4.3)

Click or tap here to enter text.

· 油气上游领域国际标准推进策略 ·

PURPOSE AND JUSTIFICATION

(Please see ISO/IEC Directives, Part 1, Annex C and additional guidance on justification statements in the brochure Guidance on New Work)

Click or tap here to enter text. (Please use this field or attach an annex)

PROPOSED PROJECT LEADER (name and email address)

Click or tap here to enter text.

PROPOSER (including contact information of the proposer's representative)

Click or tap here to enter text.

☐ **The proposer confirms that this proposal has been drafted in compliance with ISO/IEC Directives, Part 1, Annex C**

PROJECT MANAGEMENT

Preferred document
☐ International Standard
☐ Technical Specification
☐ Publicly Available Specification*

* While a formal NP ballot is not required (no eForm04), the NP form may provide useful information for the committee P-members to consider when deciding to initiate a Publicly Available Specification.

Proposed Standard Development Track (SDT – to be discussed by the proposer with the committee manager or ISO/CS)

☐ 18 months   ☐ 24 months   ☐ 36 months

Proposed date for first meeting: Click here to enter a date.

Proposed TARGET dates for key milestones

- Circulation of 1st Working Draft (if any) to experts: Click here to enter a date.
- Committee Draft consultation (if any): Click here to enter a date.
- DIS submission*: Click here to enter a date.
- Publication*: Click here to enter a date.

* Target Dates for DIS submission and Publication should be set a few weeks ahead of the limit dates automatically determined when selecting the SDT.

It is proposed that this DOCUMENT will be developed by:
☐ An existing Working Group, add title Click or tap here to enter text.
☐ A new Working Group Click or tap here to enter text.
    (Note that the establishment of a new Working Group requires approval by the parent committee by a resolution)
☐ The TC/SC directly
☐ To be determined
☐ This proposal relates to a new ISO document

☐ This proposal relates to the adoption, as an active project, of an item currently registered as a

Preliminary Work Item
☐ This proposal relates to the re-establishment of a cancelled project as an active project
☐ Other: Click or tap here to enter text.

Additional guidance on project management is available here.

PREPARATORY WORK

☐ A draft is attached
☐ An existing document serving as the initial basis is attached
☐ An outline is attached
Note: at minimum an outline of the proposed document is required

The proposer is prepared to undertake the preparatory work required:

☐ Yes ☐ No

If a draft is attached to this proposal:

Please select from one of the following options:

☐ The draft document can be registered at Preparatory stage (WD – stage 20.00)
☐ The draft document can be registered at Committee stage (CD – stage 30.00)
☐ The draft document can be registered at enquiry stage (DIS – stage 40.00)

☐ If the attached document is copyrighted or includes copyrighted content, the proposer confirms that copyright permission has been granted for ISO to use this content in compliance with clause 2.13 of ISO/IEC Directives, Part 1 (see also the Declaration on copyright).

RELATION OF THE PROPOSAL TO EXISTING INTERNATIONAL STANDARDS AND ON-GOING STANDARDIZATION WORK

To the best of your knowledge, has this or a similar proposal been submitted to another standards development organization or to another ISO committee?

☐ Yes ☐ No

If Yes, please specify which one(s) Click or tap here to enter text.

☐ The proposer has checked whether the proposed scope of this new project overlaps with the scope of any existing ISO project

☐ If an overlap or the potential for overlap is identified, the proposer and the leaders of the existing project have discussed on:
  i. modification/restriction of the scope of the proposal to avoid overlapping,
  ii. potential modification/restriction of the scope of the existing project to avoid overlapping.

☐ If agreement with parties responsible for existing project(s) has not been reached, please explain why the proposal should be approved
Click or tap here to enter text.

☐ Has a proposal on this subject already been submitted within an existing committee and rejected? If so, what were the reasons for rejection?

· 油气上游领域国际标准推进策略 ·

Click or tap here to enter text.

This project may require possible joint/parallel work with
- ☐ IEC (please specify the committee) Click or tap here to enter text.
- ☐ CEN (please specify the committee) Click or tap here to enter text.
- ☐ Other (please specify) Click or tap here to enter text.

Please select any UN Sustainable Development Goals (SDGs) that this proposed project would support (information about SDGs, is available at www.iso.org/SDGs)

- ☐ GOAL 1: No Poverty
- ☐ GOAL 2: Zero Hunger
- ☐ GOAL 3: Good Health and Well-being
- ☐ GOAL 4: Quality Education
- ☐ GOAL 5: Gender Equality
- ☐ GOAL 6: Clean Water and Sanitation
- ☐ GOAL 7: Affordable and Clean Energy
- ☐ GOAL 8: Decent Work and Economic Growth
- ☐ GOAL 9: Industry, Innovation and Infrastructure
- ☐ GOAL 10: Reduced Inequality
- ☐ GOAL 11: Sustainable Cities and Communities
- ☐ GOAL 12: Responsible Consumption and Production
- ☐ GOAL 13: Climate Action
- ☐ GOAL 14: Life Below Water
- ☐ GOAL 15: Life on Land
- ☐ GOAL 16: Peace, Justice and strong institutions
- N/A GOAL 17: Partnerships for the goals

Identification and description of relevant affected stakeholder categories
(Please see ISO CONNECT)

	Benefits/Impacts/Examples
Industry and commerce – large industry	Click or tap here to enter text.
Industry and commerce – SMEs	Click or tap here to enter text.
Government	Click or tap here to enter text.
Consumers	Click or tap here to enter text.
Labour	Click or tap here to enter text.
Academic and research bodies	Click or tap here to enter text.
Standards application businesses	Click or tap here to enter text.
Non-governmental organizations	Click or tap here to enter text.
Other (please specify)	Click or tap here to enter text.

Listing of countries where the subject of the proposal is important for their national commercial interests (Please see ISO/IEC Directives, Part 1, Annex C, Clause C.4.8)

Click or tap here to enter text.

Listing of external international organizations or internal parties (other ISO and/or IEC committees) to be engaged in this work (Please see ISO/IEC Directives, part 1, Annex C, Clause

C.4.9)

Click or tap here to enter text.

Listing of relevant documents (such as standards and regulations) at international, regional and national level (Please see ISO/IEC Directives, Part 1, Annex C, Clause C.4.6)
Click or tap here to enter text.

ADDITIONAL INFORMATION

Maintenance Agencies (MAs) and Registration Authorities (RAs)

- ☐ This proposal requires the designation of a maintenance agency.
  If so, please identify the potential candidate:
  Click or tap here to enter text.

- ☐ This proposal requires the designation of a registration authority.
  If so, please identify the potential candidate
  Click or tap here to enter text.

NOTE: Selection and appointment of the MA or RA are subject to the procedure outlined in ISO/IEC Directives, Part 1, Annex G and Annex H.

Known patented Items (Please see ISO/IEC Directives, Part 1, Clause 2.14)

☐ Yes ☐ No

If Yes, provide full information as an annex

Is this proposal for an ISO management System Standard (MSS)?

☐ Yes ☐ No

Note: If yes, this proposal must have an accompanying justification study. Please see the Consolidated Supplement to the ISO/IEC Directives, Part 1, Annex SL or Annex JG

附表 5-2　ISO Form 6 新工作项目建议投票结果

ISO FORM 6

RESULT OF VOTING ON NEW WORK ITEM PROPOSAL (NP)

DATE
Click here to enter a date.

ISO/TC Enter Number **/SC** Enter Number

N Click here to enter text.

TITLE OF TC/SC CONCERNED
Click here to enter text.

Please attach the results and comments of the NP ballot from CIB to this form.

ISO/TC Enter Number　　**/SC** Enter　**Circulation**　　　　**Deadline**
Number　　　　　　　　　　　　　　　Click here to enter a date.　Click here to enter a date.

N Click here to enter text.

TITLE

English title
Click here to enter text.

French title (optional)
Click here to enter text.

RESULTS (detailed results are in the attached Annex)

The following criteria for acceptance have been met

- ☐ Approval by a 2/3 majority of the voting P-members; and

- ☐ A commitment to participate actively in the development of the project by at least 4 P-members in committees with 16 or less P-members and at least 5 P-members in committees with 17 or more P-members (ISO/IEC Directives, Part 1 Clause 2.3.5), that have approved the proposal and nominated an expert.

- ☐ Justification statements have been checked (all negative votes must be accompanied by a statement justifying the decision, or they shall not be counted. See ISO/IEC Directives Part 1, Clause 2.3.4)

In light of results, the proposal is therefore

☐ Approved (all approval criteria met) and the project will be registered:
　☐ at Preparatory stage (WD – stage 20.00)
　☐ at Committee stage (CD – stage 30.00)
　☐ at Enquiry stage (DIS – stage 40.00) – The submission of the DIS is recommended within 16 weeks of the project's registration; a short standard development track should be selected (e.g. SDT 18)

☐ Disapproved (one or more approval criteria not met)
　(note that, if no option is selected, the project will be abandoned by default)
　☐ The draft will be registered as a preliminary work item (stage 00.60)
　☐ The project is abandoned

Appointed project leader
Click here to enter text.

This proposal will be developed by
☐ An existing Working Group (please specify which one)
Click here to enter text.
☐ A new Working Group (title)
Click here to enter text.

NOTE: Establishment of a new WG must be approved by committee resolution

☐ The TC/SC directly
☐ To be determined

List of participating experts (give details below, or as a separate annex)
Click here to enter text.

Relevant documents (give details below, or as a separate annex)
Click here to enter text.

In light of the results, selected Standard Development Track (SDT)
☐ 18 months　☐ 24 months　☐ 36 months

In light of the results and following discussions between project leader and committee leadership, project plan:
Date of the first meeting: Click here to enter a date.

Dates of key milestones:
Circulation of 1st Working Draft (if any) to experts: Click here to enter text.
Committee Draft consultation (if any): Click here to enter text.
DIS submission* Click here to enter text.
Publication*: Click here to enter text.

* Target Dates on DIS submission and Publication should preferably be set a few weeks ahead of the limit dates (automatically given by the selected SDT)

Secretariat	**Committee Manager**	**Registration by the ISO Central Secretariat**
Click here to enter text.	Click here to enter text.	

Date
Click here to enter a date.

Allocated project number
Click here to enter text.

☐ Other information, comments, etc. attached

附表 5-3　ISO Form 8A 委员会决定注册为 DIS

ISO FORM 8A

COMMITTEE DECISION FOR DIS

Secretariat
Click here to enter text.

ISO/TC Enter Number **/SC** Enter Number

Project number and title
Click here to enter text.

N Click here to enter text.

This form shall be submitted, by the secretariat of the committee, to the ISO Central Secretariat when providing the necessary files for DIS (http://isotc.iso.org/livelink/si/).

The accompanying document is submitted for circulation to member body vote as DIS

Consensus has been obtained from the P-members of the committee

Click here to enter text.

- ☐ By CD consultation initiated on Click here to enter a date.
- ☐ At the meeting of the committee Enter Number. See Resolution number Enter Number. In document N Enter Number.
- ☐ By ballot to skip the CD (e.g. NP or CIB) initiated on Click here to enter a date.

Please attach a copy of the ballot results (if applicable)

Remarks

Click here to enter text.

I hereby confirm that this draft meets the requirements of Part 2 of the ISO/IEC Directives:

Secretariat
Click here to enter text.

Date
Click here to enter a date.

Name/Signature of TC/SC Committee Manager
Click here to enter text.

附表 5—4　ISO Form 8B 微小修订情况下委员会决定

International Organization for Standardization
Organisation internationale de normalisation
Международная организация по стандартизации

FORM 8B:
COMMITTEE DECISION FOR MINOR REVISION (FDIS)

Secretariat Click here to enter text.	**ISO/TC** Enter Number **/SC** Enter Number
Project number and title Click here to enter text.	

This form should be sent to the ISO Central Secretariat (http://isotc.iso.org/livelink/si/), together with the draft of the project, by the secretariat of the technical committee or subcommittee concerned.

The accompanying document is submitted for circulation to member body vote

☐ As a FDIS (Minor revision)

☐ There have been no technical change made to the published standard (no technical change permitted for minor revision procedure – See <u>Clause 2.9.1 of Directives Part 1</u>)

(The foreword in the revised text shall indicate that it is a minor revision and list the updates and editorial changes made.)

Consensus has been obtained from the P-members of the committee

Click here to enter text.

☐ At the meeting of TC Enter Number. See Resolution number Enter Number.
　In document N Enter Number
☐ By CIB ballot initiated on Click here to enter a date.

Please attach a copy of the ballot results (if applicable)

Listing of the P-members voting (CIB or Resolution)

P-members in favour
Click here to enter text.
P-members voting against
Click here to enter text.
P-members abstaining
Click here to enter text.
P-members who did not vote
Click here to enter text.
Remarks

V01/2019

・附录 5　国际标准制修订相关表格・

Page 2

Click here to enter text.

I hereby confirm that this draft meets the requirements of <u>Part 2 of the ISO/IEC Directives</u>:

Secretariat Click here to enter text.	**Date** Click here to enter a date.	**Name/Signature of TC/SC Committee Manager** Click here to enter text.

附表 5-5　ISO Form 13 国际标准草案投票报告

ISO FORM 13

REPORT OF VOTING ON ISO/DIS

ISO/DIS
Click here to enter text.

CLOSING DATE OF VOTING
Click here to enter a date.

ISO/TC Enter Number **/SC** Enter Number

SECRETARIAT
Click here to enter text.

N Click here to enter text.

A report shall be returned to ISO/CS no later than 12 weeks after the closing date of voting on the DIS.

1. **Result of the voting**

This document was circulated to member bodies asking if they approved its technical content.

The vote closed on the date indicated above.
Voting results are attached as annex A

2. **Comments received**
3. **Observations of the secretariat**

Please attach as annex B (if appropriate)

Decision of the Chair

Where the approval criteria are met
- ☐ To submit the revised text to ISO/CS for publication (there have been no technical changes made to the DIS draft)
- ☐ To register the revised enquiry draft, as modified, as a final draft international standard (technical changes have been made)
- ☐ To circulate the revised enquiry draft for 8 weeks voting (Note: Committees are limited to only one revised enquiry draft where the approval criteria are met in this case)

Where the approval criteria are not met
- ☐ To circulate the revised enquiry draft for 8 weeks voting (see Directives, Part 1, clause 2.6.1), or
- ☐ To circulate the revised committee draft for comments, or
- ☐ To circulate a revised draft as a DTS, or
- ☐ To circulate a revised draft as a DPAS, or
- ☐ To cancel the project, subject to decision by the committee.

Remarks
Click here to enter text.

Attached
- ☐ **Annex A** (DIS results from ISO electronic balloting portal)
- ☐ **Annex B** (comments received with observations of the secretariat)

Date
Click here to enter a date.

Signature of Committee Manager
Click here to enter text.

Signature of Chair
Click here to enter text.

附表 5-6 ISO Form 21 ISO 标准系统复审结果

ISO FORM 21

RESULT OF SYSTEMATIC REVIEW OF ISO DOCUMENT

DATE
Click here to enter a date.

ISO/TC Enter Number **/SC** Enter Number

TITLE OF TC/SC CONCERNED
Click here to enter text.

N Click here to enter text.

This form is to be completed by the committee secretariat and the final decision made available on ISO Documents within 6 months after the SR ballot closure

REVIEW

Start date: Click here to enter a date.

End date: Click here to enter a date.
Reference number and title of ISO document

ISO Click here to enter text.

English title
Click here to enter text.

French title
Click here to enter text.

RESULTS (the compilation of results is given as an annex)

The following criteria have been met

1. A simple majority of voting P-members has proposed the following action:
   ☐ **a.** withdrawal ☐ **b.** revision/amendment ☐ **c.** confirmation

2. ☐ It has been adopted/is intended to be adopted (with or without change) or is used by at least 5 members

In light of the results, the following action is proposed and will be considered the committee decision unless objections are received within 8 weeks of circulation of this form

Criterion **1a** met or criterion **2** not met
☐ **withdrawal**

Reason for proposing withdrawal (e.g. not used/adopted, obsolete):

Click here to enter text.

Criterion **1b** & **2** met – see *Note*
☐ **revision** ☐ **amendment *** ☐*** minor revision****

NOTE: A revision may still be proposed despite a majority of P-members voting to confirm if there are comments received during the SR ballot to take into account. The choice between revision and amendment is based on an assessment of whether the changes are limited (amendment) or whether they require redevelopment of the whole document (revision). This is determined by the committee secretariat.

* An amendment may be selected only for an International standard

** A minor revision may be selected only for an International standard, if the proposed changes do not impact the technical content. The project is registered as FDIS, stage 40.99, and has to be submitted to ISO/CS within 16 weeks from registration.

In the case of a Revision or an Amendment, the project is to be registered:
☐ **As a Preliminary Work Item (PWI – stage 00.00) with the standard registered as confirmed**

Note: where an amendment or revision is not immediately started following approval by the committee, it is recommended that the project is first registered as a preliminary work item and that the standard is registered as confirmed. When it is eventually proposed for registration at stage 10.99, reference shall be made to the results of the preceding systematic review and the committee shall pass a resolution.

☐ **At Preparatory stage (WD – stage 20.00)**
☐ **At Committee stage (CD – stage 30.00)**
☐ **At Enquiry stage (DIS – stage 40.00)** – the submission of the DIS is recommended within 16 weeks of the project's registration; a short standards development track should be selected (e.g. SDT 18)

A call for experts must be launched for revisions or amendments.

☐ **The scope of the document is confirmed**

NOTE: In case of scope expansion, the Committee Manager shall ensure that the appropriate group that will develop the project with the new approved scope shall comply with the requirement for at minimum 4 or 5 P-members actively participating.

Proposed Standard Development Track (SDT)

To be discussed between the proposer and committee manager considering, for instance, when the market (the users) needs the revised document to be available, the maturity of the subject, etc.

☐ **18 months**   ☐ **24 months**   ☐ **36 months**

Proposed Project Leader (name and email address)
Click here to enter text.

This proposal will be developed by
☐ **An existing Working Group** (please specify which one)
Click here to enter text.

☐ **A new Working Group** (title)
Click here to enter text.

NOTE: Establishment of a new WG must be approved by committee resolution.

☐ **The TC/SC directly**

In case the project is registered at WD, CD or DIS stage and following discussions

between project leader and committee leadership, project plan:

Date of the first meeting: Click here to enter a date.

Dates of key milestones:
Circulation of 1st Working Draft (if any) to experts: Click here to enter a date.
Committee Draft consultation (if any): Click here to enter a date.
DIS submission* Click here to enter a date.
Publication*: Click here to enter a date.

* Target Dates on DIS submission and Publication should preferably be set a few weeks ahead of the limit dates (automatically given by the SDT).

For guidance and support on project management, descriptions of the key milestones and to help you define your project plan and select the appropriate development track, see: **go.iso.org/projectmanagement**

Note: ISO/Meetings and ISO/Projects allow you to register and continuously update the meeting dates and target dates during the development of the project.

Criterion **1c & 2** met
☐ **Confirmation**

For TS and PAS ONLY
☐ **Conversion to an International Standard**
☐ **Conversion of a PAS to a TS**

☐ No final decision can yet be taken for the following reason(s) (indicate when decision is expected)
☐ **Other** (Please describe, e.g. division into parts, combination with another IS, registration as a PWI)

Click here to enter text.

| **Secretariat** | **Date** | **Signature of TC/SC Committee Manager** |
| Click here to enter text. | Click here to enter date. | Click here to enter text. |

附表 5-7　标准系统复审问题

International Organization for Standardization
Organisation internationale de normalisation
Международная организация по стандартизации

ISO SYSTEMATIC REVIEW QUESTIONS

	Question	Possible Answer
1	Recommended action	• Withdraw * • Revise/Amend * • Confirm • Abstain due to lack of consensus • Abstain due to lack of access to national expertise
2	Has this International Standard been adopted or is it intended to be adopted in the future as a national standard or other publication?	• Yes * • No * – Why not? What is used instead?
3	(Reply only if the answer to Question 2 is "Yes") Is the national publication identical to the International Standard or was it modified?	• Identical • Modified *
4	If this International Standard has not been nationally adopted, is it applied or used in your country or are products/processes/services in your country based on this standard?	• Yes * • No
5	Is this International Standard, or its national adoption, referenced in regulations in your country?	• Yes * • No
6	In case the committee decides to Revise/Amend, will/are you committed to participate actively in the development of the project?	• Yes (experts nominated) * • No

* A Comment is required for this answer value.

IMPORTANT NOTE: This list is only to be used for disseminating the Systematic Review questions at the national level and shall not be used to upload final national positions on International Standards to the Systematic Review balloting application.

V01/2019

附录6　本书常用名称及简称一览表

本附录将本书中提到的国际标准化机构名称及简称、国内油气企业名称及简称，以及国际标准制修订流程名称及简称进行了汇总，形成附表6－1，便于查阅。

附表6－1　国际标准化机构名称及简称一览表

序号	简称/代号	外文全称	中文名称
1	AFNOR	Association Francaise de Normalisation	法国标准化协会
2	AGA	American Gas Association	美国天然气协会
3	AMPP	The Association for Materials Protection and Performance	材料性能与防护协会
4	ANSI	American National Standards Institute	美国国家标准学会
5	API	American Petroleum Institute	美国石油学会
6	ASME	American Society of Mechanical Engineers	美国机械工程师协会
7	ASTM	American Society for Testing and Materials	美国试验与材料协会
8	BESC	British Engineering Standards Committee	英国工程标准委员会
9	BIPM	Bureau International des Poids et Mesures	国际计量局
10	BISFA	International Bureau for the Standardization of Man-made Fibres	国际人造纤维标准化局
11	BSI	British Standards Institution	英国标准协会
12	CCSDS	Consultative Committes for Space Data Systems	空间数据系统咨询委员会
13	CEN	Comité Européen de Normalisation	欧洲标准化委员会
14	CETOP	European Oil Hydraulic and Pneumatic Committee	欧洲石油液压和气动委员会
15	CIB	International Council for Rescarch and Innovation in Building and Construction	国际建筑结构研究与改革委员会
16	CIE	International Commission on Ilumination	国际照明委员会
17	CIMAC	International Council on Combustion Engines	国际内燃机委员会

续附表6-1

序号	简称/代号	外文全称	中文名称
18	CODEX	Codex Alimentarius Commission	食品法典委员会
19	CORESTA	Cooperation Centre for Scientific Research Relative to Tobacco	烟草科学研究合作中心
20	DIN	Deutsches Institut für Normung	德国标准化协会
21	ECTA	European Chemical Transport Association AISBL	欧洲化学品运输协会
22	FDI	International Dental Federation	国际牙科联合会
23	FIATA	International Federation of Freight Forwarders Associations	国际货运代理协会联合会
24	FIB	International Federation for Structural Concrete	国际信息与文献联合会
25	FSC	Forest Stewardship Council	森林管理委员会
26	GERG	European Gas Research Group	欧洲天然气研究组织
27	GOST	ГОСТ Государственный общесоюзный стандарт	俄罗斯国家标准
28	GOST R	Federal Agency on Technical Regulation and Metrology	俄罗斯联邦技术和计量管理局
29	GPA	Gas Processors Association	天然气加工者协会
30	GPA中游协会	GPA Midstream Association	天然气加工中游协会
31	IADC-drilling	International Association of Drilling Contractors	国际钻井承包商协会
32	IAEA	International Atomic Energy Agency	国际原子能机构
33	IATA	International Air Transport Association	国际航空运输协会
34	IATM	International Association for Testing Materials	国际材料试验协会
35	ICAO	International Civil Aviation Organization	国际民航组织
36	ICC	International Association for Cereal Science and Technology	国际谷类加工食品科学技术协会
37	ICCROM	International Centre for the Study of the Preservation and Restoration of Cultural Property	国际文化财产保护与修复研究中心
38	ICDO	International Civil Defence Organisation	国际民防组织
39	ICID	International Commission on Irrigation and Drainage	国际排灌委员会
40	ICRP	International Commission on Radiological Protection	国际辐射防护委员会

续附表6-1

序号	简称/代号	外文全称	中文名称
41	ICRU	International Commission on Radiation Units and Measureements	国际辐射单位与测量委员会
42	ICUMSA	International Commission for Uniform Methods of Sugars Analysis	国际食糖分析统一方法委员会
43	IDF	International Dairy Federation	国际乳品联合会
44	IEC	International Electrotechnical Commission	国际电工委员会
45	IETF	Internet Engineering Task Force	国际互联网工程任务组
46	IFLA	International Federation of Library Associations and Institutions	国际图书馆协会联合会
47	IFOAM	International Federation of Organic Agriculture Movement	国际有机农业运动联合会
48	IGU	International Gas Union	国际煤气工业联合会
49	IIR	International Institue of Refigeation	国际制冷学会
50	IIW	International Institue of Welding	国际焊接学会
51	ILO	International Labour Office	国际劳工组织
52	IMO	International Maritime Organization	国际海事组织
53	IOC	International Oil Council	国际石油理事会
54	IOGP	International Association of Oil and Gas Producers	国际油气生产商协会
55	ISA	International Standards Association	国际标准化协会
56	ISO	International Organization for Standardization	国际标准化组织
57	ISTA	International Seed Testing Association	国际种子检验协会
58	ITU	International Telecommunication Union	国际电信联盟
59	IULTCS	International Union of Leather Technologists and Chemists Societies	国际皮革工艺师和化学家协会联合会
60	IUPAC	International Union of Pure and Applied Chemistry	国际理论与应用化学联合会
61	IWTO	International Wool Textile Organization	国际毛纺组织
62	NACE	National Association of Corrosion Engineers	美国国际腐蚀工程师协会
63	NEN	Royal Netherlands Standardization Institute	荷兰皇家标准化研究所
64	NGV Global	Natural Gas Vehicle Knowledge Base	国际天然气汽车协会
65	OIE	International Office of Epizootics	国际兽医局

续附表6-1

序号	简称/代号	外文全称	中文名称
66	OIML	International Organtization of Legal Metrology	国际法制计量组织
67	OIV	International Organization of Vine and Wine	国际葡萄与葡萄酒组织
68	OTIF	Intergovernmental Organisation for International Carrige by Rail	国际铁路运输政府间组织
69	RILEM	International Union of Laboratories and Experts in Construction Materials, Systems and Structures	国际材料与结构研究实验联合会
70	SAC	Standardization Administration of China	中国国家标准化管理委员会
71	SEC	Seucurities and Exchange Commission	美国证券委员会
72	SPE	Society of Petroleum Engineers	石油工程师学会
73	SSPC	The Society for Protective Coatings	美国防护涂料协会
74	UIC	International Union of Railways	国际铁路联盟
75	UN/CEFACT	United Nations Centre for Trade Facilitation and Electronic Business	联合国贸易便利化与电子业务中心
76	UNECE	United Nations Economic Commission for Europe	联合国欧洲经济委员会
77	UNESCO	United Nations Educational, Scientific and Cultural Organizagion	联合国教科文组织
78	UNSCC	United Nations Standards Coordinating Committe	联合国标准协调委员会
79	UPU	Universal Postal Union	万国邮政联盟
80	VDE	Verband Deutscher Elektrotechniker	德国电气工程师协会
81	WCA	World Coal Association	世界煤炭协会
82	WCO	World Customs Organization	世界海关组织
83	WHO	World Health Organisation	世界卫生组织
84	WIPO	World Intollectual Properrty Organisation	世界知识产权组织
85	WLPGA	World LPG Association	世界液化石油气论坛
86	WMO	World Meteorological Organization	世界气象组织
87	天标委	China Natural Gas Standardization Technology Committee	全国天然气标准化技术委员会

附表 6-2 国内油气企业名称及简称一览表

序号	简称	中文全称
1	宝石机械公司	宝鸡石油机械有限责任公司
2	川庆井下作业公司	中国石油集团川庆钻探工程有限公司井下作业公司
3	大港油田	中国石油天然气股份有限公司大港油田分公司
4	大庆油田	大庆油田有限责任公司
5	东方宝麟	东方宝麟科技发展（北京）有限公司
6	东方物探	中国石油集团东方地球物理勘探有限责任公司
7	工程材料研究院	中国石油集团工程材料研究院有限公司
8	工程技术研究院	中国石油集团工程技术研究院有限公司
9	管研院	中国石油集团石油管工程技术研究院
10	国家管网	国家石油天然气管网集团有限公司
11	海油设计院	海洋石油工程股份有限公司设计院
12	河南油田	中国石油化工股份有限公司河南油田分公司
13	华北油田	中国石油天然气股份有限公司华北油田分公司
14	寰球公司	中国寰球工程有限公司
15	吉林油田	中国石油天然气股份有限公司吉林油田分公司
16	计量所	中国石油天然气股份有限公司计量测试研究所
17	技术开发公司	中国石油技术开发有限公司
18	济柴动力公司	中国石油集团济柴动力有限公司
19	勘探开发研究院	中国石油天然气股份有限公司勘探开发研究院
20	辽河油田	中国石油天然气股份有限公司辽河油田分公司
21	煤层气公司	中石油煤层气有限责任公司
22	煤矿瓦斯治理中心	煤矿瓦斯治理国家工程研究中心
23	气电集团	中海油石油气电集团有限责任公司
24	青海油田	中国石油天然气股份有限公司青海油田分公司
25	胜利油田	中国石油化工股份有限公司胜利油田分公司
26	石标所	中国石油勘探开发研究院石油工业标准化研究所
27	石工院	中国石油化工股份有限公司石油工程技术研究院
28	石勘院	中国石油化工股份有限公司勘探开发研究院

续附表6-2

序号	简称	中文全称
29	石科院	中国石油化工股份有限公司石油化工科学研究院
30	塔里木油田	中国石油天然气股份有限公司塔里木油田分公司
31	天研院	中国石油天然气股份有限公司西南油气田分公司天然气研究院
32	吐哈油田	中国石油天然气股份有限公司吐哈油田分公司
33	西南油气田	中国石油天然气股份有限公司西南油气田分公司
34	新疆油田	中国石油天然气股份有限公司新疆油田分公司
35	延长石油集团	陕西延长石油（集团）有限责任公司研究院
36	仪综所（北京）	机械工业仪器仪表综合技术经济研究所（北京）
37	长庆油田	中国石油天然气股份有限公司长庆油田分公司
38	中海油	中国海洋石油集团有限公司
39	中海油研究总院	中海油研究总院有限责任公司
40	中联煤层气公司	中联煤层气有限责任公司
41	中联煤层气研究中心	中联煤层气国家工程研究中心有限责任公司
42	中石化	中国石油化工集团有限公司
43	中石油	中国石油天然气集团有限公司
44	中石油标委会	中国石油天然气集团公司标准化委员会
45	中石油勘标委	中国石油天然气集团公司勘探与生产专标委
46	中原油田	中国石油化工股份有限公司中原油田分公司

附表6-3 国际标准制修订流程名称及简称一览表

序号	中文名称	外文全称	简称/代号
1	预工作项目	Preliminary Work Item	PWI
2	新工作项目提案	New Work Item Proposal	NP
3	工作组草案	Working Draft	WD
4	委员会草案	Committee Draft	CD
5	国际标准草案	Draft International Standard	DIS
6	国际标准最终草案	Final Draft International Standard	FDIS

续附表6-3

序号	中文名称	外文全称	简称/代号
7	正式发行版国际标准	International Standard	IS
8	复审	System Review	SR
9	提案阶段	Proposal Stage	—
10	准备阶段	Preparatory Stage	—
11	委员会阶段	Committee Stage	—
12	询问阶段	Enquiry Stage	—
13	批准阶段	Approval Stage	—
14	出版阶段	Publication Stage	—
15	制定周期	Formulation Cycle	—
16	积极成员	Participating Members	P成员
17	观察成员	Observing Members	O成员
18	注册成员	Registered Members	—
19	技术委员会	Technical Committee	TC
20	分委员会	Sub Committee	SC
21	项目委员会	Project Committee	PC
22	工作组	Working Group	WG
23	项目组	Project Team	PT
24	维护组	Maintain Team	MT
25	技术规范	Technical Specification	TS
26	可公开获得的规范	Publicly Available Specification	PAS
27	技术报告	Technical Report	TR